# 建设工程质量安全技术监督管理

蔡 健 主编

中国建筑工业出版社

**图书在版编目(CIP)数据**

建设工程质量安全技术监督管理 / 蔡健主编. —北京：
中国建筑工业出版社，2004
ISBN 7-112-06595-X

Ⅰ. 建… Ⅱ. 蔡… Ⅲ. ①建筑工程—工程质量—
技术监督—文集②建筑工程—工程施工—安全管理
Ⅳ. TU712-53

中国版本图书馆 CIP 数据核字(2004)第 051858 号

这是上海市建设工程安全质量监督总站为庆祝建站20周年编辑出版的一本建设工程质量和安全生产技术方面的文选汇编。内容包括“监督管理”(20篇)、“监督技术”(23篇)、“工程设计与施工技术”(31篇)和“工程检测技术”(6篇)共四章80篇文章。文章的技术、管理水平高，经验丰富，总结了上海市工程监督管理人员深厚的理论功底和扎实的实践经验，可供全国同行参考、借鉴。

责任编辑：袁孝敏
责任设计：孙　梅
责任校对：王金珠

**建设工程质量安全技术监督管理**
蔡　健　主编

*

中国建筑工业出版社出版、发行(北京西郊百万庄)
新　华　书　店　经　销
北京蓝海印刷有限公司印刷

*

开本：787×1092毫米　1/16　印张：$22^3/_4$　字数：550千字
2004年7月第一版　　2004年9月第二次印刷
印数：3501-6500册　　定价：**36.00**元

ISBN 7-112-06595-X
TU·5766(12549)


(邮政编码 100037)

本社网址：http://www.china-abp.com.cn
网上书店：http://www.china-building.com.cn

# 序

1984年，随着国家经济管理体制的改革、政府工程监督制度的形成与城市建设的迅猛发展，上海市建设工程质量安全监督系统应运而生。在二十年的战斗岁月中，上海市建设工程质量安全监督系统改革、创新、开拓、前进、奋发有为，为上海地区控制工程安全质量事故的发生、工程质量安全管理水平保持国内领先发挥了强有力的作用。作为技术密集型单位，本市工程监督系统的高级技术管理人才、青年一代技术骨干，在工作上兢兢业业、严格执法，在做好工程质量安全监督的同时，坚持作风从严、技术从严、管理从严，坚持实践—理论—实践的原则，注重工程管理与监督理论研讨，探索政府监督模式、机制、体制、方法的改革，工程技术规范的理解及运作，质量安全环境的建立、质量安全保证体系的推进以及系统的基础管理、执法技巧与文明建设，撰写了大量的有水平的、高质量的论文。为庆祝上海市建设工程安全质量监督系统成立廿周年，上海市建设工程安全质量监督总站编辑了《建设工程质量安全技术监督管理》论文集，集建设工程安全质量监督系统优秀论文之大成，文集收集的80篇著作，是监督系统二十年论文中的佼佼者。本书包含监督管理、监督技术、工程设计和施工技术、工程检测技术四个方面内容。分别对建设工程安全质量监督、技术控制、系统管理进行了全方位研讨，寓意深远，通俗精炼、向全行业显示了上海工程监督技术管理人员精实深厚的理论功底和丰富扎实的实践经验，确实为建设工程安全质量技术监督管理论坛提供了宝贵的财富。为此，我谨代表上海市建设委员会向论文作者们表示衷心的感谢与敬意。

加强建设工程安全质量监督，是政府建筑业管理的重要职能，是建筑业发展大计的根本保证，随着我市经济体制改革的深化，政府工程质量安全监督职能的进一步转变，质量安全监管体制、机制必须创新和完善。因此，监督系统中必须培养一批严格贯彻“三个代表”重要思想的高水平的监督管理理论工作者，深入研究国内外工程监督的现状、理论、观点、经验和方法，丰富充实本市工程监督管理体系，进一步提高本市工程质量安全管理水平，为二十一世纪的中国社会主义建设新的发展探索新的成功之路。

上海市建设和管理委员会副主任 陈建平

2004年5月

# 目　　录

## 第一章　监督管理

## 第二章　监督技术

## 第三章　工程设计与施工技术

## 第四章 工程检测技术

# 第一章　监督管理

# 1. 建设工程质量监督管理模式的发展与思考

上海市建设工程安全质量监督总站　蔡　健

## 一、在不断实践中建设工程质量监督的演变

建国以来，随着计划经济向市场经济的转变，我国建设工程质量监督的体制、机制经历了一个不断演变进化的过程。

（一）计划经济下的质量检查

1. 单一的施工单位内部质量检查制度。20 世纪 50 年代末，我国实行的是高度集权的计划经济体制。建设投资由政府行政部门按条块拨付，施工任务由政府向建筑企业直接下达。在这种格局中，建设、施工、设计单位只是被动的任务执行者。工程建设的实施，虽然政府关注的重点是工程进度和质量，但由于全国没有统一的建筑工程质量检验评定标准，工程质量实际上由建筑施工企业内部质量管理部门自行检查、自我控制。

2. 第二方建设单位质量验收检查制度。第二个五年计划期间，经国务院决定，对工程项目的质量检查，改由施工单位负责自控，建设单位以隐蔽工程为主负责质量监督，从而形成了建设单位和施工企业相互制约、联手控制的局面；通常也称作建设单位质量验收检查制度。同时，建工部组织编制国家《建设工程质量检验评定标准》，使施工企业自控与建设单位监督在检验项目、检测工具、检验方法和评定标准上做到四统一，全国各地的质量结果具有可比性。

（二）改革开放以来工程质量监督制度的启动与发展

1980 年代以后，我国进入了改革开放的新时期。工程建设活动发生了重大变化，投资开始有偿使用，投资主体出现多元化；建设任务实行招标承包制；施工单位摆脱行政附属地位，向相对独立的商品生产者转变；工程建设参与者追求自身利益的趋势日益突出。原有的工程建设质量管理体制越来越不适应发展的要求，单一的施工单位内部质量检查制度与建设单位质量验收制度，无法保证基本建设新高潮的质量控制需要。在建设规模的迅速扩大形势下，建筑市场总体技术素质下降，管理脱节，工程建设单位缺乏强有力的监督机制，工程质量隐患严重，坍塌事故频频发生。为改变我国工程质量监督管理体制存在的严重缺陷，1984 年 9 月，国务院颁发《关于改革建筑业和基本建设管理体制若干问题的暂行规定》，决定在我国实行工程质量监督制度："按城市建立有权威的工程质量监督机构，根据有关法规和技术标准，对本地区的工程质量进行监督检查"。政府建设主管部门下发一系列文件，规定了工程质量监督机构的工作范围、监督程序、监督性质、监督费用和机构人员编制，初步构成了我国现行的政府工程质量监督制度。工程质量第三方监督制度的建立，标志着我国的工程建设质量监督由原来的政府单向行政管理向专业技术质量监督转变，使我国工程建设质量监督体制向前迈进了一大步。

1．工程质量监督机构发展。20世纪的后20年，省、市、地、县质量监督和铁路、水利、港口、民防、电力等专业工程质量监督机构陆续建立并开展工作。工程质量监督机构从不被人们所认识至赢得社会的认可，成为治理建设工程质量的“中流砥柱”。20世纪末，全国所有省、直辖市、自治区及地级市都建立了工程质量监督机构，95%以上的县建立了工程质量监督站，铁路、水利、交通等专业部门也成立了从中央到地方的专业质量监督网络，全国共有质量监督站4000多个，拥有质量监督人员约4万人，形成了相当规模的技术密集型监督队伍。

2．工程监督管理法规体系初步形成。工程质量监督领域努力实现有法可依，以《中华人民共和国建筑法》等国家法律、法规为核心，建设部和国家有关专业主管部门颁发了一系列国家级规范性文件，各省市也相应制定了地方性法规文件，各级质量监督机构建立了以技术责任制为核心的部门规章。监督管理法规体系初步形成，保证了监督管理在以法治质的轨道上发展。

3．工程质量监督与工程质量检测相辅相成。国家建设部和各地建设行政部门在抓监督机构建设的同时，注意工程质量检测机构的建立与管理。全国共建立工程质量检测机构近万个。这些检测机构配备了比较完善的检测仪器设备和专业检测人员，管理体系严密，对工程结构安全、环境质量进行科学的检测，为监督工作的科学性提供了有力的保证。

4．建设工程质量监督成效显著。工程质量监督机构的发展，对于保证建设工程质量起到了重要的作用，连续多年保持了稳中有升的局面，国家重点工程及大型基础设施的工程质量，包括一些高、大、精、深的工程在质量方面有大的突破，达到了国际先进水平。一般民用建筑工程质量优良率逐年提高，从“七五”期间62%的水平上提高到“九五”计划的92%，屋坍人亡的重大质量事故得到有效遏制，涌现了一大批施工技术先进、质量精致的精品工程；特别是一度住户怨声载道的住宅工程质量通病的专项整治也取得了一定的成效。

## 二、在新形势下建设工程质量监督的改革

20世纪末，工程质量监督制度的主要模式是三部到位核验，即在基础、主体结构阶段必须由质量监督机构到位核验，签发核验报告才能继续施工；竣工阶段必须由工程质量监督机构核验质量等级，签发“建设工程质量等级证明书”；未经质量监督机构核验或核验不合格的工程，不准交付使用。随着我国市场经济体制的成熟，原有的工程质量监督运行模式出现了诸多矛盾，其核心问题是运作方法与社会主义市场经济体制客观要求的不相适应。

### （一）20世纪末政府工程质量监督制度的问题

1．社会过于依赖质量核验，造成质量的责任错位。市场经济体制下，用户在市场上购买任何一件产品，“质量合格证”都是由产品的制造者签发。但是作为建设工程，按照工程质量监督管理模式，它的“质量合格证”却由受政府委托的质量监督机构签发。建设工程施工完毕，质量监督机构进行质量核验，签发的“工程等级证明书”已成为社会有效力的法律文本。建设单位需凭核验证明办理“销售、入住、使用”、公安局给予路名牌号、固定资产验收以及建设参与各方进行费用结算，都要依赖于质监站的核验证明。“谁核定，谁负责”，工程质量监督机构变相成为工程质量的责任者。工程交付使用后出现了质量问题，用户矛头直指“政府机构”，政府不得不被动给予解决，而直接参加工程的建设各方反而“袖手旁观”，这就违背了市场经济中产品的制造者对产品直接负责的要求。

2．“三部到位”监督方法与政府管理机制改革走向的不和谐。质量监督机构是政府授

权的，质监机构的行为是政府管理行为的延伸。工程质量监督等级核验，把政府管理推向了陷于事务的误区。政府体制改革后，政府管理从微观管理向宏观管理，从直接管理向间接管理转变。如果政府质量监督运作方法不改革，客观上就造成了与政府体制改革发展相矛盾的状况。

3. 单一的实物监督无法实现对市场质量行为的全面监控。建设工程相对于工业流水线产品的区别在于工期长、质量缺陷的隐蔽性、事故后果的危险性。施工几百天，"判断"一阵子，单纯依赖质量监督机构的几次到位，无法对工程质量进行全面的正确的评定。实践证明，政府的监督必须舍末就本，抓住建设工程参与各方质量行为的龙头才能促使各方发挥自身的素质控制好质量。工程质量监督必须从单一的实物质量监督向对建设参与各方质量行为的监督延伸，以对施工现场质量保证体系的有效监督来保证实物质量的有效控制。

（二）核验制向备案制转换——工程质量监督制度的重大改革

2000年年初施行的国务院《建设工程质量管理条例》明确了市场经济条件下，政府对建设工程质量监督管理的基本原则，政府建设工程质量监督的主要目的是保证建设工程使用完全和环境质量，主要依据是法律、法规和工程建设强制性标准，主要方式是政府认可的第三方强制监督，主要内容是地基基础、主体结构、环境质量和与此相关的工程建设各方主体的质量行为，主要手段是施工许可证、设计施工图审图制度和竣工验收备案制度。

1. 抓好源头监督，全面推进施工图审查工作。从2000年起，建设工程施工图设计文件审查进入建设工程管理程序。建设单位对设计单位提供的施工图设计文件报县级以上建设行政主管部门审查。经建设部批准的有资质的审图机构对施工图设计文件涉及安全、公众利益和强制性标准、规范的内容进行审查。这种对建设工程的源头勘察设计质量进行监督管理的方式，已在全国各省市铺开。建设行政部门结合审图，加强对项目勘察设计单位资质和个人的执业资格、勘察设计合同及其他涉及勘察设计市场管理等内容的监督管理。

2. 政府强制监督的主要手段——先报监后发施工许可证。政府对建设工程的质量监督是强制性的，凡新建、改建、扩建的建设工程，在施工招投标完成后，建设单位应到质量监督机构办理监督登记手续，按规定缴纳质量监督费用，经质量监督机构审核符合规划、勘察、设计、招投标、图纸审查有关程序规定后，发给《建设工程质量监督书》。建设单位凭《建设工程质量监督书》方可向建设行政部门申领施工许可证。从而在制度上保证了工程受制于政府的强制监督之下。

3. 发挥政府的宏观监控作用，推行竣工验收备案制度。《建设工程质量管理条例》规定，建设单位应当自建设工程竣工验收合格之日规定期限内，将建设工程竣工验收报告和规划、公安、消防、环保等部门出具的认可文件报建设行政主管部门备案。建设行政主管部门发现建设单位在竣工验收过程中有违反国家有关建设工程质量管理行为的，责令停止使用，重新组织竣工验收。2001年全国实行政府工程质量监督从核验制向备案制的转变，建设工程的基础、主体、竣工质量验评，由建设单位组织参与工程各方单位进行，而质量监督机构仅对建设参与各方的验收行为进行监督；监督机构不再核定工程质量等级，具体实施竣工验收备案工作。

（三）工程质量监督从核验制向备案制转变的作用

1. 政府与建设参与各方质量责任的正确定位。建设单位是建筑工程的投资者、使用者、产权所有者。建设单位组织竣工验收，工程建设参与各方按各自分工范围，分别承担质量责任，实现了“谁施工，谁负责；谁设计，谁负责；谁监理，谁负责；谁建设，谁负责”。政府建设行政主管部门及其委托的监督机构不是工程质量的责任主体单位，不承担实物质量责任。

2. 还权于企，适应社会主义市场经济发展。原有质量监督机构“质量等级核验制度”带有浓厚的计划经济色彩。备案制实施后，建设工程竣工验收按照“企业自评、设计认可、监理核定、业主验收、政府监督、用户评价”的程序运作。质量监督机构还权于企，不再签发建筑产品“合格证”。从计划经济时的运动员，转变为市场经济时的裁判员。政府制定和颁发“游戏规则”；质量监督机构监督比赛，发现违规现象，出示“黄牌”、“红牌”警告和处罚。

3. 质量监督机制转变，强化了政府对工程质量的监督。实行建设工程竣工验收备案制度，并没有削弱政府对工程质量的强制性监督。政府监督实现了从微观监督到宏观监督，从直接监督到间接监督，从实体监督到行为监督，从质量核验到竣工备案的转化，强化了政府监督效果。具体表现为：(1)质量监督内容从原来仅对实物质量的监督，拓展到工程建设参与各方的质量行为和质量责任制的履行的监督。(2)质量监督方法从原来被动的事先通知质量核验，转变为主动的、动态的巡查和抽查。(3)质量监督的重点从原来的“三步到位”核验，转变为确保地基基础、主体结构安全；注重每次监督抽查中施工作业面、操作层的质量过程控制，有利于结构安全。(4)质量监督的标准从原来注重按“质量检验评定标准”判别质量，转变为注重“建设工程强制性标准条文”的施工实施。(5)质量监督的手段从原来眼睛看、耳朵听、榔头敲、用手摸的观感检查，转变为运用现代科学的检测仪器设备和电子数字化管理，使质量监督结果更具有科学性、权威性。(6)质量监督的结果从质量监督机构签发单位工程质量综合评定表，转变为质量监督工程师写出质量监督报告，上报建设行政主管部门备案审查，政府实行对质量的宏观管理。

**三、建设工程质量监督改革的进一步深化**

建设工程备案制度的实施，推进了工程质量监督制度的改革，但是伴随形势的发展，市场的需要，只有不断地改进，才能使工程监督具有新的生命力。因此建设工程质量监督制度面临着新一轮深化改革考验。

(一) 建设工程质量监督制度深化改革的指导思想

1. 社会主义市场经济中政府工程质量监督工作必不可少。《建设工程质量管理条例》明确规定，国家实行建设工程质量监督管理制度。考虑到建筑产品直接影响国计民生，千家万户，政府对于工程质量的监督要实行全面监督、全过程监督、综合执法监督。

2. 政府必须对建设工程实行强制性监督。政府及其委托的质量监督机构有权检查、纠正和处理违反建设工程质量法规的行为，政府的监督具有强制性，任何单位、任何部门不得阻挠其执法行为。

3. 政府是依法行政监督的主体。政府改变原来授权质量监督机构监督的做法，为委托质量监督机构监督。建设工程质量等级核验制度的变革，使政府处于建设工程质量的监督领导者和仲裁者的地位，不再承担应由监督责任单位人员承担的技术工作责任。

4. 坚持从单一实物质量监督向建设参与各方质量行为监督的延伸。政府及其委托的监督机构必须运用科学的方法，将工程建设参与各方推向建设质量第一线，将建设参与各方的质量责任行为和其责任行为的成果，即工程产品质量，列为监督对象，实行对建筑市场和现场的全要素的全覆盖监督，杜绝不合格工程流入社会。

5. 改革的过程必须保证工程质量稳步提高。整个监督制度深化改革的过程要做到监督体系思想不乱，监督机制运行不断，监督力度逐步加强，工程质量稳步提高。

（二）建设工程质量监督的基本原则

1. 工程质量监督的目的是保证建设工程使用安全和环境质量。

2. 工程质量监督的主要依据是法律、法规和建设强制性标准。

3. 工程质量监督的主要方式是政府认可的质量监督机构的强制监督。

4. 工程质量监督的主要内容是地基基础、主体结构、使用功能与环境质量和与此相关的工程建设各方主体的质量行为。建设参与各方的质量责任必须进一步明确和落实，同时对检测单位、审图单位以及建筑材料与关键设备的供应及生产单位也应明确责任，加强监督。

（三）建设工程质量监督的定位

1. 建设工程质量监督的性质。政府工程质量监督的性质是政府为了确保建设工程质量，保障公共卫生，保护人民群众生命和财产，按国家法律、法规、技术标准、规范及其他建设市场行为管理规定的一种监督、检查、管理及执法行为。

2. 建设工程质量监督的职权。建设工程质量监督机构具有以下执法权限：(1)接受政府委托，对建设工程质量进行监督，有权对建设工程建设参与各方行为进行检查。(2)有权对工程质量检查情况进行通报，有权对差劣工程采取开具质量整改单及停工通知单等行政措施。(3)接受政府委托，对建设参与各方的违规行为提出行政处罚建议。(4)实行政府财政全额拨款，不再收取建设工程质量监督费，以体现其公正性。

（四）以诚信建设为核心，不断深化工程质量监督管理模式的改革。

(1) 认清改革趋势，促进模式转变。面对施工现场的实际，形成系统的整体的监管体系，把工程参与各方质量行为责任作为监督重点。以工程参与各方是否建立了质量管理保证体系并正常运转为主要监督内容，进一步提高参建企业的质量自控能力。以动态性日常巡查、抽查为主，辅之以必要的实物检测为主要监督方法。同时建立一套专项治理、应急处置、严格执法的管理机制。从而在施工现场确立以总包企业为龙头，安全质量优良企业为基础，实行以企业自控为主，政府监管为辅的动态管理机制。

(2) 整合监管资源，推进两场联动。施工现场质量既有现场施工存在的问题，又有市场带来的问题。为了提高监督效果，必须建立招投标、资质资格、材料设备市场与施工现场质量监管的联动机制。应依靠政府各建设执法部门对违法、违规、违标行为及后果进行监管和制裁，以起到两场联动、联合执法，事半功倍的效果。

(3) 优化三项制度，完善诚信建设。一是优化工程评优推荐制度：以基础结构和质量通病为重点，对各类优质工程评选进行预先检查，善于抓住正反两方面的典型、运用质量讲评、观摩等方法，抓两头，带中间。推进工程质量不断提高。二是优化工程质量事故处理制度：对工程质量事故应按照“三不放过”的原则，严肃处理，建立不良记录档案，曝光差劣工程以及责任方，使质量责任警钟长鸣。三是优化社会监督与投诉制度：健全社会监督机制和投诉处理系统，以投诉率和结案率为评价指标之一，以保证工程质量。

(4) 调动一切力量，发挥中介作用．要对协会、检测、监理、咨询等中介组织做好协调指导工作。尽快落实分类指导、责任定位、行为规范、奖惩分明的相关制度和措施。同时试行质量保险参与机制。以尽可能多地调动社会各方力量参与工程安全质量的监控工作。

(5) 依靠科技进步，建立信息系统。加快信息网络建设和管理工作，以适应管理模式转变的需要，进一步完善、加强网上办事及管理系统的功能开发，逐步建立、完善市、区、专业二级信息管理网络，逐步推行施工现场质量电子监控系统和监督信息传递系统，从而高效、迅速地掌握、传递相关信息和信息数据的采集、统计、分析工作。为宏观调控、政策制定、提高效率而夯实管理基础。

(6) 强化服务精神，提高工作效率。认真贯彻《行政许可法》，按照统一部署，进一步深化安全质量的体制改革。要改革审批制度，简化办事程序，要按照有所为、有所不为的要求，进一步整合内部管理资源，认真梳理现在的工作内容和程序，从而做到突出重点，集中力量，去做自己该做的事。要按照责、权、利相统一的原则，工作重心下移，扩大区、县的安全质量监管范围和责任。要逐步建立条块结合，分级负责、诚信规范、制约有效的安全质量的责任机制。

总之，我们要以"三个代表"重要思想为指针，在工程质量监督工作中，从管住管死企业转变到提高企业的自控力、竞争力和活力上来；从具体事务型转变到监督管理型上来。正确处理好长远与当前、局部与全局、改革与稳定的关系；开拓创新，知难而进；重心下移，强化监管；整合资源、分类指导；诚信规范，提高素质；两场联动，依法行政；推动建设工程质量监督工作上新台阶。

# 2. 英国、德国政府工程质量、安全监督管理体制初探

上海市建设工程安全质量监督总站 潘延平

## 一、概述

为了借鉴市场经济发展比较成熟的英国、德国政府工程质量安全监督管理成功经验，探索社会主义市场经济条件下，政府工程质量安全监督管理保证体系。建设部组织上海、广东、江西、安徽建设主管部门有关同志组成考察团，于2002年9月对英国副首相办公室(ODPM)、英国皇家土木工程师协会(ICE)、英国皇家测量师协会(RICS)、英国MARSH保险公司及德国工程师协会(VDI)、德国旭普林工程股份公司(ZUBLIN)等进行了考察访问。初步了解了英国、德国政府对工程质量安全监督的管理体制与运行机制。

## 二、建设工程质量监督管理

1. 完整的法律、法规体系

市场经济成熟的标志之一是法律、法规的健全和强大。英国副首相办公室有30多人，专门从事建筑法律、法规的制定、修改、评估工作，英国联邦政府"建筑法"内容完整，涉及到：结构、安全、消防、环保、节能、使用功能(包括残疾人无障碍设施)等多种领域。并且根据实行情况，对不适应的法律条款及时修订。法律、法规是强制性的，违法即受判罚。作为法律的支持性文件，还有很多被批准的准则和指南。

德国政府除联邦政府制定颁发全国性法律、法规外，各州政府也制定和颁发各州的法律、法规。德国政府的"建筑法"主要涉及结构安全、消防、环保等内容。

2. 严格的个人执业资格

英国和德国政府对企业无资质要求，但对企业内的执业人员个人的执业资格有着严格的要求。德国政府规定：取得政府认定的质量监督检查工程师才有资格组建建筑工程质量监督检查公司，每位质量监督检查工程师允许带8～10名工程师。整个柏林地区仅有40位质量监督检查工程师，而且质量监督检查工程师要进行严格的考试和高标准的从业经历审核，并实行总量控制，一般情况下，去世一名(或个人提出退出)，再考核增补一名。

英国政府则将建筑人员执业资格管理委托给英国皇家土木工程师协会，英国皇家测量师协会、英国建筑师注册委员会等协会和学会，由协会和学会对个人执业资格进行严格的注册管理。

3. 共同的准入、准出制度

英国和德国政府对建设工程的开工和竣工均实行准入和准出制度。英国政府规定：建筑工程开工前，业主必须向当地政府建设管理部门提出书面申请，经政府审查符合要求后，批准开工。工程竣工后，由质量监督检查部门向业主出具质量检查符合性报告，工程方可投

入使用。德国政府规定:工程项目开发前,必须经过政府的建筑许可审批(依据法律、法规、规定),同时政府或政府委托的私人质量监督检查公司需对设计图纸进行审查。工程竣工后,由质量监督检查工程师提供两份质量检查报告,一份给业主,另一份报政府。

4. 灵活的质量监督体制

英国和德国对建筑工程质量监督管理的体制有两种:一种是政府直接监督检查,另一种是政府委托私人质量监督检查公司对建筑工程进行监督检查。

英国对建筑工程质量监督检查方式为抽查,重点是关键部位。抽查按照预定的检查表式进行"√"检查。德国对建筑工程质量监督检查内容较多,由原设计图纸审查人员继续负责施工过程中的质量监督检查。重点是钢筋隐蔽工程验收,并对原材料质量委托第三方检测单位进行检验。德国的私人质量监督检查公司,除接受政府委托实施工程质量监督外,还可以向其他业主承揽设计、咨询等其他业务。

5. 不同的投资主体监督

英国和德国政府对政府投资项目和私人投资项目采用不同的监督管理模式。德国对于政府投资项目一定要进行招投标,私人投资项目可以不进行招投标,对政府工程的质量监督检查是全过程监督检查,对私人工程可以采用抽查的方式。德国和英国对政府投资项目一般均由政府直接监督,现在也有个别委托私人质量监督检查公司监督。英国政府明确质量监督检查不以赢利为目的,当地政府都有质量监督收费参考价;但私人质量监督检查公司检查费用可以和业主协商。德国政府规定质量监督检查费用由政府统一收取,然后再拨转给委托监督的私人质量监督检查公司。

6. 明确的质量监督职责

英国政府规定政府质量监督检查人员,由于工作失职,不承担刑事法律责任,但承担民事法律责任。政府委托的私人质量监督检查公司人员需承担刑事法律责任。承包商、建筑设计师必须建立各自的质量保证体系,不能因为由于政府或私人质量检查公司的检查,而放松自己的检查管理,不再有企业内部的检查制度。政府及私人公司的检查不能代替承包商,建筑师自己的检查,建筑设计师、承包商应承担刑事法律责任。

德国政府规定,出了质量事故或设计、施工存在质量问题,质量检查人员在设计图纸审查、施工检查时未发现,首先是设计和施工单位负责,质量检查人员一般不承担责任,但影响到以后政府对他的监督工程的委托。由于质量监督检查工程师过错造成损失,由质量监督检查工程师个人承担经济赔偿。

**三、英国建设工程安全监督管理**

1. 法律、法规的强制性

英国政府涉及到健康、安全方面的法律、法规有350多种,在法律上强制规定了健康、安全监督人员的职责、责任,以及建设工程参与各方的安全责任。

2. 组织机构的完整性

英国政府成立了国家健康、安全委员会,负责审查各行各业职工健康、人身安全。目前全国有150名国家健康、安全监督工程师。其中25人获得土木工程方面专业资格。相配套,英国还有很多遍布各行业的健康、安全协会,受政府委托,从事健康、安全监督检查。

3. 职责、责权的明确性

英国的法规明确规定了健康、安全监督工程师的职责和责权:有权收集现场健康、安全信息；有权在现场进行监督检查；有权在现场拍照、取证、取样品；有权检查现场机械设备；有权颁发健康、安全操作指南的书籍、光盘。

4．工作方式的多样性

英国健康、安全监督工程师，根据现场检查情况和存在问题的严重程度，可采取灵活多样的工作方式方法，要求责任单位整改。一是由健康、安全监督工程师签发存在问题通知；二是由健康、安全监督工程师签发书面停工通知；三是由健康、安全监督工程师向法院起诉。对健康、安全监督工程师签发的书面通知，企业必须作出书面答复，并通知落实到责任人整改。

5．个人资格的实用性

英国对健康、安全监督工程师资格强调实用性，注重丰富的工作经验，能发现过程中的安全危险，能提出预防控制措施，从而能减少安全风险。

**四、英国建设工程保险**

英国法律强制规定，必须购买各种责任保险，其他保险不作强制要求，建设工程应购买建设工程一切险。建工一切险可以由工程参建各方分别购买，也可以由承包商或业主一家统一购买。目前大多数工程都是由业主统一购买建工一切险，由业主控制保险方案。工程险内容包括：安全、损坏、缺陷、第三者责任险、职业责任险、后期缺损（质量隐患）、工程进度险等。

**五、若干启示与建议**

1．政府应强化建设工程质量安全监督

从市场经济发展比较成熟的英国、德国来看，政府都有一整套完整、严密的政府工程质量、安全监督管理体制，有一支技术含量高的专业监督队伍，所以在市场经济条件下，政府对建设工程质量、安全监督，不能弱化，只能强化。

2．调整现行政府监督管理体制

目前我国对建设工程质量监督实行施工图文件审查和工程施工质量监督两种管理体制，审图机构仅负责对勘察、设计单位施工图设计文件进行审查，监督机构局限于施工阶段工程施工质量监督，将同一个单位工程分为设计、施工两部分，互相隔离，审查设计质量人员不管施工质量，检查施工质量人员不管设计质量，不利于对单位工程完整、有效、全面监督。因此，建议将审图机构与质量监督机构合二为一，对建设工程实行从勘察、设计到施工、竣工全过程监督。

3．进一步建立健全法律、法规

虽然我国在建设工程领域已经有了《建筑法》、《招标投标法》、《建设工程质量管理条例》、《建设工程勘察、设计管理条例》等法律、法规，但离开市场经济发展的要求，还有相当距离，在工程建设领域有很多法律、法规空白（例如建设工程质量检测方面等），需尽快建立和健全。有法可依，违法必究，执法必严是市场经济成熟的标志。

4．区别政府项目与私人项目

随着市场经济的发展，建设工程投资主体正在从原来的政府投资单一化向投资主体多元化发展，私人投资项目直线上升。对于政府投资的公益性项目和私人投资的私人项目，可采用不同的质量监督模式区别对待。私人投资私人项目可适当引入质量监督公司实行委托监督。

5. 逐步推进工程保险

工程保险是明确责任、化解风险的有效途径，是市场经济保障稳定的强有力手段。因此，积极稳妥地推进工程保险，特别是建工一切险，是建设工程管理体制和运行机制改革的重要内容，也是市场经济发展的必然趋势！

# 3. 把握特点，建立制度，强化建筑安全管理

上海市建设工程安全质量监督总站　姜　敏

**摘要**：本文提炼了国务院《建设工程安全生产管理条例》的基本特点，并且对建设工程参与各方在贯彻《条例》中应建立的安全生产管理制度作了归纳，对未达到《条例》要求的法律后果进行对照分析，为《条例》的全面贯彻作舆论宣传。

**关键词**：特点　制度　安全管理

温家宝总理于11月24日签署的第393号国务院令《建设工程安全生产管理条例》(以下简称《条例》)的颁布，意味着建筑安全春天的到来，从此建筑行业有了专门的安全生产法规。它对建设工程参与各方的安全生产行为必将起到极大的规范作用；对遏制建设工程伤亡事故上升的势头必将起到积极的促进作用。通过学习，我对《条例》的基本特点有了初步的认识，对《条例》所要建立的各项安全生产管理制度进行归纳，在此作个交流。

## 一、《条例》的基本特点

1. 衔接性：《条例》主要与《安全生产法》、《建筑法》的衔接体现得非常明显。如《安全生产法》第17条例举了生产经营单位主要负责人的安全职责；而《条例》在第4条不仅例举了施工单位主要负责人的安全职责，还例举了施工项目负责人的安全职责。又如《安全生产法》第23条规定：生产经营单位的特种作业人员必须取得特种作业人员操作证书，方可上岗作业；而《条例》第25条例举了垂直运输机械作业人员等五大类人员作为建筑业的特种作业人员，持证上岗。

《建筑法》第五章"建筑安全生产管理"主要规定了五项制度，即安全生产的责任制度、群防群治制度、安全教育培训制度、意外伤害保险制度、伤亡事故报告制度。这五项制度在《条例》中均得到了全面的表述，更具有直接的操作性。从而反映了《条例》与二个法的衔接。

2. 时代性：根据建设市场在安全生产上表现出来的实际问题，如：甲方行为难规范、设计与安全生产没关系、监理不应管安全生产等问题，《条例》均作出了明确的回答。

对建设单位提出"不得向建设参与各方提出不符合安全生产规定的要求"；"不得压缩合同约定的工期"；"不得明示或暗示施工单位购买、租赁、使用不符合安全施工要求的安全防护用具、机械设备、施工机具及配件、消防设施和器材"。

对设计单位提出"对涉及施工安全的重点部位和环节应注明，并提出防范意见"；"对采用新结构、新材料、新工艺或特殊结构工程应提出保障安全的措施"。

对监理单位提出了"审查安全技术措施或专项方案的要求"；在监理过程中发现安全隐患的，应要求施工单位整改或暂停施工，并报告建设单位。施工单位拒不整改或者不停止施工的，监理单位应当及时向有关主管部门报告。

3. 明确性：(1)明确了在安全生产上安全生产综合监督管理部门与建设行政主管部门的关系。《条例》第39条规定：国务院和地方的安全生产监督管理部门“对建设工程实施的是综合监督管理”；第40条规定，“县级以上人民政府建设行政主管部门对本行政区域内的建设工程安全生产实施的是监督管理”。

(2) 明确了在安全生产上建设行政主管部门与建设工程安全监督机构的关系。《条例》第44条规定：建设行政主管部门对安全生产负管理职责；建设工程安全监督机构接受委托对施工现场进行监督检查。

(3) 明确了在安全生产上施工企业与工程项目部的关系。《条例》第21条规定：施工企业应当制定安全生产责任制度、培训制度和相关规章制度，安全资金投入、进行安全检查；项目则是落实制度、制定施工措施、确保安全费用有效使用及报告事故。

(4) 明确了在安全生产上总包单位与分包单位的关系。《条例》第24条规定：总包单位对施工现场的安全生产负总责；分包单位应当服从总包单位的安全生产管理。总包单位和分包单位对分包工程的安全生产承担连带责任。

4. 系统性：《条例》对建设工程安全生产的责任作了横向和纵向的系统分解。从横向上讲《条例》对参与建设工程的建设行政管理部门、建设、勘察、设计、施工监理单位以及为建设工程提供或租赁材料、设备、设施和防护用品单位都提出了安全生产的要求以及应承担的相应责任。从纵向上讲《条例》对主要从事施工生产的施工企业的各层次人员都明确了安全生产责任。如对施工单位主要负责人、项目负责人、专职安全生产管理人员、特种作业人员、施工作业人员都明确了安全生产的责任。《条例》对建设工程安全生产的责任真正做到了横向到边、纵向到底。

5. 严罚性：不少施工企业尤其是部分民营建筑企业，往往感到安全生产是个施工过程，不产生效益，能“省”则“省”。而《条例》大大提高了建设工程安全生产的违章违规的成本，体现了严罚性。因安全生产问题对企业来讲可吊销企业资质；对个人来讲也可终身吊销执业资格。拿因安全生产问题罚款来讲，对企业可罚至50万元以下；对个人可罚至20万元以下。这样的处罚力度，在行政法规中还是比较少的。

**二、《条例》所要建立的主要的安全生产管理制度**

《条例》的内容既传承了建筑安全以往好的做法和传统，又不乏开创性地建立了新的安全生产管理制度。概括起来有这么几个方面。

(一) 建设行政管理部门根据《条例》应建立10项安全管理制度。

1. 拆除工程施工单位资质等级制。《条例》第11条规定“建设单位应当将拆除工程发包给具有相应资质等级的施工单位”。尽管建设部2001年4月在82号文《建筑业企业资质等级标准》中明确了“爆破与拆除工程专业承包企业资质等级标准”，但是真正纳入建设行政主管部门资质管理的拆除工程施工企业不多，无资质从事拆房作业的情况时有发生。针对这种情况，《条例》第55条规定建设单位“将拆除工程发包给不具有相应资质等级的施工单位的处20万元以上、50万元以下的罚款”。

2. 安装、拆卸施工起重机械和整体提升脚手架、模板等自升式架设设施须有资质单位承担制。《条例》第17条规定：“在施工现场安装、拆卸施工起重机械和整体提升脚手架、模板等自升式架设设施，必须由具有相应资质的单位承担”。虽然建设部在2001年4月颁发的82号文《建筑业企业资质等级标准》明确了“起重设备安装”专业承包、“附着式升降脚手架”专业承包、“模板作业分包”等企业的资质等级标准，但是实际执行是有差距的，小型专业凭资质施工还未全面推开。《条例》的实施必将推进政府部门对小型专业企业凭资质施工的管理工作。

3. 施工起重机械和整体提升脚手架、模板等自升式架设设施按规定检测制。《条例》第18条规定：“上述机械、设施使用达到国家规定的检验检测期限的，必须经具有专业资质的检验检测机构检测”。《条例》第35条也对上述三种设施的验收作了规定：“可以委托具有相应资质的检验检测机构进行验收”。所以政府管理部门在这里应有两个方面作用：第一，是公布这类机械设施的检验、检测期限；第二，建立相应的检测机构。

4. 施工起重机械和整体提升脚手架、模板等自升式架设设施验收登记制。《条例》第35条规定“施工单位应当自施工起重机械和整体提升脚手架、模板等自升式架设设施验收合格之日起30日内，向建设行政主管部门或者其他有关部门登记”。并在第62条第五项明确“未按照规定在施工起重机械和整体提升脚手架、模板等自升式架设设施验收合格后登记的”可处责令限期整改、停业整顿、罚款及追究刑事责任等处罚。可见建设行政主管必须对登记工作作出相应的规定。

5. 施工企业安全生产条件必备制。《条例》第20条规定“施工单位从事建设工程的新建、扩建、改建和拆除等活动，应当具备……安全生产等条件”。

首先，国务院2004年1月颁布的《安全生产许可证条例》第二条规定了建筑施工企业未取得安全生产许可证的，不得从事生产活动。第四条规定，建筑施工企业的安全生产许可证由建设行政主管部门负责和管理。第六条规定，企业取得安全生产许可证，应当具备的安全生产条件：“(一)建立、健全安全生产责任制，制定完备的安全生产规章制度和操作规程；(二)安全投入符合安全生产要求；(三)设置安全生产管理机构，配备专职安全生产管理人员；(四)主要负责人和安全生产管理人员经考核合格；(五)特种作业人员经有关业务主管理部门考核合格，取得特种作业操作资格证书；(六)从业人员经安全生产教育和培训合格；(七)依法参加工伤保险，为从业人员缴纳保险费；(八)厂房、作业场所和安全设施、设备、工艺符合有关安全生产法律、法规、标准和规程的要求；(九)有职业危害防治措施，并为从业人员配备符合国家标准或者行业标准的劳动防护用品；(十)依法进行安全评价；(十一)有重大危险源检测、评估、监控措施和应急预案；(十二)有生产安全事故应急救援预案、应急救援组织或者应急救援人员，配备必要的应急救援器材、设备；(十三)法律、法规规定的其他条件。”

其次，建设行政主管理部门对不同的施工单位应具备的安全生产条件制订相应的标准。2003年10月建设部颁发的《施工企业安全生产评价标准》就是施工企业安全生产条件评价的依据。

《条例》第53条规定，建设行政主管部门或者其他有关行政管理部门的工作人员，对不具备安全生产条件的施工单位颁发资质证书的，给予降级或者撤职的行政处分，构成犯罪的，依照刑法有关规定追究刑事责任。

6. 建设工程专职安全管理人员配备办法单立制。《条例》第23条规定“施工单位必须配备专职安全生产管理人员”，并明确了专职安全员的主要职责，但是专职安全生产管理人员的具体配备要求，仍需建设行政主管部门会同其他有关部门提出。例如专职安全生产管理人员在建筑施工企业中的人数比例；不同的工程对专职安全人员的配备要求；总、分包单位在具体工程上对专职安全管理人员的配备要求等等，这都是政府部门应当明确的。

7. 施工单位主要负责人，项目负责人、专职安全生产管理人员考核上岗制。《条例》第36条规定“施工单位主要负责人、项目负责人、专职安全生产管理人员应当经建设行政主管部门或者其他有关部门考核合格后方可任职”。建设行政主管部门抓住这三方面人员的教育和考核，是对重点人群安全教育的重要途径。《条例》第62条第二项规定“施工单位的主要负责人、项目负责人、专职安全生产管理人员、作业人员或者等种作业人员，未经安全教育培训或者经考核不合格即从事相关工作的”，可处责令限期整改、停业整顿、罚款及追究刑事责任等处罚。

8. 项目安全施工措施审查制。《条例》第42条规定“建设行政主管部门在审核发放施工许可证时，应当对建设工程是否有安全施工措施进行审查，对没有安全施工措施的，不得颁发施工许可证”。同时在53条第二项规定“对没有安全施工措施的建设工程颁发施工许可证的”主管部门工作人员，给予降级或者撤职的行政处分。

9. 严重危及施工安全的工艺、设备、材料实行淘汰制。《条例》第45条规定“国家对严重危及施工安全的工艺、设备、材料实行淘汰制度”。在实际的操作中管理部门就应定期公布淘汰产品的目录，以便企业执行。《条例》第62条第六项规定：“使用国家明令淘汰、禁止使用的危及施工安全的工艺、设备、材料的”可处责令限期整改、停业整顿、罚款、追究刑事责任等处罚。对此政府有关部门应当定期公布应淘汰工艺、设备和材料的名单，以便企业及时贯彻。

10. 特大事故应急救援预案制。《条例》第47条规定“县级以上地方人民政府建设行政主管部门应当根据本级人民政府的要求制定本行政区域内建筑工程特大生产安全事故应急救援预案”。这一要求与《安全生产法》第68条的内容相对应，建设行政主管部门作为地方政府的组成部分，对建设工程的特大安全事故制订应急救援预案，是其职责所在，也是服务政府、执政为民、实践“三个代表”的具体体现。

（二）建设单位根据《条例》应建立4项安全管理制度。

1. 建筑活动不得干预制。《条例》第7条规定“建设单位不得对勘察、设计、施工、工程监理等单位提出不符合建设工程安全生产法律、法规和强制性标准规定的要求，不得压缩合同约定的工期”。《条例》第55条第一、二项分别对上述二种行为规定：处20万元以上50万元以下的罚款，造成重大事故构成犯罪的追究刑事责任。

2. 安全措施费概算制。《条例》第8条明确“建设单位在编制工程概算时，应当确定建设工程安全作业环境及安全施工措施所需的费用。”并在54条规定建设单位未提供该费用的，“责令限期改正，逾期未改正的，责令该建设工程停止施工。”

3. 建设工程安全措施备案制。《条例》第10条规定“建设单位在申请领取施工许可证时，应当提供建设工程有关安全施工措施的资料。”并规定“建设单位应当自开工报告批准之日起15日内，将保证安全施工的措施报送建设工程所在地的县级以上地方人民政府建设行政主管部门或者其他有关部门备案。”

《条例》第54条规定，建设单位未将保证安全施工的措施报送有关部门备案的，责令限期改正，给予警告。

4. 拆除工程相关资料备案制。《条例》第11条规定“建设单位应在拆除工程施工15日前，将下列资料送建设工程所在地的县级以上地方人民政府建设行政主管部门或者其他有关部门备案：(一)施工单位资质等级证明；(二)拟拆除建筑物、构筑物及可能危及毗邻建筑的说明;(三)拆除施工组织方案;(四)堆放、清除废弃物的措施。《条例》第54条又规定"建设单位未将拆除工程的有关资料报送有关部门备案的,责令限期改正、给予警告。"

(三) 施工单位根据《条例》应建立16项安全管理制度。

1. 施工企业资质等级与安全生产条件匹配制。《条例》第20条规定:施工企业不仅应当具备国家规定的注册资本、专业技术人员、技术装备,还应当具备国家规定的安全生产条件(国务院《安全生产许可证条例》第6条的13项条件及建设部的《施工企业安全生产评价标准》的内容),并在资质等级许可的范围内承揽工程。《条例》第67条规定"施工单位取得资质证书后,降低安全生产条件的,责令限期改正,经整改未达到其资质等级相应的安全生产条件的,责令停业整顿、降低其资质等级,直至吊销资质证书。"

2. 施工单位主要负责人对安全生产工作全面负责制。《条例》第21条对施工单位主要负责人依法对本单位的安全生产工作全面负责的表现形式作了概括:建立健全安全生产责任制度和教育培训制度;制订安全生产规章制度和操作规程;保证本单位安全生产条件所需资金的投入;对所承担的建设工程进行定期和专项安全检查,并做好记录。《条例》第66条规定:施工单位的主要负责人未履行安全生产管理职责的,责令限期改正,逾期未改正的,责令施工单位停业整顿,造成事故或严重后果的追究刑事责任。

3. 项目负责人对项目安全施工负责制。《条例》第21条对项目负责人履行安全生产职责的表现形式作了明确:"落实安全生产责任制度、安全生产规章制度和操作规程,确保安全生产费用的有效使用,并根据工程的特点组织制定安全施工措施,消除安全事故隐患,及时、如实报告生产安全事故。"第66条规定:项目负责人未履行安全生产管理职责的,责令限期改正,逾期未改正的,责令停业整顿,造成事故或严重后果的追究刑事责任。同时还可按照《条例》第58条规定,对其项目经理的执业资格进行处理。

4. 安全措施费专款专用制。《条例》第22条规定"施工单位对列入建设工程概算的安全作业环境及安全施工措施所需费用,应当用于施工安全防护用具及设施的采购和更新、安全施工措施的落实、安全生产条件的改善,不得挪作他用。"《条例》第63条规定:"施工单位挪用列入建设工程的安全生产作业环境及安全施工措施所需费用的,责令限期改正,处挪用费用20%以上50%以下的罚款;造成损失的,依法承担赔偿责任。"

5. 施工单位安全机构、人员专设制。《条例》第23条规定"施工单位应当设立安全生产管理机构,配备专职安全生产管理人员。"对施工单位的安全机构及人员提出专项要求,这是《条例》在安全管理体制上的重要突破。在62条规定:未设立安全生产管理机构、配备专职安全生产管理人员的,责令限期改正,逾期未改正的,责令停业整顿并罚款,造成重大安全事故的追究刑事责任。

6. 总承包单位对施工现场的安全生产负总责制。《条例》第24条规定"建设工程实行施工总承包的,由总承包单位对施工现场的安全生产负总责。""总承包单位依法将建设工程分包给其他单位的,分包合同中应当明确各自的安全生产方面的权利、义务"。总、分包单位对分包工程的安全生产承担连带责任。"分包单位应当服从总承包单位的安全生产管理,分包单位不服从管理导致生产安全事故的,由分包单位承担主要责任。"

7. 特种作业人员持证上岗制。《条例》第25条规定"垂直运输机械作业人员、安装拆卸工、爆破作业人员、起重信号工、登高架设作业人员等特种作业人员,必须按照国家有关规定经过专门的安全作业培训,并取得特种操作资格证书后,方可上岗作业。"《条例》第62条第二项规定"作业人员或者特种作业人员，未经安全教育培训或者经考核不合格即从事相关工作的"可"责令限期改正，逾期未改正的，责令停业整顿，依照《中华人民共和国安全生产法》的有关规定处以罚款。"

8. 危险性较大的工程必须编制专项施工方案及专家论证、审查制。《条例》第26条规定：施工单位"对下列达到一定规模的危险性较大的分部分项工程编制专项施工方案，并附具安全验算结果，经施工单位技术负责人、总监理工程师签字后实施，由专职安全生产管理人员进行现场监督。"其类别有："(一)基坑支护与降水工程；(二)土方开挖工程；(三)模板工程；(四)起重吊装工程；(五)脚手架工程；(六)拆除、爆破工程；(七)国务院建设行政主管部门或者其他有关部门规定的其他危险性较大的工程。对前款所列工程中涉及深基坑、地下暗挖工程、高大模板工程的专项施工方案，施工单位还应当组织专家进行论证、审查。"对未编制专项施工方案的，《条例》第65条规定可处10万元以上30万元以下的罚款。

9. 安全施工技术交底制。《条例》第27条规定"技术人员应当对有关安全施工的技术要求向施工作业班组、作业人员作出详细说明，并由双方签字确认。"《条例》第64条规定"施工前未对有关安全施工的技术要求作出详细说明的，对施工单位可处5万元以上10万元以下的罚款。"

10. 危险岗位的操作规程和危害书面告知制度。《条例》第32条规定：施工单位应当向作业人员"书面告知危险岗位的操作规程和违章操作的危害。"《条例》中设定施工单位应以书面的形式告知危险岗位作业人员操作规程和违章的危害，这对施工企业抓好重点人群的安全生产工作是极为有利的。

11. 安全防护用具、设备、机具及配件进入施工现场查验和按规定报废制。《条例》第34条规定"施工单位采购、租赁的安全防护用具、机械设备、施工机具及配件，……在进入施工现场前进行查验。……建立相应的资料档案，并按国家有关规定及时报废。"《条例》第65条规定，以上物品"进入施工现场前未经查验或者查验不合格即投入使用的，"处10万元以上30万元以下的罚款。

12. 施工单位在施工起重机械和整体提升脚手架、模板等自升式架设设施使用前的验收制。《条例》第35条规定：在使用上述机械设施前，应当组织有关单位进行验收，也可以委托具有相应资质的检验检测机构进行验收；使用承租的机械设备和施工机具及配件的，由施工总包单位、分包单位、出租单位和安装单位共同进行验收。验收合格的方可使用。

《特种设备安全监察条例》规定的施工起重机械，在验收前应当经有相应资质的检验检测机构监督检验合格。

《条例》第65条第二项规定：使用上述机械设施未经检验或者验收不合格的，责令限期改正，逾期未改正的，责令停业整顿，并处10万元以上30万元以下的罚款，情节严重的，降低资质等级，直至吊销资质证书，构成犯罪的追究刑事责任，造成损失的，依法赔偿。

13. 安全生产教育培训制。《条例》第36条规定：施工单位对管理和作业人员至少每年进行一次安全生产教育培训，考核不合格不得上岗，教育情况记入个人工作档案。第37条规定了"进入新岗位、新的施工现场前的安全教育培训及采用新技术、新工艺、新设备、新材料时的安全生产教育培训。《条例》第62条第二项规定：作业人员未经安全教育培训或者经考核不合格即从事相关工作，可责令整改、停业整顿、罚款、追究刑事责任等处罚。

14. 危险作业的人员意外伤害保险制。《条例》第38条规定"施工单位应当为施工现场从事危险作业的人员办理意外伤害保险”。意外伤害保险费由施工单位支付。实施施工总承包的，由总承包单位支付意外伤害保险费。实践证明：意外伤害保险既是施工企业抗御风险的一项措施，也是切实保障施工作业人员利益的有效手段。

15. 企业、项目分别制定事故应急救援预案制。《条例》第 48 条规定“施工单位应当制定本单位生产安全事故应急救援预案”。第 49 条规定：“施工单位应当根据建设工程施工的特点、范围，对施工现场易发生重大事故的部位、环节进行监控，制定施工现场生产安全事故应急救援预案。实行施工总承包的，由总承包单位统一编制建设工程生产安全事故应急救援预案”。

16. 施工单位生产安全事故报告制。《条例》第 50 条规定“施工单位发生生产安全事故，应当按照国家有关伤亡事故报告和调查处理的规定，及时、如实地向负责安全生产监督管理的部门、建设行政主管部门或者其他有关部门报告”。“实行施工总承包的建设工程，由总承包单位负责上报事故”。

（四）勘察单位根据《条例》应建立 1 项安全管理制度。

勘察活动满足建设工程安全生产需要制。《条例》第 12 条规定：勘察单位应当按照法律、法规和工程建设强制性标准进行勘察，提供的勘察文件应当真实、准确，满足建设工程安全生产的需要。《条例》第 56 条第一项规定，未按照法律、法规和工程建设强制性标准进行勘察的，处 10 万元以上 30 万元以下的罚款，情节严重的，降低资质等级，直至吊销资质证书，构成犯罪的追究刑事责任。

（五）设计单位根据《条例》应建立 2 项安全管理制度。

1. 依法律、法规和工程建设强制性标准进行设计制。《条例》第 13 条规定“设计单位应当按照法律、法规和工程建设强制性标准进行设计，防止因设计不合理导致生产安全事故的发生”。《条例》第 56 条第一项规定，未按照法律、法规和工程建设强制性标准进行设计的，处 10 万元以上 30 万元以下的罚款，情节严重的，降低资质等级，直至吊销资质证书，构成犯罪的追究刑事责任。

2. 对采用新结构、新材料、新工艺和特殊结构的建设工程提出安全建议制。《条例》第 13 条规定“采用新结构、新材料、新工艺的建设工程和特殊结构的建设工程，设计单位应当在设计中提出保障施工作业人员安全和预防生产安全事故的措施建议”。《条例》第 56 条第二项规定：“采用新结构、新材料、新工艺的建设工程和特殊结构的建设工程，设计单位未在设计中提出保障施工作业人员安全和预防生产安全事故的措施建议的”。处 10 万元以上 30 万元以下的罚款，情节严重的，降低资质等级，直至吊销资质证书，构成犯罪的追究刑事责任。

上述二项制度的执行均涉及个人执业资格，对违反《条例》相应规定的个人，均可按照《条例》第 58 条规定对其执业资格进行处理。

（六）监理单位根据《条例》应建立 4 项安全管理制度。

1. 审查安全技术措施或专项施工方案制。《条例》第 14 条规定“工程监理单位应当审查施工组织设计中的安全技术措施或者专项施工方案是否符合工程建设强制性标准”。

2. 发现安全事故隐患要求整改或停止施工制。《条例》第 14 条第二款规定“监理单位在实施监理过程中，发现存在安全事故隐患的，应当要求施工单位整改；情况严重的，应当要求施工单位暂时停止施工”。

3. 严重安全隐患报告制。《条例》第 14 条第二款还规定:监理单位发现安全事故隐患情况严重的,应当要求施工单位暂时停止施工,并及时报告建设单位。施工单位不整改或者不停止施工的,工程监理单位应当及时向有关主管部门报告。

4. 依法律、法规和工程建设强制性标准进行监理制。《条例》第 14 条第三款规定“监理单位和监理工程师应当按照法律、法规和工程建设强制性标准实施监理,并对建设工程安全生产承担监理责任”。

《条例》第 57 条第一、二、三、四项分别对上述三种情况规定了处罚事项:“责令限期改正;逾期未改正的,责令停业整顿,并处 10 万元以上 30 万元以下的罚款;情节严重的,降低资质等级,直至吊销资质证书;造成重大安全事故,构成犯罪的,对直接责任人员,依照刑法有关规定追究刑事责任;造成损失的,依法承担赔偿责任”。同时,还可按照《条例》第 58 条规定,对设计人员的执业资格进行处理。

(七) 机械设备和配件的提供单位根据《条例》应建立 1 项安全管理制度。

为建设工程提供机械设备和配件的安全设施和装置齐全有效制。《条例》第 15 条规定“为建设工程提供机械设备和配件的单位应当按照安全施工的要求配备齐全有效的保险、限位等安全设施和装置”。同时第 59 条规定“未按照安全施工的要求配备齐全有效的保险、限位等安全设施和装置的,责令限期改正,处合同价款 1 倍以上 3 倍以下的罚款;造成损失的,依法承担赔偿责任”。

(八) 设备和机具出租单位根据《条例》应建立 1 项安全管理制度。

出租机械设备和施工机具及配件安全性能检测制。《条例》第 16 条规定“出租单位应当对出租的机械设备和施工机具及配件的安全性能进行检测,在签订租赁协议时,应当出具检测合格证明”。《条例》第 60 条规定“出租单位出租未经安全性能检测或者经检测不合格的机械设备和施工机具及配件的,责令停业整顿,并处 5 万元以上 10 万元以下的罚款;造成损失的,依法承担赔偿责任”。

二〇〇四年二月

**参考文献**

1. 全国人大 2002 年 6 月通过的《安全生产法》
2. 全国人大 1997 年 11 月通过的《建筑法》
3. 国务院 2003 年 11 月颁布的《建设工程安全生产管理条例》
4. 国务院 2004 年 1 月颁布的《安全生产许可证条例》
5. 建设部 2003 年 10 月颁发的《施工企业安全生产评价标准》
6. 建设部 2001 年 4 月发出的《建筑业企业资质等级标准》

# 4. 香港特别行政区工程质量监督管理模式的研究与借鉴

上海市建筑业管理办公室　周翔宇

本人于2002年10月受上海市政府委派作为管理交流赴香港建筑署从事质量安全管理工作半年之久，主要体会有以下几个方面。

香港的工程项目可分为公共工程和私人工程，公共工程又可分为基本工程、铁路和公共房屋。基本工程包括海港发展、道路、土木工程项目(如：填海)、渠务工程、供水工程、新市镇发展、市区重建、学校、社区设施及政府楼宇工程等，由工务局及各工务部门负责实施；铁路工程由地下铁路公司和九广铁路公司投资兴建，此两家公司皆由香港政府成立，香港政府是地下铁路公司的主要股东，对九广铁路公司则全资拥有；公共房屋由房屋委员会负责兴建及管理，该委员会由政府成立，但运作独立，且不属于政府构架之内，同时政府的房屋署配合其进行具体工作。

**一、香港政府的工程审图**

根据《建筑物条例》规定，香港对私人工程必须进行审图，而对政府工程不需审图。审查的“图则”包括绘图、详图、简图、计算资料、结构详图及结构计算资料，内容分为：总建筑设计、上部结构设计、给排水设计。

1. 一般规定

开工前，认可人士必须将图则交建筑事务监督审查，非经其批准不得开工。凡有下列情况，建筑事务监督可拒绝就建筑工程的任何图则给予批准：

(1) 图则不符合规例要求或不全；

(2) 图则未经消防处处长审查通过；

(3) 未提出要求批准图则的申请，或申请未载明详情；

(4) 违反《建筑物条例》的其他规定、任何其他成文法则的条文、根据《城市规划条例》制备的任何经批准的图则或草图；

(5) 未提交规例所规定的其他文件；

(6) 未缴付规定的费用；

(7) 本工程，在高度、设计、类型或拟作用途方面，与紧邻的建筑物或先前在同一地点存在的建筑物不同；

(8) 进出通向街道的方式会构成危险，或会损及来往交通的安全或便利；

(9) 建筑事务监督需要了解进一步详情时，而不能向他提供资料，或未能令他满意；

(10) 会导致任何毗邻的或其他的建筑物危险；

(11) 不符合土地使用规定；

(12) 建筑事务监督认为该地盘未建有与公众街道充分连接的街道；

(13) 没有足够能力抵御山体滑坡;

(14) 人工挖掘沉箱,深度不超过3米,挖掘的内接圆面的直径不少于1.5米,同时,使用人工挖掘沉箱是惟一实际的建造方法;

(15) 建筑事务监督根据法律就该等建筑工程或街道工程而施加的任何条件或规定,未获遵从至令他满意的程度;

(16) 建筑事务监督不信纳认可人士、注册结构工程师、注册一般建筑承建商或注册专门承建商已就拆卸工程提供足够预防措施及其他防护措施;

(17) 认可人士未递交该工程的监工计划书;

(18) 由批准图则起计已相隔2年以上;

(19) 与公共排水系统或与拟建的公共排水系统不兼容;

(20) 违反卫生规定;

(21) 对已建工程作重大改动,但建筑事务监督不同意。

香港屋宇署规定审批建筑图则的时间:①新图则,60日;②重新提交的图则,30日。审图费与图纸、资料一起交该署。审图费是香港政府收取的,屋宇署只是代收。如果费用交少了,应在收到通知后14天内补足,否则作审图不通过处理。非盈利性的项目,如学校、医院、福利建筑等可以申请减免审图费。

2. 图则的影像处理标准

屋宇署规定,提交和审批后的图则、资料必须记录于微缩影片内,微缩影片纪录也视为该图则的正本。

屋宇署建立了一个“微缩胶片记录储存系统”来保存批准的图则,1970年～1990年间批准的图则已经存入该系统。现在屋宇署又开发了一个“建筑记录管理系统”,用数码照片来保存批准的图则。这就要求认可人士在申请批准时提交的资料符合以上两个系统的要求。屋宇署“图则的影像处理标准”(请阅电子附件)对图纸大小、边缘、清晰度以及其他制图要求作了规定。

3. 优先处理

屋宇署规定,以下项目可以优先办理:1. 急需的公共设施和福利建筑;2. 政府、议会项目和房屋委员会的项目;3. Industrial Lands Sub-Committee 要求优先办理的项目;4. 与市区重建局(并不是“局”,而是像我们的城投公司一样的政府公司)有关的项目。申请优先办理,必须首先向建筑物条例办公室提出申请。除环保项目以外,改建、扩建项目一般不批准优先。如获优先的项目进展缓慢,其优先条件将被收回。

4. 对罕见技术的审图

如果未按法律设计或采用了罕见的工程技术,在正式提交图则前45天,认可人士、注册结构工程师必须作出书面保证,并向屋宇署提出咨询。屋宇署将邀请相关部门和认可人士、注册结构工程师一起开会讨论,决定是否同意。认可人士、注册结构工程师可以在详细设计前先向屋宇署提出咨询,但必须提出能说明基本原理的概念图。

5. 集中审图

为提高审图效率,方便服务对象,香港自1976年起,施行了集中审图制度。屋宇著作业备考“集中审图”规定:审图的组织工作由屋宇署负责,具体审查工作由各相关管理部门分别负责。审图可能会涉及到消防署、路政署、环保署、渠务署、水务署、医院主管部门、教育主管部门、劳动主管部门等很多部门，但认可人士、注册结构工程师不用分别向这些部门提供图则，而只需按规定数量向屋宇署提交，由屋宇署分发到各管理部门。这些管理部门按照各自职责审查图则后，将审查意见返回到屋宇署。当部门意见不一致时，由屋宇署协调处理。认可人士、注册结构工程师可以向屋宇署进行“预提交”，即就某些问题向屋宇署咨询，以保证资料真正提交时的可靠性。认可人士、注册结构工程师向屋宇署提交依据审查意见而修正的资料，同时也可以就某部门的审查意见直接向该部门咨询审查依据。

6. 承建商得到图则

图则批准后，认可人士必须向总承建商和专门承建商提供审查通过的图则、结构图和管理计划的复印件，而且建筑事务监督的印章、签字、日期必须复印出。对于一些法律未规定交给时间的计划，认可人士必须尽快交给总承建商和专门承建商。

7. 公共工程设计审查

如前所述，政府工程的实施部门有工务局下面的建筑署等 7 个工务部门和房屋及地政局下面的房屋署。房屋署负责建造“公屋”和“居屋”，工务局负责桥染、学校等项目。

政府工程的“审图”与私人工程的审图有很大差别。“公屋”和“居屋”大多有标准图，因此基本不用审图。而工务局的项目多数是自己设计的（如建筑署有 85%左右的项目自己设计），工务部门内部当然是有审查程序的，但这并不是我们所说的“审图”。工务部门往往将大型项目交设计公司设计，然后再对图纸进行审查，但这些图纸仍然算工务部门设计的（在这些图纸上，可以看到 2 个设计单位，而且工务部门排在前面）。工务部门对图纸的审查要求较高，安全只是基本要求，除此以外还包括美观、性能等全方位的要求。审查时间也没有规定，但工务部门总希望越快越好，否则影响的时间是自己的。从严格意义上说，他们的审查并不是我们所说的“审图”，而是对内部职工设计的审核和对委托设计的审查。

## 二、建筑工程政府着重管理

### （一）一般要求

香港对私人工程的管理要求与对公共工程的管理要求差别很大，前者类似于我们现在的管理，而后者则与我们以前的“指挥部”式的管理相似。本章先介绍香港对私人工程的管理要求，然后结合对私人工程的管理介绍对公共工程的管理。

1. 私人项目监督工作的组织和监工计划书

私人工程现场具体监督工作是由顾问公司开展的，认可人士和注册结构工程师可能是公司的老板或雇员，按照法律规定，政府监督范围内的现场责任必须由认可人士和注册结构工程师承担。考虑到认可人士、注册结构工程师和注册一般承建商或注册专门承建商都可能同时负责几个工地，因此屋宇署《地盘安全监督作业守则》规定，他们可以签字授权其他人作为地盘管理架构的领导人。“监工计划书”，是由认可人士组织注册结构工程师和承建商共同制定的工程监督书面计划。私人工程开工前，该计划必须提交建筑事务监督并得到他的认可。屋宇署为实施该项管理，印发了《监工计划书的技术备忘录》和《地盘安全监督作业守则》等文件，规定了计划书的格式、提交时间、监督等级、人员要求、各方监督人员的职责和权力等内容。

监工计划书包括质量监督计划和安全监督计划。所谓质量监督指“全面遵照《建筑物条例》的规定，遵照由建筑事务监督批准的有关图则，以及遵照由建筑事务监督依据与此有关的条例或规例的任何规定做出的任何命令或提出的任何条件，进行建筑工程或街道工程”。

所谓安全监督包括“控制建筑工程或街道工程的危险，以减轻危及 1. 在地盘上的工人，2. 地盘附近所有人员，3. 邻近的建筑物、构筑物和土地”。总之，此监工计划书相当于我们的强制性标准条文要求，故《建筑物条例》将监工计划书说成是“安全”监督计划。

监工计划书必须评估工程的复杂程度（具体包括困难程度、风险程度、工程规模），并据此确定监督级别。屋宇署印发了统一的打分表式，将复杂程度分为简单、稍为复杂、复杂、很复杂、极复杂五个等级。相应的监督级别有 A～F 六个等级，A 为最低，F 为最高。每个监督级别都规定了最少监督人员和最低检查频率。监工计划书对工地三方要求的监督级别不同，承建商最高，认可人士最低。三方都可以提高监督等级、增加监督人员，但不得降低、减少。

负责监督工作的技术人员分 5 个等级，其中较低的四等，必须通过建筑事务监督组织的认可考试，并具有指定的工作经验、学历（第四等如不考试也可以，但必须是注册专业人员），最高等级（第五等）必须是注册专业人员，并且具有不少于 5 年的工作经验。认可人士和注册结构工程师可聘请同一名技术人员在各自的监督班子里承担工作，但认可人士、注册结构工程师的监督工作不能委托承建商负责，其监督人员也不可和承建商的监督人员混淆。如果以上三方中的任何一方监督人员发生变化，14 天内必须向建筑事务监督报告。如因紧急情况等原因不能遵照监工计划书执行，工地可以改变计划，但在具体工作实施后 48 小时内向建筑事务监督报告。

认可人士、注册结构工程师无法处理的现场问题，可以向建筑事务监督报告，请求帮助解决。

小型工程可以不制定监工计划书。（如上盖建筑类中，建筑物高度不超过 10 米的项目）

如已被委任的认可人士或注册结构工程师短期内不能工作，他必须在 7 天内提名其他认可人士或注册结构工程师代任。受到临时代管申请后，屋宇署将给业主一份复印件，以使其知晓代管的期限和理由。

2. 紧急情况联系

屋宇署设立了一个紧急事务中心，向社会公开了紧急情况联系电话，并派人 24 小时值班，处理与私人楼宇安全有关的紧急事故。这项 24 小时紧急服务是与警方的通讯网络联系的。每当遇八号或以上台风、滂沱大雨或其他天灾人祸，紧急事务中心便立即加紧运作，统筹提供实时的专业服务，以处理有危险的楼宇、山坡、棚架及招牌等。同时屋宇署也要求负责项目的认可人士、注册结构工程师向屋宇署公开个人的传真、手机和家庭电话号码，并要求其发生变更后及时通知屋宇署。

3. 屋宇署对私人项目的监督

屋宇署强调检查工作中应重点注意以下事项：

（1）基础及上盖都必须认真检查，将结构安全及完整性视为检查、检测的重点，特别是表 1-1 所列基本要求：

**表 1-1**

| 基 础 工 程 | 审 查 项 目 | 目的/关注事项 |
|---|---|---|
| 打入桩 | | |
| （A）物料 | | |

续表

| 基础工程 | 审查项目 | 目的/关注事项 |
| --- | --- | --- |
| —工字钢桩 | 出厂证明书 | 验证屈服应力 |
| —预制预应力混凝土桩 | 来源证 | 认可类型 |
| | 实际尺寸 | 符合核准图则的规定 |
| —电焊条 | 焊极的等级 | 确保拼合接口的强度 |
| (B) 监督人员 | | |
| —注册结构工程师及注册专门承建商 | 有符合资格的监督人员在场 | 符合质量监工计划书的规定 |
| (C) 打桩的最后阶段 | | |
| —油渣锤 | 有足够的能源激活油渣锤及收锤测试 | 确保桩柱符合核准图则的规定打入适合的基础岩层 |
| —油压锤 | —同上— | —同上— |
| —吊锤 | —同上— | —同上— |
| (D) 文件 | | |
| —土地勘测 | 桩脚的基础物料 | 确保基础岩层能承受设计荷载 |
| —已完成工程的桩柱记录 | 收锤测试及基础水平 | 已建造桩柱的水平与土地勘测的钻孔记录相符 |
| 挖掘桩 | | |
| (A) 物料 | | |
| —钻孔桩 | 混凝土的等级、钢筋的出厂证明书 | 符合核准图则的规定 |
| —微型桩 | 灌浆的等级、钢筋的出厂证明书、连接器 | —同上— |
| —嵌岩工字桩 | 灌浆的等级及钢筋部分的出厂证明书 | —同上— |
| (B) 监督人员 | | |
| —注册结构工程师及注册承建商 | 有符合资格的监督人员在场 | 符合质量监工计划书的规定 |
| (C) 完成挖掘工程 | | |
| —钻孔桩 | 桩柱的深度、直径、扩底尺寸 | 确保钻孔桩是根据核准图则的规定而建造 |
| | 实际基础物料及预钻记录 | 基础物料与图则所列的相符 |
| —微型桩及嵌岩工字桩 | 桩柱的深度、斜桩的倾斜角度 | 确保微型桩是根据核准图则的规定而建造 |
| 扩展基脚 | | |
| —筏式/扩展基脚 | 承压层 | 确保基础物料是适合的 |
| | 实际尺寸 | 符合核准图则的规定 |
| 上盖工程 | | |
| (A) 钢筋混凝土 | 对结构构件进行锤击测试 | 测试混凝土的强度 |

续表

| 基础工程 | 审查项目 | 目的/关注事项 |
|---|---|---|
| | 挑选钢筋样本以进行拉力测试 | 测试拉力强度 |
| (*B*) 现场浇筑混凝土 | 取芯测试 | 测试现场浇筑混凝土的强度 |
| (*C*) 重要构件 | | |
| —传力板 | 显示注册结构工程师接受由注册一般建筑承建商设计的临时支撑的文件 | 确保临时支撑稳固 |
| | 浇筑混凝土的工序 | 临时支撑是否不稳固 |
| —预制件 | 预应力钢缆的安放位置 | 符合核准图则的规定 |
| | 灌浆排气孔 | 确保内里没有空气 |
| —悬臂式檐篷 | 施工缝的位置及混凝土保护层 | 确保安全 |
| (*D*) 幕墙及玻璃墙 | 构件大小、形状及评级 | 符合核准图则的规定 |
| | 预制锚 | —同上— |

(2) 根据承建商的表现好坏决定检查次数；

屋宇署人员在每次前往建筑地盘审查时，会对各项管理工作给予评分，这些评分将用来决定以后对该工地进行检查的次数。分数高的，检查次数少；反之，则多，对其中有违规行为或工程质量不合格的，检查次数更多(具体要求请阅附件：“根据表现确定工地检查次数”)。同时，检查人员有决定增加、减少检查内容的权力。对于有较高管理水平的工地，检查内容可能减少；反之，可能增加。

(3) 不让人预测出检查时间；

(4) 将图则审批及地盘检查两项工作分开；

(5) 检查人员交替对同一个工地进行检查；

(6) 认真听取地盘专业人士的意见。

屋宇署地盘监察组，对拆卸、深层挖掘等安全问题较大的分项工程加大巡查力度。

屋宇署“结构工程、基础工程及挖掘工程须有合格监督的规定”指出，对于以下工程，认可人士、注册结构工程师、注册承建商必须高度重视，并委派具有足够水平和经验的人进行监督：①大型挖掘、基础工程；②混凝土浇筑；③进行 compliancetesting；④预应力工程；⑤关键的钢结构工程；⑥专业性很强的工程。这些工程同时也是屋宇署监督的重点。

地盘监察组所有执行职务的人员，均须佩带建筑事务监督签发的委任书执行职务。任何根据《建筑物条例》发出的停工令，必须以书面形式发出，并必须由担任下列职位的人以建筑事务监督的名义发出，首席政府屋宇测量师、政府屋宇测量师、政府结构工程师、总屋宇测量师、总结构工程师、高级屋宇测量师、高级结构工程师。如有人以政府人员名义发出口头停工令，注册承建商可以要求其出示建筑事务监督的委任证明。

4. 监督工作中的影象资料要求

对于私人工程，凡任何呈交建筑事务监督或获他批准的文件，必须记录于微缩影片内，微缩影片纪录也视为文件的正本。屋宇署在对私人工程进行监督抽查和竣工验收时，也要求收集影象资料。

5. 工务工程监督

(1) 监督的组织结构

工务部门对工务工程的监督是全方位的，同时也是高深度的，与屋宇署对私人工程的监督有很大差别，是一套独特的监督体系。

工程由建筑师负责(相当于私人工程的认可人士)，与其平级的物料测量师、结构工程师(相当于私人工程的注册结构工程师)、屋宇装备师、机械工程师受其领导。同时，有一个专门的现场监督组织为这些“师”们服务，以结构工程为例，负责建造监督工作的领导是一位助理署长，其下有一位总工程监督(行政)，再下有9位负责各自区域的总工程监督(区域是由建筑署自行划分的)，再下是负责具体地盘监督的人员(由总工程监督(行政)等决定后报相关的总建筑师等同意)，分别是高级工程监督、工程监督、助理工程监督和监工。

(2) 监督的一般要求

工务工程也有类似私人项目的监工计划书的工作。以建筑署为例，承建商必须将监工计划报给建筑师审批，而建筑署不须制定专门的监督计划，他们依据(localmanual6)进行监督即可。工务部门对工程的监督有以下特点。一是，签约前，监督组织开会向承建商明确监督要求和承建商必须做的工作。二是，开工前，双方共同对工地及周围情况进行检查，并做好记录。三是，施工过程中，承建商每天向工地监督组织书面简要报告当天的工作情况。四是，承建商必须对工地环保情况作详细记录。五是，工地监督人员有权要求承建商做合约规定以外的检测。

(3) 影象资料要求

在验收过程和日常监督工作中，工务局大量收集影象资料，并对承建商也提出了同样的要求。对验收过程、重点部位等拍照，以备发生质量事故时调查和追究责任使用；在同一地点、同一角度定期拍照，以确定工程进度情况；开工前、施工过程中对周围建筑等拍照，以防止对周围建筑造成影响(当然还有文字记录、检测等)；对工程变更部分拍照，以便竣工时能说明情况。

工务局规定以上照片必须采用胶片，不能使用数码照片。对于一般性的施工过程也要求拍照，但可以拍数码照片。所有照片必须标明日期，并放在专门的施工记录本中(数码照片要求有专门的目录)。

工务局在合约中规定，承建商必须为工地监督人员提供至少2部照相机，一部是使用胶片的，一部是即拍即出的，另外，工务局还自备数码相机，用于一般监督过程。承建商在收集影象资料方面的情况，将被纳入工务局对其表现的考核中，会影响到其名册等级及投标时的表现得分。

(二) 质量监督管理

有相当一部分质量管理的内容已在“一般要求”中介绍过了，现再介绍一些此外的规定。仍然先介绍对私人项目的要求，再介绍对公共工程的要求。

1. 私人项目中的建筑物料测试

《建筑物条例》没有规定建筑事务监督必须就建筑材料及产品发出证明书、测试或评估报告。因此，建筑事务监督依赖认可人士、注册结构工程师及独立的实验所进行测试以鉴定这些物料/产品是否符合有关标准，并且作出证明。

建筑事务监督只承认那些获香港认可处认可或与香港认可处达成相互承认协议的认证机构认可的实验所。测试委托人应确定检测机构的认可测试范围。

下列物料/产品必须检测：

(1) 混凝土立方块/混凝土芯；

(2) 钢筋；

(3) 钢筋接头/连接器；

(4) 幕墙系统；

(5) 耐火产品。

同时，屋宇署规定，所有核实检测一律由香港实验所认可的实验所进行。

2. 提出占用许可前的竣工图准备

一个私人新建筑竣工时，往往同时提交补充图则和占用许可证申请，这是不允许的。认可人士、注册结构工程师提交补充图则必须在申请占用许可证之前。工程与原来经过审批的图则比较，有较小改动是可以接受的，但如改动较多，建筑主管部门可以要求提供“新图则”。对于补充图则已被同意的，认可人士应与占用许可证申请同时提供一套总的建筑图，这些图则必须都是被建筑事务监督认可过的。为减少资料体积，建筑主管部门接受比例不低于 1∶200 的照片图则。

3. 提交建筑材料及产品明细表

屋宇署规定，明细表须连同入伙纸申请书一并提交。认可人士须在表上确认及证明，建筑材料及产品的应用及性能均符合《建筑物条例》及规例的规定；注册承建商则须确认在建筑工程中确实使用这些建筑材料及产品。除常用的建筑材料外，明细表尚须列出所有并未在核准图则上载明的材料及产品。

4. 建筑主管部门验收前的其他验收

不论政府工程还是私人工程，在竣工前，都要申请获得消防处颁发的“消防证书”和水务署颁发的“驳喉水纸”。然后，工务部门会给工务工程颁发“竣工证书”，而屋宇署会给私人工程颁发“入伙纸”。私人工程拿到“入伙纸”后，就可以交房。而工务工程在颁发“竣工证书”后，即可以交给同一工务部门的维护单位。

5. 竣工验收

屋宇署文件“占用新建筑物”规定了私人项目竣工验收的条件和程序。

工程完成后，认可人士必须向屋宇署提出占用新建筑物的申请，并和总承建商一起做好验收检查安排工作。为保证验收审查顺利进行，认可人士必须认真负责，并保证建筑工作圆满按照审批的图则完成、符合有关法律要求、已按规定提交了完整的资料。

收到申请后，the Development Division building Surveyor 将与认可人士一起安排检查。检查时，工程必须全部完成，设备能够正常运转。如检查中发现工程明显未完成，申请将被拒绝。完成后，必须重新申请。情况严重的，将受到纪律处理。如检查中仅发现一些小问题，改正工作必须在 14 天内完成，并及时提交改正的照片资料。当建筑事务监督拒绝申请时，会立即传真通知，并马上发出正式信件。

竣工检查的方式有巡查现场、查阅资料，并对每层的混凝土进行回弹检测，检查的标准是规例(相当于我们的法律和强制性标准条文)。

在收到占用申请后 14 天内，建筑事务监督必须处理完毕。

如屋宇署检查后认为工程不能通过验收，那么在以后的额外检查中，每次检查收费 2420 元。如仅为纠正不合格的渠务工程进行检查，每次检查收费 925 元。

6. 政府及其人员在验收工作中的责任

对于私人建筑,《建筑物条例》规定:“1)政府或任何公职人员均不会因任何建筑工程按照本条例条文进行,或该等建筑工程或其图则或其所需物料须经公职人员检查或批准而负上法律责任;本条例亦不规定建筑事务监督有义务检查任何建筑物、建筑工程或物料或任何拟建建筑物的地盘以确定本条例条文获得遵从或确定任何向他呈交的图则、证明书及通知乃属准确。2)建筑事务监督或按其指示行事的公职人员所进行的任何事宜或事情,如属为执行本条例条文而真诚地进行的,则不会令建筑事务监督或该公职人员个人承受任何诉讼、法律责任、申索或要求。”但如前所述,如公务员或公职人员失职和水平较低,而造成质量事故等问题,虽不负法律责任,但却要受到法律以外的纪律处理,如影响到其注册身份等。

7. 工务工程的要求

(1) 个人上岗要求

工务局的合约一般要求承建商每个工种有15%(特殊工种5%)的工人有上岗证书。

(2) 基础和隐蔽工程验收

工务局对基础和隐蔽工程抓得很紧,要求承建商在完成某个工序进行下一工序前,书面向工地监督人员报告工作情况。以钻孔灌注桩工程为例,承建商必须进行以下工序,并在每个工序开展前书面报告包括:确定桩位、桩孔深度确定、确定石层表面位置、如有嵌入要求,测量嵌入部分深度;孔内、孔底清理砂、泥、石块情况;如使用工字钢桩,焊接情况验收;如使用工字钢桩,钢桩的长度与洞深是否一致(钢桩上做好标志);在浇混凝土前,再检查清洗孔洞情况。

报告一般应在1天前提交,验收后,承建商和现场结构工程师一起在报告上签字。

工务工程中的隐蔽工程,由工务部门现场监督人员先验收,然后报现场结构工程师再次验收,都认为合格并签字认可后,承建商方可进行下步工作。如验收时发现桩位偏移超标等较严重的质量问题,承建商必须提出补救措施,经结构工程师批准后进行。

(3) 工程检测

除现场检查十分认真外,工务部门对检测工作也相当重视,主要表现在两个方面。

一是检测力度大,还以桩基工程为例,他们可能同时采用很多方法进行检测,特别值得一提的是,他们大量采用钻芯取样检测,而且对大口径灌注桩还采用桩端面和石层结合部位的钻芯取样和全长钻芯取样检测。

二是检测频率较高,而且检测频率一般高于标准规定。工务局规定,一般情况下,对于大口径灌注桩,每根桩做3组SONICTEST、2个端部钻芯试验,每100根桩做一个全长钻芯试验。对于现浇混凝土结构,工务局规定每车做塌落度检测、每25立方米做一次强度检测(房屋署规定每车(约6立方米)都做塌落度和强度检测。而且,在取样前必须先放出0.3立方米的混凝土,以保证取样的均匀性。为了减少浪费,现场可以看到一个特别的装置,用来盛放先放出的混凝土,然后再倒回到橄榄车中。每车混凝土做的试件,都要做好记录,写清楚这车混凝土的供应商名称、具体强度等级、使用部位等,以备发生质量问题时追查和处理)。而且,检测取样,不由总承建商进行,而是由另外一个独立的承建商负责工务部门监督取样工作(私人工程没有监督取样的要求)。

不论私人工程和政府工程,检测机构都不是由承建商指定,而是由认可人士或工务部门指定。

(4) 材料管理

工务部门在每个工地都有一个样品室，存放供应商事先提供的样品及样品的重要剖面（当然是被检查认可过的）。供应商正式供货时，现场监督人员在检验后，还必须比较产品与样品是否一致。

(5) 不进行专门的竣工检查

工程竣工时，工务部门不对工务工程组织专门的验收（因为他们一直在对工程进行监督），也不在承建商的验收文件上盖章。

(6) 保修期和质量保证金

工务工程保修期，防水部分为10年，其他部分为1年。工程竣工后，工务部门会扣留承建商规定比例的工程款作为质量保证金（见下表），1年后，若工程质量没有问题，则将保证金全部支付承建商。

（三）安全监督管理

1. 总体情况

工地安全，由职业安全健康局、劳工处、屋宇署、工务部门、房屋署等部门负责监督管理，其中，劳工处负责工人权益方面的监管，屋宇署负责与施工技术有关的安全监管，职业安全健康局负责安全方面的培训、考核，工务部门、房屋署负责各自管辖范围内的安全监督（屋宇署不管，劳工处也较少管）。

香港也要求上报安全事故，但承建商在安全事故方面会弄虚作假。为了取得保险费，又由于保险公司会向政府定期通报情况，承建商不报事故的情况很少，但往往会将在工务工程上发生的较小事故说成是在私人项目上发生的（私人项目发生安全事故处罚很轻，而且不影响下次承接业务）。但由于大事故保险公司会进行核查，承建商只能如实上报。这样，就造成了统计数据上的反映，政府工程重大事故下降率不高，但事故的总数却大幅下降，而同时私人项目的事故率却有上升。

2. 公众安全

一些工程临近街道，为防止高空坠物伤及行人等情况发生，工务局和屋宇署都作了一些专门规定，例如屋宇署发出的“上盖建筑工程的公众安全措施”规定：①人行道必须加盖钢板；②工程较低处设置钢平台；③工程设置规定的双层尼龙网。

3. 工务局的安全管理

工务局有一套健全的安全管理组织体系，队伍包括：承建商的项目经理、地盘总管和安全主任、安全督导员；工务部门的建筑师/工程师、工程督察、工程监督；安全顾问组；劳工处、屋宇署、海事处、消防处（其中，劳工处管辖最多，海事处管辖的是一些与海事有关的安全问题）。

工务局对工地进行严格的检查，主要检查内容有十项，安全是其中一项，如果被评为“恶劣”，承建商将会受到严厉处罚，在后面关于工务局对承建商的管理手册中将一并专题介绍。

与检查考核紧密关联的还有一项行之有效的措施，那就是“支付安全合约”制度。根据此制度，将对承建商在安全各个方面的表现分别计算金额，违反安全规定的承建商最高可能受到合约2%的处罚。具体规定请阅附件：《安全手册》C12-A1(*b*)等。

工务局另一项安全管理措施（包括文明施工）是“工地安全循环”制度，这是由职业安全健康局、劳工处、工务局、房屋委员会、建造业训练局、建造商会和建造业总工会联合制订的。此制度是要求承建商执行的，内容包括：每日安全施工程序、每周安全施工程序、每月安全施工程序。每日安全施工程序是：①安全早会，即每天组织工人做早操，同时向每个工人讲清当日的安全注意事项；②危害识别活动会议；③开工前检查；④安全巡查；⑤指导及监督；⑥施工安全检讨；⑦收工前清扫，即当日每个工人清扫自己周围，每周整个工地清扫一次；⑧最后检查。每周安全施工程序是：①各方每周共同巡查；②每周安全施工回顾；③每周清扫。每月安全施工程序是：①各方每月共同检查；②安全培训；③安全大会；④安全委员会会议。具体要求请阅附件：《安全施工程序》手册。

每个工地都要求建立一整套安全管理制度，内容近似于国际标准 OSHAS18001，具体包括：①安全政策，即承建商总的安全目标；②安全组织；③安全训练；④内部安全守则；⑤安全委员会，即要求工地以项目经理为首成立一个安全方面的领导机构；⑥安全巡查；⑦工地风险评估（是对该工地存在的安全隐患的分析，由项目经理组织，但工地间可能会相互抄袭。政府不检查此评估，但工地发生事故后，工务局会核查工地的评估，检查工地有否事先考虑到相关的安全问题。如果没有，会加重对承建商的处罚）；⑧个人防护装备；⑨意外调查；⑩紧急应变；⑪安全推广；⑫健康保障计划；⑬分判商控制，这是一个重点，因为香港工程的分判没有限制，往往一个项目的承建商后面会有三、四十个分判商，安全事故绝大多数是分判商造成的；⑭工序控制。以下重点介绍安全训练和工地风险评估。

4. 安全培训

香港的工程项目，包括政府项目和私人项目，都要求工人持“平安卡”上岗。欲取得此卡的工人，必须报告参加为期一天的安全培训。培训内容很简单，诸如进工地要带安全帽、何种情况下必须系安全带等。培训结束后，工人要接受能力测试。通过测试的，将获得“平安卡”。此后，工人每被一个工地录用，都要再接受一次半天的“特别训练”，此训练是针对该工程的特点安排的。此外，油漆工、装修工、木工、拆卸工、水管工、钢筋工、外墙安装工、粉刷工、瓦工、架子工等 10 类工种的工人，还要多接受一天的培训，以获得“超级平安卡”，时间在“特别训练”之前。培训由建筑业训练局组织，具体由劳工处认可的 25 家机构进行。培训费用来自于从承建商的工程合约中扣取的 0.1%的基金，和工人交纳的 100 元费用。

（四）文明施工

在参观的工务工程工地中，文明施工工作都做得较好，政府监管也相当严厉。香港有以下具体做法和要求。

1. 基本要求

（1）防止空气污染的措施包括：妥善维修机器，使之不排放黑烟、禁止非法露天焚烧建造废物、装卸或运送易生尘埃物料时洒水、在钻孔或破碎作业时洒水或吸尘、任何车辆在离开工地前均须清洗、在主要道路面洒水、在工地入口处铺设水泥地以减少泥尘、以覆盖或喷草方法处理长期暴露的泥土、覆盖好车斗上易生尘埃的物料、在有遮蔽的范围内进行易生尘埃的工序、清除或盖好任何易生尘埃的物料、超过 20 袋袋装水泥必须妥善覆盖或存放在有遮蔽的范围内、使用密闭式输送系统、使用密闭式碎屑槽及收集库、架建隔尘网及设置不低于 2.4 米的围板。

（2）减少噪声的措施，包括：若未取得“建筑噪声许可证”，不得在假日、晚上（19：00～次日 7：00）使用机动设备，搭建、拆卸模板或棚架，装卸及处理瓦砾、木板、钢筋、木头、棚架物料，锤击、撞击式打桩只能在非假日的白天（7：00～19：00）进行，同时必须取得“建筑噪声许可证”、手提撞击式破碎机及空气压缩机，必须申请取得“噪声标签”、切割混凝土宜用钢丝锯代替轮锯、拆卸建筑物时应使用噪声较小的油压夹碎机、架设隔声罩及隔声屏障，以降低噪声。

(3) 避免水污染的方法，包括：工地须自设污水处理设施，处理后排放、避免让污水进入雨水管道、车身及轮胎清洗系统用水可循环再用，以节约用水、把泥水引入废水处理设施、为食堂及厕所安装污水处理设施、将清洗机械后的污水引入隔油缸。

(4) 处理建造工地的化学废物，包括：先登记成为化学废物生产者，在弃置前应把化学废物分类，将不兼容的化学废物分开及适当存放，把各种化学废物用适当的容器装好，并贴上正确的化学废物标签，化学废物应交由持牌化学废物收集者运往适当的处理地点妥善处理，保存所有运载记录单，以便查阅、不可随便弃置化学废物。

**三、香港政府对检测机构的管理**

本文第一部分已经介绍了认可处和房委会和各工务部门在对检测机构认可方面的职能，下面具体介绍对检测机构的管理情况。

1. 认可和监督

检测机构常有2个标志。一是诸如“PUBLICWORKSLABORATORIES”等表示检测机构公、私属性的标志；二是“HOKLAS”，此为香港认可处颁发的政府认可标志。

“HOKLAS”相当于我们的计量认证，香港并没有规定不通过认可就不可以进行检测工作，但《建筑物条例》和工务局、房委会的技术通告都规定，未经认可的检测机构不得对外出具公证数据。

检测机构申请获得认可，必须缴纳约2万多港币的费用。

认可处主要通过以下手段监督检测机构：

(1) 对检测机构发牌和对个人发牌(第一部分已介绍)。

(2) 日常检查。包括检查检测机构试验资料、工作情况等。

(3) 试验结果比对。认可处将做好的试样发给经其认可的检测机构，然后用自己的试验结果和他们的试验结果比较。比对的范围是认可处认可的所有检测项目，认可处每月有计划地抽取一部分检测机构，对其经认可的部分检测项目进行检测比对。

(4) 暗中送样。认可处将一些自己做好的不合格试件请人送到某个检测机构，而该检测机构并不知道这是认可处送来的试样。送样的人会请求检测机构在检测结果方面给予照顾。认可处其后根据检测报告决定如何处理。

检查人员不都是认可处的，有很多是认可处请来的专家。检查不收费，费用由政府补贴4/5，还有1/5从认可收费中支出。

对严重不符合要求的检测机构，认可处会取消认可。

认可处制定了一项用IC卡防止作假的管理办法。认可处要求每个检测机构购买其制作的专用IC卡(但笔者在施工现场看到的并没有都使用)，在制作试样时，将该卡贴在试样上，卡上将记录时间、使用部位、供应商等具体内容。每张IC卡一元，大小约4平方厘米。

2. 检测业务

在工务工程中，检测机构多数在合同中由工务部门指定，而不是由承建商指定。虽然私人检测机构和政府检测机构，都可以承接检测业务，但工务工程往往在合约中指定委托政府检测机构检测。

政府检测机构做不了或来不及做的任务，可以由该检测机构发包给私人检测机构，但分

包者必须接收发包者的监督。(私人检测机构也可以发包,但这种情况不多,因为私人检测机构比政府检测机构的业务量少)

**四、安全质量投诉处理**

投诉的内容和性质差异很大,投诉的方式也很多。以下结合上海在这方面的工作,介绍香港的情况。

1. 上诉

本节所述之"上诉"是指,当事人认为某政府部门的行政行为侵害了其合法利益,而向法律规定的特定组织提出要求重新处理的行为。这个"上诉",类似于我们的"行政诉讼",但上诉的内容不能包括处罚,而只能是处罚以外的其他行政行为,因为处罚最终是由法院而不是政府部门做出的。对上诉的具体规定,香港是由各专业法律分别作出的,而没有类似于"行政诉讼法"这样的法律。上诉处理部门也不一定是政府部门或法院,如《噪声管制条例》规定,上诉委员会由主席和小组成员组成,主席由特首委任,且其原具区域法院法官资格,无论何时,上诉委员会中公职人员都不得超过半数;小组成员也由特首委任,只要特首认为其具有处事能力即可。

香港法律往往对上诉控制很严。如《噪声管制条例》规定,当事人只能就拒发许可证的理由、强制复核检测向上诉委员会提出上诉。

2. 申诉

市民可以申诉的途径主要有向申诉专员申诉和向立法会议员申诉。

(1) 向申诉专员申诉

如把上述的行为比作我们的行政复议、行政诉讼,那么《申诉专员条例》规定的,则相当于我们的信访工作。

申诉专员是由行政长官亲自签署文书委任的非政府雇员或其代理人的公职人员的单一法团。对几乎所有政府部门的行为,只要有人提出申诉或无人申诉但专员认为行政失当,专员即可进行调查(只有很少的情况,如行政长官亲自进行的行动等特殊事项,专员不能管)。《申诉专员条例》还赋予了专员更大的权力,规定"尽管有任何法律条文规定某项决定属最终决定,或规定不得就该项决定提出上诉,或规定不得反对、审核、推翻或质疑有关机构的处事程序或其所作的决定,专员仍可按照本条例行使权力",这很像我们的信访工作。

但申诉专员的工作又很大程度上有别于我们的质量投诉或信访工作。首先,专员可向当事人收取他认为合理的费用;其次,在匿名或无法找到申诉人的情况下,专员可能不进行调查;第三,申诉必须由当事人提出,别人"拔刀相助"是不行的;第四,根据其他法律,可以向行政长官、有关审裁处、法院等上诉的,必须先上诉,不能解决的再找专员;第五,当事人从应知时起,2 年内可以找专员,否则不受理。第六,专员认为以前曾调查过该宗申诉或性质极为相近的申诉,而结果专员认为并无行政失当,就可决定不再调查;第七,专员认为申诉微不足道,就可以不调查。

《申诉专员条例》对"行政失当"作了明确的定义,"指行政欠效率、拙劣或不妥善,并在无损此解释的一般性的情况下,包括(*A*)不合理的行为,包括拖延、无礼及不为受行动影响的人着想的行为;(*B*)滥用权力(包括酌情决定权)或权能,包括作出下述行动——(ⅰ)不合理、不公平、欺压、歧视或不当地偏颇的行动,或按照属于或可能属于不合理、不公平、欺压、歧视或不当地偏颇的惯例而作出的行动;或(ⅱ)完全或部分基于法律上或事实上的错误而作出的行动；或(C)不合理、不公平、欺压、歧视或不当地偏颇的程序。可以看出，专员可以开展申诉工作的情况相当广泛，已超出了我们的行政复议、行政诉讼和信访的范畴。

专员收到申诉后，可以自行开展调查，但多数情况下是责成相关政府部门调查，政府部门调查完成后，书面向专员报告。

(2) 向立法会议员申诉

立法会申诉制度是由立法会负责运作的制度。通过这个制度，议员接受并处理市民对政府措施或政策不满而提出的申诉。申诉制度亦处理市民就政府政策、法例及所关注的其他事项提交的意见书。每周有6位议员轮流当值，监察申诉制度的运作，并接见前来提交意见书及申诉的团体代表。同时，议员亦轮流于其当值的一周内“值勤”，负责接见欲与议员讨论其申诉事项的个别人士，并向处理申诉个案的立法会秘书处申诉部职员作出指示。

但是，议员不会处理以下事项：①私人纠纷；②法庭的决定；③法庭正进行聆讯或可能涉及刑事控罪的事件；④与司法程序或类似司法程序有关的事件；⑤由独立或法定的渠道(例如廉政公署事宜投诉委员会、投诉警方独立监察委员会、劳资审裁处、行政上诉委员会)处理的申诉及事宜；⑥雇员与雇主之间的劳资纠纷，但在社会上引起广泛关注或涉及歧视职工会领袖的劳资纠纷则除外；⑦属于香港特别行政区权力范围以外的事宜。

3. 质量投诉

以上所述的上诉和申诉，多数是市民针对政府提出的。而市民如对私人建造的住宅质量不满只能找开发商协商处理，或者对开发商向法院提起民事诉讼；如对公屋、居屋等公共工程质量不满，可以向有关负责建造的政府部门提出投诉。我们所讲的质量投诉，一般指对私人建造的住宅的投诉。

媒体的有力监督，也是开发商对质量投诉处理积极的原因。开发商大多是很大的公司，小公司的房子是很难卖掉的，也就是说香港的开发商是将住宅开发当作其长期经营方向的。如果开发商不认真处理投诉，居民会向媒体反映，在香港这种社会制度下，开发商的下场大家就可想而知了。

居民也可以向有关部门投诉。在香港，不是没有投诉渠道，相反，他们比我们的投诉渠道多。居民可以向主管的政府部门投诉，也可向法律明确地独立于政府之外的组织投诉，还可向民政事务总局、总署投诉，或向申诉专员公署投诉。但投诉接受部门往往将投诉转有关主管部门处理，然后由接受投诉部门答复投诉人。不论居民向哪个组织投诉，都只能提出要求解决质量问题，而不能要求赔偿。政府部门等组织处理投诉时也只能用协调的手段，而不能强制解决。

如果居民要求开发商赔偿而不是协商补偿，那么他可以向法院起诉。香港法律体系中有“惯例法”，即以前审判的案例也是法律，可作为以后审判的依据。因此香港的法院在判决具体赔偿额的问题上，比我们方便得多。

如果因私人建筑的进行而导致其他人的物业遭损坏，在没有书面协议的前提下，就是否能得到补偿、补偿款额、谁支付或谁获得补偿等问题，向土地审裁处申请进行聆讯和作出裁定。申请应在蒙受损失或损害之日起计3年内提出。土地审裁处具有司法管辖权，可就申请进行聆讯和作出裁定。

**五、香港建筑业的诚信管理**

1. 抓好诚信教育与宣传工作

香港现在城市很干净，但据环境运输工务局吴启明先生介绍，香港在六、七十年代环境卫生情况却相当糟糕。于是香港政府发动长期的大规模的宣传，并有很多典型口号，如“香港是我家”等。同时，香港从幼儿园起，就开始教育孩子，要爱护香港的环境。通过宣传和教育，人们都自觉保护自己生存的环境，同时都认为乱扔垃圾等是很没教养的行为。

2. 香港的法律制约很严厉，不诚信就可能受到严厉的制裁，甚至没有继续生存的可能

(1) 处罚严厉。还举环境卫生的例子，如果谁随地吐痰或乱扔垃圾被抓住，将会被罚款600港币。

(2) 严重影响将来的生活。如《房屋经理注册条例》规定，“任何人如(*a*)曾在香港或香港以外地方被裁定犯了任何可令房屋管理专业的声誉受损的罪行，并被判处监禁，不论是否缓期执行；或(*b*)曾在专业方面有失当行为或疏忽行为，管理局可拒绝接纳该人注册为注册专业房屋经理。”如前所述，《建筑物条例》、《工程师学会条例》也有类似规定。总之，在香港要谋生，必须讲诚信，否则可能以后此人在此行业中就没有生存的机会了。

(3) 香港对执法的制约因素很多，想通过关系逃避制裁的可能性很小，更可能因为逃避而获更重的罪行。如近期发生的谢霆峰案，原本是一起简单的事故，谢开车自己撞上了隔离墩，并未伤人。但谢考虑到自己是公众人物，事故对自己的形象不好，于是他拉人来顶替。也巧，处理事故的警察对谢很有好感，明知是谢犯的事故却认可是顶替者的了。此事故及处理被一路人看到，向警方告发。于是三人都被判犯罪，而且不是交通事故了，是妨碍司法公正罪，是一种较严重的罪行。由于法官对谢判得较轻，社会舆论反响很大，律政司要求重新审理。

3. 管理很严格的诚信管理

工务局对承建商的管理是个典型的例子。工务局将承建商分为A、B、C三个等级，A最低，C最高，这种做法颇似我们的资质管理。但它与我们的资质管理比较，平时的监督要严得多。他们有一套专门的考核材料，叫《承建商管理手册》(前文已作介绍)。对照进行考核、打分，不合格的，将给予降级。

4. 市场评价体现得淋漓尽致

对承建商的政府管理职能在屋宇署，由他们对承建商进行注册，通过注册的承建商都可施工承接业务。建筑署只是负责政府项目中的一部分。但建筑署的A、B、C等级发牌，却受到社会的高度重视。在香港，仅有屋宇署的注册而没有建筑署的发牌，要承接社会业务也是不可能的。而且社会还希望挑C级的。

5. 注重个人信誉

在香港卖商品，没有像内地的发票，而是由售货员签字；在政府工作场合，也会看到如×××太平绅士之类的头衔。这些都说明香港很重视个人信誉。诚信是人做出来的，不讲个人信誉就谈不上全社会的诚信。

6. 政府做诚信的带头人

香港的政府部门办事的透明度很高，有关规定也很明确，并一直受到社会的监督，因此，徇私舞弊、朝令夕改等弊端很少发生。政府的诚信对全社会的诚信建设起了带头作用.

## 六、值得向香港借鉴的经验

1. 增强服务意识

香港在这方面做得比我们好，他们更多的是讲服务，而我们更多的讲管理或者监督。笔

者在学习期间，曾致电屋宇署询问有关承建商的管理标准，屋宇署工作人员不但在电话中给予了简单介绍，还主动发来四十多页的传真资料。在审图工作中，香港也主动采取集中审图的做法，大大方便了社会。此类例子举不胜举。

2. 完善管理依据系统

前文对香港在建筑业管理方面法律已作了介绍，概括起来说，其特点是比我们全面、细致且根据实际情况修正快。除此以外，值得一提的是，香港法律往往授权政府部门制定一些具体规定。如《建筑物条例》规定，建筑事务监督即屋宇署署长在某些方面（较大的范围）可以规定具体要求，同时该法也规定公共工程豁免（即不执行该条例）。因此就有了屋宇署的205个“作业备考”和工务局的328个“技术通告”。

3. 建立检讨制度

香港有定期检讨制度，虽然英文叫“review”，但中文叫“检讨”。从内容看，该制度的确是检讨，而不是回顾。此检讨制度有以下几个特点：

(1) 专挑缺点讲，很少谈成绩。从这个角度看，香港把它叫作检讨似比回顾更合适。

(2) 报告往往是对特首负责的。

(3) 报告中对发现问题皆提出解决对策。

(4) 对报告发现的问题，常马上纠正。例如，《建造业检讨委员会报告书》提出，原来的最低价中标对工程质量不利，工务局立即制订了承建商表现指数等一系列“技术通告”，并于今年11月1日起实行类似于我们的综合考评工作。

4. 将开发商放在建筑业诚信的前列

在香港，诚信是社会对某个人或企业的认识，大家都要讲诚信，不诚信将难以生存。从建筑业管理的角度看，开发商的诚信度最受关注。开发商要在在建项目赚取更多的利润同时为了树立品牌，就必须让市民相信其是一个诚信的企业，它就会运用各种手段自觉地组织对工程的管理。

5. 提高办事透明度

香港任何管理或监督都是有依据的，而且这些依据都可以在管理部门、政府网站或宪报等处查到。

我们也逐步提高了办事透明度，但比香港还差很远。除了硬件和管理方面的原因外，很重要的一点是，我们现行的管理工作中应用了较多的规范性文件，而规范性文件又较为敏感，因此一些部门可能在主观上积极性不够。

要解决这个问题，必须首先解决第二条提出的问题。

6. 统一建立被管理对象的档案数据库，坚持并修正我们的综合考评制度

香港之所以能很快执行“综合考评制度”，很大程度上是因为工务局多年来一直根据《承建商管理手册》对承建商进行考核，并将考核资料建立起数据库。只要制定《承建商指数系统》等一系列管理文件，就可以对数据库中的数据进行规定的运算，也就很快可以执行“综合考评制度”了。

7. 集中审图，方便社会

前文介绍过香港的集中审图，香港的这项制度确实方便了社会，认可人士主要将图则交给屋宇署就可以了，消防等有关管理部门由屋宇署协调，而不用认可人士一一应付。

香港之所以能做到集中审图，关键在于《建筑物条例》规定所有的审图组织工作由屋宇

署负责。而我们所谓的审图基本上指建筑方面的强制要求，消防、规划等部门也有各自的法律和审查要求，因此我们要做到集中审图难度比香港高。建议各行政管理部门加强协调，或者由市政府法制办牵头协调，争取做到集中审图。

8. 根据工程具体情况，对参与各方提出监督等级的要求

我们现在的监督基本是政府或事业单位对参与各方工程质量或工作质量的监督，而对参与各方自身的监督力量没有强制的要求。事实上，工程质量是参与各方做出来的，他们的监督力量决定了工程质量。

9. 加强工程检测

前文介绍了香港对工程质量的检测要求，其特点一是检测量大，二是检测力度大。笔者曾与香港同事探讨过，工程是否有必要进行如此的检测，香港同事的答复很简单，检测费用比工程费用不知要少多少倍，花点小钱算什么。

10. 规定影象资料要求

前文对此也作过介绍。香港这方面的要求较高。由此想到本市 1995 年左右发生的一起高层建筑倾斜的质量事故，由于缺乏证据，较难判断事故责任。试想，当时如留下了充分的工程影象资料，那么判断责任就十分简单了。

我们已提出了这方面的要求，但具体执行和监督还不规范、不正常化，今后应加强这方面的工作。

11. 规范投诉行为

香港的投诉渠道很多，但都是在法律的规定下进行的。而我们似乎显得有些随意，任何人都可以投诉，而且可以向很多政府部门或事业单位投诉。虽然我们有我们的情况，但这种做法效率不高，且不利于解决问题。建议我们适当完善《信访条例》，并在此基础上，规定信访工作的内部要求。

# 5. 打造工程建设关键一环，实现质量监管机制长期有效

上海市建设工程安全质量监督总站　辛达帆

自1984年，国务院颁布国发(1984)123号文《关于改革建筑业和基本建设体制若干问题的暂行规定》，全国实行工程质量监督制度以来，在各级政府及建设行政主管部门的领导下，全国各地相继设立了建设工程质量监督站，并基本形成网络。实践证明，实行工程质量监督制度是建设领域的一项成功改革，二十年来，各地建设工程质量监督站，在条件差、困难多的条件下，认真履行政府监督职责，积极开展工作，对稳定和提高我国建设工程质量水平发挥了重要作用。目前，我们的监督工作赢得了政府的信任，得到了社会的广泛支持和建设领域的普遍认可，监督网络已经基本实现了对建设工程的全面覆盖，在施工现场的权威性已经形成，监督工作呈发展趋势，现已成为我国建筑业发展过程中，政府不可缺少的重要技术监督力量。

但基于历史缘由，政策导向等诸多因素，工程质量监督系统在经历了从无到有，从弱到强的辉煌二十年后，在新时期里，如何调整发展以适应社会和政府的需求，值得我们去进一步思考。二十年成功历程背后，也积累了影响我们进一步发展的许多问题，主要表现在以下6个方面。

**一、质量监督系统工作的社会意义正在逐渐淡化**

二十年前，改革开放刚刚开始，全国的基建形势沉浸在一片大干快上的氛围中，而此时中国的建筑市场还远未成熟，在建筑领域无论法律法规保障，还是建筑队伍自身的素质、专业的配套、工程监理等构成工程质量保证的必要因素，都远远不能适应当时的建设形势，一度还发生了全国范围建设工程质量的严重滑坡，在这种社会形势下，作为代表政府的第三方监督机构——质量监督站，应运而生，质量监督机构的成立和正常运作，对稳定和提高当时的我国建设工程质量水平，起到了决定性的作用，社会意义重大。但是，随着中国建筑市场在二十年的发展过程中，逐步从不成熟走向成熟，建筑领域的法律法规日趋健全，工程监理制度渐趋完善，一大批高水准的施工企业已经形成，全国，尤其是上海、北京等经济发达地区的建设工程质量水平已经更多的依托一个良好的市场机制在得到控制，而并非单纯依靠质量监督机构的监督，质量监督机构工作的社会需要正在逐步淡化。

**二、监督工作手段单一，技术含金量低**

相比较而言，二十年来质量监督机构在质量监督工作手段方法上的发展创新速度要远远低于它的组织机构建设速度。二十年来，我们的工作手段基本还停留在眼看、手摸、锤敲阶段，即使增加了一部分现场检测的内容，但这仅是有限的辅助手段，主要工作方法的革命并没有完成。工作的技术含金量不高，已经成了阻碍我们进一步发展，巩固已获得的社会认同的一大障碍。

**三、质量监督人员构成不尽合理**

为了在短时期内提升整个系统的人员素质，大多数质量监督机构采取了一种最方便的方法，直接招聘应届大学毕业生充实进原先的监督队伍，表面上人员的学历层次上了好几个台阶，但因为没有施工现场的实际工作经验，大多数人，在现场并未发挥出与其学历相适应的作用。质量监督在技术上的专业性没有得到最大程度的体现。

**四、质量监督系统缺乏外界激励机制**

无论施工企业，还是监理企业，在发展过程中，始终遵循着市场经济的基本原则"优胜劣汰"，所以，只要市场化道路不变，他们的发展终究会走向成熟，终究会越来越适应市场的种种变化。而质量监督机构，在发展之初，就紧紧依靠政府的行政文件，缺乏竞争机制，自身对社会的适应能力越来越弱，如此，最终只能完全依靠政府的政策导向，而系统自身对市场的免疫力将丧失殆尽。

**五、工作性质定位不明确**

工程质量核验制被备案制取代后，实际上整个质量监督系统的工作性质存在一个重新定位的问题。但是几年过去了，我们的工作性质是走技术型道路，还是走管理型道路，从建设部到地方建设行政主管部门并没有很明确的意见，工作性质的迟迟不定位，严重阻碍了质量监督机构的调整和发展。

那么，如何调整和发展本市工程质量监督系统，实现长期有效的监管呢？我认为，应当从以下几个方面加以努力。

（一）工作性质应尽快定位

无论走技术型的道路，还是走技术管理型的道路，全系统应当尽快形成共识。只有确定了我们的工作基调，才能从战略上调整我们的人员构成，改革我们的工作方法，适应社会和政府的需要。

（二）尽量丰富工作手段，提升工作技术含量

质量监督系统无论工作性质如何定位，技术水平始终是这个系统的立身之本，永远不能消弱。而要加强工作技术含量，未来，我觉得必须从以下两个方面取得突破。

1. 将工地现场对实物的监督，延伸到对施工技术方案的一定程度上的监督把关。工程的核心是质量，质量的基础是技术，一个施工方案的好坏，可能从根本上就决定了这个工程质量的优劣。如果我们的工作能够做到这样的延伸，那么我们的社会价值势必因为工作技术含量的提高而提高。

2. 将工作重点从对实物外观监督，转向对重要隐蔽工程的监督。保证建筑物结构安全始终是我们工作的第一目的，隐蔽工程质量的好坏，从很大程度上决定了建筑物结构是否安全，在新时期我们必须深化这方面的监督力度，为我们工作的社会意义添上重重的一块砝码。

（三）调整现有技术人员构成，为工作模式的转变提供人力资源保障

质量监督机构应当停止从大中专院校直接招取应届毕业生，而应该转向从企业内部挖掘有一定专业技能，实践经验丰富的同志充实进现有的监督队伍，逐步改变现有人员构成，为建立高端技术监督部门做好人员准备。

（四）改变工作机制，提高监管效率

质量监督系统应当是在监理之上的高端监督部门，它不可能像监理一样对工程实施全

过程，全覆盖的监督，只能是有针对性的抽查，但是现有工作机制并没有充分发挥系统的监督效率，而依靠市场诚信机制，运用差别化管理模式，改变现有工作机制，提高监管效率是我们的必由之路。

（五）建立外部激励机制，促进质量监督部门自身发展

只有有了同行业竞争，质量监督系统才会整体向前发展，适应发展的需要。我们现在应该可以考虑同一地域有若干家质量监督机构同时存在的模式，来逐步建立优胜劣汰的市场机制。

质量监督机构在经历了二十年的风雨之后，又一次站在了发展的十字路口。如今社会已没有了二十年对我们存在的强烈依赖感，政府不会像二十年前那样帮我们定位，帮我们发展。未来的命运，掌握在我们自己手中。如何调整发展把我们这个系统打造成工程建设的关键一环，实现质量监管长期有效，是我们这个系统每一个青年监督工作者所应该思考的问题。

# 6. 建设工程质量安全监督管理深化改革的若干问题思考

上海市建设工程安全质量监督总站　邱　震

不论是过去、现在还是将来，"质量第一"、"安全第一"永远是建筑行业所关注和认同的原则。工程质量监督管理制度作为当今形势下我国建筑业管理体制的一项重要制度，对建设工程质量的控制与发展起着举足轻重的作用。笔者在长期的工程质量监督与管理中对质量管理、质量责任、质量安全监督管理制度及其深化改革等一系列问题，积累了一定的认识。

**一、法律当事人的工程质量责任**

建设工程活动主要由建设单位、施工单位承发包双方构成权利义务关系的主要承担者。这些市场主体共同构成建设工程的当事人。我国制定的《建筑法》、《合同法》、《招标投标法》以及国务院《建设工程质量管理条例》、《建设工程勘察设计管理条例》等法律、法规所形成的建设工程法律体系，对工程质量给予了足够重视，对从事工程建设、涉及建设工程质量的各方市场主体的法律责任作出明确的规定，这也是当事人因工程质量产生争议处理的法律依据：

国家《合同法》第 278 条规定了建设单位隐蔽工程隐蔽前的检查责任，第 279 条规定了建设单位的工程竣工质量验收责任，并规定未经验收或质量验收不合格工程不得交付使用。《建筑法》第 54 条规定建设单位不得要求设计或施工单位降低工程质量。这些规定是发生质量争议或质量事故时，确认建设单位责任的法律依据。

国家《建筑法》第 56 条规定了勘察、设计单位的质量责任。《合同法》第 280 条规定勘察、设计质量不符合要求并造成损失的，勘察、设计单位除"应当继续完成勘察、设计，减收或免收勘察、设计费并赔偿损失"。法律条文中的"并赔偿损失"，是立法不同于以往法律规定的新规定，新颁法律加重了勘察、设计单位的民事责任。

国家《建筑法》第 35、第 69 条规定了监理单位的质量责任。监理单位不履行合同义务，不依规定检查质量而造成损失的，要承担相应的赔偿责任。监理单位与建设单位或施工单位串通降低工程质量，造成损失的，监理单位要与串通者负连带赔偿责任。

施工单位是建设工程的直接加工、生产者，对工程质量负有直接的责任。我国新制订的有关建设工程的法律体系是分施工过程和交付后两方面来确立施工单位的工程质量责任制度的。国家《建筑法》第 58、60 条规定在建筑物施工过程中，施工单位必须按设计图纸和技术标准施工，工程的施工质量由施工单位负责。工程竣工时，不得留有渗漏、开裂等质量缺陷，如发现这些缺陷应当修复。在房屋交付后，施工单位应按保证建筑物合理寿命年限内正常使用的原则承担保修责任。国家《建筑法》第 62 条以及《建设工程质量管理条例》第 40 条规定，施工单位应对建筑物的不同部位实施不同最低年限的保修责任。对地基基础和主体结构工程主要部位应在整个合理使用寿命内保证使用；城市一般砖混结构工程合理使用寿命不少于50年；对屋面防水工程、有防水要求的卫生间、房屋和外墙面等重要部分保修期限不少于5年；对供热、供冷系统以及电气管线、给排水管道、设备安装和装修工程等保修年限不少于2年。

国家《建筑法》第80条、《合同法》第282条都规定，在建筑物合理使用寿命内，因建筑工程质量不合格受到损害的，有权向责任者要求赔偿。因施工单位原因造成人身财产损害的，施工单位应承担损害赔偿责任。因建设、勘察、设计、监理单位原因的，相关责任单位应承担赔偿责任。

**二、建设工程风险管理**

为防范和减少工程建设实施过程中的风险，保证工程质量和安全生产，提高投资效益，在许多发达国家和地区，早已建立起比较完善的工程风险管理制度，形成了约束和规范工程建设各方主体行为的经济制约关系及市场信用机制。针对当前我国实际情况，参照国际通行做法，应建立和推行以工程担保、工程保险为核心的工程风险管理制度。

针对当前工程建设领域存在的主要问题，重点应放在推行投标担保、承包商履约担保和业主工程款支付担保上。工程保险除已开办的建筑工程一切险外，应开办建筑职工意外伤害保险、职业责任保险和工程质量保修保险。除法律、法规规定强制实行的外，工程担保、保险由当事人根据风险状况自主决定或者在合同中约定。工程担保的担保人可以依法要求被担保人提供反担保。

承包商履约担保，是保证承包商按照合同约定履行质量、工期等义务所做的承诺，可采用银行保函、担保公司担保书、履约保证金和承包商同业担保等方式。承包商履约担保可以实行全额担保或者分段滚动担保。采用第三方担保的，在承包商由于非业主原因而不履行合同义务时，由担保人按照下列方式之一，承担担保责任：(1)向承包商提供资金、设备或者技术援助，使其能继续履行合同义务；(2)接管该项工程或者另选经业主同意的其他承包商，负责完成合同的剩余部分业主仍按原合同支付工程款；(3)按照合同约定，对业主的损失支付赔偿。采用履约保证金的，应当按照《招标投标法》的有关规定执行。业主收到履约保证金后，应当设立专用存款账户，不得挪用。采用承包商同业担保的，应当由高资质企业为低资质企业提供担保，母公司可以为其全资或者控股的子公司提供担保，并应当遵守国家关于企业之间严禁两家企业交叉互保的规定。当前，业主工程款支付担保可先在非政府投资的工程项目，主要是房地产开发商、外资企业和私人投资的项目上推行。政府投资的工程项目也应按照合同约定支付工程款，不得侵害企业的利益。

建筑职工意外伤害保险，是《建筑法》明确规定的强制性保险。其法定投保人是施工企业，施工企业也可以委托该工程的项目经理代办。被保险人是施工现场作业人员及管理人员，包括房屋拆除现场的有关人员。实行意外伤害保险，应当贯彻“预防为主”的方针和奖优罚劣的原则，根据企业的安全事故频率实行差别费率和浮动费率，并将意外伤害保险同建筑安全生产监督管理有机结合起来，最大限度地减少伤亡事故的发生。

职业责任险（又称专业责任保险、职业赔偿保险或者业务过失责任保险），是为补救工程勘察、设计、监理等单位因工作失误或者疏忽造成损失而设立的保险。要研究制订科学合理的职业责任保险条款，促进工程勘察、设计、监理等单位加强内部管理，增强责任心，减少或者避免工作失误。工程勘察、设计、监理等单位的职业责任险，可以按照年度或者单项工程投保。

工程质量保修可以采用担保或者保险的方式，由业主和承包商根据工程特点在合同中约定。实行保修担保的，可采用银行保函、担保公司担保书和承包商同业主担保。保修担保可以纳入承包商履约担保，也可以单独设立。实行保修保险的，对于保修范围和保修基限发生的工程质量问题，由保险公司负责经济损失的赔偿，但保修工作仍由原承包商承担。

对于有条件的工程，业主可以将由该工程建设各方自行投保的险种，统一向保险公司投保综合险，以避免漏保或者重保的现象，并降低工程保险费用开支。

积极培育和发展工程风险管理中介咨询机构，包括工程保险或者担保的经纪人和工程风险管理咨询公司，受业主或者承包商等委托，与保险公司或者担保人洽谈合同并代办有关事宜，从事工程风险管理技术的研究开发，开展培训和工程风险咨询（包括风险识别、评价、处理、制定风险管理方案和指导执行等）。工程风险管理中介咨询机构应当加强职业道德建设，努力提高服务水平。工程保险管理中介咨询机构应当纳入保险中介机构的统一管理。

**三、当前建设工程质量监督管理中有待深思问题**

近几年我国的工程建设法规体系已基本形成，对政府监督、市场监督、企业内部质量控制从制度上予以了确定，使现行的工程质量管理体制能够有效实行，对我国建设工程质量的稳定和提高起到了积极作用。但由于我国总体仍处在由计划经济向市场经济转型期，工程质量管理中，政府监管、市场监督、企业内部质量控制等环节还不能有效衔接，仍有许多问题令人深思。

从政府监管方面看，工程建设实施中，设计、施工的内在联系较多，但在我国现行工程质量管理体制下，设计、施工质量的监督、审查分别由两个独立机构（一个是事业单位，一个是中介单位）分别负责，两项工作在制度衔接方面有些不够明确，造成有的施工图审查机构的成果和意见，在施工阶段执行与否，不能得到有效监督，形成工程质量隐患。各级建设行政主管部门所属的工程质量监督机构是事业编制，通过向建设单位收取监督费用来保证经费来源，其主要职能是受政府主管部门委托对工程的施工质量进行监督。质监机构大部分人员来自于施工企业，他们现场管理经验较为丰富，但基础理论水平较低，对设计方面的要求了解较少。设计质量的审查是由政府建设主管部门批准的具有相应资格的施工图审查机构（属中介单位）来具体承担。目前，审图机构大部分依附于设计院，审图人员大都来自于各自设计院所，这些人员设计方面知识较丰富，相对质量监督机构的质监人员来讲理论水平较高，但缺乏施工实践经验。目前，国家对工程质量监督机构的性质、职责、发展方向及与施工图审查机构的关系，尚无明确的规定，不同程度影响了建设工程总体质量监督工作的质量。

从建设工程检测市场分析，大多数检测机构附设在科研、勘察设计单位、高校或工程质量监督机构中，实际无法独立承担民事法律责任，其中包括赔偿责任。而设在工程质量监督机构中的检测机构，使监督机构"既当运动员，又当裁判员"，既容易产生行政腐败，也不利于工程质量责任的落实。而且，不少工程质量检测机构是按行政隶属关系设定的，容易形成地方或行业保护，不利于工程质量检测市场的培育和发展。

从建设工程监理市场分析，建设单位在一般中小型工程施工实施阶段，选择一家监理单位代表其对工程施工质量能进行有效控制，而对大型工程或专业化强、工艺新和技术复杂性的工程，一般监理公司由于受其人员素质影响，难以承担监理任务，直接影响了监理工作质量。

从建设参与企业质量保证体系分析，勘察、设计、施工、监理单位尽管开展了全面质量管理和ISO9000贯标活动，建立了企业内部质量管理制度，但是相当多的企业的管理制度形同虚设，组织机构人员偏少，徒有虚名，不能将其贯彻落实到设计、施工全过程，从而影响了企业对工程质量的内部有效控制和检查。

**四、我国建设工程质量安全监督管理发展的去向建议**

总体上说，我国现行的工程质量安全监督方式与市场经济体制之间存在一定的矛盾，也不能完全适应我国建筑市场与国际建筑市场接轨的需要。借鉴国外先进管理方法，我国目前工程质量安全监督管理体制的定位和去向应进一步明确。

求同存异，建立符合我国国情的工程质量安全监督制度。目前比较普遍的观点认为，为了改善我国工程建设投资环境，必须改变我国政府对工程建设监管过多的局面，大力削减工程管理相关收费。这一观点是比较片面的，既不符合我国实际，也不符合国际惯例。建设工程质量安全实行政府监督，政府对工程进行监督时收取一定的监督费用，这是国际上通行的作法，与我国工程监督方式相近，这是必须坚持的。改善投资环境，应当在建设的大环境上下功夫，健全法律法规体系，实现与国际的接轨；大力提高政府的服务效率。要为外来投资提供一个公平、公正、透明的市场运作平台和竞争机制等。而不顾我国工程建设和管理现状，实行费用一刀切的作法是不可行的。

建立“准公务员”制度，保证监督队伍的稳定和经费的充足。工程监督工作是政府职能的延伸，不能带有任何盈利和创收目的。充足的经费保证是监督工作正常开展的前提。没有经费问题的困扰，有利于监督机构站在更高的角度，公正、严肃地开展工程质量安全监督管理工作，改进监督手段和方式，提高监督水平。解决这一问题的有效方式是将工程监督机构纳入国家公务员序列，将自收自支的经费方式改为财政全额拨款的经费方式。

借鉴国外先进经验，大力推行工程全过程监督。建筑物的质量体现在建筑物形成的整个过程中；从规划、勘察、设计、施工到竣工验收和试运行这些环节中，哪一个环节管理失控，都会对最终的建筑产品质量产生影响，因此，国外政府普遍采用的工程质量管理办法是实施全过程监督。我国建设工程质量监督则主要集中在施工阶段，表现出对质量管理较大的局限性，为了适应我国工程项目建设组织形式的改革，我国工程质量监督应该严格按照《建设工程质量管理条例》的规定，对规划、环境、勘察、设计、施工、竣工验收直至备案保修纳入进来，实行全面的真正全过程的质量监督。

明确执法与监督关系，加大工程监督执法力度。当前我国建筑市场尚不规范，为保证监督工作的有效开展，必须明确赋予监督机构以必要的行政执法权，使监督与执法相辅相成。同时，要进一步加大监督执法力度，这样才能促进工程参建各方质量行为的规范，推动建筑市场的有序发展，创造良好的建设环境。

**五、建设工程质量安全监督管理深化改革模式**

随着我国经济体制改革的不断深化，市场化进程的加快和推进，特别是加入WTO后，对我国工程质量安全监督管理的体制提出了新的要求，急需我们对其进行改革和完善。

建立健全工程质量安全法规体系，强化工程监督执法。社会主义市场体系是一个法制化的市场体系，一切市场主体的行为(包括质量安全行为)，都应符合法制体系的要求，要做到“有法可依”、“有法必依”、“执法必严”、“违法必究”。要尽快修改和完善《建筑法》，使之成为一部能够统领和约束全国建筑活动的市场相关责任主体、行政主管部门及个人质量安全行为、行政行为的法律；适时对《建设工程质量管理条例》和其他安全质量法规等中不适应市场经验发展和国际惯例要求的条款进行修改；完善配套规章，如制订出台工程质量安全监督管理规定、检测资质管理规定、工程质量安全保险办法、工程质量安全信用档案管理办法等规章；调整、完善现行的法规、规章中相互矛盾、与实际不符、没有可操作性的内容。强化执法，首先要转变思想观念，改变监管方式，尽可能减少前置性行政审批和实体性监督管理，把监督重点放在对企业质量安全保证体系和质量安全行为的监督检查上来。要将行政监督和行业自律以及保险等行政和经济的手段结合起来，提高工程质量安全监督管理的效能。第二要加强监督队伍建设，建立安全监督人员资格管理制度，逐步实施由注册建筑师、结构师等监督工程。要将检测机构从监督机构中分离出来，以保证工程质量监督与检测的公正和公平性。第三要建立健全责任追究制度。对各级建设行政主管部门及有关机构执法人员都要有明确的责任，并建立相应的责任制度。同时，还要逐步建立上级对下级的执行监督制度。

监督机构和施工图审查机构进行改革。将工程质量监督机构的工程施工质量监督职能与施工图审查机构职能重组，成立若干个工程质量监督与审图或检查公司（属中介单位），对设计施工质量进行监督。省、市、自治区政府建设主管部门具体负责全省工程质量监督管理。工程质量监督机构应向政府事务执行机构（准公务员制）过渡。监督机构人员除进入准政府外，应鼓励其他人员兴办监理、审图、检测单位或自谋职业。检测机构则坚定不移地尽快地从原质量监督机构分离出来，成为具有独立法人资格的中介检测单位。

对监理管理体制进行改革、完善。参照发达国家的作法，提倡谁设计谁监理。可先在专业性强、工艺新、技术含量高的工程进行试点，由该工程的设计单位（具有相应监理资质）承担监理任务。同时鼓励支持设计单位与监理单位进行改革重组，使其成为可开展设计、监理、咨询业务的工程项目咨询管理公司。

积极建立工程质量安全保险制度。工程质量保险是一项用经济手段保障工程质量安全的制度，不仅可以分散质量安全事故的风险，而且有利于优化市场资源配置。对以下三类工程应强制实施工程质量安全保险制度。一是政府投资的重大工程与房屋建筑工程，包括公共建筑、经济实用房、办公楼等；二是国家政策性银行及国家控股的商业银行贷款兴建的房屋建筑项目；三是开发商开发的用于销售的商品房屋。投保费用可执行浮动费率，根据项目规模、技术复杂程度、企业业绩等来确定每个项目的保险费用，要奖优罚劣，鼓励业主选用素质好、业绩优的施工单位承包工程。

建立健全企业质量安全管理保证体系和工程质量安全评价体系。要在推行全面质量管理和 ISO9000、ISO14000、ISO18000 等贯标基础上，尽快总结制订出符合工程建设情况和我国国情的施工企业质量安全管理保证体系，并要力争以国家标准的形式颁发实施。要建立工程质量安全评价体系。科学客观的工程质量安全评价体系是建设行政主管部门科学决策的基础，也是向社会提供质量安全信息服务的重要内容。要借鉴国外的经验作法，确定我国的工程质量安全评价体系，并制订相应评价办法。

# 7. 新机制的萌生与转折性的变化

浦东新区建设工程安全质量监督署　封定远

建设工程安全质量监督工作如何按照党的十六届三中全会精神要求，完善机制，改革监管模式，构建市场各方责任主体及中介组织在建设活动中的行为规范，权责明确，与社会主义市场经济体制相适应的工程安全质量监督机制，从而有效地保证工程质量与施工安全，已成为建筑监管同行研讨的课题。本文拟结合浦东新区的实际，从工程质量监督管理改革的历程及现状的分析，略抒已见。

一

政府质量监督保证体系形成于 20 世纪 80 年代，发展于 90 年代，完善于新世纪。

1983 年 2 月，经国务院批准的"建筑业改革大纲"中提出"改革工程质量监督办法，把企业自我监督和社会监督结合起来，按地区建立工程质量监督机构，代表政府履行监督职权，竣工工程不经监督机构检验，不准交付使用。"同年 5 月 7 日，城乡建设部会同国家标准局联合颁发了《建设工程质量监督条例》，并在全国范围内组建质量监督站，上海市建设工程质量监督总站于 1984 年 7 月 18 日成立，随之区、县质量监督站相继建立，截止 1985 年 10 月，全国建站的城市有 201 个，县级监督站有 925 个，质量监督体系开始形成。

第一次改革质量监督机制的出发点是"在不削弱企业应尽质量责任的前提下，坚持生产主体与监督主体分离，克服自我监督带来的局限性，把质量监督的职责由企业转换到政府。"在 80 年代初期建筑行业中介组织还很不发达的情况下，把质量监督的任务（主要是实体监督）转移到政府负责，这是结合当时国情而作出的抉择。通过制约机制的转换提高监督效能，从而促进工程质量的好转。有效的遏制了房屋倒塌事故的发生。（在"六五"期间，全国共发生房屋倒塌事故 406 起，砸死 556 人，重伤 885 人）全国建设工程抽检合格率：1985 年为 51%，1986 年就提高到 63%。实践证明，质量监督体系的初步形成后，对全国工程质量的稳步提高起重大作用。

加入 WTO 后，随着市场经济体制改革的不断深入。面对多元化的市场主体现状，原有的工程质量监督机制及模式面临新的机遇与挑战。

1998 年 3 月 1 日，《中华人民共和国建筑法》实施，2000 年 1 月 30 日国务院颁布实施《建设工程质量管理条例》，2004 年 2 月 1 日国务院颁布实施《建设工程安全生产管理条例》[以下简称《条例》]。《条例》规定了工程建设各方责任主体的安全质量责任和各级建设行政主管部门的管理职责，为确保工程安全质量提供了强有力的法律武器。随之与《条例》配套的《房屋建设工程和市政基础设施竣工验收备案管理暂行办法》(78 号)等 7 个部门政策文件 14 项质量验收系列规范及有关文件相继颁布。从施工图设计审查，施工许可，工程监理，房屋建筑工程和市政基础设施工程见证取样和送验。工程竣工验收备案，质量保修，超限高建筑防震设防审查等工程质量管理制度开始实施，基本形成了"规划审批，施工图设计文件审查，施工许可，过程监督巡查和竣工验收备案”的工程质量保证和监督体系。

笔者认为《条例》的颁布，是工程质量监督机制的第二次重大改革，其关键在于使原来的政府主导型的质量责任体制转变为市场主体主导型。改变了长期以来政府工程质量监督部门的直接对建设工程进行质量等级的核验评定，转变为对建设工程参与各方各自执行有关建设工程安全、质量法律、法规和强制性标准情况进行监督检查，在监督方式上则由“三步到位”事后检查转变为对建设工程实施不定期的抽查、巡查为主的监督方式。

## 二

浦东新区建设工程安全质量监督署(于 1993 年 3 月 1 日由原川沙县建设工程质量监督站演变)。是上海市建设工程质量监督体系的组成部分，随全国工程质量监督体系改革的步伐不断发展、完善。

自 1993 年以来，以努力提高新区工程质量安全水平为目的，全方位开拓质量、安全监督管理事业，从而形成了新区的“两级管理，两级监督”的工作机构，加之其他在新区的市级监督部门共同承担了新区的基本建设工程任务的监督管理。

在工程质量监督上，对工程实施全方位监督。在广度、深度、力度上逐步强化质量监督。就广度而言，基本实现全数监督；深度而言，基本上实行了关键部位质量要素的控制；就力度而言，严格执行国家标准，确保工程环境优良、结构安全，使用功能齐全、外部美观。为切实把质量监控抓细抓实，着重抓了“工程必须受监，受监必须到位，实行工程质量三步到位核验制即“基础、主体、竣工必须到位核验。”新区实施了对工程的全面监督，监督覆盖面从“七五”初期的 45%，上升到 1990 年的 95%；现在到达了 100%。大力推动了施工企业内部的质量核验工作；其后又对企业实施以质量为主的动态管理。通过双控为提高新区建设工程质量打下基础，保证了建设工程质量全面处于受控状态。新区按照市建委、市总站、新区建设行政主管部门的要求，采取了一系列有效的措施，来确保工程质量稳步提高。

1997 年以来，新区开展了以住宅为重点的创优活动。新区规定，参建工程必须设计安全合理，内在结构确保安全，外观目测有特色，水电安装设施配套，实测实量符合标准，施工现场文明安全，墙体竖向灰缝检测密实、混凝土楼板厚度测定达到设计规定、混凝土强度由专业人员用仪器检测，符合要求后才能申报获奖。同时，还规定，对获得优质结构的企业，在年度企业综合考评中予以加分，且加分的分值位居各奖项之首，调动了企业狠抓住宅工程质量的积极性，提升了新区建设工程质量的整体水平。

1999 年根据市建委下发的《关于提高本市住宅工程质量的若干暂行规定》，新区从住宅的脚(基础)、腰(楼板)、头(屋面)、长(住宅单体长度)四个关键部位入手，采取有力措施，从根本上消除了新区住宅工程的基础和结构质量问题，提高了新区住宅质量整体水平。

从 2001 年 1 月 1 日起，新区严格执行《条例》的规定，施工图设计文件未经审查批准的，不得使用，不准予以报监。实践证明通过施工图审查强化了国家强制性标准的执行，防止了结构隐患、安全等较为严重的问题的发生，是我国建设管理体制改革的一项重要举措。

不断加大监督力度，确立依法监督观念，努力实现人治到法治的转变。内部完善监督程序，建立责任追究制度，工程监督时依据法律、法规、规范和标准从严监督，对存在质量安全隐患的单位及时查处，并采用现场公示、局部停工，通报批评，项目经理扣分、行政处罚等手段。就 2003 年而言，新区工程监督署对违规单位开具整改单 348 份，局部停工单 24 份，行政处罚 60 起，罚款 45 万余元，其中有 2 起罚款额分别为 6.046 万元与 4.18 万元，达到了听证程序的界限(当事人均放弃听证)。迄今为止,新区监督署尚未发生行政复议或行政诉讼案件。

创造业绩,为社会做出贡献,工程监督部门与参与各方一道以人民看得见建筑物为社会作出了贡献。自1993年至2003年止,新区监督的建设工程竣工交付使用的达18.9万个,建筑面积5605万平方米,(其中住宅工程竣工2789万平方米),相当于建造一个解放初期的上海城区(1949年上海市区建筑面积为4680万平方米),完成市政道路投资116.61亿元。质监部门依靠科技治理质量通病;依托专家,建立行政技术协调机制;使得工程质量处于总体受控状态,房屋未发生倒塌事故。而且工程质量得到稳步提高。自1995年至2003年止,新区建筑工程获得各类奖项1000多项,其中国家鲁班奖5项,市级"白玉兰"、"浦江杯"211项,区级"东方杯"370项,其他质量单项奖756项,显示了浦东建设工程的质量水平。

## 三

当前工程监督中存在的问题及原因。

1. 责任主体不规范的行为直接影响工程质量施工安全。业主行为不规范、逃避监督或事后补办的现象时有发生。有的开发业主为缩短投资回收期,有的政府投资项目或重大招商引资项目,一味压低工期,缩短周期。导致工程项目设计功能不全或施工质量隐患。

2. 建筑施工企业质量安全管理内控体系出现滑坡。反映在部分企业安质管部门演变成依附于工程部的一个岗位;施工企业的管理层对操作层的管理乏力;少数企业过分依赖于监督机构和监理单位;一线操作工人缺乏基本的操作技术及质量、安全意识。

3. 总包单位(尤其是转型的企业)对转包挂靠企业的管理失控。对分包单位的质量管理未纳入企业的安全质量保证体系,对分包工程的质量控制及现场施工安全管理存在薄弱环节。

4. 工程管理制度执行不够。在实际管理中,对不符合现行标准的设计以及施工单位擅自变更施工设计行为监理单位往往缺乏有效措施,有的监理方案甚至在工程开工后才形成,不同使用功能的建筑物监理方案几乎雷同,这与监理人员的素质直接相关。

5. 政府工程质量安全监督部门定位不准,监督员的技术素质参差不齐。监督员依然习惯于旧的监督方式,"运动员"与"裁判员"的换位意识未落实。在一定程度上影响了质监员的自身建设和素质,加之对违规违法处罚的量过大(50～100万),实际难于操作。

## 四

完善监管体制机制的几点建议。

随着社会的进步,人民对工程质量的理解已由原先的单一的工程本身施工质量扩展为投资、规划、设计、功能配套和环境绿化等综合的质量概念。因此,回顾政府监督体系自20世纪80年代形成以后,尤其是《条例》颁布以来工程监管工作的历程,加上当前建筑工地安全生产的严峻形势,展望未来,任重而道远,探索适应市场经济形势并逐步与国际接轨的安质监模式迫在眉睫,笔者拟结合工作实践,提如下建议:

1. 强化企业安全质量保证能力作为市场准入的必备条件。有效防止小实体堆砌而成的合成企业未形成健全的安全质量管理体系而带来的弊端。

2. 加大社会信誉对质量责任主体的约束力。十六届三中全会提出"要增强全社会的信用意识,形成以诚信道德为支撑、产权为基础、法律为保证的社会信用制度,是建设现代市场的必备条件,也是规范市场经济秩序的治本之策"为此对责任主体的违规行为,除了信用约束外，将不良行为记录与资质年检挂钩，真正实行优胜劣汰。

3. 建立综合工程监管体系。随着政府部门工程安全质量监督内容的方式的调整，必须建立直接生产责任、中介签证审查责任、监督执法三个层面的监管责任体系，政府安全质量管理部门重点应放在行为监督方面，应做到跳出核验制监督方式的圈子。主要应加大巡查力度，对诚信好、安全好、质量优的企业可少查或不查，对诚信差的企业应必查、多查，对违规严重的企业予以重罚并公示。

4. 整合政府部门的监管资源，形成综合执法体制。建立覆盖工程项目全过程，参建各方主体的工程项目监督执法体系。可设想将资质检查，招投标行为检查，建材质量、工程质量监管合为一支执法队伍，对重点部位、关键节点采取定点检查及巡查相结合的方法，突出随机抽查，从而形成三个闭合管理(检查结构与主体市场准入；开工前的质量审查与开工后的过程巡查直至竣工验收备案；各方主体的市场行为，质量行为与实体质量符合强制技术标准)这样使政府监管的出发点和落脚点最终通过工程质量体现出来。

5. 充分利用市场化科技化手段提高工程质量和施工安全。一是充分发挥社会中介机构的作用，如保险机构，担保机构对工程质量安全保险和担保，质量安全体系认证机构对企业保证体系的认可等；二是依靠科技，依托专家，建立工程技术和施工难题技术协调机构；三是建立与市场经济相适应的工程质量纠纷鉴定处理机制，引导消费者通过法律，经济手段解决质量纠纷。

建筑工程安全质量监管体制机制创新是一个内涵丰富的课题，我们走过的改革历程及新区的成果实践，已经描绘出体制创新的远景，《中华人民共和国行政许可法》于二〇〇四年七月一日起施行，这是实行政府行为法律化、规范化、理性化的必然要求，政府各管理部门全面推进依法行政，强化市场监管职能，既要致力于引导市场发展，又要通过建立全社会的统一安全质量监管体系，使得政府监管部门有可能更好地服务于社会共同利益，各方努力，确保安全生产的基础上，为社会提供更多高质量的路、园、桥、楼。

# 8. 对当前建设工程监督工作的几点思考与建议

浦东新区建设工程安全质量监督署　蒋　洁

随着社会主义市场经济体制的逐步建立，政府对建设工程质量的监督管理模式和监督管理方式方法也逐步向规范化方向转变，自《房屋建设工程和市政基础设施工程竣工备案暂行办法》(建设部第78号令)发布已两年有余了，特别是建设部2003年8月5日《工程质量监督工作导则》及《建筑工程施工质量验收统一标准》的发布，进一步强调了加强建设工程质量监督管理，规范质量监督行为及政府监督部门对工程质量实行宏观的全面调控和监督的必要性和重要性，并明确了工程质量监督检查的重点和具体要求。在落实此《暂行办法》、《导则》及《统一标准》的具体实践中，笔者认为整体工程质量的监督检查是一个有机的工作结合体，必须充分发挥建设各方的工作主动性和积极性，逐步形成参建各方与监督机构不断加强联系、共同促进工程建设保质保量的互动性的监督检查机制，使质量工作寓监督于服务中。为此，笔者对整体工程监督检查过程进行了分阶段的理性思考和初步探索，以期在工作实践中不断探索出一条新形势下适应社会发展要求的监督检查之路。

**一、关于规范建设工程质量责任主体质量行为的思考**

所谓建设工程质量责任主体，是指参与工程项目的建设单位、勘察单位、设计单位、施工单位和监理单位。质量行为则是指在工程项目建设过程中，责任主体和有关机构履行国家有关法律、法规的质量责任和义务所进行的活动。规范建设各方质量行为是质量监督部门的实施工程质量监督的起点和全过程实施工程质量监督的基础，也是全面贯彻《房屋建设工程和市政基础设施工程竣工备案管理暂行办法》及《工程质量监督工作导则》的开始。此项工作重点在于明确工程建设参与各方在建设工程质量管理中的质量责任，提高政府在社会主义市场经济条件下对工程竣工验收的市场制约能力，从而有力地推动和确保建设工程质量。

目前在实际工作中，发现建设各方在竣工验收备案制的有关内容、标准、组织、程序等要求在理解认识上以及具体工作中仍然有比较大的差距，突出表现在：个别工程施工许可证尚未办理完毕，未按要求及时到监督机构办理监督注册手续，施工图设计尚未全面完成就已经投入施工；建设、监理单位组织机构建立迟后，建设单位管理人员随意干涉设计、监理、施工单位的工作，降低设计标准；盲目压缩合理工期；工地已经开工，建设单位的主管人员还没有最终落实，且个别建设单位现场配置人员数量偏少；监理单位未按监理大纲所安排的人员实施现场安排，现场人员资质达不到要求，专业配置不全，符合签字资质的人数偏少；施工单位投标承诺的项目管理班子中标后不到位，施工组织设计与工程实际内容不相符，建筑尚未验收合格却已擅自使用等。针对这样的情况，就目前来看，监督机构查出问题后，监督整改的力度和深度都比较欠缺，跟踪检查常常也不到位，以及监督机构在完成首次的行为检查后忽视后续工作的完善检查等问题。

为此，监督部门自身工作中要充分认识规范参建各方行为工作的重要性，把此项工作作为从源头上控制质量监督的起点，不断调动参建各方加强自身质量监督的积极性，用法律法规和日常的监督检查确保此项工作的有序进行。在工程实施前，监督机构应尽早召集建设各方召开首次质量监督会议，主动向参建各方说明质量监督工作的作用、意义，并通过检查建设各方的资质、资格证书，质保体系资料，防止质量责任制流于形式，违法分包、违轨分包等行为的发生，督促工程建设各责任主体在施工过程中明确自身的责任，从而规范各方的质量行为，确保建设各方相互制约、相互监督、相互促进，并把责任制落到实处。同时，要进一步提高监督力度，严格执行各项监督检查工作措施。监督机构对所发现问题，应及时发出整改通知单，对牵扯到结构安全的问题，如施工图滞后等问题应发出停工指令单，待手续完成后方可进行施工；对违背原则，一意孤行的单位进行处罚，以达到规范建设工程行为管理的目的。此外，监督机构对建设单位应有一定的查处手段。对违反建设行为，工程施工中为抢进度而不顾工程质量，边设计边施工，或审图未完成就发布开工令等行为给予强有力的处罚措施，抓住违反建设行为的主体和决策者，所有矛盾才能迎刃而解。

**二、关于加强监督，提高现场管理人员的综合能力的思考**

随着对参建各方资质问题的严格要求，目前各单位在投标时所配备的主要人员从资质角度上基本都能达到要求，但实际现场管理人员却未必能达到要求，尤其在有些投资比较少，规模比较小的工程中，施工、监理单位一旦接到工程，立刻以各种借口，调整现场管理人员，换去资格相当的人员（项目经理、总监等），或者是当一个项目经理或总监身兼几任时，工地现场的工作基本由派驻的现场负责人或总监代表完成，而这些工作人员资质往往达不到要求，有些甚至没有签字资格，从某种意义上是降低了管理水平。更有甚者，有些施工单位纯粹出卖资质，所署名的挂名项目经理根本不到现场，对项目情况一无所知，只收管理费，无形之中降低了工程的施工管理水平。此外，施工过程中在设计方面一旦发现问题，得不到及时的更改，设计人员配合较差，例如有些问题直接影响到安全和使用功能，但设计人员却强调图纸是通过审核的，有问题也是审图公司的事，不予更改。有些设计变更图纸上的变更理由居然是质监要求。作为代表政府行使工程质量监督职能的监督机构，对此应始终坚持维护相关法律法规规范的严肃性，除对现场管理人员进行引导、说服以及有的放矢的培训教育外，还需要进一步采取强有力的监督和必要的处罚措施，以逐步纠正有关单位的错误认识和错误做法，确保整体工程建设保质保量的顺利进行。

**三、关于质量监督方案与内控计划的思考**

质量监督方案是指监督机构针对工程项目的特点，根据法律、法规和工程建设强制性标准编制的，对工程实施质量活动的指导性文件。监督机构应将工程项目质量监督工作方案的主要内容书面告知建设单位。而内控计划是监督机构内部对工程结构重要部位进行不事先告知、不定期抽查及工程实体监督检测的质量控制方案。监督方案及内控计划在一定的程度上代表着监督机构的业务水平，对结构重点部位的把握、对关键节点的控制、对重要资料的审查都反映在监督方案上。良好的监督方案对工程质量的控制起着决定性的作用。

根据上海市安全质量监督总站统一编制的“上海市建设工程质量监督方案”要求，施工过程中的质量监督分为不定期的巡回抽查和重要分项、分部工程质量验收的监督检查。目前，监督部门在施工过程中的监督基本只停留在对重要分项、分部即桩基、基础、钢筋隐蔽、主体分部质量验收的检查。对结构重点部位及关键节点的检查和事先不通知、不定期的巡回抽查方案却基本没有制定和实施，更没有制定有关抽检的内控计划。就是说监督机构仍然徘徊在“三步到位”的形式中，所谓监督方案是一个空架子，没有起到应有的作用。

为此，及时制定有效的可操作的监督方案和内控计划并严格按内控计划实施监督是解决问题的关键。适当调整减少建筑小区分部工程验收的到位次数，而增加巡回抽检的工作量，工作重点应该围绕抽检工作进行，适当的安排专项检查的工作量，如现场质保条件专项检查；建筑材料专项检查；钢筋工程专项检查；模板安装工程专项检查；砌体工程专项检查等，以提高监督机构对整体工程建设质量督查的指导作用。

**四、关于分部（子分部）工程验收的组织形式的思考**

过去由建设工程质量监督机构代表政府对工程质量进行核验，由监督站指派的监督小组对单位工程设节点验收，即组织基础、主体、竣工验收，此所谓“三步到位”。随着备案制的展开，根据《建筑工程施工质量统一标准》GB 50300—2001 要求分部工程应由总监理工程师（建设单位项目负责人）组织施工单位项目负责人和技术、质量负责人等进行验收。

就目前而言，分部（子分部）工程验收的组织形式基本与过去相比并没有得到改观，工程验收基本仍然由监督小组完成，验收的主体实际上表现出仍然以质监站为核心。建设单位过分依赖监督部门。一些工程验收小组形同虚设或根本没有成立由总监理工程师为组织者的验收小组。就其原因：一是存在核验制习惯做法的延续。监督小组监督观念和工作要求依然是以自我为中心，以实物检查为主，以观感检查为重点。尽管形式增加了对建设各方行为的监督检查，但未能发挥实际作用；二是建设单位对组织验收工作比较陌生，对组织验收工作缺乏必要的了解和认识，甚至一些总监（或建设单位项目负责人）对验收程序和验收的具体工作一知半解，操作时不知所措；三是建设各方尤其是建设单位对验收不够重视，存在不到位参加验收，更有甚者验收组织者都不到位，或者象征性的应付了事；四是在验收时间较紧，而参建各方组织能力较差的情况下，监督小组为了控制验收节奏，一切代办，直奔现场检查、讲评等，整个过程干净利落，但忽视了对验收组织形式的要求。五是设计单位，勘察单位不习惯于每次参加验收，或在规定的时间到不了现场，忽视自身存在对验收过程的作用，把自己定位在旁观者的位置上。

解决此问题的关键是监督人员必须“让位”，并进一步发挥建设各方的工作主动性和积极性，改变监督人员控制验收整个过程的形式的现状，要鼓励、培养建设各方自觉地按法律、法规和强制性标准的要求去开展正常的建设活动。为此在首次监督会议上督促建设单位尽快成立验收组，强调验收小组的重要性和作用。要求建设各方根据规范规定具体落实由参建各方组成的具备一定的素质和相应权利的人员组建验收小组，充分发挥验收成员的作用。监督机构在验收过程中要对验收小组成员的到位情况以及验收成员的素质进行把握，把从前监督机构一味注重现场实物检查的行为逐步转变为对验收小组及验收成员的监督为主，转变伊始监督小组采取“扶上马，送一程”的方式，耐心细致地指导验收小组开展工作，使之尽快进入角色。这样，一方面有利于提高验收小组的人员素质和整体工作质量水平，另一方面，监督站可以把更多的时间和精力放在对工程的整体调控和重点问题的监督检查，从而推动工程质量监督水平的逐步规范。

**五、关于验收过程中的检测行为的思考**

注重科学进步，运用现代化的检测仪器和设备，加强对建设工程结构安全的质量检测，才能提高监督结论的公正性、科学性和权威性，更具说服力。《导则》中明确提出"实体质量检查要辅以必要的监督检测，由监督人员根据结构部位的重要程度及施工现场质量情况进行随机抽检。"《建筑工程施工质量验收统一标准》GB 50300—2001 第 3.0.3 条第 8 款也明确规定对涉及结构安全和使用功能的重要分部工程应进行抽样检测。

就目前而言，存在的主要问题是此项工作未能引起参建各方和监督机构的高度重视，而未能在分部工程验收过程中有效开展。这个问题普遍发生，主要是在过去验收规范中没有明确此项要求。参建各方和监督机构对新规范的学习和理解尚不深入，由此将导致出现落实不到位的问题。广泛的宣传和必要的督促检查是解决问题的关键，特别是作为监督人员应有的放矢地增强掌握先进检测工具的操作能力，并在验收检查过程中，采用适当的仪器检测手段，提高检测水平，带动建设各方及时运用先进仪器，用数据说话更具有说服力。

**六、关于提高监督员自身素质、统一认识的思考**

工程质量监督是建设行政主管部门或其委托的工程质量监督机构根据国家的法律、法规和工程建设强制性标准，对责任主体和有关机构履行质量责任的行为以及工程实体质量进行监督检查，维护公众利益的行政行为。所有的这些监督管理责任最终落实到每一个监督人员的检查，因此要求每一个监督员必须有良好的思想素质和业务水平。监督员监督每一个工程的验收依据是勘察、设计文件，建筑工程施工质量验收规范，合同以及相关的法律、法规文件。这就要求监督人员必须认真学习、熟练掌握相关的规范、文件，了解图纸要求，熟悉规范尤其是强制性要求。由于监督员对规范、法规等熟悉程度和认识上的差别，水平也参差不齐，往往对工程验收的标准会产生一定的影响。特别是有些内容，监督机构内部人员就有一定的分歧，在未得到统一的情况下，各自按自己的理解对工程进行要求，让参建各方无所适从。有的区与区的监督站之间要求不一，甚至在一个站内监督组之间所掌握的要求都不一致，无端产生出不该有的矛盾。

例如当新的《统一标准》的新表式实施以来，监督人员按自己的理解去审查施工资料，便有了五花八门的要求，甚至在验收意见是电脑打还是手签也被当作问题提出，让施工单位资料管理人员无所适从；对同条件养护试块的龄期"600 度"的概念和要求也不统一。类似此类问题的处理，迫切需要我们监督机构形成相对规范性的统一认识，这样既有利于区域性监督检查工作行为的规范，也有利于维护监督机构在工程监督检查过程中的权威性。

# 9. 建设工程质量监督新模式的作用浅谈

黄浦区建设工程质量监督站　陈德发

由建筑工程特征所决定，其最终建成投入使用的工程质量，要受多种因素所制约。这是鉴于建筑产品的建设周期较长，建筑施工全过程涉及的各项专业、技术又较广泛。因此，每一项建筑产品的质量，就要由参与工程建设的方方面面，包括建设、勘察、设计、施工及监理以各自的建设质量行为来保证的。简而言之，围绕建设工程质量，在管理与操作层面上，所形成的内外纵横交错，环环紧扣的运作机制，及其标准与规范化程度，就是所谓"质保体系"的基本概念。这里要讨论的问题是如何深化改革，以政府实施新的质监模式来推进建立与完善质保体系，使其有效地、充分地发挥功能效应的问题。

质量责任重如泰山，人们所历来关心的建设工程质量，是关系到社会主义现代化建设百年大计，关系到广大人民群众安居乐业，健康安全的大事。党与政府高度关注工程质量，通过依照法律、法规和技术标准，对工程质量实施宏观监控，以达到不断提升建设工程质量的目的。尤其是改革开放以来，随着我国城市现代化建设步伐加快，国家对建设工程质量的监控力度逐步加大，依据的法律、法规日趋完臻。《建筑法》、《建设工程质量管理条例》先后出台并执行，明确了建设参与各方质量主体责任，为进一步建立并完善建设工程质保体系提供了重要的先决条件。并且也明确规定了政府对建设工程质量实施监督管理的职责。那么采取哪种方式来监督管理工程质量更为有效呢？我以为可以从实施多年的"核验制"和近三年来推行的"备案制"加以剖析，其结果是明显的。

1987 年以后，国家对建设工程质量实施了"核验制"的监督管理模式，就整体而言，在当时的历史条件下，也就是建设工程质量法律、法规、规章尚不健全完备的时候，按基础、主体、竣工实施三步到位核验工程质量的实际效果，是起到了监控工程质量的重要作用的。但是，其缺陷也是明显的。其一，以实物质量三步到位核验为主的监督模式，只能抽样发现由质量行为产生实际效果之优劣，虽有一定代表性但不全面，也可能存在有未发现的质量隐患，例如：某些工程被核评为"合格"甚至"优良"，而建成使用后却出现了一些质量缺陷，成为人们议论的话题；其二，质量主体责任错位，建设参与各方由于对质量管理思维定势产生的扭曲，直接影响其发挥质量自控能力。比如只要质监机构对质量验评为"合格"，施工单位就安心地继续施工，直至竣工交房，建设单位就放心地验收使用。这就实际将质监部门视同施工企业的质量检查部门；其三，购房（使用）者，对出现的质量问题，有的在投诉寻求解决的时候，还出现过使质监部门也处于被告的尴尬境地。上述种种说明：原有"核验制"所形成的质监机构角色错位，建设参与各方质量自控能力减弱，既不利于建设工程全过程多层次的质保体系的形成并有效运转，又不能更好地发挥宏观监控工程质量的实际效果。这就更有力地证明了，根据建设部、上海市建委与市质监总站深化质监模式改革的工作部署，经过三年来的不断探索、实践、总结、完善的竣工验收备案制的质监新模式，以崭新的监督理念、工作方式和程序，使建设工程的质量控制，质保体系的建立并在发挥实际效应等方面已经积累了比较丰富的成功经验，备案制的优越性必将随着深化改革的步伐而更为显现。那么备案制这一新的质监模式其优势究竟在哪里？通过实践，我认为主要体现在以下两个方面：

**一、明确质量主体责任定位，为建立质保体系，完善质量监控机制提供基本条件**

根据备案制对质量责任的有关规定，按照企业自评、设计认可、监理核定、业主验收、政府监督的程序，建设单位明确作为建设工程的质量第一责任人，其他各责任主体，按其专业分工，各负其职。质监机构作为政府监督行使职责。从而扭转了“核验制”所形成的角色错位现象。拿质监站来说，以往既当“裁判”又当“守门员”的现象将逐步消失，更能发挥政府监督质量的公正性、权威性而利于监督执法；对建设单位来说，以往有的仅依靠质监机构来把质量关，自身的建设行为对质量所产生的影响不加考虑，甚至撒手不管的现象，作为质量第一责任者显然已不相适应，随着备案制的深化，必将大有改观；施工企业在备案制的条件下，更需要加强质量管理，建立质保体系，加大质量自控能力；监理对质量负有核定责任，其监理职责行使，将更为标准和规范等等。

**二、质监新模式拓展监督视野，有利以建设工程法律、法规和技术标准为主线的质保体系有效运作**

新的质监模式由实物质量监督为主，向以建设参与各方法律、法规、技术标准执行以及行为责任监督为主转变，自然形成以质量为中心的保证体系。并且在建设施工全过程，按照备案制的监督程序，在行为上严格控制于法律、法规和技术标准的允许范围之内，把握住质量源头，有利于消除质量隐患，确保建设高质量。

综上所述，质监新模式的建立，从理论到实践已经反复证明是质监工作深化改革的成功之作，随着其继续完善的过程，必将对建设工程质量产生积极的影响。尤其是建设部近期出台并执行的《工程质量监督工作导则》和《关于建设行政主管部门对工程监理企业履行质量责任加强监督的若干意见》等文件，是完善质监新模式的有力补充，监督机构必将据此完善工作机制，以严格的监督执法，推进建设工程的质保体系在监控工程质量方面发挥更大的作用。

# 10. 以“三个代表”思想为指导，做好质量监督工作

闵行区建设工程质量安全监督站　黄仲康

随着上海市建设工程竣工验收备案制度的全面实施，闵行区建设系统也开展了“三个代表”思想学教活动，作为受政府委托的质量监督部门，如何把两者有机结合，我们通过查找思想作风和工作作风的差距，制订落实和改善措施，把理论付诸实践，努力做好本职工作。质监站全体职工通过理论学习，大家一致认识到：既要依法办事搞好竣工备案工作，还要提高生产力，促进经济发展。作为界于城乡结合地区的闵行质监站，更要为农村经济发展做好服务工作，只要我们手中有规范，心中有群众，解放思想，实事求是，从严要求，廉正高效，应该是可以发挥自己作用的。

现结合“三个代表”思想的学习，根据近年来的质监实践，我们择要介绍工作中的一些体会和认识，欢迎批评指正。

**一、代表先进生产力的发展要求**

去年五月建设部对全国建筑工地开展了安全生产大检查，同年九月建设部和监察部组成联合检查组，在全国开展了“整顿和规范建筑市场秩序”大检查，市府领导强调上海的建筑市场应该代表中国建设系统先进社会生产力的发展要求，上海要以一流的建筑市场，一流的安全生产和一流的工程质量迎接检查。为此除平时抓紧对工地的安全生产和质量监督管理工作以外，全站职工同心协力，作了深入细致的准备工作，特别是两部联合大检查，虽然内容是整顿和规范建筑市场秩序，但检查工程质量仍占了很大的比重。这次检查有三大特点：(1)上海市推荐了徐汇区(作为市区代表)，闵行区(作为郊区代表)代表全市接受检查，这是一次光荣任务，但肩上增加了更大的压力。(2)与以往质量大检查不同，这次检查以整顿建筑市场为主，首先由招投标推荐项目，质监站配合，这样我们原先准备的备查工程均未采纳，而是临阵磨枪，容易顾此失彼。(3)这次质量检查不是以往重点检查现场质量和质保资料，而是检查强制性规范执行情况，这是一个新的课题。重点是掌握规范执行情况和在建工程的动态变化，为准备工作增加了难度。应该说闵行区的建设工程质量总体上是好的，在全市也有一定的知名度，为了迎接检查，我们全站职工发扬连续作战精神，夜以继日，在市质监总站和区建设局指导下，经过全体同志努力奋斗，最终顺利完成了任务，我们的质量监督工作受到联合检查组的好评，特别是莘庄镇康玫公寓，检查组未提任何意见就顺利通过，在以往的检查中是比较罕见的。

**二、代表先进文化的前进方向**

我们检测中心肩负着工程材料检测和现场实测两大任务，在以往的住宅建设中经常发现沉降量过大和房屋严重倾斜等现象，为此在全市率先提出并经市建委通过，规定房屋建成后必须进行沉降观察，直至房屋沉降基本稳定为止。在实施过程中，我们发现计算烦琐，一

个工程测一次沉降，光运算就要花去两天时间，而且由于手工操作难免数据有误，影响结论正确性。区检测分中心编制了一套“沉降观察数据计算应用系统”，针对实际问题，提高工作效率，确保成果质量，使检测报告格式规范统一，全部数据在微机上处理易于保存、利用以及今后进一步分析研究，整个计算仅仅需要2～3个小时。

该程序采用人机对话方式，具有直观易用的特点，适用于等级或等外水准测量观测点(测网)的平差与高程计算精度评定、成果报告、汇总表的填写以及沉降曲线图的绘制，由于数据电脑控制，现场测点不得随意更动，保证了数据的真实可靠。这项程序，在闵行区应用后，得到了市检测中心的认可，已在全市范围内推广，并通过了专家评议，作为科技先进成果，现在已经正式申报市、区科委评审。

**三、代表广大人民的根本利益**

针对闵行区住宅工程量大面广，经常出现一些共性问题，我站每年都对区内工程提出一些提高工程质量和安全的措施，如住宅工程应实行监理，不得使用粉喷桩，设计单位应对住宅工程沉降量进行测算，建议多层住宅采用桩基等，都先后得到市建委的采纳，并已在全市实施。去年8月16日，我们针对住宅外墙渗水和现浇楼板出现斜裂缝等现象，下达了《关于提高闵行区住宅质量的若干措施》，这些措施结合住宅工程质量实际情况，具有前瞻性和可行性，已在区内进行试点推广。

措施的重点是(1)针对当前新型墙体材料收缩变形较大的特点，建议住宅外墙(包括承重墙和填充墙)近期还是采用多孔黏土砖，如必须采用新型墙体材料，使用方应提供必要的保证防渗漏措施，而内墙尽量推广使用新型墙体材料。应该说，这项措施是与市政府文件禁止和限制使用黏土砖暂行办法有一些出入，但我们考虑到一切工作应从实际出发，要维护广大人民群众的根本利益，与其房屋建成后造成居民大量投诉，倒不如我们自己多承担一些责任。这条意见我们与区墙体办经过协商，作为单位内部暂进行试点。(2)对于现浇楼板开裂问题，我们经过多次的实践和理论分析，认为现浇楼板裂缝主要问题是整板浇筑，楼板过长引起温度应力过大，导致楼板出现斜裂缝。目前都采取加厚楼板，加强钢筋等办法使房屋自重增加，造价也相应提高，这是“堵”的办法，不能根本解决问题；应采取“疏”的办法才是根本有效的办法。为此我们在《措施》中提出，将现浇板每隔3～4个开间断开，通过减少楼板尺寸降低板内温度应力，从根本解决现浇楼板开裂现象。但这些措施也有层层阻力：设计院要重新出图，审图是否通过，计算模式要改变，施工单位从整板浇注改为分板浇注，工期延长，施工复杂，甲方也怕因此而影响工期……我们认为，这些措施的出台，肯定会遇到种种阻力，但是为了大多数用户的利益，我们愿意承担这种风险和责任。

**四、努力做好为经济建设服务工作**

闵行区地处城郊结合部，经济建设发展很快，作为管理部门如何适应当前经济建设形势需要，提出了新的研究课题。

为了更好的为建设服务，我们也采取了一系列的措施，一是将报监时间由规定七天改为手续齐全当天即可办理；对区重点工程，影响经济发展的项目，如有区领导部门协调，可采取提前介入以确保工程质量和文明施工，减少因质量安全无序管理而产生的种种意外事故。

但这些措施，在付诸实施中也出现了一些难点，如：(1)在竣工备案文件中规定，报监时间是七天，我们单方面缩减时间，与法规产生矛盾，这次两部联合大检查时，就曾提出类似问题。(2)即使我们已经在报监时间上放宽了尺寸，有些村镇受经济利益与其他原因驱动，工程未报监就擅自开工,如《浦江镇会议中心》属于一城九镇市重点工程配套项目,工程开工至结构封顶仍未办手续,后被市建管办抓获,发了停工通知。(3)为了搞好服务,对一些未办手续已经投入使用的工程,我们采取了请市里有资格的检测单位进行全面检测,确保主体和隐蔽工程的质量安全,如七宝镇九星建材市场,经检测后主体结构基本安全,通过协调,检测费用还节省了2/3,使用单位十分满意。但这样做难免会引起连锁反应,错误认为今后不办报监手续,事后也可通过检测解决,此风不可滋长,否则后果难以想象。

又如:施工单位在建设参与各方中,始终处于弱势地位,我们坚持做好"监、帮、促"工作,除了监督管理,更要帮助扶植,闵行区创市优质工程连续八年在全市名列前第一、二名,得到社会各界的好评。今年,我们又配合区建设局重点解决民工拖欠款问题,虽属"份处事",但得到广大民工的赞扬和拥护。

总之,怎样做到既要依法办事,又要为民服务,寻找最佳结合点,始终是我们今后工作努力的方向。

**五、领导应首先作出表率**

焦裕禄同志说过,"榜样的力量是无穷的"。学习"三个代表",领导首先要起带头作用,一切从我做起,越是困难的时刻,越是艰苦的工作,领导越是要身先士卒,与群众同甘共苦。我们认识到:

要全站有凝聚力,首先领导要坦诚相见,搞好团结。

要职工遵纪守法,首先领导要廉洁自律,以身作则。

要大家努力工作,首先领导要少说空话,多做实事。

只有这样,全站同志才能在关键时刻拧成一股绳,依靠集体的力量克服各种艰难险阻。

我们站里的几位老领导年事已高,但非常重视老中青三结合,齐心协力搞好工作。在迎接两部大检查时,共赴现场,发生问题随时解决,经常连续作战至深夜,站内没有一个同志口出怨言,不少同志克服家庭困难,有很多动人的例子。我们的行动也使许多在场的建设参与方很受感动,称赞闵行区质(安)监站是一个有战斗力,凝聚力的集体。现在新一届领导班子已经建成,由清一色的年轻干部担任站领导,他们有活力,有干劲,相信我区的建设工程将会取得更新的进步。

# 11. 新形势下建设工程质监站工作职能初探

闵行区建设工程质量安全监督站　董惠旗　殷国良

**关键词**：质监、服务、团队、策划。

工程建设质量监督站（下称质监站）是一个接受政府委托，依据有关法律、法规和技术标准，对工程实施过程中各参建责任主体的质量行为以及工程实体质量进行监管的，应由相当专业技术水准和较强技术判断能力和行政执法水平的高素质人员组成的专门机构，它既不是政府职能部门，也不是中介组织，更不是市场竞争主体，它的特殊地位和性质决定了它的工作职能只能是服务指导和监督管理。

**一、加强自身建设，不断提高监督管理的专业水平。**

1. 加强自身建设是新形势下质监站工作的时代要求。

随着改革开放不断深入，在以邓小平理论和"三个代表"重要思想为指导，在经济改革不断深化的同时政治改革也在同步深化，政府机构的改革，政府服务职能的强化，要求我们作为受政府委托的质监站这个肩负着直接为工程建设和基层建设单位服务职责的部门，更应责无旁贷做好服务工作，备案制的推行使质监站工作由直接责任主体变为监督主体，这为质监工作的服务性创造了条件，有了一个足以发挥提供优质服务的空间；政府职能转变既为质监工作服务性提出要求，也为这种要求的实施提供了保障。

通过对被监督工程的责任主体单位指导帮助，从工程开始实施直到工程竣工备案为止。全过程有重点的监督、指导，从而保证把满足强制性技术标准的建筑产品投入消费市场，使质监工作不但微观为工程参建单位服务，而且宏观为四化建设服务，为全面建设小康社会服务。

2. 搞好团队建设是加强自身建设的重要工作。

随着全面建设小康社会这一目标的不断推进，上海的城市建设日新月异，政府、社会、群众对建设工程的要求愈来愈高，科学技术是第一生产力的思想不断深入人心，建设工程的科技含量也在不断提高，为适应形势的不断变化，政府也不断推出各种新规范、新标准，为工程的高质量提供法律、法规的保证。由于工程参建责任单位水平的参差不齐，这就势必会发生受监督工程中出现各种因不熟悉新规范、新标准的现象，对此作为监督主体的质监站监督师应有瞻前的思维和敏锐的目光，用其丰富的专业知识和经验对工程有关单位提供切实帮助，保证建设工程的顺利进行。为确保此项职能的优质履行如何搞好自身团队的建设是解决问题的关键。

当今经济管理大师尼尔·格拉斯对团队作如下定义："一个团队由数目较少具有互补的人所组成，他们致力于共同的目的、绩效目标和工作方法，并为此共同承担责任"。质监站的监督工作组就应该是这样一个团队，团队的每个成员都应不断提高自身专业水平，以适应新时期对质监人员的要求，为提供优质服务打下扎实基础。人员之间又能就各类专业知识进行互补，为了一个共同的目标出色完成任务，并共同承担责任。作为团队领军人物的监督师更应与时俱进，不断把自己变强大，把监督组建设成为一个完整的能适应时代要求的能处理各种复杂问题的优秀团队。

**二、与时俱进、强化管理、不断创新，把监督工作提高到一个新水平。**

1. 质监站的质量监督工作由直接责任主体变为监督主体以后，强化管理是一个重要的课题，强化管理首先要体现在对五大责任主体的自身管理体系的监管工作。

众所周知，生产力诸因素中人是第一重要的，一切工作都是直接、间接通过人来完成，只有把这一环节抓好了，其他一切迎刃而解，所以工程质监工作一定要抓管理、抓资质的审核确认、抓责任主体质量保证体系中机构人员的落实，这是工程开工前监管工作的重要内容，也为日后施工和竣工监管工作的顺利进行提供了有力的保证。

2. 建设单位是工程建设三大支柱五大责任实体的龙头，由于建设单位掌握工程投资权力，又是五大责任实体中惟一一个和每个实体都有合同关系的单位，所谓牵一发而动全身，努力做好对建设单位质量行为的监管，杜绝其违规行为，尽量减少其形式多样的“擦边球”是保证工程规范进行的关键。事实证明那个工地建设单位行为规范，这个工地一定比较规范，反之，各种各样的问题就会不断发生，所以首先抓好对建设单位监管工作是我们质监工作的一个“纲”。只有牢牢抓住这个“纲”，“纲举目张”才能确保建设工程中不发生或尽量少发生违规行为。

3. 工程监理单位是质量监管的一个重要对象，特别是质监站的工作机能变换以后，监理单位承担了全部的微观质量跟踪监控的责任，不言而喻只要监理单位真正工作到位，他的工作又能得到建设单位和我们质监站的强有力支持，任何不规范的施工行为都会得到遏止纠正，不合格的工程产品也就绝对不会发生。

由于众所周知的原因监理单位到目前为止，由于经济上的弱势，导致其行使职责的困难和自身队伍建设的困难。但监理行业还很年轻，他是一个被有关方面称作为“迎着阳光成长的少年”，也就是说监理行业有无限的前程。应该看到由于许多无私奉献的知识型的监理人员的积极努力工作，在政府部门包括质监站的有力支持下监理队伍正在健康发展，也取得了被社会认可的成绩，对于它的不成熟，我们质监站就更需要认真执行好建设部[2003]167号文件要求对监理严格监管，热情帮助，大力支持，使他在工程建设中真正起到支柱作用。

4. 对施工单位的监控毋须赘述，目前施工单位的主要问题是中标单位的“帽子”很大，真正实施工程任务的责任者却良莠不齐，更有甚者是散兵游勇的临时凑合，所以对施工单位的监管除通过建设单位和监理单位直接监控外，质监站首先做好对总承包的管理体系的审核，确保施工单位质量管理体系岗位和合格人员的真正落实。其次，在实体质量监督和控制中要正确认识由具体验收到验收监控的职责变换，既不越俎代庖，也不隔岸观火，正确使用好否决权，确保工程建设的顺利进展。

5. 对设计勘察单位监管也是对五大责任单位监管工作的一部分，本文不作述说。

6. 精心策划搞好自身管理。

众所周知，管理是一门科学，一般地说管理有策划和执行二个层面，同时策划是前提，认真执行是保证。要把工程的监管工作做好，特别是要把具有特点、有难度的重大工程监管好，就必须对监督方案进行精心策划，做到在满足标准文本的方案条款外，还要精心编制根据工程实际情况特点的补充方案,特别重要工程或专业性强的特殊工程,其方案应进行反复研讨,专家论证,并争取上级部门的支持和帮助。方案形成后还应该根据实际监控过程中变化情况不断予以补充完整。此项工作内涵很深,本文不作详细探讨。

有了精心策划的方案后,就必须认真地执行,把方案的每一条款都落到实处,为工程质量提供最有力的保障。

工程质监工作经过近二十年的发展已达到了一个相当的水平,质监站在工程建设中无可替代的地位有目共睹,作为一个质量监督员应该对其工作的职能有透彻的理解,能根据不同的形势和不同特点的工程实施严格监管、主动指导、热情服务,出色完成这项技术性政策性均很强的工作。在全面建设小康社会宏图伟业中实现自身价值和社会价值的高度统一。

# 12. 进一步提高和完善建设工程安全管理水平的一些思路

卢湾区建设工程质量安全监督站　钱兴隆

"安全生产"是世界各国政府共同关注的一项重要课题和工作内容。它反映了法律所含盖的广度和深度、市场经济条件下的生产管理运作机制的规范程度和水平；同时反映了系统管理水平和过程管理能力及科学技术含量的高低；也反映了全体工作人员的素质和社会综合监管机制的完善程度；当然也是一个国家的综合实力和社会文明进步程度的一项标志。

我国政府历来高度重视"安全生产"。"安全生产法"等一系列法律、法规文件的颁布和实施，充分体现了此项工作正沿着法制化轨道有序地前进。

近期来，安全事故还在频发，在建设工程领域中事故也尚未得到有效遏止，事故造成的危害和影响越来越受到社会各界的普遍关注，为了经济发展和社会稳定必须全面落实"安全生产"，从这点出发，针对建设工程安全生产的管理问题作以下一些思考。

**一、必须建立完整的法律、法规体系**

建立以"安全生产法"为龙头，以"建设工程安全生产管理条例"为核心的建筑行业的完整法律、法规体系是建设工程安全生产管理法制化的基础，同时必须建立严肃执法的法治化体系。

1. 体系的对象：应是建设工程参与各方，包含投资、设计、施工、监理、中介机构和政府自身等。

2. 体系涉及的时期：应从立项开始，含规划、勘察、设计、施工、装饰装修直到验收交付使用和保修等全过程。

3. 体系的内容：应包含经济和资金、科技和设计、施工技术和安全技术、材料和设备、环境和人员及社会因素的综合内容。

4. 体系涉及的面：应是跨行业的且不仅包含建设工程自身，也必须包含教育培训、环保、消防、卫生残障、交通市政、公用(水电煤)事业、金融银行和保险及各中介监督、检测、评估业等。

对照目前情况，着重抓好有法必依、执法必严；明确法律责任；加强行为人和行为主体的自省能力；改进处罚条款金额范围，使法律体系不仅完整、健全而且更严肃、强大，不仅符合可行性，而且更具可操作性。

**二、坚持贯彻"安全第一，预防为主"的方针和全面发挥工会的监督作用**

"安全第一，预防为主"是我国在安全工作中执行的行之有效的基本方针，只有正确处理好"安全、质量、进度"的关系和"效益与投入"的关系，才能时时事事抓到关键和核心要点。也只有做到预防为主，优先抓好施工中事前控制，做到事前掌握过程中的危险点、危险源，从方案上事先合理地处理，消除事故苗子的产生，预防于未然，方能掌握主动权，才能真正达到安全生产的目标。

建筑行业中有中国建设工会，他的基层组织应该深入到每个企业每个项目和每个专业集体，在党领导下的工会不仅要有组织，而且要有健全的组织，并能发挥应有作用。在中国特色的社会主义社会中工会更应发挥其应有特殊作用，更应优于欧美政府国家的工会，要发挥工会作用，就要发挥每个工会会员的作用，这样不仅能使工人兄弟在提高自身素质的同时做好自身保护，也能起到内部监督作用，使建设工程安全管理在千百双眼睛共同监督之下，促进"安全第一，预防为主"的方针真正得到落实，使建设工程全体职工团结一致，来完成安全生产这共同目标。

**三、全面推行职业安全卫生管理体系**

随着生产的发展，职业安全卫生问题的不断突出，人们在寻求有效的职业安全卫生管理方法，希望有一个系统化的、结构化的管理模式。另一方面是在经济贸易活动中，企业的活动、产品或服务中所涉及的职业安全卫生问题受到普遍关注，这样二方面原因客观地要求产生这种管理体系和推行实施这种体系已是我们安全工作的必须。建筑施工质量领域中的《ISO 9000 或 GB/T 19000 质量管理体系》，在施工企业中广泛推行并取得了明显效果。在建筑施工安全领域中，推行中国劳动保护科学技术学会推出的"职业安全卫生管理体系——规范及使用指南(CSSTLP1001)"标准和国家标准 GB/T 28001—2001《职业健康安全管理体系》和上海地方推行的针对行业内的"安保体系"(适用于施工现场安全生产管理)。这三体系结合《施工企业安全生产评价标准》(JGJ/T 77—2003)已经在施工中逐步推行贯标和执行并起到作用。

在与国际接轨的同时，贯标通过严格认证，认真实施，将大大提高安全生产管理水平，使建设工程参与各方在有共同语言的基础上达到共同安全目标。

**四、建立强制性的培训教育体系**

建立强制性培训教育体系，实行强制性全员培训，坚持持证上岗，是目前大规模建设阶段必须采用的有效措施。建筑行业中绝大部分工作属于手艺劳作，从历史上看，过去是采用传统的师徒传授技艺的方式来培养接班人，这种方式延续了千年，也可算是一种行之有效的办法了。而后推行技校来培养接班人的模式，采用理论加实践来培训学员的方法培养技术工人，这应该是一种进步。而大建设高潮的到来，大量工程项目的开工，需要大量的技工和劳力，原有工人数量远远不能满足需要，而大量外地民工就充实到这支队伍中来，其中部分民工甚至是才放下锄头就来当建筑工人的，从整体上讲，这就必然造成了工人技术素质的下降；再加上现代建筑项目大多数属"高、大、深"类型的科技含量较高的工程，对工人技术素质要求也相对更高，这种剪刀叉的矛盾现象就更加剧了施工安全问题的尖锐性，并且已经造成不良后果。通过简单地分析就能得出显而易见的结论：必须建立强制性培训教育体系来缓解矛盾。

经过有计划、有步骤、有层次、有针对性的系统培训教育来提高工作人员的素质，逐步提高全体员工的技术水平。而这种教育决不能因人员众多，水平参差不齐，工种繁复，时间紧迫，而采取急功就成或短期速成走过场，这只能适得其反。而必须是有目标、有标准、有计划、有准备并花大力气地去实施，由政府主管、教育机构、行业协会、技术学会、企业集团，社会各方共同努力来协同解决，坚持一个阶段才能见成效。

**五、建立完整的监督管理体制**

在法制的前提下，政府应制定全面、系统、严肃有效的法规，即常说的"游戏规则"，以此来统一和规范全行业安全生产工作监管。

1. 应该从规范建筑市场着手，对每个项目的实施中的各个环节是否符合"游戏规则"进行检查，违章的必须处罚，处罚的同时还必须整改，决不能以罚代改。通过规范市场，必然能克服许多可能造成不良后果的众多弊病。

2. 实施灵活多样的监督管理，重大工程政府自派专职官员实行代表管理，或委托有资质的监督机构来实施，或成立有资格人员组成的中介机构走市场化路子来参与。同时建设工程项目参与各方应聘用专业人员加强自身监管，内部建立诚信制度和安全生产管理体系并接受行政主管部门的监督。

3. 监督内容上，应包括对建设工程参与各方单位的专项监管检查，也包括对现场的监督检查。实际上是实施全过程中各个环节的依法办事和贯标自律情况、及执行规范和强制性标准等一系列安全行为的执法和监督。

4. 在实施方法上，应突出服务和处罚二手抓。以不定期、不告知、巡回抽查方法，发现问题及时给与整改通知等处理，体现教育和服务职能，同时对严重的或重复出现的问题必须以事实为依据以法律法规为准绳给予严肃整治和处罚，用以确保安全生产。

5. 应该发展行业协会(或同业工会)在政府指导下进行业内自律监管、制订行规、实施准入制度、参与对企业资质评审和个人资格评审、实行对会内成员诚信评估、拟订行业协会发展目标以适应社会发展需要，真正做到市场与现场联动作。

6. 适应市场经济中监督管理的需要，大力发展社会中介机构，实行有偿服务。这种技术服务应该包括安全生产所必须的策划、咨询、监理、检测、鉴定、评估等等一系列工作机构。实现从器材设备、环境、安全生产措施，操作指南，人员责职和考核，过程和结果评定等繁杂工作内容的专业互补。并在诚信制度下不受干涉地运作。

**六、建立多样有效的工程保险体系**

建设工程施工是属于高危作业和生产特殊产品的行业，政府应规定实施强制性的社会保险，保险内容可采用分为一切险、单项险、职业责任险、质量险、安全险、第三伤害责任险、损坏缺陷险、后期质量保险、使用功能险、综合险等等，根据工程实际情况依法办理。

实施强制性的保险，不是简单的经济问题。如实施工程安全保险，就是一项极为重要的工作，保险公司通过聘用专业人员来对施工企业、工程项目管理等实行工程风险评估，其中包括工程项目内容、易发生安全事故部位情况、易受伤害人员范围、安全控制措施的有效性、各种涉及安全与健康的情况和数据，及诚信情况和贯标情况，并含有关人员文化程度、年龄、性别、工种、从事本工作年数和经历、接受教育情况和健康状况、法律意识和自我保护意识、各种安全有关历史记录，进行全面综合评估，加上施工全过程中的风险评估修订补充，然后确定保险类别和额度及相对应的处置办法等。

社会化保险制度的实行，使经济杠杆发挥巨大作用，把建设工程参与各方的经济利益联系在一起，大大促进了各企业和管理人员的责任性与安全意识的加强和提高，也有利于安全事故后的妥善处理，更重要的是保险公司会采取一系列有效措施和办法来降低事故理赔发生的频率，减少事故发生，确保工程安全，达到双赢效果。

## 七、建立规范的长效运作机制

建设工程安全管理也是一项系统工程。社会不仅需要有完善法律、法规，形成法制化的前提，同时要有一整套健全的法治化运作机制。

政府各级建设管理部门，形成行业管理主体，为社会发展和稳定行使全方位管理职能，建设部和劳动生产安全局是建筑安全生产最高主管部门。

在运作中必须有政府主管部门的管理，同时应有操作机构。具体应该是政府对国家重点工程直接监管，也可以由政府委托专职安全监督机构来操作，对于一般规模和不同性质投资项目的工程应该由受政府委托或受权的安全监督机构来执行，并辅以各种中介机构（如监理公司等）接受各种委托来完成不同的任务，而监理公司、招投标代理咨询、审计事务所、检测、鉴定等服务机构，这就组成了政府管理下监督运作体系的基础。

应有政府管理下的专职机构和行业协会分别对建设实施企业和个人进行资质资格的监管。而这种管理必须是有法定的依据，分层次、有标准，进行严格培训、严格考试、严格评定、严格管理的，并且以注册和人数总量控制为手段来保证水准，并且要接受定期继续教育，专业、成果、诚信考评，以确认胜任与否，决不能走过场而流于形式。

应依法明确工程参与各方、监督各方和各责任人的相应责职、责权，这是有效开展工作的基础。并且要执行责任追究制，因“过”就要承担民事责任，甚至刑事责任。

只有经过严管、严监、严处、严罚，才能使运作机制统一规范，形成长效机制。

## 八、形成有效积极的社会监督机制

建设工程项目管理做到对社会的承诺与对工程项目负责的一致性是诚信的一种表现，同时自觉接受社会监督、工会监督、职工监督、居民群众监督和新闻媒体监督是我们安全生产工作中行之有效的一种监督机制，这也是有中国特色的社会主义社会优势的一种表现，是“三个代表”思想在建设工程施工管理实际中的体现。

我们应该走具有中国特色的建设工程安全管理模式，充分发挥自己的优势，坚持自己的长处，并不断努力巩固和发扬光大，则我们的安全生产工作一定会搞得更有成效。

综上之说，围绕共同的“安全生产”目标，打破行业部门和条块的围墙、分工合作、明确责任；构成网格化搭接交叉管理格局、做到纵向到底、横向到边、不留死角；条块政企共管、党政工齐抓、全体员工都行动、全社会齐参与而形成合力；依法监管，严格执行，信息互通，联网登录，“二场”联动，共筑安全长城，创“安全生产”的目标一定能实现。

# 13. 论机制改革后建设工程的质量监督管理

闸北区建设工程质量安全监督站　沈建斌

近年来，建筑业发展日新月异，工程规模也不断扩大，用户对工程质量的要求也越来越高，我们质监站的监督模式也从原来的“核验制”转变为“备案制”。如何在新形势下开展质量监督工作，确保工程达到国家标准，本文从管理上谈一下对质量监督工作的体会。

**一、以三步到位为基础，进行静态管理**

在核验制度下，“三步到位”是我们质量监督工作的主要手段。但在备案制度下，“三步到位”只是我们的一个方式。从性质上来说，只是从原有的质监站核验转变为建设参与各方自行组织验收，质监站对建设单位组织的验收进行监督，但意义非常重大。为什么？因为建设参与各方为了做好这项工作，履行自己的职责，负起该有的责任，都能自觉地学习国家强制性标准、条文，施工质量验收规范。从以前的不管或不会管，到现在的齐抓共管。仅此一个转变，为工程质量的提高起到了推动作用。

**二、以巡回抽查为目的，进行动态管理**

如何宏观地掌握施工现场质量动态，规范建设参与各方质量行为，提高政府对工程质量强制性监督的水平，确保建筑物地基基础、主体结构的使用安全。通过不定期的抽查，能促使建设参与各方自觉地遵守国家法律、法规，规范自身行为，同时在抽查中对存在的质量问题、违规质量行为，落实责任单位进行整改，从宏观上控制了区域内的工程质量。用一句话来概括就是：抽查你的质量、反映你的行为、落实你的责任。

**三、以加强服务为促进，进行技术管理**

如何更好地发挥我们质监站在工程建设中的作用，切实做到监、帮、促，提高施工企业的技术质量水平。我们在工程监督中，增加到位次数，利用我们熟练掌握的标准、规范，深入现场、及时给予指导，变过程监督为事前服务。既减少了工程返工次数，也充分调动了施工企业的积极性，特别是创优积极性，从而进一步提高了工程建设的质量水平。

**四、以检测手段为方式，进行科学管理**

配备必要的检测仪器，采用科学的检测手段，为提高质量监督工作的公正性、权威性、科学性创造了条件。以往的质量监督工作侧重于观感质量的检查，随着法律、法规的不断完善，科学技术的不断发展，这样的检查方法已不能满足当前质量监督工作的需要。因此如何确保地基基础、主体结构的使用安全，需要我们在质量监督过程中，更加实事求是，以技术数据为依据来进行工作，为工程质量的提高提供了可靠的保障。

**五、保质保量为用户，进行目标管理**

对建设工程进行监督与管理，最终是以保证社会公众使用安全为主要目的。每个工程从开工到完工，其实都以目标来进行管理。为此我们要求每个工程均要做好以下几方面的工作：

1. 确定目标，抓制度

当工程确定质量目标后，均应建立以项目经理为核心的质量保证体系（涉及各方面各专业），有围绕质量目标制定的各项制度，一般来讲应有如下责任制度：

工程项目总承包负责制度；各级管理人员质量责任制度；技术交底制度；材料采购、检验、保管制度；质量等级评定制度；三检制；样板制；挂牌制；质量保修制度等。

2. 分解目标，抓落实

目标的确定、制度的落实，归根结底还需通过"人"这个因素来实施。因此，对目标要层层分解、对制度要件件落实，必须落实到人，责任到位，工作人员的收入与考核相结合。只有这样，才能充分调动每个员工的工作积极性，发挥个人的主观能动性。

3. 围绕目标，抓服务

一个建设工程项目不是靠施工企业单方所能完成的，而是通过建设参与各方的共同努力来完成的。对建设参与各方，我们要求他们加强对国家强制性标准，施工质量验收规范的学习和掌握。只有各方对工程质量齐抓共管，才能围绕着统一的目标，及时检查、纠正、落实，切实为工程项目服务好。

4. 实施目标，抓管理

目标的最终实现，是以管理来落实的。对工程项目的管理，从我们质监站来说，通过静态、动态、技术、科学、目标管理，以点带线、以线带面，推动区域内整个工程质量的提高。而对施工企业、建设参与各方来说，加强层级管理、建立各项制度、落实质量责任制，势必能达到目标。同样制度的建立，管理的落实也反映了一个企业的精神面貌，整体合力，以及在市场中竞争的能力。管理达标的企业也一定是一个具有竞争力、生命力的企业。

以上是本人对机制改革后质量监督管理工作的机会。我相信在各方的努力下，我们的工程质量水平一定会进一步的提高，参与人员的质量意识一定会进一步的增强，最终是保证了用户的利益，保障了建筑物的使用安全。

# 14. 解放思想开拓进取，质量和安全联动监督初具成效

虹口区建设工程质量安全监督站　俞建平

随着本市新一轮建设高潮的到来，工程建设的规模朝着高水准、集约形的方向发展，同时工程建设的施工企业经过近十年的磨练，企业的管理素质、施工的质量、文明施工的水平都有了很大的提高，精品工程的数量都在逐年上升，这也对我们质量、安全监督队伍带来了挑战，如何进一步提高我们监督队伍的综合素质，适应新形势下的质量、安全监督，进一步转变我们的观念，以新的监督模式、监督手段来接受这一挑战是摆在我们面前的重要课题。因此，我认为进一步解放思想、开拓进取、加强学习，实施质量和安全的联手监督是适应形势发展，是当务之急的监督手段。

**一、质量、安全的联手监督是监督工作的发展方向**

近几年，随着我国改革开放的步伐进一步加快，奥运会的举办、申博的成功，都标志着我国各行各业都将与国际市场接轨，融入到国际市场的大集体之中。质量监督的模式从核验制到竣工验收备案制，这是监督系统的一场大变革，是发展的需要，改革的需要，这也是我们监督系统融入国际社会的一种具体表现。随着备案制的实施，我们监督执法工作的重点放在了平时的动态抽查中，动态的抽查带有随机性，而施工过程安全、质量是同步进行的，安全与质量同时又存在着必然的联系，因此，质监、安监联手的动态抽查显得尤为重要，因为作为一个施工企业，它对施工现场的安全、质量的管理是同步的，现场的质量、安全状况能较为客观地反映一个施工企业的管理水平，从我多年到施工现场检查的情况看，施工质量问题较多的，它的现场安全上也会存在许多问题，施工质量控制好的，它的现场安全工作也会搞得很好。因此，我们质安联手的动态抽查，可以从质量上发现问题后查它安全生产上的问题，反之也然，同样在我们的监督之下，施工单位把项目的安全工作搞好了，那么它的施工质量也会同步上升。所以我认为质安联手监督是我们的工作方向。

**二、质量、安全的联手监督有利于加强施工现场的动态管理**

我们都知道施工过程是一个动态的过程，正是因为动态的过程，给工程的质量和安全带来了许多不确定因素，而我们的工程质量和安全都是有目标的，有国家的强制性规范和标准所限制的，这些不确定因素造成了一些工程质量、施工安全的隐患，要消除这些隐患，就需要通过施工企业加强管理，落实责任，监理单位要加强检查、巡查，监督站要加强动态的抽查，从查行为到实物，来进一步控制这些问题的发生，而我认为，要真正的实行质量、安全的联手监督，从我们监督站内部来讲，首先要提高质量和安全监督员的综合业务素质，也就是讲质量监督员必须学习掌握安全监督的规范和强制性标准；同样安全监督员必须学习掌握质量监督的规范和强制性标准。我们站自 2001 年开始按照每年制定的业务学习计划，每二周进行一次业务学习，所有的质量监督员和安全监督员都参加。在业务学习中，学习有关质量、

安全的规范，同时要求监督员把自己工作中碰到的问题提出来，大家一起研讨。每年组织二次业务知识的书面考试，并把考试的成绩作为对监督员年终考核的内容之一。就这样我们通过不断的"挤"和"压"来提高监督员对业务知识学习的自觉性，从而使他们能更全面的掌握质量和安全监督的规范和强制性标准。从外部来讲，质安监站对施工过程的抽查是一个很重要的环节，实行质、安联动的抽查，可以进一步发现问题，因为工程的质量与施工的安全本身是有必然的联系，质量问题会造成安全隐患，而安全隐患会带来质量问题，对一个施工企业来讲，它施工的工程质量的好坏，安全生产、文明施工的好坏，归根到一个节点就是在于综合管理能力的强与弱。从我们站实行质、安联动后对施工现场的监督检查情况来看，都是从质量或安全的一方面发现问题后再去深入检查它的另一方面而发现的严重违反国家规范和强制性标准的情况，从而对施工企业实施行政处罚。所以质安联动抽查，可以较为彻底的杜绝一些质量与安全的隐患。

**三、质量、安全的联手监督是适应行政事业单位的改革方向**

随着行政事业单位的进一步改革，国家从宏观上给予调控，我们质监、安监站都属于行政事业单位，也将列入到改革的行列中，而新一轮的建设高潮，客观反映的是建设项目的增加，而且项目的规模越来越大，同时根据改革的要求，行政事业单位又被列入严格控制进入的单位，这就要求我们现有的监督人员要不断加强学习，从单面手向多面手方向发展，质监人员要学习安监的规范和要求，同样安监人员也要学质监的规范和要求，不断提高自身的综合素质来适应改革的需要，监督员到施工现场不仅能发现质量的问题，同时也能发现安全的隐患，不仅能查质量行为，而且能查安全行为，促使建设各方加强质量安全意识，把动态的施工过程各个环节控制好。我们站是从 2000 年实行了质安监督的一体化，从近几年的实际效果看，基本达到了我们预期的目的，监督队伍得到了锻炼，业务水平不断提高。

**四、质量、安全的联手监督是进一步加强服务，树立监督员队伍形象的需要**

我们知道，项目的施工有相当的一段工期，在此过程中，质监、安监的频繁检查，许多施工单位、监理单位忙于应付，从他们的内心来讲也有一定的意见，如何加强服务指导，减少一些重复的检查，减少他们一些负担，就要求我们监督队伍树立正确的思想，增强服务意识，质、安的联手监督检查是一项切实可行的方法，同样一次检查，我们既查了安全，又查了质量，对创优工作又是一次服务指导，这样既减少了检查的次数，又加强了服务，树立了我们监督队伍的良好形象。从近几年的工程项目来看，大部分的施工企业他们的管理水平在不断提高，施工的质量与安全生产的水平逐年上升，他们的创优意识越来越强，进一步加强服务指导，帮助他们不断的提高管理水平是我们监督系统的重要工作，而管理水平的提高是综合性的，它包括质量与安全，而帮助别人首先是自己不断的学习、不断的提高，使自己有能力帮助别人，因此监督队伍自身素质的提高也是一项重要的工作，只有加强服务、精心指导、严格执法，才能树立起我们监督队伍的良好形象，才能得到建设工程参与各方的配合与支持，才能把我们的各项工作去做好。

**五、进一步开拓进取，实现质量、安全的联手监督**

我们站从 2000 年开始就有计划有步骤的进行了质安联动监督模式的尝试。首先我们要求质量、安全监督员学习掌握质量和安全的监督规范和标准，以此来提高监督员的综合监督能力。其次在平时的监督检查中，每个监督组都配合相应的质量监督员和安全监督员，在施工现场检查的过程中一方面使监督员从书面上的规范知识到施工现场实际监督工作有一个衔接适应的过程；另一方面给质量、安全监督员有一个相互学习、进一步掌握规范的实践过程。通过不断的工作实践，加上站每年组织的二次业务知识的考试，监督员都切身感受到提升自身综合监督能力的重要性，都很快的进入了角色。掌握了一套监督工作的要领，就是进入施工现场首先看场容场貌和安全生产情况，以此来看施工企业管理情况的好坏，发现问题进一步检查它的施工质量情况。一般来讲，安全生产和文明施工差的，那么它的施工质量上也肯定存在许多问题，所以监督员在施工现场开具整改指令单的通常都是"双开"，即开具了质量问题指令单同时也开具了安全生产问题整改指令单。经过四年来的质安联动监督，可以这样讲是初具成效。

综上所述，我认为，质量、安全的联手监督确实是我们监督工作的发展方向，要真正做好这项工作，也需要我们不断的去探索、去实践、去总结，只有不断的完善，这项工作才能得到社会的认可，才能为我们的城市建设和管理增添一份光彩。

# 15. 加强事前预控 注重事中巡查 完善事后监督

杨浦区建设工程质量安全监督站 贾留福

随着建筑市场的不断发展，相关配套法规也在逐步完善和健全，特别是《建设工程质量管理条例》全面实施，使建设工程质量监督管理机构的职能发生了根本的转变，由原来单一的工程质量监督和竣工质量验收评定转为管理建设工程项目质量监督，对工程建设参与各方主体行为的检查以及监督工程竣工验收等为主。质量监督机构作为政府部门的派出机构，也应在依法行使其执法监督职责的同时，发挥其"窗口"单位的服务功能，在对工程参与各方实施监督的同时，积极引导和帮助他们完善自身质量行为，树立"百年大计，质量第一"的质量目标，把工程的质量，使用安全和基本功能放在首位，真正满足广大人民群众的根本利益和要求。作为工程质量监督的技术管理者，如何摸索一套切实可行的管理模式，应作为自己的首要工作，就个人而言，我觉得只有加强工程建设的事前引导和控制，并注重事中的执法检查，此外，还要不断完善事后的回访、监督和处理，才能使质量监督模式进入良性循环。

**一、加强内部管理，强化质量意识，注重工程事前控制，规范工程参与各方行为，预控在先**

(1) 作为政府质量监督的执法人员，自身素质的高低直接影响着质量监督水平。因此，建设工程的国家、地方和行业标准以及各类相关法规就成为我们业务学习的重点，工程建设强制性条文的学习成为重中之重，并要求每位监督工程师将它落实到对工程施工质量监督的各个阶段，使工程质量得到了可靠的保障。

(2) 强化工程参与各方的质量意识。在工程正式开工前，组织实施首次监督会议，对建设、设计、监理、施工等各方提出具体要求。本着"执法要严，帮助在先"的原则，依据相关法规，明确告之其职责，使工程参与各方职责分明，目标明确，少走弯路，少犯错误。同时，鼓励施工企业质量创优。

(3) 针对不同工程制定相应质量监督方案，做到预控在先。由于工程所处自然环境的不同，施工场地，施工工艺等都受到限制，为保证工程质量目标的实现，对不同工程则应制订有针对性的监督方案。如深基础工程，则应加强基础围护及开挖工程的监督力度；住宅工程则应加强对防渗漏、防楼板开裂等方面施工措施的落实情况的督察；大开挖工程则应着重审查其边坡土体稳定性及周边管线、建筑物的变形监测；装饰装修工程则应加强对装饰材料的质量抽检以及室内环境检测的力度等等。通过对这些工程的关键施工工艺，技术措施的审核备案，来最大限度保证施工质量达到设计和规范要求。

**二、狠抓住宅工程质量，加强施工过程巡查，确保基础、主体质量，鼓励创优，惩治劣差**

1. 拓展质量监督职能，提升住宅质量等级

随着经济建设的飞速发展，基础设施的改造步伐在不断加大，大量动迁居民需要得到妥

善安置，同时，由于人民生活水平在不断提高，改善住房条件的欲望非常强烈，工程建设中住宅工程比例也随之不断提升，工程质量的好坏将直接影响到广大人民的切身利益。如果还是把质量监督的手段停留在原先的水平上，显然是不合时宜的。作为政府的职能部门，我们也主动采取了应对措施：

(1) 严格依法治理。对建设工程勘察、设计、施工、监理等单位加强《建筑法》等相关法规宣贯力度，抓住宅质量问题首先抓勘察、设计，针对上海软土地基的特点，在设计上要求其合理控制沉降量，多层住宅的女儿墙必须采取相应的构造措施来防止开裂等等，使工程源头质量得到保证。

(2) 以达标为抓手，促进企业健全质量保证体系。工程质量的提高最终是靠施工企业来实现的，只有加大住宅施工过程的质量监督力度，才能更好地促进企业健全现场质量保证体系，把可能影响工程质量的诸多因素消除在萌芽状态，为住宅工程质量夯实基础。

(3) 针对住宅工程治理渗漏开裂难的技术难题，带头参加并主动组织工程参与各方参加"住宅工程创无渗漏"活动，组成专题研究小组研讨相应解决方法并取得了较好成绩。其中，选择了财大学生公寓工程项目作为《控制住宅工程钢筋混凝土现浇楼板裂缝》的试点工地，并开展了如下工作：

1) 要求施工方在关键部位施工时制订专门技术措施，监理单位制订有针对性的监理细则；

2) 要求施工方做好每道工序的技术交底工作，加强每道工序的自检与互检工作；

3) 加强混凝土材料(特别是配合比)的控制；

4) 对模板制作，钢筋绑扎，混凝土浇筑及养护严格按既定施工方案实施。

经过工程参与各方共同努力，该工程目前尚未发现楼板裂缝，该工程的试点成功将在很大程度上为其他类似住宅工程的楼板裂缝控制提供宝贵的实践经验。在防渗漏质量监督方面，则做了如下工作：

1) 控制住宅最终沉降量，防止墙体开裂引起渗漏；

2) 控制外墙材料的选用；

3) 对使用小型砌块作为外墙材料的工程，加强专项施工工艺审核；

4) 墙体砌筑材料质量及配合比加强审核，砂浆强度、饱满度进行抽检；

5) 对外墙洞口、穿楼板洞口、脚手架洞等的封堵措施进行审核；

6) 防水材料质量、专业施工队伍资质、施工工艺是否符合要求。

2. 加强施工过程巡查，确保工程基础、主体结构的质量

建设工程的重大质量问题往往发生在基础及主体结构施工阶段，因此，控制了这两个阶段的工程质量，结构的安全隐患就基本可以消除。而这两个阶段的质量监督、审查的重点就是：地基验槽、基坑围护、管线监测、基坑开挖、大体积混凝土浇筑、地下防水工程、主体结构模板支撑系统、钢筋绑扎、等电位联结等。特别应该对这些分项、分部工程中所涉及的计量、检测设备加强检查，对混凝土配合比、坍落度、试块制作、标准养护及同条件养护等做重点抽查。

3. 创优与查劣结合，服务与监督结合

在工程建设过程中，对工程参与各方所遇到的技术难题，积极认真地帮助协调处理解决，做到质量监督工作只设路标，不设路障，服务多方，但同时又严格按国家或地方规范、标

准进行质量监督，消除质量隐患和安全使用功能缺陷，不降低工程质量标准，决不让不合格建筑产品流向市场，为国家、为人民负责。对劣、差工程加大查处力度的同时，积极倡导开展工程创优工作，对创优单位在政策上支持，在技术上指导，在实施中帮助，促成更多优质工程的诞生，真正做到严格监督与主动服务相结合的崭新管理模式。

**三、加强竣工验收备案，积极完善并落实工程质量投诉与质量事故处理制度**

1. 把好工程竣工备案验收关，交放心工程于社会和人民

根据建设工程竣工备案制度要求，严格履行备案程序，不让一个不合格工程流入社会，使工程质量监督工作成为诚信建设的重要组成部分，让那些制劣者无机可乘，真正交满意与放心工程于社会和人民。

2. 完善工程质量投诉、受理程序

出于近年来工程质量投诉主要集中在住宅工程方面，所以我根据多年处理质量投诉的经验提出了“住宅工程质量投诉不出小区门”的工作准则，在接到投诉后由质监站牵头积极及时地组织建设、物业、监理、施工单位在小区范围内对质量问题和责任进行分析，并督促制订解决方案，尽快妥善地落实专人处理，矛盾从而得以化解，也确保了社会的稳定。目前，这一工作方法已在市质量监督系统内推广。

3. 妥善处理质量事故

2001～2002 年是房地产行业复苏，住宅工程建设快速发展的时期，随之而来的是大量住宅质量问题的投诉乃至引起业主集体上访。2002 年在受理江浦路 160 弄 5 号住宅楼(1999 年 11 月交付使用)的质量事故投诉后，在现场踏勘时发现：该楼为底框，砖混六层结构，但建筑物纵向长度较大，原先留设的伸缩变形缝顶部已相碰，逢两边的屋面层圈梁在受挤压变形后已顶出了屋面，根据现场情况可初步判定是由建筑物不均匀沉降引起的，但作为事故调查小组的负责人必须拿出科学的依据来证明，同时追究事故的责任人的有关责任。通过查阅该工程的竣工图纸，终于找到了引起不均匀沉降的原因。原来，该建筑物纵向长度达到了 78.2 米，采用天然地基作为持力层，按当时设计规范(＞60 米应设置伸缩或沉降变形缝)若采取伸缩缝做法的前提是必须考虑缝的两边结构所选用的地基持力层土层分布是否均匀，承载力是否满足设计要求，结构有无偏心，在满足上述条件的情况下可采取伸缩缝的做法，但事实上，从地质勘察报告所反映的情况却是：有部分钢筋混凝土条形基础的持力层为暗浜土，根据通常比较可靠的做法是采取沉降变形缝而非伸缩变形缝，同时对该处暗浜进行技术处理，但设计未做明确说明，再加上底框混合 6 层(设计规范只允许底框砖混 5 层)也超出了设计规范，这一系列的原因造成原先留设的 8cm 伸缩缝已无法满足缝两边结构在不均匀沉降过程中所带来的水平位移总量，且沉降还未趋向稳定，最终造成了上述质量事故的发生。

虽然事故最终的主要责任由设计方承担，但实施地基加固和房屋修复却成了问题。如果该房屋未竣工交付使用，可能加固的方法会有更多的选择，加固的难度也会降低，施工周期也能缩短，但由于居民已入住，使加固工程的难度系数大大增加，修复工程也将影响居民的正常生活起居。身为该事故处理小组负责人，我对加固修复方案提出了几点意见：

(1) 由于该房屋沉降不均匀(非单向倾斜)，故不宜采用一般的掏土冲孔及锚杆静压桩加固纠偏办法，而应采取局部注浆结合锚杆桩加固纠偏的技术处理方法；

(2) 应减少对原建筑物结构的破坏，从而带来新的质量问题；

(3) 应尽可能减少对原住宅居民的影响。

最终，在经过质监、设计及加固单位的共同论证后，决定采用沉井注浆结合锚杆静压桩进行地基加固处理的方案。这样，既对暗浜部位进行高压注浆，同时对变形缝部位进行掏土冲孔纠偏，对整栋房屋结合沉降变形值进行分析计算，找出薄弱区域和薄弱点用锚杆静压桩进行地基加固，以达到沉降的最终均匀和稳定。对伸缩缝处已损坏的外墙主体结构，则采用卸载修复的方法。先拆除损坏墙体，待沉降稳定后再砌筑外墙，完成整个加固修复工程。通过对该住宅质量事故的处理，我总结出了一条经验：住宅质量事故的处理，应充分考虑住户的利益，减少事故处理的影响面，尽可能采取局部加固和修复的方法，同时在施工中不破坏原结构，合理缩短工期，做到事故处理少扰民。同样，被列入当年"市府重点群体矛盾"之一的长阳新苑 4 号房质量事故，也是由于地基处理不当而造成房屋整体向南倾斜和楼板断裂的，在参照上述工程处理经验的基础上再进行了局部的粘钢加固后也取得了令人满意的效果。

所以，我认为：建设工程质量监督的模式随着建筑市场的不断规范和发展，应不断改进才能发挥其质量监督和服务社会的综合功能。

# 16. 抓好质量行为的监督，是提高工程质量监督的重大突破

静安区建设工程质量安全监督站　曹桂娣

政府为了保证工程质量，保障人民的生命和财产，建立了委托建设工程质量监督机构对工程施工质量进行监督管理的管理机制。全国建设工程质量监督机构成立20年来，在质量管理、提高工程质量方面取得了显著的成绩。但是，我们还能经常发现，在工地现场存在着许多违反建设程序、违反强制性标准等等的违规行为，使工程质量不能得到有效保证。尽管，建设行政管理部门每年要开展各种各样的专项质量大检查，消除了一些质量隐患，可是，质量隐患和质量问题像田里的野草，"烧不尽，吹又生"。甚至演变到了，管理部门越管越不放心，越管越多，越管越累，质量责任单位却越来越嫌你们管得多，感觉越来越被动，越来越对管理部门反感的怪现象。建设部在2003年8月5日颁发的《工程质量监督工作导则》，明确了在当前形势下的工程质量监督工作的工作标准、重点和要求，为我们的监督工作指明了方向。经过初步的学习，本人认为，内因是事物发生变化的主要因素，要克服以上问题，更好发挥质量监督的作用，加强对建设工程参与各方质量行为的监督，是做好工程质量监督工作的关键。只有建设工程参与各方质量行为规范了，工程质量才能得到真正的保证，我们的监督工作才能算达到了目的。

## 一、质量行为是影响工程质量的关键

根据《工程质量监督工作导则》规定，建设参与各方的主要质量行为有：必须遵守的法定建设程序；符合资质、资格管理的要求；企业内部应有的质量保证体系和质量管理制度，企业应落实质量责任制度和质量追究制度；执行国家有关的技术管理标准和要求，严格执行现行的强制性标准；严格执行工程质量的竣工验收和备案制度等。

试想，工程建设参与各方不能遵守以上的规定，造成一个个或者是"六无"工程，或者是一个不符合资质要求的单位在实施具体的工程项目，或者是没有质量管理制度、现场质量管理一片混乱的工程，这样的建设工程的质量能有保证吗？结论是否定的。质量责任各方的这些行为的存在，光靠管理部门有限的人和有限的监督，能保证工程质量吗？结论也是否定的。所以说，没有责任各方规范的质量行为，必然会使工程质量存在严重隐患，甚至造成重大质量事故。比如，綦江彩虹桥的坍塌，主要是建设单位自以为是"首长工程"，可以不遵守有关建设程序，把一个没有通过竣工验收的不合格工程投入了使用，导致了一起重大的因为质量问题引起的安全事故。因此，实物质量实际上是质量行为的结果，质量行为是影响工程质量的关键。

## 二、现场存在哪些主要影响工程质量的质量行为

在施工现场，常见的对工程质量影响比较大的质量行为有：

1. 质量诚信差，质量责任制不落实

有的建设工程的质量责任方，为了无限制地追求经济利益，没有树立质量第一的思想，质量诚信度极差。造成质量目标不高，质保体系不齐全、不运行、不落实，没有质量责任追究制度，质量责任不落实等一系列的问题。成为工程建设质量隐患和质量问题的总根源。

2. 没有树立质量为本的思想，质量保证措施不落实

比较多的责任主体没有从根本上树立以质量为本的思想，没有认识到今天的质量是明天的生命的意义，对管理制度上要求制订的质量保证措施采取敷衍的态度，使得制定的措施没有针对性，在具体操作时存在了缺乏可操作性的问题，使质量保证体系、措施成为一纸空文，造成工程质量不能得到保证的结果。比如，有的质量责任人没有执行质量责任制，常常因为制订的质量责任追究制度的针对性不强或操作性不够，不能实施对违规人员追究相应的责任的处理，使得责任人没有责任心的现象不能杜绝，产生了质量隐患和质量问题的现象也不能杜绝的结果。

3. 不遵守必要的建设程序和技术管理程序

有的建设单位和施工单位为了抢工期、减少经济投入等原因，不遵守必要的建设程序和技术管理程序。如：有的工程因为规划未通过审批、没有有效的施工图等原因，就匆匆开工，造成工程建设不符合强制性标准的质量问题；有的施工单位质量管理中的随意性大，经常发生省略必要的技术审批程序，使工程质量不能得到有效的控制；有的工程为了抢工期或减少经济支出，建材未按规定复试就投入使用，使一些不合格的建材用在工程上，造成质量隐患或质量问题；有的建设单位把没有按规定做环境检测的住宅或装修项目投入使用，造成把不合格工程流入社会的可能。

4. 不执行或降低强制性标准

有的建设单位和施工单位有意无意地不执行或降低强制性质量标准要求，出现如消防通道不符合要求，使用淘汰产品，厨房、卫生间楼板及卫生间墙身未严格设置防水措施，住宅公共部位有可能冰冻的给水、消防管道没有防冻措施，住宅建筑围护结构的传热系数达不到规范和设计要求等质量问题的情况。

**三、抓好质量行为的监督，是提高工程质量监督的重大突破**

明白了质量行为是影响工程质量的关键这个道理，在我们的质量监督工作中，就应该抓住“规范各方质量行为”这个牛鼻子，加强对参与各方的质量行为的监督，提高监督效果，确保工程质量。如果，我们的监督还停留在对实物质量就事论事的监督方法，我们就只能每天为现场发生的质量问题或怕现场发生质量问题而疲于奔命，就算有本事把现场的质量隐患和问题都解决了，也只是解决了“治表”的问题，只能得到“事倍功半”的结果。例如，在监督检查中，发现了施工现场使用的钢材不符合质量要求的情况，我们如果仅仅提出“要求工程返工，把劣质钢材退出现场”的整改要求的话，实际上只是解决了这一批不合格钢材清出现场的问题，解决了不使这一批不合格钢材用于该工程的问题，而没有把建设单位提供劣质钢材，降低质量标准的质量行为作为需要整改的主要问题来抓。如果没有对建设单位的这个违规行为按规定进行处理，建设单位不接受教训的话，很有可能，建设单位擅自降低工程质量的违规行为还会在别的方面表现出来。施工单位和监理单位也会为了求生存，姑息建设单位的这种违规行为。他们会认为，反正他们是为建设单位服务的，建材也是建设单位提供的，有了问题主要责任应该由建设单位负责，万一被发现了，监督机构也只要求整改就可以过关了，不会对建设单位怎么样，那么我们施工单位和监理单位更没有什么大问题的。这样

的后果是，那么多的工地，工地每天发生那么多的事情，光靠我们有限的几个监督人员来发现问题，阻止问题，怎么能使工程质量受到有效的控制呢？所以，我们的监督一定要以落实各方的质量责任为工作重点，让各个质量的主体站到质量责任的第一线上来，迫使他们知道质量责任的不可逃避性，才能使他们自觉承担起应承担的质量责任，才能保证工程的质量。所以，抓好质量行为的监督，是提高工程质量监督的重大突破。

**四、如何加强对质量行为的监督**

为了更好地发挥质量监督的作用，根据《工程质量监督工作导则》的规定，可以尝试完善我们的监督方法和管理模式，突出对各方质量行为的监督重点，强化对各方质量行为的管理，从增强各方质量责任的意识和质量自控能力入手，使工程质量达到全过程、全方位的受控。加强对质量行为的监督，可以用以下的方法：

1. 根据工程参与各方的质量行为的诚信程度，制定有针对性的监督方案

每一个工程的参与各方单位和人员组成是不一样的。不同的单位和人员有不同的质量行为诚信度，对工程质量的影响也不同。我们可以根据他们质量行为不同的诚信度，制订不同的监督方案。诚信度差的，我们要加大监督的密度和力度。还可以分析不同的单位和个人不同的诚信度，可能会产生那些不良的质量后果，制定不同阶段、不同方法的监督方案和监督重点，做到有针对性地、有效地预先控制各方的质量行为，掌握工程质量控制的主动权。我们还可以建立各类单位和个人诚信档案，根据《导则》要求，将这些不良记录通过信息系统，向社会公示。对那些一贯质量行为差的单位和个人，除了对他们加强管理外，还可以采用各种管理方法和措施，甚至，对他们的经营活动进行封杀处理。让他们不诚信的行为付出应有的代价。如果，我们对各方质量行为的管理达到了这样的强度，试问还有那些单位和个人愿意为了一时的利益，冒断了自己生路的风险呢。

2. 采用以巡查、抽查为主的监督方法，掌握质量行为的真实情况

为了能掌握现场质量行为的真实情况，及时阻止违章违规现象，我们可以尝试采用以巡查、抽查为主的监督方法。因为，有些被管理单位已经熟悉了我们在“核验制”时所形成的“按部就班式”的监督方式。他们完全了解了我们的监督规律和监督内容，他们可以用监督必查的部位“精耕细作”，其他部位“捣捣浆糊”的办法来蒙混过关。如果，采用以巡查、抽查为主的监督方法，不让他们做到“有备而查”，我们必然能看到比较真实的现场实物质量情况和相应的质量行为。采用以巡查、抽查为主的监督方法，还可以提高我们监督工作的主动权，更有利于增强我们监督工作的计划性。按照《导则》规定，我们可以根据工程的各种情况和参与各方的管理能力和信誉程度，制订有针对性的监督计划。这样，可以做到把我们有限的监督力量，放到更需要的地方去。不定期的巡查和抽查，必定可以促进各方的质量行为的自觉性，要让他们有随时随地接受检查的心理准备，要让他们能达到随时随地都经得起检查的要求。相信，不定期的巡查和抽查的监督办法，使工程质量的受控状况肯定比只要“三个阶段、几个部位”准备好，就能接受检查的效果更好。

3. 从实物质量中寻找违规质量行为的根源

仔细分析，每一个质量隐患或质量问题的背后，必然有违规的质量行为存在着。我们应改变在质量监督时，仅仅以解决实物质量存在的具体问题为工作目的的习惯，而要从质量隐患或质量问题产生的原因中去寻找和分析原因，特别是要寻找出在质量行为方面存在的问题。在提出相应的整改要求时，应考虑违规的质量行为在质量隐患或质量问题中所起的作

用，一并要求整改。按照有关规定，还要对违规行为追究责任，进行必要的行政处罚，从根本上解决质量问题产生的根源，保证工程质量。因此，建议我们的质量监督工作，采用实物质量和质量行为相结合的监督方法，更好地发挥我们的监督作用。

4. 依法行政、有法必依，加强对质量行为的监督力度

既然质量行为是保证实物质量的关键，我们一定要提高对质量行为的监督和管理力度，切实落实各方的质量责任。依法行政、有法必依，是督促各方落实质量责任最有效的办法。凡是发现有违规的质量行为发生，就应该做到依法行政、有法必依。每一次的违规行为，都是事故的根源。放过这些违规行为，监督机构就没有达到《导则》对监督机构要维护公众利益的要求，从某种意义上讲，是对人民的犯罪。因此，依法行政、有法必依，是监督机构的职责，放弃这个有效的管理手段，就是放弃管理。放弃管理，怎样能纠正违规的质量行为呢？又怎样能对工程质量做到有效受控呢？所以，我们一定要做到有法必依、依法行政。

既然质量行为是影响工程质量的关键，抓好对质量行为的监督，是做好质量监督工作的关键。让我们认真贯彻落实建设部颁发的《工程质量监督工作导则》的精神，改进和完善我们的监督工作，加强对建设参与各方的质量行为的监督，提高监督效果，为确保工程质量做好我们的监督工作。

# 17. 监管分离强制监督 查测并举验收监察

奉贤区建设工程质量安全监督站　谢仁明　陈卫东　翁永江

面对“入世”新形势，建设工程质量监督系统，如何进一步解放思想，科学调整组织结构，彻底改革监督管理模式，全面强化运行机制，实行与建设领域国际惯例对接的监督制度，从而全面加强建设工程质量监督管理，保证建设工程质量，保护人民生命、财产安全，是当今和今后建设工程质量监督工作的一个永恒的主题。

经过反复研讨，并结合工作实践，现就新时期建设工程质量监督机构的新管理模式和新运行机制及有关方面，提出若干研讨性建议。

## 一、基本特征

新时期的建设工程质量监督机构的管理模式和运行机制的改革，必须充分体现两个基本特征：一是必须符合“六个新要求”；二是必须强化“六个新观念”。

### （一）必须符合“六个新要求”

一要符合政府体制、机制改革和政府职能转变的新要求；二要符合社会主义市场经济体制创新发展的新要求；三要符合与建设领域国际惯例接轨的新要求；四要符合国家经济建设事业科学发展的新要求；五要符合充分调动和发挥工程建设参与各方责任主体工程质量管理的主动性、责任性和开创性的新要求；六要符合全面确保工程质量、全面维护人民生命和财产安全的新要求。

### （二）必须强化“六个新观念”

1. 强化与国际惯例接轨的新观念

重点突出与建设领域内国际惯例和国际通用准则的接轨，充分体现质量监督机构管理模式和运行机制的科学性、宏观性、通用性和标准化、规范化、长效化。

2. 强化法制监督的新观念

（1）加快监督机构管理模式转变的步伐。属于质监机构该管的事一定要管好。不该由质监机构管的事，即由工程建设参与各方责任主体应该做的事、应尽的责任和义务，监督机构必须放手和解脱，彻底放给各方责任主体自行控制、自行管理；凡原附属于监督机构的中介机构、社会组织、行业协会，必须尽快脱钩，全面明确和理顺质量监督与中介服务、质量检验检测等领域的工作分工和工作职责。

（2）必须坚持依法监督的原则。全面贯彻执行国家法律、法规、技术标准和管理标准。从工程质量监督的工作程序、工作内容、工作方法和工作要求等方面，都必须坚持依法监督的原则，全面强化有法必依、执法必严，违法必究的法制监督新观念。

（3）必须依法强化执法力度。一要对工程质量责任方的违法违规行为、工程质量隐患实施纠正和整改与对工程质量责任方的不良行为实施记录和公示相结合；二要对违法违规行为和质量事故的责任方，依法加大行政执法、经济处罚的力度与依法行政责任追究制和

"四不放过"原则查处质量事故相结合。

3. 强化强制监督新概念

质量监督机构必须全面强化强制监督新概念，其重点：一是检查、纠正和处罚违反建设工程质量法规和强制性标准的行为；二是检查、纠正和处理工程质量隐患、工程质量事故。其工作性质的特征是强制性和执法性。

4. 强化科学监督新概念

全面更新监督方法和监督手段，严格执行"三个坚持"：一是坚持执行工程质量科学检测，二是坚持执行工程建设强制性标准，三是坚持执行工程质量抽查的监督方法。

5. 强化求真务实监督新观念

努力弘扬尊重客观事实、尊重科学规律的求真务实精神，大兴求真务实的工作作风，针对不同地区、不同阶段工程质量管理的形势、特点和差距，分别实施阶段性和长效性相结合的质量监督手段和措施。

6. 强化监督责任新观念

建设工程质量监督机构及质量监督工程师对监督的工程质量承担监督责任。

建设工程质量监督机构不履行监督职责、弄虚作假、提供虚假建设工程质量监督报告，或未认真执行质量监督工作制度而造成后果的，根据情节轻重，应按规定分别给予各类行政处罚，直至撤消建设工程质量监督机构资格。

质量监督工程师发生弄虚作假、玩忽职守、滥用职权、徇私舞弊等行为的，由主管部门视情节轻重，分别给予各类行政处理，直至取消质量监督工程师资格；构成犯罪的，依法追究刑事责任。

**二、工作方针**

面对"入世"后的机遇和挑战，建设工程质量监督机构管理模式和运行机制的改革和实施，必须高瞻远瞩，长治久安。同时必须突出：服务精神、创新精神、务实精神和长效精神。既要满足与国际惯例相接轨的需要，又可借鉴和吸取发达国家成功的工程质量政府监督方式，同时必须有利于我国社会主义建设事业的创新发展和持续发展。

其工作方针应为：监管分离、强制监督、过程抽查、查测并举、验收监察、竣工备案，即归纳为24个字方针。

（一）监管分离，强制监督

即在县及县级以上城市可设立一个建设工程监督机构，负责监督管理，包括工程项目受监登记、竣工验收备案和对具体实施监督工作事务所的管理考查。

同时，可视当地工程建设的实际情况，分别设置若干个质量监督事务所，具体开展过程抽查、验收监察，提供工程质量监督报告，并对该监督报告负责。

强制监督，突出两层意思，一是监督和管理分离，强化监督；二是质量监督属强制性监督和执法性监督。

（二）过程抽查，查测并举

即由工程质量监督事务所对建设工程项目进行定期或不定期的巡查和抽查。在过程抽查中，强调检查和检测同步开展，强化科学手段的应用。

（三）验收监察，竣工备案

对竣工验收由质量监督事务所派员进行监察，重点监察其竣工验收的组织形式、验收程序、验收内容、验收方法和验收标准的执行情况。

竣工备案由建设工程质量监督管理机构办理。通过审查工程质量监督事务所提供的质量监督报告，同时也可了解、掌握和检查质量监督事务所的工作质量。

**三、原则要求**

建设工程质量监督机构对建设工程实施工程质量监督，必须抓牢“6 个要点”和实行“6 项制度”。

（一）质量监督必须重点抓牢“6 个要点”

1. 监督的主要目的是保证建设工程结构安全、使用安全、环境质量和公众利益。

2. 监督的主要依据是法律、法规和工程建设强制性标准。

3. 监督的主要方式是政府委托的建设工程质量监督机构实施强制性和执法性监督。

4. 监督的主要内容是建设单位，勘察、设计单位，施工单位，监理单位，工程质量检测单位等工程建设参与各方责任主体的质量行为和工程实体的质量状况。

5. 监督的主要重点是地基基础、主体结构、使用功能、环境质量、公众利益和与此相关的工程建设各方责任主体的质量行为、质量责任和义务。

6. 监督的主要手段是施工许可证制度、工程质量抽查制度、工程质量公示和通报制度、工程质量监督报告制度以及竣工验收备案制度。

（二）质量监督必须重点实行“6 项制度”

1. 实行建设工程项目质量监督登记制度

凡新建、改建、扩建的建设工程，建设单位在申请领取施工许可证之前，应按规定向建设工程质量监督机构办理工程质量监督登记手续。

2. 实行工程质量监督工作要求提前告知制度

根据受监工程项目的规模、特点，投资形式，责任主体的诚信建设状况，并根据工程质量管理的要求，制定工程质量监督工作方案或提出相关质量监督工作要求，提前向建设单位和相关责任主体书面告知。

3. 实行工程质量抽查制度

对受监工程项目，实行定期或不定期的巡查和抽查活动。

4. 实行工程质量公示和通报制度

对工程质量检查监督结果，实施公示和通报制度。

5. 实行工程质量监督报告制度

对竣工验收工程项目，准时提供科学、可靠、准确的工程质量监督报告。

6. 实行竣工验收备案制度

对竣工验收工程项目，实施竣工验收监察，并办理竣工验收备案。

**四、执法权限**

按照《建设工程质量管理条例》及建设部有关规范性文件规定，建设工程质量监督机构，必须坚持实施国家赋予的执法权限。

1. 接受政府委托，对建设工程进行监督，有权对建设工程参与各方责任主体的质量行为、质量责任和义务，进行检查。发现有影响工程质量的问题时，有权责令改正。

2. 有权对工程建设参与各方责任主体不良质量行为实施记录和公示；并对工程质量检查情况进行公示和通报。

3. 接受政府委托，参与对违法违规行为和工程质量事故的责任单位、责任人，依法查处。

**五、创新建议**

（一）建议开展质量监督机构新管理模式的试点工作

建议有计划有步骤地选择有关试点部门和单位，经过当地建设行政主管部门批准后，试点推行一个质量监督管理机构下设若干质量监督事务所的运行机制。以利于取得经验，再行全面推广实施。

（二）积极推进工程质量信息科学管理现代化水平

积极实施县级及县级以上工程质量监督机构设置质量信息局域网，并符合满足上级部门对质量信息管理和数据传递的统一要求。

同时各监督机构全面提高质量信息管理水平，要求达到信息采集及时、准确，办事规则公开、透明，监管要求具体、明确，记录、公示及时有效的管理目标。

（三）积极探索试行安全监督质量监督一体化新机制、新制度

1. 探索试行安全质量监督相互联动、同步检查监督的一体化新机制、新制度。

2. 鼓励和实施监督人员努力向既有安全监督职能又有质量监督职能的双重岗位的目标发展。

3. 监督人员进入施工现场，实施对安全、质量全方位同步检查监督，对发现的安全质量方面违法违规行为和安全质量问题或隐患，同步要求纠正和责令整改、责令排除，对重大问题依法查处。

（四）建议积极探索全面确立工程监理在施工现场全方位、全过程安全质量监控的新地位和新作用

1. 建议随着工程质量监督模式的改革，重点实行动态式巡查、抽查后，必须将工程监理在施工现场的安全、质量监控推向第一线，确立新地位；同时工程监理必须对施工现场的安全、质量管理实施全方位、全过程的把关职能，发挥新作用。

2. 全面增强建设工程安全质量管理的科学发展观，应将工程监理列入建设工程安全质量管理的基本制度，即各类建设工程均应按规定一律实行工程监理制度，以保证工程质量，保证安全生产，保护人民生命和财产安全。

3. 建设工程安全、质量监督机构，应按规定全面加强对工程监理履行安全监理、质量监理行为和责任的监督管理。

# 18. 引入新的管理理念，优化工程质量监督

松江区建设工程质量安全监督站　张　南

中华人民共和国国务院令第279号《建设工程质量管理条例》于2000年1月30日正式颁布实施到现在已经是第四年了，“条例”的颁布标志着在我国沿袭已久的建设工程质量监督的工作模式有了质的变化，回顾四年来的工作，在取得巨大成绩的同时，我们还有许多值得思考的地方，特别是面临着建筑业加入世贸组织后保护期的临近，作为政府监管部门之一的建设工程质量监督站如何提高管理的能力，增强服务意识，以创新弥补工作中的不足，值得深入研究。

“条例”第七章用了十一条条文来阐述“监督管理”的工作，其意义在于将政府授权的质量监督部门独立于具体经济投资、建设行为之外，摆脱以往那种“不是产品的生产者却背负产品质量责任”的被动局面；其实质在于彻底抛弃服从于计划经济时代要求背景的观念与做法，全行业按社会主义市场经济下政府职能转变带动工作方式的彻底转变，由核验制转变为备案制。

在备案制实行伊始，为了使两种制度的交接不出现剧烈震荡，我们工作方方面面沿用了一些原来的做法，并没有完全脱离核验制的影响。但是针对目前的质量监督的实际情况，我认为需要在以下各方面进行有益的探索：

**1. 建立公共意识，提高公众对建筑产品及监督工作的认同度**

这里所谓的“认同度”就是指公众对于建筑产品接受的角度的统一性，在建设工程竣工验收核验制度的工作背景下，评判工程质量等级是监督工作的中心，工程的建设过程中，施工单位作为工程建设的直接建造者，承担了主体责任；工程完工后，质量监督站依靠“三步到位”验评出优良还是合格的结果决定了工程的最终命运。这给社会公众造成了一种不正常的印象，工程产品的好坏就是施工单位和质量监督站工作的直接结果，工程参与建设的其他方面既未得到应有的重视，也未承担相应的责任。

转化为备案制后，质量监督站不再对建设工程等级进行评定，建设单位作为第一责任人，组织建设工程生产的全过程，纳建设参与各方于一个框架下操作，有利于明确责任，落实职责。针对这种现实情况，质量监督站应重点监督参与工程建设各方的行为，特别是对建设单位的不规范行为、监理单位、勘察设计单位的履行义务不完全的行为重点检查。在重视工程实物质量的基础上更重视行为，建设参与各方的各负其责是工程质量得以保证的前提，工程质量的好坏是参与建设方具体行为的必然结果。

一个工程项目结束后，质量监督部门应根据日常的行为抽查、工程实物质量的具体情况做出客观、公正的判断，并将其进行公示，让公众对工程实物的产生有直接认识，并了解工程产生是与那些单位有着直接关系。让公众明确知道建设单位是工程质量的第一责任人，对投资兴建的建筑工程质量全面负责，在建设过程中，要保证合理工期、造价和基本建设程序

的履行；而勘察设计单位应严格执行国家有关强制性技术标准，保证设计文件能够满足对日照、采光、隔声、节能、抗震、自然通风、无障碍设计、公共卫生和居住方便的要求；施工单位应严格执行国家标准强化施工质量过程控制，保证各工序质量达到验收规范的要求；监理单位应针对工程的具体情况制订监理规划和监理实施细则，按国家技术标准进行验收，工序质量验收不合格的，要严格把关，禁止下道工序的进行。从而达到公众对建筑产品有明确的认同，实现以公众力量来推动、促进相关单位提高工作能力，提升服务质量。而质量监督工作应作为政府为民众提供公共服务的一部分而认同，自觉的纳入整个公共系统之中。

**2. 按时代进步的要求更新监督机构人员知识结构**

近年来，科技进步与加入世界贸易组织后新规则的适应过程引起的压力给各行各业的发展带来了长足的进步，建设行业也不例外，从表征现象来看，不仅表现在新型建筑材料与建筑设备广泛被使用、新的施工工艺不断产生，而且还表现在世界级的"建筑大鳄"开始抢滩中国，他们所实行的新的管理理念与方法冲击着国内建筑市场，同时国家建设主管部门也在积极应对，新标准的制订、颁布、培训环环紧扣。种种情况对我们的人员知识结构的更新提出了极高的要求。

一个合格的质量监督人员不仅要熟悉行业标准，而且要对工程项目建设的全过程有所了解，对行政执法了然于心，熟悉现代化检测的过程，对相关知识能熟练运用。依靠目测、触摸、经验判断的传统的质量监督的手段与方法无疑已落后于时代的要求，而根据现代化仪器的检验，根据科学数据进行判断的时代已经到来。如果质量监督部门的工作人员在这方面的工作水平与分析能力还不具备，必然会面临越来越多高素质的建设参与方严密的数据记录、全面分析的挑战，面临来自建筑行业各个方面专家的一个又一个疑问，如果我们无法应对这样的挑战，无法对各种疑问拿出解决方法，必然会对政府的权威形象带来负面影响。

此外，当前社会已经成为一个典型的信息化社会，信息的获取、使用与发布不仅在传统传媒上有广泛的基础，在新兴的传播渠道，如网络上的发展更是一日千里，网络化公务活动的运用已经无法逆转。目前上海市安全质量监督系统已经建立了专属的网站，电子政务工作的实施已经进入到实质性阶段，申报质量监督、竣工验收备案均可以通过互联网进行。质量监督过程化工作的电子化也即将运行，信息技术的飞速发展正改变着我们的生活与工作方式，一个缺乏基本电脑知识的人员很难胜任新要求下的工作。但是我们不少监督人员在主动学习的意识与能力方面还非常欠缺，工作危机感欠缺，这样的工作态度很难符合新的要求，这样的工作人员也很难适应新的工作方式，种种情况都迫切要求我们更新全行业人员的知识结构甚至更新人员结构。组织行业内货真价实的理论与实践相结合的学习与考试，对不合格的监督人员实行淘汰制度，切实提高监督人员的水平的要求已经迫在眉睫。

**3. 外部监督与内审机制相结合，强化队伍自身建设**

最坚固的堡垒往往都是从内部开始崩裂的，如果一支队伍不受到有效的外部监督又不能建立行之有效的内部管理制度，那这支队伍一定会在不长的时间内丧失战斗力甚至瓦解。上海市安全质量监督系统在建设中取得了很大的成功，但是在当前形势下，还有许多可以值得进一步加强与改良的不足之处。

将标准化的工作内容与工作程序向社会公开，让公众明确质量监督站的工作是有其明确的工作界限的。监督人员监督哪些内容，哪些工作，工作的程序怎么样都是透明的，让公众明确一个概念：不论工程情况千变万化，建设的基本程序都是一致的。这样一来，我们的工作人员在监督别人时也受到社会的监督，如此双方面的互动过程能自然地给监督人员加压，促使他们自觉地加强业务学习、提高服务质量。

标准是一样的，因为不同的人执行就产生了不同的效果，一种施工工艺在甲区受到推广，在乙区却变成了“违规”，这样的情况并不少见，其直接结果是明显降低了质量监督部门在行业中的威信。通过开展全行业的“对标”工作，均衡全市监督水平是一种可行的内审方法，选择一个具有代表性的工程，组织各区县监督人员对工程的实物质量，参与各方的行为进行评判，再由专家组人员进行讲评，大家与其对照，能快速发现不足，提高监督能力。

现今不少监督人员存有重监督管理、轻服务质量的错误想法，而备案制下的监督工作较核验制下对服务质量的要求更高。这又产生了一个新的考验，个别监督人员习惯核验制度下的工作方式，时刻强调工程由质量监督站管理，不经同意不可以进行下一步施工，不可以竣工等等。这些现象都表明行业服务水平的进一步提高仍有待加强。如果在行业内部选择一定数量的业务水平较高的人员（并按时间段给予更新），建立成质量监督系统的“人才库”，按月随机选择部分人员成立巡查组，巡回地对各地的监督工程进行抽检，将检查结果（包括意见和建议）反馈给各区县监督机构的主管人员，甚至是上级主管部门，并建议作为质量监督机构工作人员的考评参考意见，达到让我们的工作人员有时刻提高自己监督能力的紧迫感、有工作质量好坏与个人如同芒刺在背的危机感，更对于防范以权谋私也有很好的正面作用。

**4. 深刻理解政府职能，坚决按其要求开展工作**

正确认识政府职能，是政府职能部门正确履行政府职能的前提，也是我们工作的基石。做政府应该做的事，管政府应该管的工作，才符合当前我们建设公开、透明、高效的政府的要求。

我国政府的主要职能有以下几种：经济调节职能、市场监管职能、社会管理职能、公共服务职能等。以此为基础，上海市建设工程安全质量监督总站受上海市建设和管理委员会委托，承担上海市建设工程安全和质量监督日常监督管理职能。其最主要的职责体现在贯彻执行国家和本市有关建设工程安全和质量的政策和法规并由此衍生的本市建设施工安全、工程质量、文明施工的监督管理及违反建设施工安全、工程质量和文明施工有关法律、法规行为执法查处等一系列的工作。

不难发现，我们的工作可以说是“范围有限”，但是对照我们现在实际操作的工作，有不少可以说是“非份内之事”，我们应该明确的是：并不是某个部门对某个领域的整体情况比较熟悉，就可以包揽这个领域所有的工作，做得多并不一定就是好事。某些监督站及其工作人员非常乐于从事份外之事，将和安全质量监督有点联系的事全部揽下来体现其工作能力强，显然是荒谬的。我们仅以各级优质工程的评选为例，无论是市级还是区县级的评比，行业协会组织的评审小组人员构成中大量的是来自安全质量监督系统的人员，我们的某些监督人员更是把工作的重点完全放在评优工作上，把促优作为工作的重中之重，对建设过程中该工程是否存在未按基本建设程序进行的情况重视不够，同时在日常工作中忽略工程整体质量提高的普遍要求。事实证明重点对待的同时造成普遍未受重视的不合理局面并不可取，所谓“以点带面”的说法也并不科学，在生产能力一定的条件下，加强了个体的雕琢，必然带来群体的平庸化。新的《建筑工程施工质量验收统一标准》GB 50300—2001 中关于质量验收的规定很明确地规定了工程质量合格与不合格的判定方式，作为政府管理部门及其工作人员按照一套非行业的“优良标准”参与评优的行为实在值得商榷。由建设工程安全质量监督系统的工作人员参与甚至作为评判主体参与行业评优的行为应该得到严密监控甚至禁止。

我们在工作取得巨大成绩的过程中，要时刻认清薄弱环节，有针对性地改善、提高，将工作节拍与时代的鼓点相吻合，与时俱进；树立自身在全行业中的权威形象并解决建设领域与之相关工作中产生的问题，才能更好地服务于公众并体现其存在的意义。

# 19. 依法监督、强化服务、为开发建设保驾护航

外高桥保税区建设工程质量安全监督站　詹志洪

江泽民同志在十六大报告中关于进一步转变政府职能，建立行为规范、运转协调、公正透明、廉洁高效行政管理体制的论断，既是当前国家行政机关改革的指南，也给肩负着政府委托职能的事业机构指明了改革方向。从事建设工程安全与质量监督的人员更应该认清自己的历史重任，深入领会和贯彻党中央的这一重大决策，统一思想，更新思路，规范行为，改进工作方法，提高服务效率，为正蓬勃兴起的开发建设高潮保驾护航、发挥其应有的作用。

**一、用“三个代表”统一思想、更新工作思路**

“三个代表”重要思想是党在新时期总结并确立为长期坚持的指导思想，在上海建设工程安全与质量监督系统成立二十周年之际，认真学习“三个代表”重要思想，总结二十年的工作经验，使干部、群众摒弃思想上残留的落后观念，牢固树立真心实意为人民服务、与时俱进的观念是极为必要的。只有把大家的思想真正统一到“三个代表”的要求上，以是否有利于经济发展，是否有利于工程参与各方自我完善，是否有利于服务便民的标准来对照衡量我们的工作，就能找到差距，找到改进与创新的思路，从而开创出建设工程安全与质量监督工作的新局面。

笔者提出几点体会供大家讨论、参考：

(1) 与各市场监管部门的协作仍然不够，导致监管漏洞的存在，未形成建管一盘棋，安全质量为核心的局面。

(2) 安全与质量的监控层次不够清楚，易导致中间监控环节不尽其责，安全质量监督工作的重点可逐步转向监理(建设)单位。

(3) 安质监工作的内容较多地注重结果(工程实物与资料)，而对从业人员素质的监督与促进则显欠缺，可调整为对人员与结果的并重，制定相应的规章(标准)，督促、扶持各方从业人员岗位素质实实在在地提高，从而确保建设工程的安全与质量状况从根本上得以不断改善。

**二、进一步规范监督行为，加强队伍建设**

规范监督行为是加强安质监队伍建设的一项重要内容，依法、依章办事则是保证行为规范、制度透明，廉洁自律的重要前提。应看到，在我们的队伍中仍有一些人的思想观念跟不上时代的要求，他们不能正确地看待和运用自己手中的权利，摆正自己与工程参与各方的关系，工作中经常自觉或不自觉地越轨，老大自居，损坏了安质监系统的声誉。因此，进一步加强队伍的法制教育，提高全体工作人员依法办事、依章办事的自觉性，避免工作中的随意性是十分紧要的。首先安质监工作的指导思想要从“注重权力”向“严格责任”转变，树立正确的权责观，要责任当头，而不是权力当头。同时应完善具体操作上的严密性，加强业务指导，

限制工作人员的随意裁量权，加大过失追究力度。此外还应发挥外部作用，利用社会监督来约束自身行为，促进队伍的建设，从而树立起安质监队伍的良好社会形象。

在进一步规范监督管理行为的同时还应看到近些年建设规模大幅度增长，安质监工作内容不断增加，而大部分安质监机构的人员却没有得到相应的补充与调整，造成了疲于应付、少于思考，使用多、培养少的状况。因此合理确定安质监工作人员数量，统一用人标准，实行优剩劣汰的用人机制，改进监督人员的知识结构同样是加强安质监队伍建设的重要内容。

**三、以开发建设为己任，强化服务**

WTO规则即是开放式的市场经济规则，因此我们只有积极适应这一规则，在依法办事的前提下，使自己的监管方式融入市场经济机制，才能在快速发展的市场化经济活动中，合适定位，实现自我发展。近几年我站注意从过去的“重监督轻服务”向“强化服务依法监督”转变，在开展安、质监工作的同时，提倡多为建设参与各方、多为社会服务，提倡换位思考，少给客户增添不必要的麻烦，以让工程参与各方满意为标准，改进工作作风。例如：

(1) 根据我区的工程建设单位大都集中于几大开发公司的特点，我站建立了与各大开发公司工程管理部门经常沟通的制度，通过举行座谈、联欢与互设联络员活动，与他们及时互通信息以取得他们对安质监工作的支持。

(2) 在重要文件或规范颁发后，及时举办义务宣讲和培训班，输入区政府的电子政务网，让工程参与各方及时知情，有利于监督管理工作的开展。

(3) 针对某些项目的特殊情况，打破以往待工程报监后再开展监督的做法，改为监督人员提前进入现场，制定监督计划，开展监督工作，受到建设参与各方的欢迎。

(4) 在不违反上级基本规定的前提下，不断简化办事手续，及时配备网络设备，实现了网上报监与竣工备案。

(5) 在企业因工程施工与周边单位发生矛盾，或遇到工程合同纠纷、民工工资拖欠，或需要联系专家咨询、寻找新产品厂家等问题时，我们都热心参加调解、积极联系，为其排忧解难。改善了监督机构与企业之间的关系。

(6) 对社会较为关心的重点工程，我站除了对其进行正常监督之外给予更多的关心，确保其工程质量与施工安全，让领导与社会放心。

(7) 积极宣传推广先进的工艺、材料、技术与防治通病的方法，及时组织交流与观摩。

以上工作虽取得了较好的社会效果，但与建设参与各方对安质监机构的希望还有较大差距，寻找原因，既有监督人员的责任，也有受人力与物力之限因素，还有方针政策的不尽完善所致。

通过庆祝上海建设工程安全与质量监督系统成立二十周年活动，掀起一场大讨论，进一步取得全社会的关心与支持，必定会加速安质监工作的发展，使其在经济建设的高潮中站稳脚跟，为开发建设保驾护航。

# 20. 改进方式，加强监管，不断提高安全质量监督成效

上海港建设工程安全质量监督站　陆　平

在上海市建设工程安全质量监督系统庆贺本市推行建设工程安全质量监督制度二十周年的喜庆日子里，我站迎来了开展质量监督工作的第十五个年头，安全监督工作也已起步。多年来，我站在市建委、市建设工程安全质量监督总站的指导下，根据我国社会主义市场经济体制不断完善和政府职能转变的客观需要，不断改进方式，加强监管，提高监督成效。在此就我站近几年开展工程质量和安全监督工作的一些主要体会和成果做一回顾。

**一、以"现场与市场联动"为手段，提高参建方加强安全质量管理工作的自觉性和紧迫性**

"现场与市场联动"的关键是加强安全质量监督工作与施工从业人员资格管理和企业信誉、资信管理的联系，从而更好地发挥市场的激励约束机制。这要求监督人员在日常监督过程中，对参建单位和从业人员严格遵守或违反国家法律法规、强制性标准的情况记录在案，向社会公布，并纳入有关资信管理部门开展企业或个人市场准入和清退、诚信评价的依据。

因此，我们要求监督人员做到铁面无私，严格执法，严格掌握并依据国家法律法规和强制性标准，对严重违法违规行为予以查处，并登记上报。同时，通过现场观摩和创优评比等活动，表彰先进，为施工企业学先进、争先进提供舞台。具体做法有：

(1) 在港航建设系统内对有关违反强制性标准等行为进行曝光和批评；

(2) 参与重大工程的招投标评审工作，反映有关企业施工现场情况，积极行使肯定、否定权；

(3) 视情节签发整改指令、(局部)暂停施工指令单，进行不良记录登记，并及时上报；

(4) 开展港航系统优质结构《申港杯》、标化工地的观摩、评审和优质工程推荐工作。优质结构申报项目逐年增加；

(5) 加强与主要建设单位的联系，及时通报工程安全质量信息。

随着近年本市港航系统施工企业的壮大和建设市场的放开，市场竞争将不断加剧，不少施工企业(特别是一些中、小型企业)更加关注其社会评价和企业声誉。现已开始实施的项目经理安全、质量不良行为记分登记制度将直接影响到施工现场主要负责人员的从业资格，其力度更大，效果也更明显。

**二、积极参与重大工程技术论证、专项标准制订等工作，加强技术贮备，密切与施工一线的联系**

随着上海港口建设从内河(黄浦江)到海口(外高桥)再向外海(洋山岛屿)的延伸，施工难度愈加艰难，技术保证愈加重要。为此，我们积极参与有关专项课题、设计方案的评审和论证工作，虚心向专家请教，并提出加强和改进施工安全和质量控制的措施和要求；我们还

参与了长江口航道整治、洋山深水港区等专项标准(如长江口航道疏浚验收、海上高性能混凝土质量控制、海上钢管桩防腐涂层质量检验)的起草、编制工作,从而找准工程安全、质量控制的难点和监督工作的重点,完善日常监督的内容和要求。

**三、积极分析和督促解决施工质量通病**

几年来,港口工程码头面层、大跨度现浇横梁常见的影响结构寿命的混凝土表层裂缝一直是难以根治的问题,通过参与成因调查,分析相关工程试验成果,我们总结出了通过混凝土配合比控制、掺丙纶纤维、加强抹面和覆盖保水养护、加密钢筋密度并相应缩小钢筋直径、减少上下横梁混凝土浇筑间隔时间等多种手段控制混凝土裂缝的比较有效的方法,拟定具体措施并予以推广。此外,在水上混凝土构件的外露钢筋头修补、桩帽底模支撑工艺的改进等方面均积极倡导先进、成熟经验。

**四、实施"质量与安全联动",做到统一监管、资源共享**

自去年整建制并入新成立的上海市港口管理局,我站被赋予安全监督的职责。从单抓质量到安全质量两手抓的客观要求,逼迫我们认真思考安全监督与质量监督的相互联系,充分挖掘现有质监资源,走"质量与安全监督联动"的道路。具体做法和体会有:

(1) 安全质量同步监控,同时进行。表现为安全监督与质量监督的申报受理和审查、开工条件核查、监督交底、过程抽查和验收评定工作同时开展,相互交叉。

(2) 把安全与质量管理工作看作相互制约、相互联系的有机体。施工过程安全与质量是同步进行的,安全与质量存在着必然的联系。现场的质量与安全情况都能反映出施工企业的管理水平和现场的管理状况,质量与安全很大程度上是相互影响、相互促进的,因此安全与质量齐抓共管将会事半功倍。

(3) 通过"安全与质量联动",促使施工单位将工程质量和安全生产放在同等位置上。具体做法是在安全质量单项创优(达标)活动中,把另一方作为已方的前置条件,如申报优质工程必须首先获得"标化工地"称号。

(4) 通过"安全与质量联动",改善服务,提高监督队伍形象。安、质监联手检查,既检查了安全,又检查了质量,对安全与质量的创优达标工作也是一次指导,客观上减少了检查的频次,提高了工作效率。

(5) 通过"安全与质量联动",提高监督人员安全质量综合检查、综合分析问题的能力。我站将原来实行的质量监督"主、副监两人上岗"制,调整为一人以质量为主、另一人以安全为主的主、副监制,形成既有侧重又相互配合的工作局面,便于监督同志安全质量两方面业务水平和现场安全质量综合管理能力的同步提高。

上述做法是我们在开展港航建设工程安全质量监督工作中的一些体会,尚不全面,也有待继续加强和深化。我们将进一步改进方式、加强监管,以适应政府职能转变和新形势的客观要求,切切实实地提高安全质量监督成效。

# 第二章　监 督 技 术

# 1. 上海地区岩土工程勘察质量的现状与对策

上海市建设工程安全质量监督总站　石国祥　鲁智明　顾正荣

## 一、勘察质量概况

目前本市的工程勘察单位主要从事岩土工程勘察、岩土工程检测和监测、工程测量、水文地质等工作，涉及到建设工程各个行业的勘察，对本市的建设工程作出了应有的贡献。在目前建设工程勘察市场形势较好，对存在的质量问题更应引起高度重视，防患于未然。本文通过近几年来岩土工程勘察（后文简称勘察）质量监督检查的结果，对勘察质量上存在的问题原因作剖析，提出控制勘察质量问题的对策。

目前上海市从事勘察的单位有本市综合甲级或甲级、乙级、独立钻探劳务和外地进沪甲级单位等共约70余家。从施工图审查结果来看，勘察报告的质量较以前有所提高，但从事土工试验和野外勘探作业的操作质量有待进一步加强（表2-1）。

从勘察从业人员的分布来看，主要由三部分人组成，即工程技术人员、熟练的技术工人和劳务工。在这三部分人员中，从事技术工作的学历有所提高，有的勘察单位还引进了博士生从事研究和生产工作，这对于行业的发展与提高提供了良好的基础。2002年国家进行了注册土木工程师（岩土）考试以来，上海已有200多人通过了考试或考核。

但是在职的技术工人年龄普遍老化，1980年代以后上海勘察单位基本没有招工，逐步由劳务工代替，技术工人后继乏人，对技术工人的培训也很少。劳务工则是各勘察单位聘用的外地民工，这些人的特点是流动性强，文化素质较低。对钻探技术和取土的要求不甚了解，野外原始编录和取土的质量存在不少问题。外业是勘察质量的基础，其质量的保证确实令人担忧。另外一方面，土工试验室的技术水平有所下降，试验室的大学生流失的较多，给土工试验室的质量带来了一定的影响。

**2002～2003年勘察报告的审图通过率统计**　　　　**表2-1**

| 施工图审查情况 | 一次通过 | | 一次整改 | | 二次整改 | |
|---|---|---|---|---|---|---|
| | 单项工程数 | 百分比 | 单项工程数 | 百分比 | 单项工程数 | 百分比 |
| 2002年 | 22401 | 95.7% | 1014 | 4.3% | 1 | 0.004% |
| 2003年 | 33280 | 97.3% | 845 | 2.5% | 3 | 0.01% |

从近几年勘察质量检查结果看，总体上反映在以下几个方面：

(1) 勘察单位的质量保证体系基本形成，通过质量体系认证的单位这方面做的更好一些。但一些人员较少的外地进沪甲级勘察单位的质量体系和其本身的资质不相符，本市一些技术人员较少的单位的质量保证体系较差。部分单位的目前状况与要求有一定的差距。

(2) 勘察报告基本符合国家规定的深度要求。但一些未通过施工图审查的勘察报告对贯彻执行国家强制性条文的规定重视还不够，在质量检查中还发现有违反或执行不严的现象存在。

（3）部分勘察单位质量意识淡薄，尤其突出的是土工试验弄虚作假，野外勘探作业不按规定要求记录，或存在弄虚作假的现象存在。

**二、目前勘察质量存在的主要问题**

1. 勘察企业质量体系方面存在的主要问题

勘察质量形成于过程作业控制中，一个环节的质量直接对下道工序产生影响，勘察方案的合理与否对预期勘察成果的准确和评价带来影响，取土的质量影响到后序的土工试验质量，土工试验的数据直接影响到勘察报告的质量。一个企业的质量管理体系是否健全，对工程的质量会产生直接的影响。质量体系不完善集中体现在以下几个方面：

（1）勘察纲要编制不完整。勘察纲要是勘察工作的指导性文件，检查中发现，有部分单位勘察纲要内容不完整，甚至未经审核审定就施工，也没有勘探点平面布置图。在检查中发现有个别单位在开展作业之前，甚至无勘察纲要。

（2）责任人签名或仪器编号填写不全。如室内土工试验、野外施工记录、静探试验记录缺责任者签名及试验日期，缺乏可追溯性，部分漏签、部分自动记录静探数据无责任人签名。

（3）测试仪器不按规定进行标定。如静力触探探头或十字板头未按规定标定，2003 年度检查中发现共有 51 家未按规定进行标定，比例高达 85%。有 11 家单位土工试验仪器未标定，占试验室勘察单位的 22.9%。

根据静力触探试验规程，一般三个月须标定一次，计算实际探头的率定系数并确定探头是否可继续使用，重要工程或有异常时也应标定。探头的标定对保证测试数据的准确性有直接影响，在某住宅工程中，静探由于未按规定标定，静探曲线在黏性土中出现了倒置的不正确结果，质量检查后经重新补孔得到验证。在某工程中，在土中的静探比贯入阻力一只孔为 0.36MPa，另一只孔为 0.93MPa 的错误数据。在某工程检查时发现，饱和淤泥质土十字板不排水抗剪强度都大于 50kPa 的异常结果，实际上与十字板头未按规定标定有关。

（4）从业人员的技术水平与要求不符合。有的钻探编录员和土工试验室人员未经专业知识培训就从事这方面的工作。如个别勘察单位人员岗位调整，将未经培训的转岗工人直接从事土工试验工作，导致了土的物理指标严重失常。

（5）不少单位对勘察原始资料的校审未真正落到实处。少数单位的原始资料归档制度不完善，有的原始资料缺失。

2. 执行国家和本市勘察方面强制性条文存在的问题

（1）受市场不规范行为的影响，导致的勘察方案不合理。有些工程在无设计要求和建筑物荷载等状况下，业主直接委托勘察，勘察单位为了抢占市场，往往迁就业主的不合理要求，导致勘察报告深度不符合要求，如控制性勘察孔的深度达不到，或由于勘探点的平面布置不合理，导致补勘。

（2）对技术规范新规定不熟悉，导致的违反强制性规定。2001 年以后国家陆续颁布了工程建设系列的新标准，而部分单位未及时适应调整、重视不够，导致勘察报告不符合要求。如地基承载力的概念、新的地震效应评价等。

（3）受技术水平的限制，导致的违反强制性条文的规定。如桩基或天然地基的分析评价明显不合理，对不良地质现象的处理建议不符合要求等。

3. 室内土工试验和野外勘探作业存在的问题

土工试验方面存在的问题归纳起来有三方面：

(1) 试验仪器不符合要求，如试验用天平精度不符合要求，直剪试验无位移测量装置，仪器的传感器失灵等；

(2) 土的物理性质指标和力学性质指标等试验方法不符合国家土工试验规范的要求；

(3) 操作人员技术水平和职业道德水平有待提高。有的单位土试人员的实际操作能力不符合，少数甚至为了在要求的不合理时间内完成试验，人为地编造试验数据。

野外原始记录未按规定要求格式记录、有部分原始记录未归档或遗失、补取的土样部分单位未做原始记录、野外原始记录与勘察报告的数据不一致。

**三、控制勘察质量的主要对策**

建设部2003年召开的全国建筑市场与工程质量安全管理工作会议上，提出了在全国开展勘察质量专项治理，并认为勘察质量是薄弱环节，在检查出的问题中有72%的项目牵扯到勘察问题。

加强勘察质量控制，从监管的角度应从以下几个方面加强：

(1) 加强国家和本市的工程建设强制性条文的贯彻与落实。

强制性条文是工程建设全过程中的强制性技术规定，是工程建设现行国家和行业标准中直接涉及人民生命财产安全、人身健康、环境保护和公共利益的条文。对强制性条文的贯彻落实，应从两方面抓起。首先与行业协会一起，组织对新规范和强制性条文的学习培训，提高广大勘察技术人员的业务水平；其次对平时勘察工作中违反国家强制性条文的进行严格查处，提高执行国家强制性条文的自觉性。

(2) 加强对勘察质量的监管，集中整治与长效的规范管理相结合，完善长效管理机制。

对监管而言集中整治采用对勘察单位实行飞行检查，反映各单位平时质量真实状况，对违规行为更具威慑力。从近两年的土工实验室的检查情况看，突击检查效果比较明显，一些编造虚假实验数据的勘察单位得到了应有的处罚。长效的规范管理是要健全和完善各项规章制度，依法保障勘察市场的有效运行。整顿和长效的规范管理须相结合，标本兼治。

加强政府监管，实行差别化管理。资质年检与质量检查直接挂钩，实行"红、橙、绿"三色通道制度是有效的控制手段之一。对质量检查不合格的单位实行经济处罚、暂停营业整顿、直至取消单位的资质，加大企业违规的成本。

(3) 加强职业道德教育、规范市场行为、提高勘察质量。

进一步规范勘察市场，保障工程质量安全和促进行业的发展，对一些严重违规行为记入不良记录名单。如有些工程勘察的承包价非常低，低价竞争已经对保证勘察质量产生较严重的影响，按正常的勘察程序很难赢利，导致了一些勘察单位偷工减料。又如土工试验伪造试验数据、野外钻孔少钻或不钻、部分勘察单位利用勘察个体挂靠收取费用等非法行为都是规定所不允许的。加强职业道德教育、进行行业自律、规范市场行为十分必要。

对勘察单位而言，也应当加强自我保护意识，对一些业主的不规范行为，要据理力争，比如少数工程建设方随意压缩合理勘察周期，或在建设边界前提条件不明确的情况下盲目进行勘察，容易导致勘察质量不符合。

今后在建设工程中逐步实行注册执业制度，应当讲对勘察行业的要求更高，岩土工程的包涵面更广，勘察报告必须要有注册土木工程师(岩土)签字，并对报告的质量负责。稳步提高勘察工作质量，对保证本市建设工程安全质量有着重要的意义。

# 2. 建设工程施工图审查制度的重要性与深化改革

上海市建设工程安全质量监督总站　石国祥　蔡振宇　钱　洁

## 一、施工图审查制度的由来

设计水平主要包括方案设计水平和施工图设计水平，前者的优劣决定工程的适用性、美观、功能价格比和可实施性，后者的优劣决定工程的安全性、造价的合理性等。因此施工图设计水平对工程质量起着决定性的作用，低劣设计的工程由于其先天不足，施工再努力，工程建成后仍会留有隐患和缺陷。

从全国范围内分析，设计质量总体上不容乐观，以本市设计质量抽查情况为例，抽查不合格率在20世纪90年代末连续五年都在3%左右，而当时浙江和北京的设计质量不合格率都在30%以上，新疆更是高达50%以上。

如1999年建设部质量大检查抽中上海金桥某地块F型厂房，该项目层高4.5m，应建设方要求改为6米，但设计单位未复核验算即发出施工图。检查组发现该厂房层间位移达1/298，大于规范要求的1/450，造成结构隐患。

针对当时全国设计质量普遍不高的情况，参照美国、德国、日本、新加坡、香港等发达国家和地区的做法，国务院以《建设工程质量管理条例》和《建设工程勘察设计管理条例》，强制规定了我国所有建筑工程的施工图必须经过审图后方可用于施工。至2001年，全国除西藏外，普遍开始了施工图审查工作。

## 二、施工图审查制度的利弊

从本市施工图审查制度的三年运作来看，该制度已达到了预期目的。

一是实施施工图设计文件审查制度后，变事后监督为事先检查，狠抓设计源头质量，消除了工程隐患，保证了结构安全性，有力推动了各项工程建设强制性标准的执行。

开展这项工作的三年中，本市共审查近18000多个项目，74000多幢单体工程。查出违反国家和本市工程建设强制性标准分别为11000多条次和9000多条次，违反国家和本市工程建设强制性条文分别为19000多条次和5200多条次，共计44000多条次。其中，属于地基基础与结构安全问题的占了28%，共涉及单体工程近2万幢，约占审查工程的35%。

如上海某生活垃圾焚烧厂项目，审查中发现设计单位在西班牙工艺未完全提供的情况下，为保证进度，根据以往经验进行设计，结果造成严重的结构设计问题，如未及时发现这些问题，在结构完成到点火运作这个时间段内，整个工程会因抗浮能力不足而出现重大损失。

二是实施施工图设计文件审查制度后，提高了建设参与活动各方主体对设计质量重要性的认识。

目前我们正由计划经济转向市场经济，设计单位也由事业单位转向企业单位，因此必须由政府对施工图进行把关，使设计质量有所保障。从目前来看，通过施工图审查这一行之有效的手段已促醒了建设活动各方主体，尤其是建设单位和设计单位的质量意识，使其在市场经济的大形势下，认清设计质量的重要性，重视设计质量，提高设计质量。具体来讲，并已经达到以下三方面目的：

(1) 提高设计单位的抗干扰性。当前在设计过程中，业主不合理行为影响设计质量的情况较多。如片面追求经济利益，无限制要求压缩设计周期甚至要求违反工程建设强制性规范标准等。通过审图，规范了业主行为，促使业主按基建程序办事。使设计单位尽可能避免外界干扰，保质保量完成项目设计。

(2) 促进了设计单位管理体系的完善。现阶段的施工图审查工作，促使设计单位充分认清只有严格管理才能提高质量。因而，针对施工图审查制度，编制和完善了内部施工图质量管理制度，明确了质量责任，使自身工作规范化、程序化。

(3) 使各设计单位由闭关自守转为加强横向交流、共同提高。通过审图，普遍提高了本市设计水平。其中尤为明显的是中小型设计单位，通过施工图审查工作，使其与高水平设计大院接触交流，有了再学习的机会，推动了他们设计质量的提高。

通过施工图审查这一制度的推行，逐渐杜绝了建筑市场中一些不良行为，推动了国家及本市的各项政策法规的落实，真正达到了有法可依，执法必严的目的，尤其是对制止违反国家与本市强制性标准、防范重大安全质量隐患起到了积极作用。但该制度在执行中也存在着责任不明、周期较长、重复审图和收费较高等问题，造成了一定的社会矛盾。

一是审图责任问题。《建筑工程施工图设计文件审查暂行办法》第二十一条规定，“施工图审查机构应当对审查的图纸质量负相应的审查责任，但不代替设计单位承担设计质量责任”，但如何落实各方责任尚无具体规定。同时，由于有审图这一环节，使得设计单位及人员在一定程度上对审图产生依赖心理。

二是审图周期问题。如果象国外对施工图进行全面的技术审查和复核，无论是本市规定的 10～15 天，还是建设部规定的 20～30 天，时间上都远远不够。如果只结合关键部位进行程序审查，则非关键部位同样可能存在质量隐患；而只进行程序审查，更无法排除可能存在的设计隐患。而建设单位认可，现行 10～15 天的周期也太长。

三是重复审图问题。施工图审查涉及到多个行政部门的管理职能。目前，本市除消防部门已将消防审图委托给审图机构外，规划、民防、卫生防疫、交通、环保、绿化等部门仍在进行独立的专业审图，大大增加了建设单位的负担，也影响了施工图审查的权威性和严肃性。

四是审图收费问题。目前审图收费标准为设计收费的 1/15，约合每平方米 2 元左右，增加了项目建设成本。

**三、施工图审查制度的深化改革**

针对上述问题，从深化行政审批制度改革、坚持依法行政、改善投资环境的角度出发，施工图审查制度必须在坚持该制度的前提下，根据促进发展、依法行政、严格管理三大原则进行改革。

一是改变审查方式。为适应促进发展的形势，审查方式应由政府审查逐步转变为社会审查，即由建设单位委托审查转变为由保险机构雇佣审查机构对受保项目进行审查，且施工图审查不再作为建设项目审批的前置环节。

二是明确责任主体。即进一步明确设计单位是建设工程设计质量的责任主体，设计单位对施工图设计的质量负责，审查机构应承担失察责任。促使设计单位完善内部质量保证体系、确保设计质量。

三是取消收费环节。即变更施工图送审主体，允许建设单位向设计单位购买包括设计和审图在内的一揽子服务，审图所需费用由设计单位在投标时一并落实。

四是加强政府监管。即以保证最终勘察设计质量为目的，准确地、充分地发挥审图机构在本市勘察设计质量监管工作的作用。同时加大抽查力度，对勘察设计单位实行差别化管理，督促和帮助其完善审图质量的保证体系和各项工作制度。

当然，施工图审查制度的改革并不能一蹴而就，应在保证现阶段工作不断不乱的前提下，按部就班，循序渐进，分阶段完成改革的深化工作。

# 3. 信息化手段在建设工程安全质量监督中的运用

上海市建设工程安全质量监督总站 鲍 逸
上海建筑业管理办公室 沈 宏

**1. 前言**

随着经济持续稳定增长，我国正步入一个高速建设的时期，尤其对上海市而言，工程建设的力度、规模都居全国前列。港口建设、高速公路、轨道交通、城市道路、内河航运、污水治理、城市公共建筑以及大量的商业、住宅房地产开发等，形成了上海市的又一轮建设高潮，每年的建设投资总额达数千亿元。大规模的建设需要高水平的管理，尤其是如何有效进行工程安全质量的监管，把质量问题消除在萌芽状态，同时将工程质量责任追究制度落到实处，提高工程建设质量，并为政府监管体制的创新提供必要基础，这是国家和各地政府以及专家学者长期以来致力解决的一个大问题。然而由于种种原因，工程安全质量的监督工作仍存在不少问题，工程安全质量问题始终得不到有效解决。主要表现在以下几个方面：

(1) 监管责任不明确。由于缺乏对整个监督检查过程的有效管理和跟踪，尤其是对监督人员在工地现场的监督内容、工作方法及监督信息的实时反馈缺乏统一的、标准化的管理，导致现场监督工作出现一定的随意性，使监督工作质量受监督人员的工作责任心和业务能力的影响很大，而且一旦出现安全质量问题，责任追究制度很难落到实处。

(2) 监管过程不规范。工作成果的质量很大程度上取决于工作过程的规范化、程序化、可控制化。目前关于监管信息的采集、传输、管理尚缺乏有效的、易操作的管理手段，同时在规范质监人员日常工作等方面也缺乏有效措施，整个工作流程受人为因素影响较大，直接影响着监督质量。

(3) 监管手段有待提高。目前无论是政府部门的监督、监理公司的检查还是施工企业的自检，大多仍采取人工检测、人工控制的方式，大量的安全质量信息几乎完全靠手工在纸上记录，工作手段的落后直接导致了管理难度、管理成本的增加，使政府无论是在事前的程序性审批还是事后的质量监管，主要采用非公开的、人工控制的方式，同时工作效率也难以提高。

(4) 监管信息不完整。由于工作手段的落后，一方面按照国家和地方相关法律法规、规程规范、强制性标准的规定，无法使每一项质量监督工作都可按要求记录在案，便于查对；二是难以取得国家法律法规、规程规范、强制性标准执行过程、执行结果的真实的、全过程的记录，因此难以实施动态的、实时的、随机的抽检和全过程的及时跟踪。

(5) 质监人员的业务素质、业务水平亟待进一步提高。工程安全质量的监督检查是一个综合性极强的工作，需要工作人员掌握大量的管理及专业知识，如何帮助质监人员提高工作能力，有效完成监督检查任务是一个急需解决的问题。

针对以上问题，应对建设工程安全质量监督管理的整个工作模式进行改革，通过监督过程的透明化、监督内容的公开化以及公正、公平的监督标准等来保证整个监督管理工作的规范化与程序化，并通过这一措施深化安全质量监督管理的体制改革、强化监督管理工作过程中的薄弱环节，最终达到加强管理力度和提高管理水平、工作效率的目的。按照"信息化带动工业化"的基本国策，近年来上海市建委十分重视的建设领域信息化工作在此方面提供了一个极为有力的平台，将信息化技术全面引入建设工程安全质量监管体系应是安全质量监督管理工作模式改革的一个新途径。基于此种想法，上海市建筑业管理办公室、上海市建设工程安全质量监督总站与教育部土木信息技术工程研究中心等单位合作，逐步在上海市推广实施了"数字工地"建设工程安全质量监督管理信息系统[1]，其目标是在工程监督管理体系中全面引入现代信息技术，改进工程监督检查的工作模式，整体提升监督管理的力度和水平，提高工作效率，尤其是在以政府为主体的工程安全质量监督、检查及管理控制方面提供一个完整的问题解决方案。

**2. 上海市"数字工地"建设工程安全质量监督管理信息系统概述**

上海市"数字工地"建设工程安全质量监督管理信息系统以建设工程安全质量的监督管理为核心，按照安全质量监督检查的工作程序和工作方法，通过实施完全信息整合的一体化解决方案，以国家、部委和上海市地方与建设工程安全质量有关的法律法规、行政文件、规程规范、强制性标准等为基础，应用互联网技术、无线通讯技术、数据库技术、多媒体影像技术、数据采集技术、掌上电脑技术、嵌入式软件技术等，实现工程报监、任务划拨分配直至工程安全质量信息的采样、存储、传输、管理等各个环节的全面信息化、自动化，形成一个向导型、智能化的业务体系，既可方便快捷地完成具体监督任务，又可有效进行全局的控制管理，并最大限度地实现信息资源共享，进而提高安全质量监督的工作水平和工作效率，实现全面的质量管理。

(1) 系统需解决的主要问题

针对建设工程安全质量的监督检查，系统主要解决以下三个方面的问题：

1) 查什么？"查什么"涉及到监督检查的工作内容及工作的规范化、程序化问题。针对某一个单项或分项工程，系统通过同济启明星工程 e 随身电脑(监督版)的嵌入式软件，以国家和有关部委的工程安全质量验收规范及相关规程规范、强制性条文、法规文件为依据，引导监督检查确定需检查的内容。

2) 怎么查？"怎么查"涉及到监督检查工作所采用的标准问题。系统通过同济启明星工程 e 随身电脑(监督版)提供向导型的监督检查程序和强大的现场帮助支持查询计算系统，引导质监人员在工地现场完成安全质量信息的实时采集测评，并对检查不合格的项目给出处理意见。

3) 查得结果如何管理？系统会建立一个与同济启明星工程 e 随身电脑(监督版)可进行实时信息传替的基于互联网的网络数据库，方便管理者对监督检查信息和监督人员的实时管理控制。

针对以上 3 个问题，系统的工作模式如图 2-1 所示。

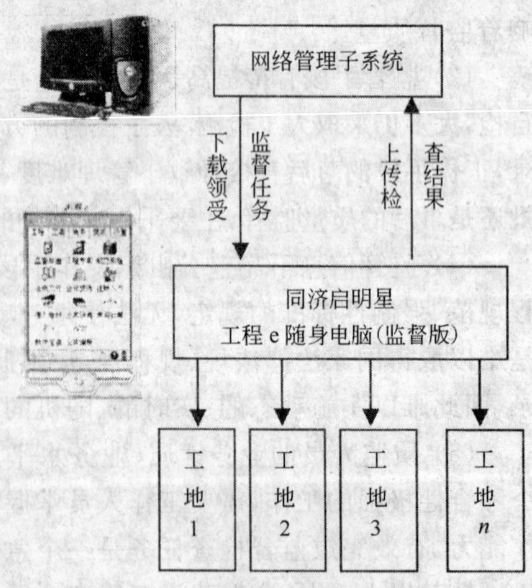


图 2-1　系统工作模式示意图

(2) 系统设计依据

系统按照建设工程安全质量监督管理的工作特点和工作程序，以建设法律法规、行政文件、工程管理、设计、材料、施工技术与验收标准、试验与检测标准等为依据进行设计，主要规范标准如下：

◆ 建筑工程施工质量验收统一标准(GB 50300—2001)
◆ 地基与基础工程施工质量验收规范(GB 50202—2002)
◆ 砌体工程施工质量验收规范(GB 50203—2002)
◆ 混凝土结构工程施工质量验收规范(GB 50204—2002)
◆ 钢结构工程施工质量验收规范(GB 50205—2002)
◆ 木结构工程施工质量验收规范(GB 50206—2002)
◆ 屋面工程质量验收规范(GB 50207—2002)
◆ 地下防水工程质量验收规范(GB 50208—2002)
◆ 建筑地面工程施工质量验收规范(GB 50209—2002)
◆ 建筑装饰装修工程质量验收规范(GB 50210—2001)
◆ 建筑给水排水与采暖工程施工质量验收规范(GB 50242—2002)
◆ 通风与空调工程施工质量验收规范(GB 50243—2002)
◆ 建筑电气工程施工质量验收规范(GB 50303—2002)
◆ 电梯工程施工质量验收规范(GB 50310—2002)
◆ 智能建筑工程质量验收规范(GB 50339—2003)
◆ 建筑施工安全检查标准(JGJ 59—99)

**3. 上海市"数字工地"建设工程安全质量监督管理信息系统的框架组成及各部分主要功能**

根据系统的功能设置，可将系统拆分成互相联系、有机结合的四个部分，分别为：

◆ 硬件及底层软件子系统
◆ 网络管理子系统
◆ 工地检查子系统
◆ 现场帮助支持子系统

系统框架逻辑关系如图 2-2。

各部分主要功能如下。

(1) 硬件及底层软件子系统

硬件及底层软件子系统由服务器端、移动终端及两者间的信息传输体系三部分组成，为整个系统提供硬件及底层软件支持。

(2) 网络管理子系统

该系统嵌套在上海安质监网站(www.azj.sh.cn)之中进行建设，其主要功能如下：

1) 划拨分配监督任务，制定监督计划。

2) 接受工地检查子系统上传的工地现场监督信息，进行工程建设各环节质量数据的登记、存储。

3) 对监督检查工作进行实时的管理控制。

4) 进行工程安全质量监督检查的执法管理。

5) 监督检查工作的报表统计。

(3) 工地检查子系统(同济启明星工程 e 随身电脑(监督版))

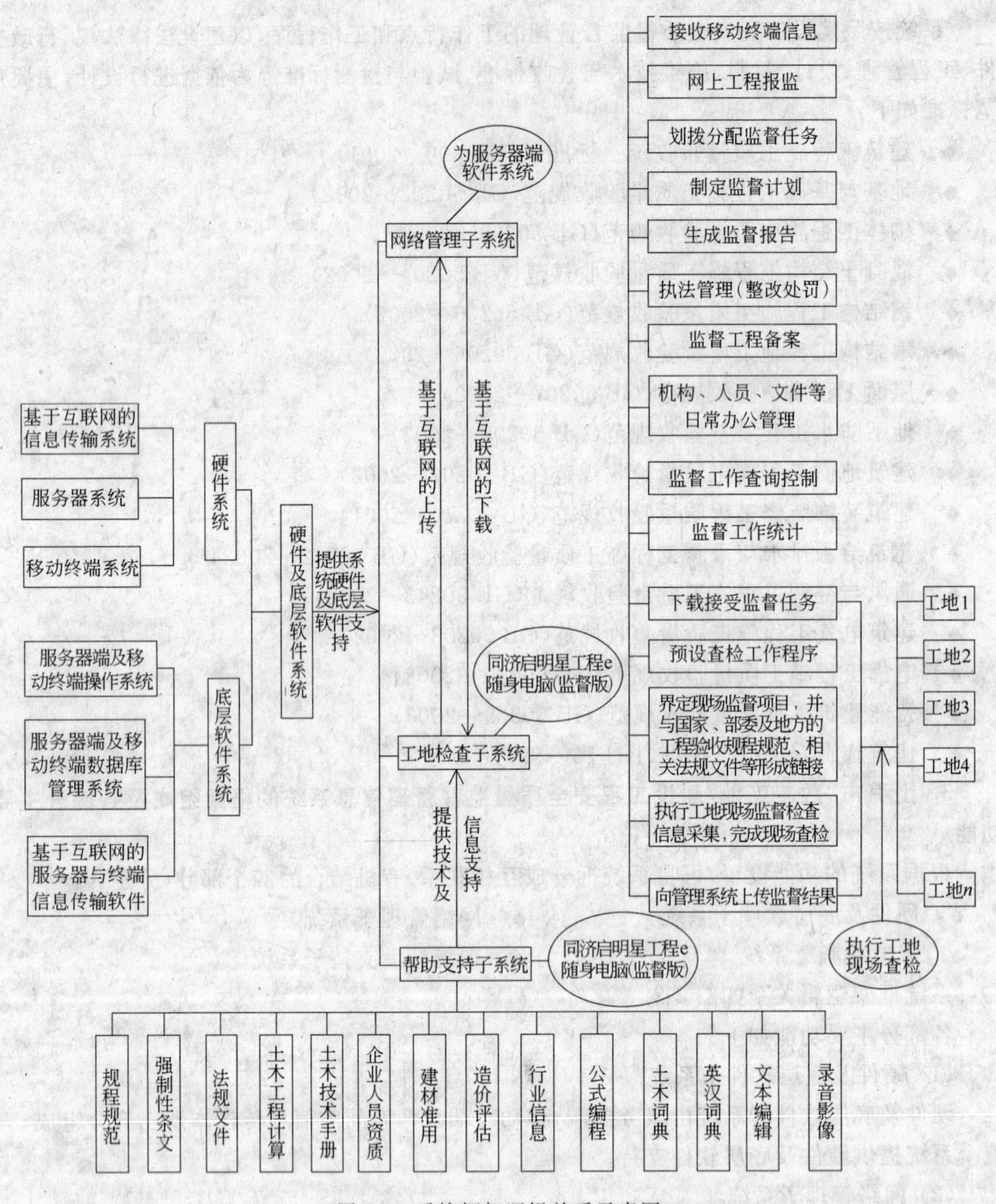


图 2-2　系统框架逻辑关系示意图

该系统基于同济启明星工程 e 随身电脑（监督版）进行开发，以嵌入式软件形式进行功能实现，直接面向工地，执行工地现场的监督检查。工地检查子系统的主要功能如下：

1）按照一定权限，通过互连网从网络管理子系统下载领受监督任务，并向网络管理子系统上传监督检查的结果数据。

2）通过嵌入式软件开发，在工地检查子系统中预设现场监督的工作程序，规定工作流程，保证现场监督的规范化。

3）实现检查数据的实时采集和检查工作的信息化和网络化管理，保证检查数据的公正性、科学性和准确性，确保监督报告的规范性和权威性，促使监督工作的高效率和服务的及时性，所有这些数据信息可以文字、数字、表格、照片、图片、图纸等形式出现。

4）能够确保及时为各级工程质量监督管理部门实施有效的质量控制提供准确依据，尤其是涉及到工程质量和安全隐患的不合格检验项目的数据，能够通过网络及时传送给有关质量监督管理部门，更好地实现工程质量控制目标。

(4) 现场帮助支持子系统(同济启明星工程 e 随身电脑(监督版))

现场帮助支持子系统也是基于同济启明星工程 e 随身电脑(监督版)和嵌入式软件进行设计，它涵盖了工程建设法律法规、规程规范、强制性条文、企业人员资质资格、准用建材等诸多信息，它是工地检查子系统的重要补充，为工地现场的监督检查工作提供技术信息支持。

**4. 实施本系统的效果**

本系统为上海市建设工程安全质量监督管理提供了一个完整的问题解决方案，通过应用，系统达到了以下效果：

(1) 本系统应用电子和信息技术为安全质量监督管理部门提供一个全新的工作方法，也为提高和保障工程安全质量提供一个有力手段，同时实现监督工作的信息化，促使整个安全质量监管系统的工作水平上一个新台阶。

(2) 促使政府工程安全质量监督工作尤其是各级安全质量监督站工作的程序化，严格质监工作的管理模式，提高工程质量监管人员的责任心和主动性，同时也为工程质量责任追究制度、责任落实到人提供依据。

(3) 解决在工程安全质量监督管理工程中“查什么”、“怎么查”、“查的结果如何管理”三个方面的问题，对监督内容、监督方法、评定标准、监督结果的管理等进行明确界定，规范日常监督工作，使监督过程有据可依，监督信息得到完整记录，监督结果有据可查，同时便于监督站、科、室领导对工程监督信息进行实时分析掌握和加强对监督人员的管理。

(4) 为整个监管工作提供技术支持和知识指引，提高监督工作人员的业务素质和工作能力，进而保证监管工作质量。

(5) 本系统的应用对政府工程质量监管体制的创新，对形成一个公平、公正、公开的土木工程市场具有一定的现实意义。

(6) 工程质量的监管是整个工程建设的龙头，本系统的实施可促进公路建设领域其他行业如设计、施工、监理等的信息化进程，对公路建设的信息化工作具有一定的指导意义。

**参考文献**

上海同济启明星科技发展有限公司．“数字工地”建设工程安全质量现场监督信息系统(上海)使用手册．2003.8

# 4. 安全质量工程监督工作信息技术的运用与发展

上海市建设工程安全质量监督总站　余洪川

**摘要**：从施工现场安全质量监督人员角度出发，对信息化技术在工作中推广运用加以探讨。涉及的内容有信息技术与监督工作关系、信息技术应用现状、提高应用水平建议、软件设计需求分析、信息化实施难点、熟练操作应用培训和电子签名等问题进行了讨论。

**关键词**：建设工程、安全质量监督工作、信息技术、应用、需求分析、电子政务、电子签名。

信息化建设作为电子政务的一个组成部分，在我们日常的工程建设安全质量监督工作中越来越发挥着日益重要的作用。

党的十五届五中全会提出："大力推进国民经济和社会信息化，是覆盖现代化建设全局的战略举措。以信息化带动工业化，发挥后发优势，实现社会生产力的跨越式发展。"

以电子政务为核心的政府信息化是推动我国国民经济信息化的关键。电子政务是各有关部门和地方各级政府利用信息和网络通信技术，加强政府的管理，实现政务公开、提高效率、科学决策、改进和完善服务职能的重要手段，是一项系统工程。政府行政管理信息网络化是一场深刻革命。政府信息化建设要与政府职能转变相结合，提高办事效率和管理水平，促进政务公开和廉政建设，特别要针对群众最关心的问题应用信息技术，增强为民办事的透明度和公正性。

电子政务系统的开发是一项长期而艰巨的系统工程，覆盖面广、涉及内容多，实施中经常遇到各种问题，特别是在一些部门级部署实施中。一些看似简单的问题，如果得不到及时有效的解决，将直接影响电子政务实施的效果。因此，在规划电子政务整体解决方案时，应对部门级应用开发难点有足够的重视，未雨绸缪。

笔者以一名工程建设安全质量监督人员的角度，尝试对建设施工安全质量监督信息化工作中的若干问题进行一些粗浅的探讨。

**信息技术与安质监督工作的关系**

信息技术是利用科学方法对经营管理信息进行收集、储存、加工、处理，并辅助决策的技术总称，而计算机技术是信息技术中主要的、不可缺少的手段。显然，前者包含后者。在建设工程安全质量监督中推广信息技术，不仅要解决在某方面是否利用了计算机技术，还要解决在安质监督中所遇到的各种问题。比如说，即使监督机构各部门都应用了计算机，而部门之间、机构之间、监督机构与参建单位之间的信息交换仍需要纸介质来进行，这样，就不能说充分利用了信息技术，实现了信息化。使用计算机的现代化施工管理手段，不仅可以快速、有效、自动而有系统地储存、修改、查找及处理大量的监督管理信息，而且能够对建设活动市场、施工工地现场中，因各种偶然必然、自然人为因素影响，而发生的安全、质量、材料、资质、资格等等情况进行分析、跟踪、预测。计算机技术的应用反映了信息技术的应用水平，而信息技术的应用则提高了施工现场安全质量监督工作的整体水平。

**监督工作信息技术应用现状**

首先，在施工现场的安全质量监督工作中，普遍利用信息技术的主要就是文书发布及统计汇总。特别是统计汇总工作，在利用了计算机技术后，明显提高了效率，可以为后续工作决策提供判断依据。

其次，部分监督机构在计算机运用方面尝试编制专用的封闭式系统，个别单位甚至在其中结合应用了 GIS 系统。这些努力都为进一步深化安全质量监督工作信息化作了有益的尝试。

信息技术的推广应用，不但改善了安全质量监督系统的整体形象，提高了工作效率、技术水平和技术保障，使行业和企业的整体活力得到提高；同时，也使得监督机构的工作成本和工作强度有所下降，工作质量得到相应提升。

但是，目前工程建设安全质量监督系统应用信息技术，无论广度还是深度相对而言尚存在明显的局限与不足，主要表现在：

◆ 应用范围狭窄，主要还是集中在前述的文书发布、统计报表等个别几个方面；仍然在较少范围内、用较为简单的处理方法，局部代替手工处理来辅助人工管理，远没有进入辅助决策阶段，大量重复性机械性工作仍旧手工操作，现场监督工作仍主要靠监督人员的经验和处理能力，公平、公正、公开欠缺；
◆ 主要以单机版应用软件为主，它仅仅利用了计算机处理数据速度快的特点，没有形成网络，没有实现信息的共享和自动传递，效率较低；
◆ 未能充分利用网络带来的便利，包含了内部局域网、对外互联网等方面；
◆ 不论政府网站还是商业网站，大都以信息发布为主，缺少应用软件，缺少信息互动；
◆ 软件开发选题雷同，缺乏统筹规划，开发资金不足，且多属于低水平重复开发。

**提高应用水平的建议**

温家宝总理指出："要以信息化带动工业化，以工业化带动信息化"，由此可见，利用信息化技术推进监督工作，是迫在眉睫的紧要问题，特别是利用信息化技术改造传统的安全质量监督方式方法已是大势所趋。

第一，根据监督工作特点，制定信息化战略规划，予以有效地实施。

信息化施工管理的特征是：

◆ 收集自动化（传感技术、身份识别）；
◆ 存储自动化（光盘存储、数据库）；
◆ 交换网络化（局域网、互联网）；
◆ 检索工具化（数据库、搜索引擎）；
◆ 技术集成化（多媒体、专家系统）；
◆ 利用科学化（基于数据的分析、预测、挖掘）；
◆ 管理系统化（管理信息系统 MIS）。

所以，监督机构应根据以上信息化的特征，结合日常工作实际情况，制定战略规划，充分利用现代信息技术，逐步建立各类信息系统。

第二，在安全质量监督工作全过程广泛应用基于局域网、互联网的信息共享平台以及网上办公系统。

现代化建设项目规模大，参与单位人员多，而且往往涉及国内外，建设工程监督工作文多（如信函、通知、图纸、合同、进度报告、检查申请和批准、设计变更记录等），信息量大。传统方法以纸介质为载体，其传输方式是与传统的金字塔式管理体制相适应的径向沟通方式。这种方式层次多，效率低，费用高，极易因信息交流失误而造成损失。正如美国 BriscNet 公司的调查显示，项目成本中的 3%～5%是由于信息失误导致的，其中使用错误或过期图纸/文件造成的占 30%。在美国，每年为了传递工程建设的文件/图纸而花在特快专递上的费用约 5 亿美元，项目成本中的 1%～2%都用于日常的印刷、复印和传真等。调查还显示，建设项目参与任何一方在竣工时所掌握的有用记录文件都不到总量的 65%。所以，在信息高速膨胀的今天，监督系统必须充分利用信息技术。

第三，开发基于互联网（Internet）的各种应用系统，如电子商务，网上办公等。

各行业运用信息技术的重点几乎都是开发应用以 Internet 为平台的项目信息管理系统。建设监督系统主要在于建立数据库和网络联结，实现网上查询、网上会议、网上申报、网上批复等。通过建立网上虚拟组织这一概念，变纵向信息交流为平行交流方式，提高效率和准确性，实现信息资源的共享，改进沟通与合作，提高决策的科学性和时效性。在现场监督方面，利用以 Internet 为平台的管理信息系统和专项技术软件实现施工监督过程信息化管理，例如：监督人员之间可以在一天中的任何时候，任何地点召开虚拟的工作会议；可在任何时候、任何地点与机构技术部门、机构数据库交换资料信息，查阅存档资料，会签文件；现场监督工作时可以通过掌上电脑将施工安全、质量信息直接上传到机构本部进行归档统计；在竣工验收阶段，可根据日常安全、质量记录自动生成各类竣工资料等。

**需求分析**

调研是开发的关键点，也是信息化工作遭遇的第一个难点。在需求调研时所遇到的困难是，上海市的建设工程安全质量监督工作人员业务繁忙，对将日常工作信息化电子化不可能有清楚的认识，无法很准确地概括其业务内容，一般是罗列一些需求，并给出一些表格、文件等材料。为使需求调研尽量准确，就需要在编制程序之前有多次的彻底的沟通交流，用图表的形式将业务流程讲清楚说明白；然后在流程图表的基础上尝试编制预览版本的小程序供监督员内部试用。在征求意见的同时，进行调研。经过若干轮的尝试磨合，大家开始有目的地提出自己的看法和需求。虽然这种做法多了重复设计和写代码的时间，但提高了调研效率，在局部范围应用将提高开发效率。

**实施难点**

虽然信息化主要在这几年提出，但是实际情况是，早在十年前，本市安全质量监督系统就已经开始运用电脑辅助工作。虽说不成气候，但是在文件发布、数据统计方面还是有着相当数量的积累，甚至部分单位/部门开发并运用了有自己的业务处理系统。新建系统如何与其兼容或数据对接虽说困难重重，但是毫无顾忌地自行开发，全然不顾往年的数据积累和操作习惯明显是考虑不周的。笔者认为，首先应研究这些业务系统的数据格式，如果不太复杂的可以移植的系统，尽量将其移植到新系统中，原有的系统数据导入到新系统中，然后停用旧系统；其次，专用系统短时不能移植的，尽量用计算机的后台程序自动或半自动地将所需要的数据导入到新系统中。这样，一方面承接了往年的工作成果，另一方面，将历年数据吸纳进系统，也有利于统计分析工作。

纵观近年来此起彼优的软件开发风潮，觉得国内从事软件开发诸公司企业，从保护自身知识产权角度出发，往往刻意造成数据格式的专有化特殊化。这中间不难看出有着国内用户热衷使用盗版软件的原因，但是，另外一个不容忽视的因素就是在行业软件、系统应用方面没有一个统一的协调部门，或者政府机构或者行业协会，统一制定软件应用之间如何衔接，数据如何共享互利等。目前现状，往往是企业与企业之间、行业与行业之间等，各自为政，互不信任，加上软件生产企业从功利角度出发推波助澜，造成了当前信息化建设重复投资，面面俱到的浪费低效局面。随着社会主义市场经济的推进，现行的建筑管理体制正在转变之中，必然涉及正在使用的软件生命周期，建议有关主管部门、作为中介组织的企业协会加强统筹规划。现在急需要做的工作是制定统一数据标准，做到在平台上共享。解决这些复杂的技术问题需要政府部门的支持，由咨询服务单位等部门出面组织及协调。

按照刘行先生在《当前建筑业计算机应用的"热点"与"误区"》中的观点，"现在的建筑企业，其运行机制年年都在调整，工作流程和组织机构经常变化，这在改革的过程中完全是正常的，在这样的情况下，很难设计计算机网络的经营管理系统。再分析我国当今建筑业的人、财、物及经营信息的管理现状，恐怕哪一项信息也不会被透明公用，所以，不少建筑业单位的数据库迟迟建立不起来，这些计算机网络等于虚设。"

笔者认为，数据积累归纳、共享利用，是信息化工作的核心内容之一。

**应用培训**

培训是系统应用的重点，再优秀周到的程序，实际操作人员不能熟练运用，反而会起到事倍功半的效果。监督业务繁忙，每天都要前往若干工地进行日常监督工作，集中的讲解说教式的培训并不能起到立竿见影的效果。另外，由于监督人员精力有限，再加上接受能力参差不齐，这样将对监督人员的文化技术水平提出新的高要求。按照实际情况来看，相当大部分的监督人员在电脑操作方面没有经过有效培训，即使持初级甚至中级证书的也大多停留在书面操作步骤上，真正能够独立高效操作系统、输入分析运用熟练自如的相对很少。

从改革现行监督工作手段方法和管理思路而言，在运用以计算机技术为代表的信息化方面，我们其实已经没有退路，只能发挥艰苦奋斗的精神，咬紧牙关克服艰难险阻，力争早日提升全体人员的思想认识和操作水平。今后相当长一段时间内，信息化工作重点应放在努力提高熟练运用水平的学习培训方面，这样才能切实发挥设备软件建设而投入的人力物力，真正实现向计算机管理要质量、要速度、要效益的目标。

笔者认为，以下方法应该能够帮助培训效果的发挥：

◆ 调整思路，改革模式，以真正适应公平、公正、公开和信息化、规范化、透明高效的要求；建设行政主管部门在当前的建筑业运用信息技术提升竞争力中发挥积极的推动作用。一方面从硬件设施上支持帮助，另一方面，出台有利于推动信息化建设的政策方针，促使各部门、各企业往信息化方向靠拢也非常重要；

◆ 规范各项管理工作，形成适合计算机存在并发挥其作用的管理基础和运行环境，对管理全过程进行标准化规范。制定出相应的管理原则和运作程序，为计算机的应用推广造成一个良好的环境；

◆ 建设部徐波副司长在《运用信息技术实现中国建筑业跨越式发展》一文中"企业信息化与企业管理，建立现代企业制度之间较难匹配，建筑企业信息化解决方案有待提高与优化，同时，企业管理不规范也使信息化方案难以见到成效"的论述表达了同样的精神；

- 计算机技术发展日新月异，克服既羡慕计算机管理又怕花钱的矛盾心理，制定出必要的计算机投资预算计划，保证计算机管理工作的顺利推进；
- 客户端尽量使用标准、通用的方式；
- 在线帮助尽量简单明了；将复杂的操作过程制作成录像/动画，在线帮助中随需播放；
- 各个部门重点培训操作骨干；早日建立一支既懂建筑工程专业技术、管理技术，又善于计算机操作的专业化骨干队伍；在这方面要加大工作力度，舍得下大本钱。提供各种培训和学习机会，造就一支专业骨干队伍的重要性不言而喻，一方面是榜样，另一方面为进一步深化巩固应用培训效果提供了经济高效的解决方法；
- （局域）网内提供交流论坛，配合现场指导，定期、不定期开展面对面的培训沟通。

精良的工具、先进的技术，离开了广泛的熟练的操作运用，等于没有，甚至更糟——它浪费时间、金钱，随后让人一无所获。

**电子签名**

无纸化办公作为信息化的一个组成部分，在监督机构内实行尚面临着一些问题。目前在监督机构的文档中，电子文档无法彻底取代纸质文档，因为所有的工程监督文档，都必须是签名有效，同时必须存档以具有法律效应。目前电子签名有效性法规尚未正式出台，但是考虑到受监项目、参建单位及监督人员目前的接受情况，笔者认为监督档案、对外文书等还是采取电子文档及书面材料同步进行为宜。

据新华社北京3月24日电称，国务院总理温家宝24日主持召开国务院常务会议，讨论并原则通过《中华人民共和国电子签名法（草案）》。为了适应电子商务、电子政务发展的需要，保障电子商务交易安全，维护有关各方的合法权益，制定《中华人民共和国电子签名法》是十分必要的。会议决定，《中华人民共和国电子签名法（草案）》经进一步修改后，由国务院提请全国人大常委会审议。届时，在监督档案及相关电子文档往来中，电子签名的运用将极大推动促进工程安全质量监督信息化工作进程。

**参考文献**

1.《电子政务实施经验谈：化解实施难点》，广州市地区建设工程质量安全监督站，林文超

2.《论信息技术在施工管理中的应用》，王琦，崔明武

3. 全国建筑施工企业项目经理培训教材编委会．计算机辅助施工项目管理．北京：中国建筑工业出版社

4. 王守清.《计算机辅助建筑工程项目管理》．北京：清华大学出版社

5. 刘行.《当前建筑业计算机应用的“热点”与“误区”》，中国建筑工程总公司科技开发部

6. 刘行，王瑞娟.《发展信息化施工技术及信息产品》

7. 范真瑛.《工程施工管理的计算机应用现状及展望》．中国建筑科学研究院

8. 赵俊生.《计算机在建筑企业的应用及需要解决的问题》．山东省莱西市建筑公司

9. 徐波，赵宏彦.《运用信息技术实现中国建筑业跨越式发展》

# 5. 十年磨一剑，百年保安全

上海市建设工程安全质量监督总站　李慧萍　朱明德

种种迹象表明，创建优质结构已成为上海的建设工程质量管理追求的新时尚。君不见，开放商推销自己的产品必称是获得优质结构奖的，其销售价格势必上扬；承包商则调兵遣将并向业主和社会承诺，创建优质结构，消除质量通病。今天，可以这么说，优质结构的含金量与"白玉兰"奖已经不分上下，各有千秋。能佐证这种迹象的是，2003 年上海的创建优质结构活动再次释放巨大能量：量，超过 1500 项，创历史之最；质，内外兼修，已从观感上的好看提升到内在的实质。更重要的是，凡是被评为优质结构的工程，裂缝和渗水等通病，基本销声匿迹。

一项本属费力寻苦、朴实无华的技术质量攻关活动何以能成为在沪建筑企业踊跃参加的"健身"运动？这不得不归功于上海的建设行政主管部门的英明决策。早在 1994 年，上海创建优质结构活动发轫之际，市建委敏锐地感觉到，这是政府工程质量监督模式的改革以及为用户提供满意产品的契机，也是今后在工程建设质量管理领域中所追求的一个具有较强号召力的品牌。上海市建委不仅明文号召，并且从技术、规模、内涵、政策扶持等给予规范化，更重要的是市建委主要领导或亲到施工现场观摩，或组织专家参与评审。因此，上海的创建优质结构活动开始运作时就打好了底子，具备起点高、要求严的格局。1997 年，全国一些地区坍房断桥的事故此伏彼起，严峻的现象提醒着上海主管部门，抓工程质量就要抓要害，东方大都市绝不能出此类事故。为此，上海市建委进一步提出，要把"结构质量、设计质量、住宅质量"作为建设管理的重点常抓不懈。到 2000 年，随着上海创建优质结构活动取得量的突破，主管部门又不失时机地提出新要求，把创建优质结构同"白玉兰"等优质工程评选活动有机地结合在一起，并以住宅工程为切入点，真正造福市民。可以说，上海的创建优质结构每取得点滴成效，都源自主管部门的悉心培育。

除了决策和管理部门的决心和引导之外，上海创建优质结构活动之所以能遍地开花，重要的因素是，有一个强有力的工作班子和组织体系。这个工作班子就是上海市建设工程安全质量监督总站，组织体系则是分布在各地区和领域的各区县和专业质监站。一开始，管理部门就意识到要使结构创优活动蔚然成风，关键是寻准突破口，而观摩发动工作无疑正是这个关键部位的准入点。为了抓好发动这一龙头工作，总站的负责人和区县、专业站站长们都亲自上阵，精心制定发展目标，织网布阵，踏勘现场，寻找和培育苗子，多形式、立体化扩大宣传面，努力把优质结构这块蛋糕做大作足。虽然每次观摩活动都只有几天的时间，但展现给社会、专家以及评委们面前的是横平竖直，灰缝饱满的砌体，以及内实外光的混凝土。内行人一看便知：这里处处浸透了建设者辛勤的汗水，每一个施工节点都是精益求精地下了功夫，对参与企业来说无疑是一次深入学习和相互交流的极好机会。据不完全统计，2000 年以来上海各区、县级优质结构观摩活动共达到 100 余次，参观人数高达 15 万余人次，极大拓展优质结构工作在全市的影响面。如在2003年上半年推荐的华东师范大学综合楼及中国石化信息中心两个观摩工程上，市创优工作小组首次采用了多媒体的宣传方式，把工程特点及工艺特色刻入光盘，发放到各参观者手中，并在观摩现场进行滚动式播放，使观摩者不仅有现场感性认识，而且为今后的创优实践提供样板。到了2003年下半年，宣传工作又有新突破，随着一批知名度较高，影响较大的工程加入创优队伍，管理部门有针对性地分别选取了曙光医院迁建、F1赛车主看台、联洋华庭1号楼和SVA世博花园3号楼等四个工程作为下半年的创优目标观摩工程。为了扩大这次观摩的影响面，他们根据各个工程特点，开展了多形式、多角度的宣传工作。如在曙光医院迁建工程现场，搭建了一个可容纳几千人的临时会场，组织了青年技术人员组成青年突击队，召开了一次大范围的动员大会，建委孙建平副主任也亲临现场，作了重要讲话，把创优工作推向高潮。在F1赛车主看台工程则通过滚动播出企业创优操作经验图片，增强了对工程感性认识，使观摩活动给与会者留下了深刻印象。同时，还利用新闻、报纸等媒体，通过在报纸上展开对观摩目标工程的点评，及时介绍了创优经验，使大家明确了方向，学到了经验，把宣传工作遍布城市每一个角落，也吹响了优质结构活动的号角。

在作好宣传工作的同时，总站创优小组也在工作中不断创新、不断探索，使优质结构工作不断取得新突破。首先为了实现优质结构工作标准化、制度化，使这项工作普及结构创优的标准，总站率先制订了《上海市建设工程结构创优标准指南》，开创了评优工作无章可循的先河。从而使优质结构工作真正走上了标准化、制度化的路程，通过推广宣传该标准，使创优活动取得新发展。面对成绩，总站管理部门没有满足没有停足，随着建设部颁发的《建筑工程施工质量验收统一标准》及相关规范的出台，他们又与时俱进，从2003年起着手对原有的评审标准进行修改，编制出一套切实可行融评审标准和打分表式于一体的《上海市建设工程结构创优标准指南》。新的标准不仅扩充了评审工程范围，在原有《上海市建筑工程优质结构评审标准》、《上海市市政(公路)工程优质结构评审标准》基础上增加了《上海市水务工程优质结构评审标准》、《上海市水运工程优质结构评审标准》、以促进专业类工程结构创优活动的健康发展；还根据上海城市建设发展实际，突显优质结构工程规模效应，使市、区两级优质结构工程在规模上有所差别，提升了评审准入条件以提高市级优质结构工程规模；并为发挥监理单位在创优工作的作用，这次修订中明确要求申报优质结构的工程必须实行安全质量监理、且经项目总监理工程师检查通过、由受监质量监督机构推荐的工程；同时结合新版标准，从上海建设工程实际水平出发，对现场质监条件、检测、实测等方面进行了适当调整，整个标准充分体现优质结构工作"公开、公平、公正"性，帮助众多企业及时了解优质结构评审标准，明确创优工作的方向，从而为优质结构工作取得新发展奠定了基础。在完成标准修订的同时，总站领导也以高瞻远瞩的眼光看到随着社会信息化程度的提高，电子政务将是今后城市行政管理工作发展的必然方向，为充分利用现有公共管理信息资源，提高评审工作效率，所以从2003年下半年开始，借助上海建设管理工作推行信息化的时机，他们率先对现有的优质结构工作方式进行了大胆改革，决定把优质结构工作从现行的烦琐手工管理中解放出来，通过网上办公的模式，实现优质结构申报、推荐、受理、评审信息化，使信息技术与管理工作相结合，依靠技术进步，提升优质结构工作质量水平和工作成员整体素质。目前，该系列标准和网上办事系统已正式颁发和开通，并从2004年1月1日起施行。相信这必将进一步提升建设工程结构质量的水准，从而推动上海的建设工程质量上一个新台阶。

经过近10年耕耘，上海的结构创优已经获得可喜成绩。2003年，全市各类创优工程达到1500余个，而随着上海的申博成功，将欣起上海新一轮的城市建设高潮，也为优质结构活动提供了更为广阔的舞台。为了使这朵昙花常现，有关部门将以宣传贯彻工程建设强制性标准条文为契机，加大对工程设计、检测，内在质量的检查力度，推动优质结构工程整体水平的提升。同时，在深度和广度上下功夫，不断挖掘各类专业工程的创优潜力，使创优质结构工作在全市范围内产生更大的影响力和号召力。力争让上海今后的摩天大楼都具备钢筋铁骨。

# 6. 关于建设工程创优的若干思考

上海市建设工程安全质量监督总站 季 晖

上海的创优活动已开展了十多年，从"白玉兰"、"浦江杯"、"市优质结构"到区县优质工程，甚至扩大到市政、民防、港口等专业类的优质工程，施工企业以获奖为荣，建设单位以获奖为乐，普通市民更以获悉购置的住房系获奖工程为福。更为重要的是，创优为提高上海市建筑工程质量水平、引导建筑施工企业提高质量管理水平、满足整个社会不断提高的对建设工程质量需求做出了贡献。

**一、创优提高了上海市建设工程质量水平**

首先，通过创优克服了一系列的质量通病。体会最深的就是近年来建设工程质量投诉在逐年减少。比如说住宅工程，除了视觉形象，市民最直接感受到的还是住房质量。以前房屋质量投诉中，不均衡沉降和房屋渗漏之类结构性问题占一定的比例，现在这种比例正在逐年下降，施工企业在保证结构安全的基础上，根据各自的实际情况，突出重点，制订切实可行的措施，逐步消除质量通病，确保工程的安全和使用功能。其次，通过创优改进了传统的施工工艺，许多新工艺在施工过程中被推广应用，即降低了成本又提高了建筑工程的科技含量。

**二、创优为上海打造了一批精品工程，形成了上海的工程特色**

十多年的创优过程，数千个工程项目获得了"白玉兰"奖和"浦江杯"奖；一大批上海市与外地进沪建筑施工企业受到了表彰。更打造了一批在全国具有影响力的精品工程，东方明珠电视塔、金茂大厦、浦东国际机场、磁悬浮、上海大剧院、上海科技馆……，一项项代表上海城市形象的工程榜上有名。为提高工程质量，在项目创优过程中，许多企业在细部上，搞出质量特色，切实做到了"粗活细做"的要求。如楼梯踏步阳角处理和保护、卫生间墙面打毛拉纹、屋面泛水及排水管口等等均有工艺创新，力求做到精品工程细部精细，从而使创优活动的"亮点"得到普遍推广，形成上海的工程特色。

**三、创优增强了企业的竞争力**

创优评选活动，使上海建筑市场逐渐形成争创行业品牌的良好氛围，一大批施工企业在追求创建"市优"建设工程的过程中，极大地提高了质量创优意识和企业品牌意识，在竞争日益激烈的建筑市场中以质量取胜，以诚信取胜的企业精神也同时在越来越多的企业深深扎根。在日益残酷的竞争机制下，"白玉兰"成了企业进入市场的通行证。现在的工程招投标，建设单位不仅要看企业资质，还要看企业得到多少项"白玉兰奖"。"白玉兰"成了评定一个施工企业的重要标杆。外地企业要在上海站住脚，上海企业要生存发展，必须要得"白玉兰奖"。在建筑市场和房产市场竞争日趋激烈的今天，"白玉兰"甚至决定企业的生死存亡。开展创优活动，反映最强烈的是外地进沪企业。在他们眼里，这是向上海建筑施工企业展示自身实力、提高竞争力的最好舞台。上海施工企业自然也不甘落后。于是你追我赶，创优活动蓬勃开展起来，造就了一批创优骨干企业，上海城市建设也呈现出崭新的面貌。企业看重这份荣誉，更重视投入带来的社会效益和经济效益的巨大产出，许多企业特别是外省市企业，从提供劳务到独立承包小型工程，发展到整个大型项目总承包，业务量的不断上升，竞争力的提高，综合实力的加强，他们以创优为新起点，推动企业的科学管理创优，使企业尝到了甜头。创优逼着企业往前走，有的企业被淘汰了，但更多的企业成长了起来，他们立足于上海，更大步的向全国建筑市场挺进。

**四、创优提高了企业管理人员的质量意识和管理水平**

工程质量创优的关键在于领导。首先是企业的领导，企业能否得到长足的发展，其中最重要的一点就是与企业的领导对质量的重视是分不开的。只有领导对质量的重要性有了充分的认识，才能在企业内部广泛树立“质量第一，以质取胜”的观念，提高全体职工的质量意识，增强职工的使命感和责任感。其次是项目的领导（项目经理），如果项目经理对质量意识观念淡薄，缺乏创优意识，那项目管理人员对质量工作就更抱着无所谓的态度了，就不会生产出好的工程产品来。俗话说以管理出质量。创优是一个艰辛的过程，在工程开工之初就要制订目标，并以此目标作为质量管理的中心，针对不同的目标进行合理的安排和科学的管理，在项目质量管理方面做到有的放矢，避免了工作的重复和盲目性。创优使企业做强、做大，管理人员质量意识、管理水平的提高也促进了企业的发展。十多年的创优历程，在上海造就了大批优秀项目经理。他们不仅仅是高学历高职称的科技人才，更重要的他们是重质量、懂经营、通技术的管理人才。没有超强的质量意识、管理理念就难以打造精品工程。

在大力推进及深入开展创优质工程的同时，我们也应正确把握和处理好如下四个方面的关系。

（一）正确处理好个别创优企业和整体施工行业质量提升的关系

通过评比，主要是提高工程质量、提升企业管理水平，提供企业相互间交流先进经验的机会。应避免一支独秀及“马太效应”。对好的企业适当提高标准，促使他们更上一层楼，对一般的企业给予适当照顾，给予交流学习机会，帮助他们提高水平。通过不断循环往复、因势利导，提高整体企业的管理水平。

（二）正确处理好少数优质工程和企业整体工程质量水平的关系

优质工程的创建，为企业锻炼了队伍，打造了良好的社会信誉。但我们也发现个别企业在创优过程中，只注重抓少数优质工程的创建，忽视了企业整体质量水平的发展，甚至有的企业在创建一批优质工程的同时，也产生了一批差劣工程。如此，工程创优就失去了它的意义，更成了个别企业掩盖其薄弱水平的美丽外衣。因此，我们必须处理好少数优质工程和企业整体工程质量水平的关系，帮助企业正确理解创优的意义，让创优工程真正带动企业整体质量水平的发展。

（三）正确处理好抓短期和长期质量目标的关系

创优是手段，目的是为提高工程质量、提升管理水平。获得“白玉兰”和“浦江杯”奖，对于企业来说这只是实现了短期的质量目标。不要为创优而创优，对于目标工程就不惜代价，投入大量的人力物力，力求夺杯获奖，而一般的工程就听之任之。持续改进，抓长效管理，不断提高工程质量、管理水平才是企业永恒的主题。

（四）正确处理好成本投入和创优的关系

创优质工程，势必会增加成本。比如为保证混凝土工程质量提高模板的翻新率，请技术熟练的操作工，采用新工艺、新材料等等，这些成本的增加是合理的。但是部分企业在创优过程中目标未进行合理的安排和科学的管理，工作重复和盲目，质量未得到有效的控制，为了创优就花大量的人力、财力在返工修补上，这显然是不理性的，违背创优工作的初衷，也违背了市场经济的规律。因此我们要处理好成本和创优的关系，提高管理水平，向管理要效益，控制创优成本。

创优在推动全市工程质量提高上发挥越来越大的促进作用。我们相信随着评优的不断深入，上海的建设工程质量也一定会越来越高。

# 7. 应用科学管理方式提高建筑工程安全管理水平

上海市建设工程安全质量监督总站　邬嘉荪　陈瑞兴

安全管理工作是一项十分重要的工作,国家对安全管理工作一直都非常重视,由国务院颁布的《建设工程安全生产管理条例》也已于 2004 年 2 月 1 日起正式实施。现代社会中各项事业都有了较大发展和进步,传统的建筑安全管理方式已经不适应现代社会发展要求,我们需要研究、应用科学的管理方式提高建筑安全管理水平,促进建筑业的发展。我国每年发生很多安全事故,特别是近年来,随着我国加入 WTO,新一轮城市建设高潮的来临,建筑工程发生了多次特大的安全事故,实在令人痛心。血的事实提醒我们,在当今社会主义现代化建设、全面建设小康社会的大形势下,我们更应充分认识到建筑安全管理工作的重要性。只有改革传统的管理模式,倡导科学的管理方式,才能不断提高建筑安全管理水平,真正把建筑安全管理工作做好,推动和促进我国建筑业的进一步发展。

**一、在建筑安全管理工作中应用科学管理方式的必要性**

建筑安全管理是一门科学,科学的建筑安全管理,需要建筑安全理论作为基础,为实现建筑安全生产,必须研究建筑安全的科学理论,揭示建筑安全的科学规律,运用科学的管理方式提高建筑安全管理工作水平。传统建筑安全管理工作的着眼点主要放在系统运行阶段,一般是事故发生了,调查事故发生的原因,根据调查结果修正系统,这种模式称为“事后处理”模式。由于存在许多弊端,致使事故不断发生。而科学化建筑安全管理工作的着眼点是预先对危险进行识别、分析和控制,变“事后处理”为“事先控制”,预防为主,关口前移,防患与未然。因此,从社会发展趋势来看,现代科学化建筑安全管理取代传统管理已是势在必行,现代社会要求必须从传统建筑安全管理向科学化管理转变。

**二、传统建筑安全管理方式的弊端**

1. 宣传教育不到位

以往对安全“三级教育”没有高度重视,领导干部只是注重抓经济效益,对安全工作重视不够,安全教育搞走过场,普通员工也只是听听而已,根本没有深入人心,也没有起到宣传教育的作用,造成员工安全意识薄弱。

2. 轻视事前管理,注重事后管理

一般在出现安全事故后,领导干部必须处理,然后加强安全工作的管理,大有“亡羊补牢”的感觉,这样就容易埋下隐患,可能在短时间内会引起员工的注意,但事情过去后,依然故我,领导也不强调安全问题,安仝管理工作基本上没有人抓,所以产生下一次安全事故的可能性非常大。

3. 不能调动每个人的主动性和积极性

传统的安全管理方式基本上是制定安全规章制度,领导讲一讲,然后挂在墙上。安全问题根本没有深入人心，广大员工认为，安全管理工作是领导的份内之事，与自己关系不大，所以，从思想意识上人们就没把安全问题放在心上，更谈不上积极主动地配合领导，形成领导干部孤立地实行安全管理，收效很小。

4. 没有科学系统的管理方式，难以落实

传统的安全管理方式没有科学性，过于简单、形式化，操作起来很难见到实效，其实，建筑安全管理是一门很重要的、值得深入研究的科学，与生产实践一样是有紧密、严格、规范的操作程序的。以往的安全管理方式只是单个的制度，没有系统科学的标准，所以难以落实，很难起到相应的作用。

**三、应采用科学的安全管理方式**

1. 形式多样，注重效果，全面宣讲安全的重要性

安全管理工作搞不好，就认为安全管理投入的资金不足，这完全是错误的。现代安全管理要求的基础就是合理认识安全管理，首先要提高对安全教育的认识，真正把安全教育摆到重点位置；在教育途径上要多管齐下。既要通过安全培训、安全日进行常规性的安全教育，又要充分发挥安全会议、黑板报等多种途径的作用，强化宣传效果；在安全教育的形式和内容上要丰富多彩，推陈出新，使安全教育具有知识性、趣味性，寓教于乐，广大职工在参与活动中受到教育和熏陶，在潜移默化中强化安全意识。要通过多种形式的宣传教育逐步形成“人人讲安全，事事讲安全，时时讲安全”的氛围，使广大职工逐步实现从“要我安全”到“我要安全”的思想跨跃，进一步升华到“我会安全”的境界。预防为主，先期治理，确保防范措施到位。

2. 安全管理要以人为本

在现代管理哲学中，人是管理之本。管理的主体是人，客体也是人，管理的动力和最终目标还是人。在安全生产系统中，人的素质是占主导地位的，人的行为贯穿施工过程的每一个环节。因此，在安全管理过程中，企业必须尊重人，关心人，以人为本，采取必要措施，保障个人的利益，使大家找到归属感，最终形成安全管理“命运共同体”，推动安全管理的改善和提高。

3. 重视激励作用

伟大的马克思曾经说过：人们追求的一切，都同他们利益有关。职工工作积极性的调动，要求管理者深入理解职工的内在需求，并予以满足，从而刺激工作热情、激发创造力。目前，多数企业安全管理采取的是负激励即违章罚款，虽然有激励效用，但不免单一，因此，企业要注意多运用正激励，一方面可以在各层次安全生产责任制的基础上，对完成情况好的集体和个人进行物质奖励，数额必须大；另一方面，可以评选安全标兵，从管理层到基层都要有代表，满足个人的荣誉感。

4. 把情感融入安全管理

在人的社会实践活动中，精神力量起着极大的作用。其中，人的感情因素深深地渗透到行为中，影响着行为目标、行为方式等多方面。在企业内部，每一名职工都拥有自己的情感世界，安全管理者只有深入了解、沟通和激发职工的内心情感，才能在管理工作中起到事半功倍的效果。企业搞安全管理，不能图一时之快，逞一时之强，必须从根本出发，根据单位特点，循序渐进，逐步形成自己的安全管理文化，增强全体职工的凝聚力，使其劲往一处使，在和睦的氛围中实现安全生产，杜绝各类事故的发生。

5. 把全员吸纳入安全管理

要保障安全必须坚持群众路线，形成“安全工作，人人有责”的共识，切实做到专业管理与群众管理相结合，在充分发挥专业安全管理人员骨干作用的同时，吸引全体员工参加安全管理，充分调动和发挥广大员工的安全工作积极性。

6. 实行目标安全管理

目标管理可以应用于安全管理方面。它是特定组织确定在一定时期内应该达到的安全总目标，分解展开、落实措施、严格考核，通过组织内部自我控制达到安全目的的一种安全管理方法。它以特定组织总的安全管理目标为基础，逐级向下分解，使各级安全目标明确、具体，各方面关系协调、融洽，把全体成员都科学地组织在目标体系之内，使每个人都明确自己在目标体系中所处的地位和作用，通过每个人的积极努力来实现特定组织的安全目标。

7. 安全管理需要有完整的管理体系，因此要形成从公司、现场到班组的三级安全网络。运用好管理信息系统，把现代化信息工具——电子计算机、数据通信设备及技术引进管理部门，通过通信网络把不同地域的信息处理中心联结起来，共享网络中的硬件、软件、数据和通信设备等资源，加速信息的周转，为管理者的决策及时提供准确、可靠的依据。在实际生产中，每天获取的事故信息量非常大，这些信息都是需要及时处理和综合分析、判断，靠人是很难在短时间内完成这些工作的，这就需要应用计算机建立管理系统。因此，我们认为管理信息系统在企业管理中的应用具有现实意义，应用前景广阔。

当然，企业建筑安全管理是一项非常复杂的工作，单凭科学的安全管理方式一方面发展是不够的。还需要采取各种措施，提高作业人员的安全素质（安全技能和安全意识），增强职工执行安全规章的自觉性和自我保护能力。只有这两方面都做到，才有可能真正使安全管理水平上一个新台阶。

# 8. 规范行为，落实责任，完善建设工程监管体系

浦东新区建设工程安全质量监督署　瞿志勇

近年来建筑行业尤其是房地产开发高速发展，使得房屋建筑这一特殊产品的质量，以及由此相关联的安全生产成为当前社会关注的热点，而政府监督机构按照社会主义市场经济规律，适应政府职能转变的需要，坚持改革发展，取得了显著成绩，但是随着社会经济的不断发展，如何规范建设各方的行为，落实各自的责任，以及进一步完善整个建设工程监管体系，也到了值得研究、探讨的地步。以下便是本人通过近年来的工作，结合形势，提出的几点不成熟的看法。

**一、当前的形势及面对的矛盾**

入世后政府职能就是要加强宏观经济调控、市场监管和公共事务管理，工程监督作为政府对建筑市场监管的一种手段，其方式、方法和内容，就要随着市场经济的发展进行相应的调整与改革，也给行使政府监督职能的监督机构提出了新问题。

1. 日益增加的工作量与监督队伍、人员结构之间的矛盾

过去实行的是"三步核验制"，目前实行的是竣工备案制，是所谓的实体与行为、监督与抽查相结合的监督，加之过去每年开发工程量与现在相比是无法比拟的，而我们目前一线监督人员(土建)，年监督工程在50万平方米左右，大大超过过去建设部的指标，同时监督人员普遍存在年龄结构老化，专业知识结构断层。

2. 不断规范的建筑市场与复杂的建筑现场之间的矛盾

随着政府职能的转变和建筑市场运作的不断规范，市场的透明度和公开、公正性得以不断增强，但是建筑现场还是存在诸多复杂因素，如施工企业项目管理班子对操作队伍的选择权，甲方指定或参与工程建设中的材料与设备供应、专业队伍，以及参与各方过多考虑自身的经济利益等等，都对现场管理乃至工程质量、安全生产的控制带来很多难以想象的困难与问题，隐藏着一定的质量、安全隐患。

3. 遵纪守法与利益驱动之间的矛盾

随着改革的不断深入，民营企业、股份合作制、私营企业将得到长足的发展，所占比率和发挥的作用将越来越大。在市场经济活动中，大家着眼点都是利益最大化，这样或多或少会产生在顾及经济利益的同时，针对政策、法规的不完善与法律意识的淡薄，打一些擦边球，而且由于种种原因整个建筑行业对违规处罚力度不足。

4. 居民法律意识的增强与对建筑产品的认识之间的矛盾

住宅的商品化及房价的不断上涨，居民对房屋产品的质量提高了很高的要求，这是可以理解的，但是居民对这类产品的特殊性了解甚少，总是将它与其他产品同等对待。

5. 监督机构习惯做法与适应形势要求之间的矛盾

应该讲实施竣工备案制以后，监督机构从“运动员”走向“裁判员”的发展还是比较迟缓，这种现状在开发量不是很大的情况下，还勉强可以，但是现实的开发建设，使得监督机构疲于奔命，承受很大的精神压力。

**二、监督职能的定位及需处理的几种关系**

政府的监督职能就是在施工许可证发放之后到竣工备案之前，对建筑产品生产过程进行监管，是建筑市场与现场联动的重要保证力量。

1. 工程创优与治劣的关系

工程创优是监督机构辅助政府主管部门推进工程质量、确保安全生产的一项措施，也起到了地区与区域内建筑工程的示范与榜样效应，最终对整个行业提高工程质量与施工安全奠定了扎实基础。与锦上添花的工程创优相比，治劣就显得成效不明显，没有强有力的预控措施和手段，往往是事倍功半。目前工程治劣主要要针对施工企业乃至参与各方参与市场竞争及自身生存的需要，通过现有的新闻媒体、政府监管及社会监督等方面，加大对差劣工程、各类事故的有关单位予以曝光、处罚，引发工程参与各方对工程治劣的积极性与主动性。所以说工程创优与治劣，其实就是通过政府监督机构，对区域内建筑工程树立正反两个方面的典型，最终实现工程质量受控，并最大限度减少伤亡事故的发生。

2. 监督与服务的关系

伴随着入世，百姓以及企业对政府的服务寄予厚望，同时一些政府投资项目相继开发，对我们监督机构也提出了服务要求，这种设想与要求，是可以理解的，问题是监督与服务之间还是存在一定的区别，需要我们正确把握。监督要求是严格，而服务讲究的是主动与热情，不能因为我们参与了服务，以及为了突出服务，而对发现的质量、安全问题避重就轻，放弃原则，这是绝对不可取得。

3. 作风与形象的关系

由于我们监督机构代表的是政府监督，工作质量的好坏、效率的高低，体现的是政府形象与我们的精神风貌。为此，对于监督工作，做到工作积极主动，每次监督检查，做到走过路过又不错过，工作中充分体现我们高度的责任心，该一次讲清的，决不多次讲清，每次到位要多问、多了解、多告知，力争在每次监督检查与日常接触中，要对发现问题、存在困难，多指导、多帮助、少指责、少厌烦，要给参与各方指明方向，有路可走，决不能死板硬套规范、标准，真正实现在坚持原则的基础上具体问题具体分析。

**三、与时俱进、创造性地开展工作**

1. 以法律、法规为支撑，推进两个体系的实施

建设工程质量、安全的控制，关键在参与各方的质量、安全保证体系的建立与实施，落脚点在施工企业，体现在工程和现场，而作为政府监督机构，主要要以国家现有的法律、法规为支撑，结合工程建设的实际情况，把握重点监控内容，用好抓手与控制手段，注重实效，确保建设工程的工程质量和施工安全。要以《建筑法》、《安全生产法》、《建设工程安全生产管理条例》、《施工现场安全生产保证体系》、《建筑施工安全检查标准》、《建设工程质量管理条例》、《建筑工程质量保证体系》、新版验收标准及有关验收规范等规定与要求为依据，督促建设各方规范自己的质量、安全行为，使得工程建设全过程遵循与围绕两个体系的实施。

2. 以诚信体系为抓手，实现两场联动

要充分利用建设部、上海市建委 2002、2003 年提出的落实建设工程安全、质量责任主体

和开展不良记录的有关管理办法精神，通过项目经理扣分及有关责任单位不良记录公示，来推进企业诚信体系建设，并依此作为建筑市场年检中“市场清除”的有力依据。要使企业自觉认识到现场的好坏将影响到市场的份额，最终导致企业的生存，在这过程中我们的作用，主要是将现场的情况通过相应的措施、手段，来向市场进行信息反馈，当然作为执法部门，监督机构本身也要利用手中具备的处罚权。这样做，对施工企业、监理、设计勘察单位都有一定的推动，但是对开发商好像还不具备很大的制约，这也是政府主管部门需要研究的问题。

3. 以监理单位为依托，加强现场监管力量

随着 2003 年 10 月 1 日起市建委要求在建设工程实行安全监理制度，这样工程质量、安全生产都列入了社会监理的工作范畴，政府监督机构的主要职能都向社会监理进行了延伸。由于工程建设是一项人员密集性的生产活动，操作人员的质量、安全意识对产品质量及全过程的安全状态起到决定性的作用，而人的生产活动受到诸多因素的影响，在整个生产活动中长期处于波动状态，是难于把握的，这就需要进行管理、检查与督促，由于考虑自身的要求，光靠企业自己的管理、检查，还是很难控制工程质量与安全生产，而充当社会中介的监理单位，完全可以借助于其审查施工方案和技术措施、进行现场旁站和巡视、组织验收和履行签字手续等，对工程质量、安全生产的重要部位质量、重大危险源进行监控，所以如何发挥好监理的作用，将对加强施工现场的监管将起到举足轻重的作用。

4. 以总包管理、项目法人制为制约，强化管理责任

要根据项目的特点，强化总包管理。不管是国营企业的管理层与劳务层分离，还是其他属性的队伍挂靠，甚至是专业分包，都必须强调与落实总包的质量、安全责任，否则施工中的矛盾、冲突，很难界定与理顺，最终造成施工混乱，工程质量得不到保证，现场安全失控。作为政府监督机构或者建设单位一定要从总包管理这条主线抓起、着手，只要这条主线管理到位、责任落实，施工的质量与安全生产就有了保证的基础。

再者，项目法人（法定代表人）以及引出的项目法人制，也是确保项目建设能顺利进行的关键。这儿所说的项目法人有二层含义，首先便是由政府投资的项目，其次便是由开发商为项目开发所组建的公司，甚至一般项目。不管是哪种类型，由此产生的法人，一定要明确自己的职责与法律责任，严格遵循国家的基建程序，严格工程质量、安全管理，并对工程质量承担终身责任，且承担现场安全生产、文明施工的管理责任，严肃合同管理，遵守招投标制度，执行工程竣工验收备案制度。应该讲随着法律意识的不断增强，规范项目法人的行为，贯彻落实项目法人制，实行法人追究制度，将是今后发展的方向。

5. 以推行工程保险为尝试，规范建设各方的行为

工程建设中已经实行安全保险，况且不论实行的好坏，但所走的这一步，应该讲是符合潮流的，与国际接轨的，当然安全保险还需进行深入的探讨与研究，直至真正发挥作用，达到设立的初衷，也为被保险对象解除一部分经济负担，使得安全伤亡事故后的处理有一定的保障。但是广义的工程保险（含工程质量保险）的设立，可能已经引起上层管理部门的重视，这儿我不想探讨具体的技术细节与可操作性，我认为如果设立工程质量保险，就像当初交纳住宅保证金一样，对施工单位有一定的约束，而我们目前谈论的质量保险，将是更大范围保险，如果设立，将运用市场经济运作方式，完善工程质量保证体系，促进工程质量的提高，规范建设各方及相关机构的行为，明确各自的责任，分解质量问题、事故或投诉造成的不确定经济负担。

6. 以队伍建设为突破，提高政府监督的有效性

上述工作对政府监督机构而言是外部环境，对我们监督机构来讲，自身的工作也是万万不可放松的，也是对创造上述外部环境的推动力量。首先是加强自身队伍建设，既要有过硬的代表政府形象、为社会公众服务的素质，同时也必须具备能掌握与业务有关基础理论知识与最新技术的素质，要通过不同形式的学习，扩大知识面，努力提高工程监督的水平与能力，如近阶段质量监督就要学习、掌握建设部发布的《监督导则》，安全监督就要学习与掌握国务院颁布的《安全生产条例》；其次是如何辅助科学仪器，注重日常监督的有效性，过去的“一把尺子、一把榔头、一面镜子”的时代不能与21世纪的工程监督划等号，目前的时代是需要讲数据，是需要现代化的仪器来评判，而不是长期在建筑行业讲的目测、观感，这也是体现执法的严肃性、权威性与公正性。

综上所述，是自己一点不成熟的看法与分析，要确保目前处于高速发展的基础设施、房屋建设的工程质量和安全生产，关键在于参与各方乃至政府监督机构规范行为、落实责任，进一步完善与适应当前形势的监管体系，本着“工程质量，百年大计”与“安全第一，预防为主”，那么整个建筑行业与工程建设就一定能适应形势与社会发展的要求，政府监督机构所作的工作与努力得到社会与政府的认可、信赖。

# 9. 当前施工现场安全存在的主要问题及对策

浦东新区建设工程安全质量监督署　季　达

近年来，随着改革开放的进一步深入，上海乃至全国的建设市场有了长足的发展，无论是数量还是质量都有明显的提高。同时，施工安全事故的发生率也明显下降。上海浦东新区在20世纪90年代初期因建筑施工而发生的工伤死亡事故，每年约有70余件。至2002年，下降为每年14件，去年为17件。现在，施工现场的文明程度较之以往也有了较大的提高。争创安全标准化管理工地、文明工地的数量每年在逐步增加，施工现场安全生产保证体系贯标的工地也越来越多。这些可喜的变化与国家经济的发展、建筑业从业人员综合素质的提高以及行业主管部门管理有效加强是分不开的。但是应该看到，现在还有不少的施工现场不同程度地存在着安全隐患，有许多危险源没有真正受控。经笔者采访后发现，主要原因有以下几方面：

**建筑市场尚有管理空白点**

目前，上海市本市大部分一、二级资质的施工企业和部分外省市高资质企业都已演变成纯管理型的企业。虽然具有一定的管理能力和水平，但较多公司并无过硬的劳务施工队伍。试想，一个大公司一年承接几十个亿的施工任务，需要多少劳务队伍去完成？因此有些公司一旦工程中标后，全部分包给有关的专业队伍，公司仅派几个技术人员到现场配合管理。人员配备本身不足，分管安全的专业人员更是少之又少。有的公司任命的项目经理要么是挂牌的，现场基本不到，或者很少到；要么是有职无权的。

在这种情况下，要按有关规定搞好施工现场的安全管理、文明施工显然是十分困难的。在浦东新区一个工地曾发生过这样一件事。一个项目负责人看到几个民工安全帽没戴，就上去劝阻，没想到这几个民工不仅不听劝阻，还要打这个负责人。他们说："我们又不拿你的工资，谁要你管。"看，这就是层层分包引起的后果。

由于建筑市场竞争十分激烈，不少建筑商为拿到工程不惜恶意压价，用于安全生产的经费是忽略不计的。一旦中标，用于安全生产的必要设备、器材、工具等无力购置，于是，能省的省、能拖的拖。从而导致施工现场十分混乱，大大增加了安全事故发生的可能性。

**专业教育培训机制不健全**

农民工现在已成为建筑业劳动力的主体。据统计，仅在浦东新区，就有外来建筑务工人员十多万人。一个农民从农村放下锄头到大城市的建筑工地当民工，是很难马上适应的。从近几年发生的安全死亡事故分析来看，其中有80%左右的死者从农村到城市工地工作不满三个月。他们没有经过必要的上岗培训，缺乏自我保护意识。那么谁应该负起培训他们的责任呢？回答是用人单位。假如是整建制的合格分包队伍，安排培训民工还是有可能的，但目前的情况是，大多数分包队伍都做不到。

在对技术工人和工程管理人员的施工安全培训问题上，现有的培训机制也不键全。笔者在采访中发现，有许多技术工人和施工管理人员相当缺乏施工安全知识，其中甚至包括某些工程监理人员。

《建设工程安全生产管理条例》已经颁布施行，加强对技术工人和工程管理人员的安全知识培训应当成为施工企业的当务之急。假如一个技术工人在自己从事的职业当中，连如何保护自己都不知道；一个工程管理人员在施工现场不能及时地发现安全隐患，对违章作业、违章指挥熟视无睹。这样的工地不出事是偶然的，而出事才是必然的。如果这一层面的工地骨干在施工安全方面不能以身作则，那么又怎么去要求更多的民工呢？

**施工企业整体素质亟待提高**

据笔者了解，在行业主管部门的日常检查中，经常可以发现工地上民工不戴安全帽，即使有的戴了，也不扣帽扣，而帽扣不扣等于不戴。去年浦东新区工地上先后发生 4 起坠落死亡事故。坠落高度都在 2 至 3 米之间，假如这些人帽扣扣紧了，是完全可以避免死亡的。

目前，施工队伍整体素质参差不齐。一些好的队伍，从工程开工第一天起，就能高起点、高标准的要求自己。各级主管部门任何时候去检查工地，都能始终保持良好的状态。如浙江宝业施工的高行镇人民政府行政楼工地，都能始终保持良好的状态。这个工地在一年多的施工期中，无论哪一天去检查，都可以拿来评文明工地。但也有不少工地，哪怕事先已经通知要来检查，等到了现场一看，问题还是很多。而有的问题是在以前的检查中都曾反复强调要整改的，结果是今天改了，明天又反复。

**加大监管力度，消除管理盲区**

笔者认为，针对上述诸多问题，应由有关主管部门牵头各方协力才能彻底解决问题：

——进一步规范建筑市场，有意识、有计划地培育劳务施工队伍。凡参与工程分包的队伍，要加强其资质审查和从业人员的考核。不能高资质企业中标以后，除了收管理费，低资质企业就可以全额分包。

——建设行政主管部门应尽快地建立或健全其建设系统人员培训机制，并建立民工准入制度。凡进入施工工地的所有民工必须先接受培训教育，一律持证上岗。此事应成为主管部门对施工企业考核、资质年鉴和升级的重要指标。让每一位工程建设参与人员都能接受培训和教育，有计划有步骤地建立起建筑从业人员学习的网络。大型建筑企业内部应建立民工学校，除对本公司民工进行全员培训外，还可以吸收社会上更多有志于参与建设工程的劳务人员接受培训。

（本文已于 2004 年 3 月 12 日发表在《中国建设报》）

# 10. 建设工程施工安全的监督技术及实效分析

浦东新区建设工程安全质量监督署　赵际萍

建筑工地是安全事故的高发区，建筑工程施工又是一项复杂的生产过程，具有人员流动性大，露天作业、高处作业多，作业环境变化多，劳动繁重且体力消耗大等特点，因而危险性较大。从近几年建筑施工工地发生事故原因来看，一是人的不安全行为，二是物的不安全状态，三是周围环境影响造成的。这些事故的发生反映了施工单位安全管理工作"两不到位"，两不落实"，即：安全教育不到位：主要表现在教育流于形式，仅满足于"每逢开会讲一讲，来了文件念一念，出了问题查一查，造成操作人员安全知识缺乏，特别是现场一线作业人员安全知识、安全意识薄弱，自我防护能力差。安全生产责任制不到位：奖罚不严，制度不健全，对安全防护用品材质不检查、不试验，使得假冒伪劣安全防护用品进入现场，机械设备不及时进行检修、保养。安全操作规程不落实：违章指挥、违章作业、蛮干之事时有发生，存有侥幸心理。安全防护设施不落实：施工现场存在大量事故隐患未能及时排除，员工不能在安全的环境中操作。面对当前建筑工地在安全管理上所存在的问题，我们浦东新区建设工程安全质量监督署，作为代表政府行使安全、质量监督管理的职能部门，有责任、也有义务，督促、帮助建筑工地提高自身的安全管理水平，确保施工现场安全生产长治久安。所以，我们每个监督人员都应本着科学、公正、权威、勤奋、廉洁、高效的工作态度，对待工作要有强烈的事业心和责任心，要有一股虚心好学、奋发求知、勇于进取的精神，不断提高自身的政治思想觉悟和业务素质，改变思想观念，用新知识来丰富自己的头脑，才能做到监督工作规范化、标准化。我们要树立良好的公众形象和全心全意为人民服务的公仆意识，认真按照"廉洁、高效、公正、优质"八字承诺来履行自己的工作职责，不断提高自身的安全监督水平。下面就在安全检查监督工作中，如何提高建筑工程施工安全监督技术及实效，提几点肤浅的看法。

**1. 不断更新知识，充分体现监督工作的科学性、公正性、权威性。**

古人云："工欲善其事，必先利其器"，首先我们安全监督人员必须先学法、懂法，要认真学习和贯彻执行《建筑法》、《安全生产法》、《建设工程安全生产管理条例》等国家有关建设工程安全监督的政策和法律、法规。不断完善自身的法律意识，严格按照国家强制性标准进行监督管理，具备过硬的技术素质和业务水平，做到熟悉和正确运用国家强制性标准，理解标准的内涵，对新技术、新工艺、新材料要不断学习，及时掌握，只有自身政治、业务素质的提高，才能在日常的监督检查中更好的维护执法者的形象，做到监督工作规范化、标准化。在自己的岗位上应"在其位，谋其政，司其政，负其责"。

**2. 不断提高安全监督水平，提高监督工作实效。**

在安全监督过程中我们监督人员思想上要有三个转变：从监督检查施工现场为主向督

促企业建立安全保证机制转变；从单纯抓施工单位管理向抓建设参与各方安全行为进行监督管理转变；从平时一般监督检查逐步转变为对工程的重要部位、重要环节进行监控检查，狠抓薄弱环节，开展专项治理，充分调动施工建设参与各方的积极性，齐抓共管，以期提高安全监督的效果。

我们在检查中应向深度（技术内涵的检查）和广度（不单纯对施工单位检查）上下功夫，使安全检查工作深入扎实。我们一定要坚持按照"一个标准，两个到位，三个结合"的原则来做好安全监督检查工作。

一个标准：即严格按照 JGJ 59—99《建筑施工安全检查标准》对施工现场进行检查。

两个到位：即对重要部位，隐患较多的施工现场限期整改到位；对问题严重的施工现场坚决责令停工整改到位。

三个结合：即日常检查与重点监督抽查、专项治理检查相结合；检查与复查相结合（特别是对发出过整改指令单的工地）；施工企业自查与施工企业、监督站联合检查相结合。

**3. 加大监督力度，严格把关，做到细、狠、准、实。**

我们的监督人员应具有高度的工作责任心，加大安全监督力度，严格把关，做到事事有标准，检查有依据。加强巡查和跟踪检查相结合，变事后把关为事前预防，事中抓控制。从管结果为管因素，实行预防为主的原则，实施全过程的预防控制。特别对"事故危险点"实施重点监控，消除施工现场安全事故隐患，把安全事故隐患消除在萌芽状态之中，从根本上减少伤亡事故的发生概率。我们在建设工程安全监督中要做到以下四个字：细、狠、准、实。

细：对施工现场的重点部位、重点环节认真检查，一丝不苟，提高监督检查工作质量。

狠：对查出的事故隐患坚决要求整改，决不心慈手软。

准：按照国家与市府有关政策、法规瞄准施工现场的事故隐患，认真查、从严抓，防患于未然。

实：就是检查施工现场安全资料的真实、齐全、及时性。

**4. 与时俱进，转变工作作风。**

我们监督人员在监督中既要坚持原则，严格执法，又要热情服务，即：态度要好，原则不放，还要有一定的灵活性和工作方法。我们要鼓励、督促施工企业做好创优达标工作，又要充分调动建设各方的积极性，使之形成一股合力，齐抓共管安全生产管理工作。

在安全监督检查的手段上，要把被动检查转为主动的全过程动态抽查、巡查监督，实行预防为主的方针：以静态的事后管理变为在动态中控制管理，加强动态巡检，针对工程装饰阶段临边防护，脚手架、施工用电等易出问题的部位采取经常性巡查、定向抽查、跟踪检查、专项治理等多种形式，使安全管理工作始终处于受控状态，促使施工企业增强自我监督、自我管理的能力；促使施工现场一线职工增强自保、互保和联保的安全意识。

在对施工现场的安全监督检查过程中，监督人员要注意工作方式，不能因个别问题而否定整个工地，而要在肯定成绩的同时指出其不足之处，帮助、督促施工单位提高安全管理水平。对好的工程要树立样板，推广他们的经验，提高施工企业的知名度，鼓励他们创优达标。对施工现场安全事故隐患较多工地，集中力量，攻坚克难，在查处事故隐患上下功夫，决不心慈手软，加大治劣工作的力度。对有章不循，违章违纪，安全防护不符合规范要求的建筑工地，采取经济处罚、停工整改、通报等措施来有效地控制施工现场安全伤亡事故的发生，并将一般事故发生频率降到最低程度。

**5. 爱岗敬业,求真务实。**

每个监督人员要牢固树立全心全意为人民服务的思想,规范自身行为、塑造自身形象,提高待人艺术,要从小事、实事做起,既要严格执法又要以理服人,认真按照"廉洁、高效、公正、优质"来履行建设工程监督管理的职责。本着实事求是的原则,秉公办事,遇事不推诿、不扯皮、不刁难,讲究工作效率。虚心听取受监单位的意见、接受社会的监督、增加工作的透明度、依法行政。

总之,我们每个监督人员都要提高自己的工作责任心,充分发挥自己的聪明才智,奋发向上。人的能力是有限的,但人的努力可以是无限的,有为才能有位。在工作中发扬团队精神,提倡同志间的团结友爱、相互尊重、相互谅解、相互协作,"家"和万事兴,只有大家心往一处想,劲往一处使,加强监督力度,严格把关,才能提高监督工作质量,树立良好的社会信誉,促进建筑业安全监督管理工作不断向前发展。

# 11. 强制性标准及新规范执行中的问题及相应对策

徐汇区建设工程质量安全监督站　潘华惠　董　伟　姜永康

当前，推广执行强制性标准、新规范的工作正在我区全面展开。各工地通过近半年的实践，相继摸索出了一些执行强制性标准，新规范的经验。这些工地建设参与各方通过学习执行强制性标准、新规范，促进了工程安全质量水平的大幅度提高。但我们也要清醒地认识到：强制性标准和新规范执行中还存在不少问题，如有些工地对强制性标准和新规范还不够熟悉，施工中往往出现违反强制性标准，违反新规范的情况，综合我们现场检查中发现的问题，大致有如下几种：

**一、结构实体钢筋保护层厚度检验不符合要求**

1. 钢筋保护层厚度检验工作还没有全面开展，一些单位因检测仪器不到位而影响了检测工作。

2. 相当一部分工程钢筋保护层偏大。

混凝土结构设计规范中对钢筋保护层厚度作了专门规定：在室内正常情况下，对于板、墙、壳为C25～C45时，其纵向受力钢筋保护层最小厚度为15mm，而梁为25mm。而混凝土结构工程施工质量验收规范附录E：结构实体钢筋保护层厚度检验中规定：钢筋保护层厚度检验时，纵向受力钢筋保护层厚度的允许偏差，对梁类构件为＋10mm、－7mm，对板类构件为＋8mm，－5mm。由此我们得出梁纵向受力钢筋保护层应在35mm与18mm之间，可满足要求，而板应在23mm与10mm之间，当全部钢筋保护层厚度检验的合格率为90%及以上时，钢筋保护层厚度的检验结果可判为合格。但这里请不要忘记还有一个条件：在10%及以下不合格的检验值中不合格点的最大偏差均不应大于以上规定允许偏差为1.5倍，也就是说，板纵向钢筋保护层厚度有一点＞27mm或＜7.5mm，梁纵向钢筋保护层厚度有一点＞40mm或＜14.5mm，钢筋保护层厚度检验结果就不能判合格。根据施工现场检查的情况看，有相当一部分梁、板钢筋的保护层是偏大的，板纵向钢筋保护层＞27mm、梁＞40mm的情况也时有发生，这不能不引起我们的高度警惕。建设参与各方应把钢筋保护层的控制作为一项重要的质量保证条件来对待，坚决杜绝保护层过大的形象。为解决钢筋保护层问题，市安质监总站要求推广使用塑料垫块，这一工作在全市范围内开展后，对控制钢筋保护层厚度起到了积极的作用。建设参与各方应加强对钢筋保护层事前检查和控制，对那些缺少垫块，影响钢筋保护层甚至会出现露筋的部位坚决进行整改；垫块过厚、过薄或垫块缺失均不能进行下道工序施工；钢筋保护层厚度的事前控制应按混凝土结构工程施工质量验收规范的要求进行。

**二、结构实体检验用同条件养护试件强度检验没有按规定做**

1. 根据混凝土结构工程施工质量验收规范中附录D规定，同条件养护试件所对应的结构构件或结构部位，应由监理（建设）、施工等各方共同选定，各方应商定一个同条件养护试件的制作计划，但有些工地还没有制订这种计划。

2. 同条件养护试件放置位置不符合要求。

根据规范中附录D规定：同条件养护试件拆模后，应放置在靠近相应结构构件或结构部位的适当位置，并应采取相同的养护方法。但有些工地同条件养护试件放置位置远离相应结构部位，失去了同条件养护的意义。

3. 对同条件养护试件的作用不清楚。

由个别施工人员把同条件养护试件与拆模试件混为一谈。要知道，同条件养护试件与拆模试件是不同的。首先，同条件养护试件是混凝土结构强度评定的依据之一，而拆模试件仅是给拆模时间提供依据。其次，同条件养护试件要达到其等效养护龄期后才能试压，而拆模试件不到龄期也可试压。

**三、框架梁柱节点中钢筋锚固长度不足**

在框架结构中，按抗震要求：梁上部纵向钢筋应伸至柱外边向下弯折15倍$d$（$d$为梁上部纵向钢筋直径），但有些工地由于梁柱节点处钢筋过密，梁上部纵向钢筋弯入柱内长度达不到规范规定的15倍$d$，这样建筑物的抗震构造要求就不能满足，直接影响了房屋的抗震强度。要解决这一问题应注意两点：

1. 必须从设计图纸交底会开始，对于梁柱节点钢筋过密现象，应及早向设计提出，由设计采取适当的调整措施，保证节点中梁上部纵向钢筋能顺利弯入柱中。

2. 在钢筋断料时，应经过精确计算，严格控制钢筋弯折长度，决不能产生弯折后向下锚固长度不足的现象。

**四、砌体中拉结筋设置不符合新规范规定**

内外墙不能同时砌筑又不能留成斜槎时，应在墙体中引出凸槎，并在承重墙的水平灰缝中预埋拉结筋。但在现场检查中发现：这些预埋拉结筋普遍存在间距过大，长度不足的现象。按规定抗震设防6度、7度地区的临时间断处拉结筋埋入长度从留槎处算起每边均不应小于1000mm。上海地区抗震规定为7度，因此拉结筋埋入长度每边应≥1000mm，但现场有时做不到，有时仅500mm，不符合要求。有些工程仅留出一些钢筋头子，以后再用电焊接长拉结筋。但这些焊缝长度往往严重不足，不符合规范要求，这样就直接削弱了砌体的抗震性能。更有甚者，在预留施工洞口时墙体中不按规定留置插筋。结构完成时草率地把留洞一封了事，这样就在这些地方留下了严重的隐患，如遇地震，这些地方就极易受到破坏。

**五、蒸压加气混凝土砌块、轻骨料混凝土小型空心砌块不到龄期就用于砌体中**

在检查蒸压加气混凝土砌块、轻骨料混凝土小型空心砌块砌体时，往往发现有相当一部分砌体产生竖向裂缝，有些砌块已完全断裂，这种裂缝的产生，严重削弱了砌体的强度，给工程结构带来隐患。分析这些裂缝产生的原因，是由于质量管理人员忽视了对这些砌体材料的监督把关，违反了砌体工程施工质量验收规范的规定，即"蒸压加气混凝土砌块、轻骨料混凝土小型空心砌块砌筑时，其产品龄期应超过28d"。这些蒸压加气混凝土砌块、轻骨料混凝土小型空心砌块在砌筑时虽未产生裂缝和断裂，但由于上墙时其28d龄期不到，自身收缩变形完成不到60%，因此上墙后其自身收缩变形还在不断增加，使这些砌块很容易产生裂缝，甚至断裂。

**六、基坑施工违反“开槽支撑，先撑后挖，分层开挖，严禁超挖”的原则。**

有些工地为赶进度，忽视了执行强制性标准的重要性，在挖土施工中违反分层开挖的原则，挖土不分层进行，而是一挖到底，结果造成土体水平位移增大，基坑边坡严重开裂，导致周边房屋道路受损的严重后果。

为解决以上所列举执行强制性标准和新规范中存在的问题。建设工程参与各方要进一步加强学习，对照强制性标准和新规范的要求，找出管理工作中存在的薄弱环节，及时纠正违规行为，真正把执行强制性标准和新规范的工作落到实处。

# 12. 论建设工程旁站监理的落实和意义

金山区建设工程质量监督站　曹雅娟

近年来我们大家对施工监理都已不再陌生，在各类建筑工地时常可以看见他们的身影，为了更好地进行施工过程中的工程质量控制，建设部于 2002.7.17 日印发了《房屋建筑工程施工旁站监理办法(试行)的通知》，明确旁站监理是对关键部位、关键工序实施全过程现场跟踪的监督活动。为进一步规范旁站监理的现场行为，切实提高工程监理的实效，在此对旁站监理的重要意义和落实与各位同仁探讨一、二。

**一、旁站监理的重要意义**

当前我国正处于市场经济的转轨时期，政府建设工程质量监督部门的职能从根本上有了改变。正是在这种历史条件下应运而生的建设监理企业，如果只是和质量监督站一样，对建设工程质量实行抽查、检查的话，那么监理企业还有什么存在的必要性呢？在现阶段工程质量始终是体现投资效益的关键和核心，要让建设投资方感到有没有委托工程监理就是不一样，聘请有关专业工程技术人员实行事前和事中控制，在施工过程中通过现场旁站监理，对施工作业面进行有效的连续监控，及时发现和解决质量问题、质量隐患，监督施工单位严格按施工规范、设计要求和强制性标准操作。这是监理公司和政府质量监督部门最重要、最根本的区别，也是监理企业存在的理由和价值体现。在我们日常监督抽查和历次大检查中发现的一些质量问题和工程隐患，往往就是施工过程中现场的质量管理比较薄弱，现场质量保证体系不够完善致使有关现场旁站措施和内容没有切实到位。

**二、建立制度，明确责任**

《建设工程质量管理条例》第三十八条规定："监理工程师应当按照工程监理规范的要求，采取旁站、巡视和平行检验等形式对建设工程实施监理。"《建设工程监理规范》第 3.2.6 条第五款规定监理的职责之一，"担任旁站，发现问题及时指出并向专业监理工程师汇报"。由此可见，旁站是法律法规所赋予的重要职责，是实施工程监理一项必不可少的工作方式和内容，监理企业必须建立一整套完善的现场旁站制度。监理合同中甲乙双方可以根据工程特点加以明确规定，并在监理规划、实施细则中加以说明，要求各专业监理人员必须予以落实，并作为企业有关人员考核的内容之一，从制度上对旁站监理加以根本保证。根据工程实际情况制定的旁站方案，应及时送达建设单位和施工企业各一份，并抄送所在地的工程质量监督站以便日常监督检查和抽查。

进行现场旁站的人员主要是监理工程师安排的监理员，明确监理工程师是旁站的责任主体，而监理员则是旁站的直接责任主体，他必须对其旁站的这一部分工程实体质量承担责任。监理员在现场施工作业的第一线，直接面对施工操作面，能否及时、准确发现问题，并向监理工程师汇报，这对工程质量的有效控制重要性无需多言，他们的工作是所有监理工作的基础，所有的监理人员应在思想上予以充分的认识和高度重视。个人认为在现阶段部分从业人员的素质还有待进一步的提高，监理人员应具有良好的职业道德和敬业精神，对其所从事的工作高度认真负责；并熟练掌握本专业业务知识，具有一定的工作实践经验。一个工程项目的人员配备应注意专业配备，年龄结构、实践和理论相结合的原则，从而形成一个有效、互补、合作的项目班子，这是开展有效旁站监理的基本保证。监理企业应吸收有关技术人员充实到监理队伍中，合理配备项目管理、监理人员，这是展现企业形象的一个直接对外窗口。人的因素将关系到能否将现场的旁站工作落到实处，切实提高监理工作的实效和工程的实物质量。

**三、明确关键部位、工序**

监理规划在编制时应明确各专业旁站的部位，如建筑物的基础、主体、管道的接头与试验，电器安装有关的各种隐蔽验收等。在监理实施细则及旁站方案中，要求进一步明确各旁站监理的工序和内容，如土建的各种原材料的进场检验，抽样复试和见证取样，灌注桩施工，现浇梁板的钢筋绑扎，梁柱节点钢筋加密，混凝土浇注、后浇带的施工等。管线的安敷预埋、防雷接地埋设，各种电气交接试验、管道闭水、灌水试验等。旁站内容由各专业人员根据工程实际和规范要求来制定，经项目总监进行最后的签字、审核，并应及时送达有关单位和人员。如旁站内容必须根据现场工程进展情况，如框架结构中的钢筋检查应按柱筋、梁筋、板筋、板负筋分步进行，梁柱节点加密区、悬挑部位重点检查，旁站监理及时发现和解决问题，避免全部工程量完成后，造成不必要的返工和损失，影响工程质量和工期。监理人员要充分了解和熟悉工程情况，通过有效的关键节点控制来促进施工单位自检体系的加强和健全。

**四、认真实施、做好记录**

施工企业根据旁站监理方案，在关键部位、关键工序施工前 24 小时，应当书面通知驻工地的项目监理机构，以便及时安排有关人员进行旁站监理。监理人员在旁站时应当在施工现场跟班监督检查，及时发现和处理旁站过程中出现的质量问题，如实准确地做好有关旁站监督记录。对随时可能被隐蔽、覆盖的重要部位，施工过程中出现的异常情况，详尽记录下检查的内容，发现的问题，问题的处理，以及处理的效果，留下真实可靠的第一手原始数据和资料，所有的记录都应闭合。要注意工作的交接保证连续性，确保施工现场始终处于监控状态。留存能反映有关内容的影像资料，能全面反映工程地基基础、主体结构安全性，异常情况及处理过程，以保证能有效追溯工程质量的全过程。这是沪建建管（2004）第 004 号文"关于监理单位留存建筑工地影像资料有关要求的通知"的最新要求，对具体工序和内容都加以了明确，质量监督站也已将此要求列入日常监督工作范围。

综上所述，我们大家都应当高度重视现场的旁站监理，及时发现施工过程中出现的质量问题，督促施工单位及时整改，随时了解和掌握工程的最新动态。在工作实践中不断总结经验、教训，更好地开展旁站工作，为切实提高工程的实物质量和总体水平，发挥监理应有的作用，体现监理企业存在的必要性和重要性。

# 13. 浅谈建设安全工程师专业培训

金山区建设工程安全监督站　曹奋立

**摘要**：如何提高建设安全工程师的专业水平，使之与国际接轨，彻底改变我国低水平的安全生产，已成为当今建筑业的一个热门课题。笔者通过对建设安全工程师培训的尝试，认为，提高建设安全工程师的专业水平的途径很多，但最佳的途径是专业培训，最关键的是培训质量和培训方法。

为此，笔者针对建筑业目前的现状及建筑市场的需求，对建设安全工程师专业培训必要性、提高培训质量的手段、条件、及方法作了肤浅的论述。

**关键词**：建设安全工程师、专业培训

几十年来，我国建筑生产始终围绕着施工安全这一课题，深入研究、不懈努力地探索控制事故的方法和技术，为生产实现安全提供了保障，推动了建筑生产安全的发展。

但我们清楚地认识到，我国尚处于社会主义初级阶段，低水平的社会生产力决定了安全生产的低水平，与发达国家和地区在施工安全技术管理上存在着较大的差距，借鉴国际先进理念，引进先进技术与国际接轨，是改变目前状况的最佳途径。上海市建筑业在施工安全上率先引进建设安全工程师概念，初拟了“上海市建设安全工程师管理办法”，并在金山区进行了培训尝试，组建了安全服务中介机构，在金山区区域内开展安全技术咨询服务，取得了一定的效果。笔者就建设安全工程师培训，谈一些肤浅认识。

**一、建立建设安全工程师队伍是建筑市场发展的需求**

长期的行政式生产指挥体系，使施工安全管理倍受磨难，管理活动行政干预严重，从属或兼并的关系地位，使安全管理存在于无形的困难之中。安全管理不成系统，信息线路不畅、管理机构头重脚轻、监控不成网、管理运行效率低，控制事故因素效果差。

政府机构的多次改革，新旧安全监督管理系统的不断交替变换，目前还尚未建立健全适合中国特色的有权威、高效率的监督管理系统。

企业资产重组，非公有制经济成分日益增多，民营、股份制企业不断涌现，五花八门的安全管理，难以形成安全管理系统，从而造成信息不畅、管理效率低，事故因素控制率低的局面。

我国加入 WTO 以后，建筑市场面向国际，建筑施工安全成为建筑市场极待解决的突出课题。先进国家和地区在市场运作中，形成安全工程师队伍，在施工安全管理中起到了主导作用，是行之有效的成功经验。安全生产法结合我国社会主义市场经济发展的需求，引进国外先进理念，实行注册安全工程师制度，为建筑市场施工安全建立建设安全工程师队伍创造了条件。依法设立为安全生产提供技术服务的中介机构，依照法律、行政法规和执业准则，接受生产经营单位的委托为其安全生产工作提供技术服务。这一法律条款为安全工程师提

供了又一执业途径。

在建筑市场中，一些中小型企业的技术人员缺乏，配置的安全专职人员文化层次低、难以掌握安全管理、技术知识，无力配备建设安全工程师，实施现代化安全管理。低资质的监理公司要担起工地安全管理的重任，也存在着诸多困难。投资者要为投资项目，长期配置安全专业人员是不可能的。他们可通过委托中介机构、聘用安全专业人员，让他们为自己安全生产需要进行安全技术服务。这就给安全中介机构提供了市场条件，给建设安全工程师提供了生存条件。

上海市金山区率先建立了安全中介机构，以受保险公司的委托，对施工人员人身意外伤害保险的投保工地，开展降低工地风险度防灾服务为工作起点；向低资质企业、监理及投资方安全服务咨询业务拓展为主要方向的安全技术服务。机构内他们为贯彻建设行政主管部门的安全生产政策、精神，为工地建立安全生产保证体系、安全标准化管理起到了一定的作用。通过半年的尝试，笔者感到，要满足金山建筑市场的需要，必须扩大安全技术人员的队伍，提高安全技术人员的素质。现实存在着安全技术人才的匮乏与市场的需求不相适应的状况，这就直接影响了安全中介机构的业务拓展。执业建设安全工程师队伍的建立，为中介机构充实人员、拓展业务提供了人才市场。

建设安全工程师在接受系统的业务训练与培训，接受系统的基础素质审查，经聘用而受系统的支配，保证了安全管理组织和信息的畅通，达到高效率的管理，有效的监控，从而获得控制事故因素的成效。笔者认为，建立建设安全工程师队伍，形成安全管理系统，理顺当前的施工安全管理，实现高效管理，科学监控已成为当前建筑市场安全生产发展的需求。

**二、开展专业培训是建立建设安全工程师队伍的基础**

一个队伍的形成是靠人才的组合，建设安全工程师队伍的形成靠的是安全管理人才的组合，人才的素质决定了队伍的水平，因此开展对人才的专业培训是建立建设安全工程师队伍的基础。

安全科学是研究人与人的社会组织关系和研究人与自然关系，并研究保护人的综合性科学。前者是属科学的范畴；后者是属于自然科学的范畴，两者互相交织、互相渗透，从而构成了保护人的政策性和技术很强的综合性科学，它至少有三个分支：安全管理、安全技术和劳动卫生。它涉及专业面很广，如何结合建筑专业融汇贯通，形成建筑业特殊的安全科学，并全面掌握，必须通过专业培训。

我国的高等学府，长期以来，由于专业分得太细、太窄，使得毕业的学生难以应付实际的技术工作，虽经教育改革，专业面有所拓宽，但未涉及安全科学的有关学科，因此一些工程技术员，缺乏安全管理知识，缺乏安全技术、缺乏劳动卫生知识，而更缺乏的是所学专业与安全科学难以融为一体，尽管他们在生产实践过程中，不断地积累知识、积累经验，但未经过系统专业培训，难以为市场提供安全生产技术服务。

长期从事安全监督、管理的专业技术人员是建设安全工程师的中坚力量，他们虽有一定的专业技术素质，有较强的管理能力，有丰富的实践经验，但随着科学技术的进步，随着国际先进国家的安全管理模式、理念及先进安全技术的引进，不通过培训，就难以提升他们的安全专业技术管理水平，我国的安全生产要摆脱低水平，达到与国际接轨也就无从谈起。

因此，笔者认为培训是提高全员建设安全工程师安全专业素质，实现建立一支高效管理的建设安全工程师队伍的基础。

## 三、建立培训制度是规范建设安全工程师培训的必要手段

一个新事物的产生，必然要有一个制度来约束，才能使之生存发展。在市场经济中，政府赋有指导和制约作用。建设安全工程师是建筑市场不断发展、完善的产物，政府因势利导，引导其向国际先进安全管理模式及理念、先进的安全技术领域拓展，逐步与国际接轨，使其健康发展，必然要有一定的导向和约束。这个约束就是建立与建筑市场相配套的一整套管理制度。国家人事部、安全生产监察局，根据安全生产法制定了关于印发《注册安全工程师执业资格制度暂行规定》的规章，其目的就是导向和约束。

在现实的安全人员的培训、特种作业人员的培训存在着诸多弊病。如培训机构的资格不符、培训师资匮乏、教材老化、培训纪律松弛、培训生源无文化素质的限制，个别地区甚至还出现用钱买证的现象，造成培训质量低下。

培训不结合行业专业的特点，一些上岗人员进入建筑工地无所适从的现象普遍存在。如持有安全干部证的安全人员不懂《建筑施工安全检查标准》、《施工现场安全生产保证体系》，不懂安全技术规范等建筑安全专业知识》。架子工不懂“建筑施工脚手架安全技术规范”，电工不懂“施工现场临时用电安全技术规范”。笔者对本区的外省市持证架子工、电工作一次调查，有85%以上的人员不懂本工种的安全技术规范，15%左右的人员不能全面掌握，这些现象给建筑行业的安全带来巨大的压力，严重影响着施工现场的安全生产。

建设安全工程师培训是一个新生事物，在未开展培训之前，总结以前的培训工作经验与教训，在国家人事部、安全生产监察局制定的规章规定总原则前提下，结合行业特点，制定切实有效的制度，规范建设安全工程师的培训行为，实施导向和约束，是保证建设安全工程师培训向着有序方向发展的必要的制约手段。

## 四、设立高层次的培训机构，是建立建设安全工程师队伍的必要条件

培训机构是培养建设安全工程师的摇篮，是提高建设行业安全技术、安全管理水平，与国际接轨的人才基地。因此，培训机构设置层次的高低直接影响着培训质量，影响着建设安全工程师的素质，影响着建筑业的安全生产。

笔者受上海市建筑业管理办公室、上海市建设安全协会的委托，在上海市安全质量监督总站的指导下，借座金山区建设培训中心，在金山区域内，选择十八名安全技术人员进行了建设安全工程师资格培训的尝试，通过理论培训和实践，经市有关单位组织的统考，合格十六名。他们的安全技术和管理水平均有了很大提高，上了一个层次，为金山区建设工程施工安全起到了促进作用。通过尝试后，笔者认为，虽然在安全技术、安全管理知识培训的深度和广度还有待探讨，但他们实际的管理能力和安全技术能力已超越了区内建筑企业安全专职人员，基本满足了近阶段安全中介机构的需求。随着建筑市场对建设安全工程师需求量的不断增大，对人员素质质量要求的不断提高，设立规范的培训机构，提高培训机构的层次就成为建立符合市场需求的建设安全工程师队伍的必要条件。

培训机构是一个社会机构，在政府的指导下，利用社会力量开展建设安全工程师培训是社会主义市场经济发展的方向。笔者认为建设安全协会与有权威性的大学联合设置培训机构是保证培训机构成为高层次机构的最佳途径。

大学具有强大的师资力量，有丰富的教学经验；建设安全协会有雄厚的建设安全专家力量，有丰富的实践经验和理论。前者注意理论研究，后者注重实践研究，两者合一，组成资深师资力量，形成优势互补的建设安全人才高地。这样的师资在建筑市场中、在建设安全工程

师的培训中所发挥的作用是不可估量的。就培训而言,其作用大致有三:其一,能编写出具有先进理论与实际相结合的系统专业培训教材;其二,丰富的教学经验与教学技巧,能有序地按规范要求实施教学大纲及方案,保证教学质量。其三,开发和发展建设领域安全科学。

大学具有先进的研究设施、教学设备,及有良好的学习环境和氛围,能开展安全科学研究、实验工作,能开发培训者的智能,激发培训者的求知欲望,使培训者真正学到先进的安全管理和技术。

因此,只有设立高层次的培训机构,才能培训出具有一定水平的建设安全工程师,才能满足建筑市场的需求。

**五、实行分级培训是逐步满足建筑市场需求的最佳方法**

建筑行业施工工艺比较落后,现有的安全专业人员,管理及技术素质参差不齐,为了满足建筑市场的需求,迅速形成建设安全工程师安全管理系统,实行建设安全工程师分级培训更适合当前实际。

建筑领域的安全专业队伍人员繁杂,有学历层次高低的差别、有工作经历及经验的差别,有责任性强弱的差别。安全专业人员技术管理水平大致可分为低、中、高三个层次:

低层次的安全专业人员学历较低,学历都在初中文化程度,这是历史原因造成的。在农村口职称评定中,经职称培训及依据工作经历,大多能评为初级职称,也有评上中级的,但为数不多。这部分人员绝大部分由于学历条件的不够与建设安全工程师无缘,只能从事一线基层专职安全员工作。

中层次的安全专业人员学历大多具有中专文化程度,具有初级职称,在农村口职称评定中,经职称培训及依据工作经历,大多能评为中级职称。年龄较低,具有较长的工作经历及一定的管理经验。也有部分毕业后,从事安全工作较短的大专文化程度的安全专业人员。这一层次的安全专业人员通过建设安全工程师培训,可作为一个等级,其执业范围可限制在规定的工程规模和工程复杂程度内。

高层次的安全专业人员学历大多具有大专及大专以上文化程度,具有中高级职称。根据其从事本专业的工作年限、经历经验及工作业绩,通过培训后,一部分人员部分科目可免于考试;大部分人员通过培训考试获得,这层次的培训教材应不同于前者,深于前者。这部分人员的执业范围可不受限制。

上海市建设工程施工安全管理一直处于全国建筑行业的领先地位,他具有一支较强的安全监督、管理队伍,但根据上海市建筑市场的实际情况及安全专业人员的素质不同,提出了建设安全工程师分级设置的理念。笔者认为在目前尚未产生建设安全工程师的前提下,实行分级设置,根据人员的学历层次的不同,本专业工作期限及工作经历经验的不同,工作业绩的不同,因材施教,分级培训,一定会起到事半功倍的成效,达到为建筑市场输送安全人才的目的。

**六、继续教育培训是保持和提高建设安全工程师专业水平的保证**

专业培训按阶段分为短期培训和长期培训;按性质分为考前培训和继续教育培训等各种不同专业性质的培训。

考前培训属短期培训,随着市场的不断发展,产生新事物需培训而开展的;随着市场需求量而开展的。其培训期数是根据市场需求量来确定,培训时间是根据教学大纲确定,教学大纲一旦确定,其培训时间在一段时间内基本不变。

建设安全工程师考前培训的目的，是使具有一定条件的安全技术人员系统掌握现代安全管理、安全技术知识，了解国际上先进的管理理念及技术，提高安全技术人员的安全管理、技术水平，通过考试、注册获得更多的具有一定专业素质的建设安全工程师，以满足市场的需求，提高施工安全水平，促进建筑市场的安全生产。

继续教育培训是长期的、不间断的，随着国内外科学技术发展的进程而展开的，因此，其培训的时间具有不确定性。先进国家对执业专业技术人员实行终身教育，我国对技术人员进行继续教育，其作用是一致的。

建设安全工程师继续教育培训目的是使取得建设安全工程师资格的人员专业水平始终跟上科学技术发展及建筑市场的需要。我国的社会主义建设正在迅猛发展，科学技术日新月异，国外先进技术、先进管理模式及理念不断引进，施工新工艺新方法的不断涌现，建筑安全“二改、五变”发展规划必须通过安全技术的不断更新来实现。在这样的建设时代，建设安全工程师的专业知识迅速老化是必然的。因此，笔者认为通过继续教育培训手段不断获得新的管理方法，新的技术，掌握时代建设科学发展脉搏，是促进保持和提高建设安全工程师专业水平的有力保证。

综上所述，建设安全工程师是建筑市场发展的必然产物，是市场的需求，是与国际接轨的需求，建立一支建设安全工程师队伍，形成建设安全管理系统，培训是基础。只有通过培训，才能产出更多的建设安全工程师，只有通过培训，才能保持和提高建设安全工程师的素质，才能形成高效的建设安全管理系统，实现建筑业安全生产。

以上是笔者对建设安全工程师专业培训工作的肤浅认识，不妥之处请同行和专家们批评指正。

# 14. 监理单位介入施工安全管理监督的内容和要求

南汇区建设工程安全质量监督站　金爱华　瞿德平　陆忠华

据统计，2003 年上海市建筑工地共发生建筑施工工伤、死亡事故 114 起、死亡 119 人，分别比 2002 年的 84 起、死亡 98 人上升了 35.7%、21.4%；而去年上半年，全国共发生建筑施工事故 519 起、死亡 582 人、重伤 68 人，与前年同期相比，事故起数、死亡数分别上升 24.5%、20.7%。特别是一些非公有制企业尤其是中小企业，由于安全生产意识淡漠，投入严重不足，基础管理十分薄弱，职工素质普遍较差，安全状况令人担忧，施工安全事故有不断上升的势头。2003 年 8 月 13 日，上海市建设和管理委员会发布了沪建建[2003]605 号《关于实行建设工程安全监理制度的通知》。文件规定"在本市实行建设工程质量监理业务的单位，应同时对建设工程施工安全进行监理"，同时规定了安全监理的职责。2003 年 11 月 24 日温家宝总理签署了国务院第 393 号令《建设工程安全生产管理条例》，进一步明确了监理单位在建设工程安全生产中的监理责任。此前，监理企业是否承担工程安全责任，这个问题在业内一直是争执颇多，现在政府以法律的手段来强制监理单位介入施工安全的监督和管理，就对监理行业提供了一个新的挑战：如何行之有效地进行施工安全的管理和监督？

## 一、监理单位必须积极履行法定的安全监理义务

工程监理制度是我国适应改革开放的需要，借鉴国外先进的管理经验，并结合我国实际情况而确立的制度。与国外工程监理相比，国外是由建设单位自愿选择，而国内有关法规明确规定相应国家重点、公用、住宅及国外援助等工程必须实行强制监理。但在实践中，有相当一部分监理单位只注重施工质量、进度和投资的监控，不重视对施工安全的监督控制，监理单位也没有配备安全专职人员，由质量监理代管。这样无法充分发挥对安全监控效果。由于监理单位没有对施工安全生产进行监控，使得施工现场因违章指挥、违章作业而发生伤亡事故案件比率不断上升，工程建设造成事故的伤亡人数已占全国生产事故总伤亡人数的 25%。《建设工程安全生产管理条例》第十四条明确规定：工程监理单位对建设工程安全生产承担监理责任；《建设工程监理规范》(GB 50319—2000)6.1.2 规定："在发生下列情况之一时，总监理工程师可签发工程暂停令：……施工出现了安全隐患，总监理工程师认为有必要停工以消除隐患；……"实际上，《建设工程监理规范》也已经赋予了工程监理单位在建设工程安全生产中的监督权利。在《中华人民共和国建筑法》确立的制度和《建设工程安全生产管理条例》对监理的安全职责来看，毋庸置疑的是监理单位承担建设工程安全生产责任是符合国家建设监理制度的目的和要求的，同时也有利于控制和减少生产安全事故。

建设工程委托监理合同中没有安全监理的内容的，监理单位要及时与建设单位签定一份补充监理委托合同，增加安全监理内容，明确双方的权利和义务。其次，监理企业应建立以安全责任制为中心的安全监督制度及运行机制，对各项目的组织机构人员进行合理调整

和增配，组织全体监理人员学习与安全检查标准相关的规范、标准及规定，积极参加安全监理业务培训。各项目总监理工程师应针对各项目的实际情况，认真编制安全监理方案，在编制时应明确安全监理目标。安全监理方案作为监理规划的一部分，应有明确具体的、符合项目要求的工作内容、工作方法、监理措施、工作程序和工作制度。由监理单位技术负责人审核批准后，并报送建设单位。并按项目特点和规范的要求，编制专项安全监理细则，从制度管理、人员组织、现场监理、检查验收、监理资料等方面全面落实安全监理工作。项目总监理工程师对委托监理合同约定的项目安全监理工作全面负责。现场项目监理机构必须配备适应工作需求的安全监理人员，安全监理人员必须经过安全监理业务培训，并持有安全监理培训上岗证。

**二、监理单位对施工安全的主要职责**

1. 在项目开工前，由总监理工程师组织专业监理工程师审查施工组织设计中的安全技术措施和专项施工方案，提出审查意见，并经总监理工程师审核、签字后报送建设单位。审查重点在于是否符合工程建设强制性标准。

2. 在实施监理过程中，发现存在安全事故隐患的，应当要求施工单位整改；情节严重的，应当要求施工单位暂时停止施工，并及时报告建设单位。施工单位拒不整改或不停止施工的，应当及时向有关主管部门报告。

**三、监理单位在施工前准备阶段对安全生产监理的主要工作**

1. 协助建设单位与施工承包单位签订工程项目施工安全协议书，督促施工企业与各作业人员按规定签定劳务协议书和安全协议书。

2. 审查专业分包和劳务分包单位资质。审查施工承包单位提交的进入施工现场各分包单位的安全资质和特种作业人员资格的证明文件。

3. 审查电工、焊工、架子工、井架架设工、起重机械工、塔吊司机及指挥人员、爆破工等特种作业人员上岗资格。

4. 对进场前作业人员安全上岗资格、劳务资格审查把关。

5. 督促施工承包单位建立、健全施工现场安全生产保证体系和安全生产责任制，督促施工承包单位检查各分包企业的安全生产制度。

6. 督促施工总承包单位统一组织编制建设工程生产安全事故应急救援预案。

7. 督促施工承包单位做好逐级安全交底工作。

8. 对施工现场临时搭建的建筑物安全性进行验收，合格后方准使用。

9. 控制进场的安全设施、设备、机械的安全性能达到合格标准。

**四、监理单位在施工过程中对安全生产监理的具体工作**

1. 监督施工承包单位按照工程建设强制性标准和专项安全施工方案组织施工，及时制止工地人员"三违"行为；督促施工单位按照国家标准和规范要求配备专项安全生产管理人员，并对专项安全生产管理人员的工作进行监督管理。

2. 现场安全监理人员应根据监理细则采用巡视或旁站的方式，随时检查现场施工安全情况。对施工过程中的高违作业等地行巡视检查，每天不少于一次。发现严重违规施工和存在安全事故隐患的，应当要求施工承包单位整改，并检查整改结果，签署复查意见；情况严重的由总监理工程师下达工程暂停施工令并报告建设单位；施工承包单位拒不整改的应及时向安全监督部门报告。

3. 督促施工单位专职安全生产管理人员每周进行施工安全自查工作，参加施工现场的安全生产检查，对施工安全评分汇总表进行审核并签字认可。

4. 复核施工承包单位施工机械、安全设施的验收手续，签署意见，并把施工机械、安全设施验收核查结果试行挂牌明示制度。挂牌的位置重点在两个方面：(1)现场主要物如施工现场大型施工机械、安全设施（脚手架、井架、人货梯、卸料平台、临边洞口防护）、施工用电及设备等；(2)施工程序如基坑施工、模板支撑体系、吊装工程等。在合格的安全设施和施工程序上挂上绿牌，对不合格的安全设施和施工程序挂上红牌禁止使用，确保安全设施和施工程序始终处于安全受控状态。

5. 专职安全监理人员应对高危作业的关键工序采取现场跟班旁站的监督检查方式。在最容易引发重大安全事故的工序和部位进行旁站监督，如基坑支护与降水工程、大型现浇混凝土模板工程、结构吊装工程、脚手架工程等。

6. 督促施工单位按法律、法规采取防止或减少粉尘、废气、废水、固体废物、噪声、振动和施工照明对人和环境的危害和污染的措施。

7. 督促建设单位建设工程安全作业环境及安全施工措施所需费用的落实，并监督施工单位对列入建设工程概算的安全作业环境及安全施工措施所需费用，合理用于施工安全防护用具及设施的采购和更新、安全施工措施的落实、安全生产条件的改善。

**五、监理单位必须保证安全监理资料的真实、完整和及时**

1. 参照国家建设工程监理规范的资料管理和表式要求，做好专项安全施工方案报审表、分包单位资质审查表、监理通知单、整改回复单、巡视旁站检查表；并做好有关安全监理其他补充表式：施工机械、安全设施验收核查表、安全监理工作月报表、专项安全施工方案、施工机械、安全设施安全交底及验收情况检查汇总表。

2. 安全监理人员应在监理日记中记录当天施工现场安全生产和安全监理工作情况，记录发现和处理的施工安全问题。总监应每周审阅并签署意见。

3. 监理单位必须按时编制安全监理月报表，对当月施工现场的安全施工状况和安全监理工作做出评述，并报建设单位和安全监督部门。

4. 对施工现场安全生产重要情况和施工安全隐患，监理单位应当使用音像资料记录，并摘要载入安全监理月报。

建设工程安全生产管理中存在的主要问题是：工程建设各方主体安全责任不够明确、建设工程安全生产的投入不足、安全生产监督管理制度不健全。《建设工程安全生产管理条例》明确了工程建设各方主体安全责任，对建设工程安全生产费用的落实和使用也作了规定，特别是健全了安全生产监督管理制度，赋予了监理单位对施工安全生产的监理权利，由监理单位对安全生产进行有效的、全过程的监控，可使安全生产始终处于受控状态，从而消除施工安全隐患。监理单位的安全生产责任体现在建立的日常的监理活动中，安全监理实际上是动态的管理和监督，与质量监理相比，要求更高，难度更大。因此监理单位必须认清自己的责任，加强对施工安全生产的监管，充分发挥出在建设工程安全生产上监控的效果，遏制施工安全事故的发生。我们相信在良好的法律环境下，有了监理单位对建设工程安全生产有效的监控，将大大减少安全生产事故。

# 15. 浅谈如何真正发挥动态巡查的优势

南汇区建设工程安全质量监督站　陆忠华

跨入21世纪，随着工程管理领域法制化建设的逐步健全，作为对工程行使部分管理权力的各级建设工程监督机构的法律定位也已经渐渐清晰：《建设工程质量管理条例》、《建设工程安全生产管理条例》相继出台都明确将监督机构职能定性为接受同级建设行政主管部门委托，实施对施工现场的监督检查。因此，作为各级监督机构来说，一方面要认真履行法定职责，另一方面又要深刻贯彻机构改革中将核验制改为竣工备案制后的政府职能转变的主要精神，摆正自己的位置。2003年在区建委正确领导和市安质监总站指导关心下，我们区站在年初就实施了安质合并的模式转换，并在新的监督模式和机制下不断探索新的监督思路和方法，根据施工动态特点开展了以动态巡查方式对工程进行监督检查，通过一年来实践，本人认为这种方法是有效解决多年来困扰监督行业进行深化发展的一个大难题，为了进一步完善动态巡查管理，更好地发挥其积极作用，谈谈自己的一些肤浅认识。

**一、转变观念、转移监督重心、着力构筑严密的防控体系**

1. 处理好规范与服务的关系是关键

不能孤立地将规范与服务看作是一对矛盾体，而是应将它们看作是一对相辅相成的发展体。服务到位了，那么管理也会越来越规范，反之，在规范活动中发现有较多违章行为，也就说明了我们的基础服务工作没做好、做透。在实施工程监督过程中，我们首先要做好管理对象的服务工作：如法律、法规、规范的宣传，发放监督指南，采取事先告知方式，对新工艺、新材料、新技术提供咨询，以及开展对广大从事一线管理和操作人员的各类知识培训，为工程参建各方提供及时有益的参考信息等等诸如此类的服务，完善了服务平台后再谈如何规范的问题显得更合理、合情。

2. 转移宏观控制中的监督重心

原先对工程实施三步到位核验制的监督重心是以查工程实物为主的，而现在在实施竣工备案制的新形势下，作为工程的参建各方，各自都有相应对工程管理的法定职责，因此我们监督的主要任务是督促检查他们各自的保证体系建立和运行情况，工程保证条件具备情况，以及查工程在施工过程中是否有违反强制性条文的行为等，检查的重心已经转移到对工程参建各方的管理行为上来了。

3. 引进"协管"理念，充分运用社会力量协同参与管理

一项工程的质量和文明施工好与差是工程参建各方重视程度的直接反映，作为监督部门在这中间仅起到了一种"催化"作用。三步到位的直接后果是将各参建单位的管理部门职能淡化甚至是取代，这是同现代政府职能改革宗旨相违背的，在市场经济中政府不是直接参与者更不是直接责任者，因此政府主管部门主要的任务是制定"游戏规则"即法律、法规，而监督部门则发挥"裁判"作用，监督比赛按规定进行，因此，我们要大力提倡社会中介组织即

监理单位介入对工程管理，担负起“微观”监督的作用，同时我们也在积极组织施工、监理等单位的骨干力量，以“联议”会议形式，协助监督部门来共同完成对工程监督管理，起到沟通、相互监督和解决监督部门人手紧缺的问题，这种做法目的是为了督促参建各方完善各自的管理体系，使工程处于多道体系的监控之中。

**二、强化监督责任意识，规范执法行为**

1. 监督员个人的责任意识是综合素质的自然体现，综合素质中最基本的因素是个人的业务技术素质，试想派一个技术素质不高的人去完成一项重要工作，这是不是对工作不负责任？虽然综合素质与责任意识二者之间关系不成正比，但它们之间的确存在一个充分条件。因此作为一名合格的监督员除了应掌握丰富的专业知识和善于发现问题的能力外，还应具有强烈的责任意识，要从“三个代表”的高度提醒自己责任重大，如果巡查工作松松垮垮，处理问题随随便便，只讲数量或形式不讲效果，那么巡查也失去了应有的监督威力，同时也会给工程参建各方一个错误的信号，从而导致巡查进入盲区，甚至还会带来负面影响。

2. 巡查是一种执法行为，我们必须规范执法，确保在收集证据中的公正性、及时性、齐全性，为后期处置阶段提供充分判断依据，除了为巡查提供车辆外，还应为巡查员们配备笔记本电脑、数码相机和高科技检测工具等设备，确保签发隐患整改通知书和初步处理意见的及时性、准确性、规范性，以及采集现场违章、违规的证据及时性和直观性，为后期处理提供确凿证据。

**三、围绕巡查建立几项制度，完善几点管理措施**

1. 建立巡查和处理相分离的管理措施

巡查和处理相分离一方面提高了巡查工作人员的工作效率，更好地保证巡查质量；另一方面通过统一部门处理，使相应的行政处罚或行政措施实施相对地公正和规范。同时也建立了内部制约机制，巡查部门将巡查工作及时汇总（书面巡查记录，影像资料），对存在的问题提出初步处理意见后报审核部门核准后移交给后期的处理部门，处理部门也应及时将处理结果反馈给巡查部门，这些处理的情况应及时登录局域网，便于内部通报、沟通，同时也随时接受内部监督，二个部门衔接工作应有相应的程序和制度来保障，做到相互督促，不推诿、不扯皮、不拖拉。

2. 建立“预警谈话”制度

对在巡查中的初犯单位，由处理部门约请工程的建设、施工、监理等单位的主要项目负责人和公司负责人进行承诺保证，及时指出巡查中反映的一些不良行为，未形成违法事实的免于追究责任，有违反法律、法规和强制性条文的，依法予以处罚，这既突出了行政执法的前置性，也为减少和防范违规行为起到积极作用。

3. 将工程巡查与工程创优长效管理相结合

目前有的创优工程仍不能排除有临时搞突击的现象，为了使创优工程能够坚持长效管理，我们可通过动态巡查方式来检验工程管理的长效性，对巡查中多次反映出与工程创优相违背的情况应采取措施限制或取消其创优资格。

4. 将动态巡查的结果作为对工程参与各方诚信考核的重要依据

诚信考核制度的出台是为了从根本上规范工程参与各方的行为，在执法巡查中反映的是参建各方在工程管理中的真实情况，可信度高，可确保行业管理部门在构筑优胜劣汰平台的准确性，促进建筑市场的良性竞争机制建立。

总之，动态巡查的优势是靠每一位监督人员高度的责任心、高超的业务能力和公正的执法态度来赢得的，我们必须团结一致，发挥集体的聪明才智，将我们有限的监督资源发挥最大的能量，并为我区施工现场的安全质量管理水平更上一个台阶而不懈努力。

# 16. 钢结构工程安全监督控制

青浦区建设工程安全质量监督站　曹　辉　施予超

近年来，随着我区改革开放、招商引资力度的加大，一些大型生产基地、工业厂房纷纷落户我区。在我区大大小小的工业园区内，标准厂房的建设如雨后春笋般正一幢幢拔地而起。其中钢结构类型的厂房占了相当大的比重，它不像混合结构、框架结构的厂房可以通过搭设脚手架、铺设密目式安全网的方式对人员或设备的安全进行防护。如何在监督过程中提高对钢结构工程安全管理的覆盖面，尽可能地降低和控制事故发生率，是摆放在我们面前的主要课题和整治重点。

从施工工艺流程上看，钢结构工程大致框架是：钢柱吊装——屋架钢梁——柱间支撑——屋面檩条安装——保温层敷设——铺设屋面彩钢板——厂房室内总体安装。除钢柱的吊装是通过汽车吊来固定外，接下来的施工工艺均要通过施工人员在高空作业中完成，这样势必增加了危险系数。施工工期紧，柱与柱之间跨度大，项目单体面积大，高度在十几米甚至几十米以上是建造钢结构厂房的主要特点，这样使得安全防护措施不易搭设。只有掌握了钢结构工程的特点和规律，才能有针对性地对其监督管理。

**一、建立和健全以安全生产责任制为中心的安全管理制度**

近一年来，本区发生了两起钢结构方面的安全伤亡事故。一起事故是：汽车吊在起吊钢梁A的过程中碰到另一根已安装到位的钢梁B，将钢梁B上正在施工的作业人员碰撞到地面，造成高空坠落而死亡；另一起事故是：在用“葫芦吊”设备安装一根钢次梁过程中，由于指挥人员和施工人员动作不协调、不统一，使麻绳脱钩造成该次梁坠落，打中1名施工人员脊背后死亡。虽然从两起事故表面分析是由于施工人员高空作业时未佩戴安全带、指挥人员与汽车吊司机、施工人员三者动作不协调、施工机具或设备陈旧，安全系数不高所造成，但对事故发生做进一步的分析可以发现这两起事故都存在其必然性。如安全生产责任制落实不好，项目经理等管理人员对安全检查、安全技术交底会议等流于形式，一些必要的方案未进行审批，对方案的可行性、安全性等方面内容未进行严格把关控制。特别是对钢结构分包单位进场后除了进行总的安全技术交底外，对每道工序均未做到有针对性、目的性的分部(项)安全技术交底，将安全责任制落到实处。因此，建立健全安全生产责任制，使每个管理人员和施工人员明确各自职责，完善管理制度，要以文件形式确定管理人员相关的责任。

**二、从工程项目报监开始，对钢结构工程可另行登记，掌握相关情况与数据**

当项目拿到施工许可证，工程安全、质量报监开始，监督室可根据实际情况对钢结构工程再另行编类，初步掌握该工程项目面积、层高、跨度等相关信息。利用电脑、网络手段将区内各种类型钢结构工程进行综合全面的统计，便于巡查或专项抽查。在对钢结构工程项目开安全质量首次会议的时候，可告之施工单位在钢结构工程施工前要提供的一些必要安全资料(如：钢结构制作、安装厂家相关资质、签订的承包合同、具体的吊装方案、安全管理协议等)，将钢结构资料归入安全监督档案之中。如果施工单位在钢结构工程施工前仍未将相关资料进行备案，可利用质、安联手的优势，对分部分项质量验收证明书不予签发，或与执法部门联手对其进行相应的处理，从源头开始遏制钢结构工程在管理中的混乱。目前我站已逐步开始实施。

**三、抓住《建设工程安全生产管理条例》实行的契机，充分发挥监理建设方等作用，齐抓共管，杜绝事故隐患的发生**

《建设工程安全生产管理条例》从今年 2 月 1 日开始全面实施，使参与项目建设的各方人员更加明确了各自应行使的权利和应尽的责任义务。为了充分发挥监理公司的作用，使之能更好的服务于施工现场，真正起到中介桥梁作用，是安全管理中重要的一个环节。通过施工现场必须配置安全监理开始，安质监站可根据每月上报的监理安全月报，掌握施工进度，而对于钢结构工程，监理公司必须经过认真的审批，对不具备承接钢结构工程的施工单位必须坚决地予以清场。在钢结构吊装过程中，监理公司对安全防护措施不到位的情况要及时制止，对施工方开出书面整改建议。这些整改报告可与监理月报一起上报，使安质监站及时掌握施工现场信息。安质监站可根据上报的安全监理月报和实际现场检查情况，对工作认真负责、安全管理有成效的监理公司通过简讯或因特网的形式予以通报表扬，反之则采取一定的通报批评。同时在工程项目招投标过程中以公告栏形式让建设方可从中择优选择监理公司。通过良性的竞争方式从而提高监理公司的总体素质，使之能更好地为工程项目服务。在发挥监理、施工方作用的同时，也不应该忽视建设方的力量。建设方应在安全资金的投入上给施工方更多的支持，积极配合施工方和监理单位消除事故隐患，真正认识到安全生产管理的重要性。只有各方互相帮助、互相配合、齐抓共管，才能将项目顺利完成。

**四、在对钢结构施工现场监督管理过程中应抓住关键点，通过分析危险源，将事故隐患降到最低点**

从安质监站对施工项目进行监督管理过程中，发现钢结构工程项目存在以下共性问题：

(1) 建设方不通过总承包单位的许可，擅自将钢结构部分直接发包给其他施工企业，造成项目被非法的肢解；

(2) 监理方、建设方对不具备相应资质的钢结构企业进场，未严格履行审查审批制度，造成违规操作；

(3) 总承包单位即使与钢结构分包方签订了分包合同，但对分包方未进行分包管理，对分包单位分部(项)安全技术交底没有落实到位。当施工现场发生交叉作业时，没有具体的统筹安排，各自为战，造成许多不必要的危险因素；

(4) 钢结构吊装方案与施工现场的具体情况不符，无指导性、针对性；

(5) 在钢结构安装过程中安全防护措施不到位，施工人员在高处作业过程中极易发生安全事故。由于工业建筑不同于一般的民用建筑，特别是在安全防护措施上还没有一套规范、标准或强制性条款来对其进行约束。目前还仅仅停留在以前的施工经验中，一些土办法，安全防护极差的设施设备仍随处可见，对人员的安全带来了极大的隐患。如：钢结构柱一般高度在 10m 以上，直爬梯的设置仅仅用竹梯或钢筋焊接而成，危险系数极高；施工人员在高空安装檩条过程中，在通过连接梁时，既无“生命线”设置又无防坠落装置；在涂刷防火涂料过程中，施工人员站在未采取固定措施的脚手板上作业等等。

从以上的隐患分析可主要归纳为以下几点：

(1) 管理人员、施工人员的安全意识薄弱；

(2) 在高空作业过程中无相应的、有针对性的安全防护措施或安全防护措施不严密；

(3) 防护设备或设施配置不合理，不适合施工现场作业的特点；

(4) 对于施工过程中的分部(项)安全技术交底指导性不强，施工作业人员未受到实际意义上的教育。

钢结构工程从事故类型来看绝大部分是高处坠落事故，如果能将安全防护设施做到定型化、工具化、将在一定程度上减少事故的发生率。在钢结构施工过程中，一些不规范、安全措施不到位的现象时有发生。主要表现在：斜道搭设不规范；高空作业无任何临边防护措施和防坠落措施；移动式操作平台搭设不规范等。我认为用钢管、扣件搭设斜道时，可利用钢柱做拉结，拉结成“井”字型设置，超过 6m 则再设置梯间休息平台。对于出现柱与柱之间间隔过大架体外倾的现象，可再多设置内、外抛撑；先在地面焊接好钢梁、柱的防护栏杆，以便于施工人员在高空行走时，增加安全系数；在安装檩条时，钢梁底部 30～50cm 处平铺一道安全平网；在设置移动式操作平台时应组织有关部门验收，平台立杆应保持垂直，并设置防护栏杆和登高扶梯的前提下方可作业。

总之，在钢结构工程的实际施工过程中，还会出现更多、更繁杂的情况。如：交叉、垂直作业；跨度大、多平面作业层厂房等。如何在实际工作中灵活运用自身所学的知识，用最有效的安全措施，最方便快捷的安全设备来达到安全防护的目的是写本文的初衷。希望各位同仁多提宝贵意见，以便进一步搞好安全管理工作，为施工现场服务。

# 17. 电渣压力焊机触电事故分析及预防措施

普陀区建设工程安全监督站　仲建平

**摘要：**本文总结了目前施工现场电渣压力焊机在钢筋竖向焊接中焊机二次空载电压65～80V伤人事故原因，并进行了分析，提出电渣压力焊竖向作业时的监管问题、劳防用品的要求和GB 10235—2000《弧焊机防触电装置》的主要技术指标，以及有效预防措施，因此而带来的社会效益和经济效益。

**关键词：**电渣压力焊机、伤人事故、弧焊机防触电装置、效益

随着城市建设的高速发展，高层和超高层建筑物像雨后春笋般地拔地而起，高层建筑每加一层需将大量钢筋用电渣压力焊机竖向焊接，由于建筑工地用电环境的复杂性和特殊性，多种作业程序交叉，加上一线作业人员大部分是农民工为主，安全用电意识淡薄，自我保护能力差，在焊接中时有发生触电事故。

1. 电渣压力焊机二次空载电压触电事故分析

(1) 电渣压力焊机二次空载电压一般在65～80V左右，电渣压力焊机工作时间20%左右，空载时间80%左右，空载时间越长，人身触电危险性越大。

(2) 电渣压力焊机二次线一根是搭铁线，另一根是焊把线，其搭铁线接在建筑物的钢筋上，与整个建筑物金属全部连通，焊接好的钢筋林立密集，作业场地狭小，地面钢筋堆放，作业人员长时间工作，一旦触及焊把线电源就有触电危险。

(3) 竖向焊接全部是崭新螺纹钢，且毛刺多，质硬量重，作业用的劳保用品手套及鞋损坏快，没有及时更换劳防用品，手与脚可能直接接触钢筋，很容易触电危险。

(4) 潮湿和炎热的天气，汗湿程度严重，人体电阻明显下降，一旦触电，不容易摆脱，其危险性更大。

(5) 建筑业施工一般时间安排较紧，一个楼面一般需钢筋焊接成千上万根，钢筋焊接时需一次性完成，十多个小时连续作业是正常的，天气炎热的季节，长时间体力劳动和露天作业，人体极易疲劳，触电危险性同样较大。

2. 安全意识淡薄

(1) 建筑业是国民经济发展重要行业，随着国民经济的飞速发展，基本建设项目逐年增加，建筑职工队伍不断扩大。建筑业的一线施工人员以农民工为主体，其工作环境属高空、露天、地下及立体交叉作业，部分操作人员未经专业培训，操作技术生疏，安全意识和自我保护能力较差。

(2) 建筑业市场价格竞争激烈，一项工程层层分包转包，钢筋竖向焊接分包金额比例很小，安全手续不齐，价格从21世纪90年代每焊接点5元降到现在每焊接点不到2元，由于价格竞争，相应对劳防用品投入减少，劳动强度增大，造成触电事故隐患的增加。

(3) 建设部颁布的JGJ 59—99检查标准3.0.1要求电焊机需安装二次降压保护装置，这一切都是为了保障建筑一线操作人员安全生产。然而该检查标准已颁布三年多了，各式各样的弧焊机防触电装置也已投入使用三年多了，但还是经常发生电渣压力焊机和电焊机二次空载电压伤人事故，究其原因，如下所述：

1) 将电源线从弧焊机防触电装置内穿过，直接接在电焊机的进线电源端，放弃装置的所有功能；

2) 将电源的进线和出线接在装置内的同一端上，当作过桥箱用，根本没起到保护作用；

3) 目前市场生产焊机二次降压保护装置的厂家多，良莠不齐，有的产品质量很差，有的厂家根本就没有测试设备，就投入生产、销售和使用，更谈不上3C认证，根本就没有保护功能。而且一些使用单位安装这种设备也仅仅是为了应付安全检查；

4) 用人工调节的弧焊机防触电装置，因电焊机内部主要是变压器机芯，属电感性原理。当其电压转换时，瞬间有3倍左右的冲击电流，为了避开冲击电流，只能将其调节过头，所以起弧电阻低，起弧就比较困难，使用者将其调到(红灯)工作状态，失去空载状况下的保护功能，当安全检查时再调回到待机(绿灯)，这只是应付安全检查；

5) 电源线没有根据电流选配，500型电焊机进线用$4mm^2$、$6mm^2$，而$6mm^2$电线安全载流量只能达到50A电流，不到30min接头就发热并将设备烧杯；

6) 电焊机容量和选用的防触电装置不相配套，一般电渣压力焊机有500型、630型、750型，选用防触电装置63A或100A。以500型电渣压力焊机为例，其功率是42kW、二相380V，二相1kW折算电流3A，计算方式为42kW×3A等于126A电流，在焊接$\phi$22mm钢筋时，电渣压力焊机峰值瞬间电流超负荷125%，即126A×1.25=157A，安装的100A的防触电装置是无法使用，使用单位就将其拆除闲置；而存在安全事故隐患；

例如某建筑工程现场有10台电焊机，其只购买了3台弧焊机防触电装置，安全检查时只将3台焊机装上，将另外7台焊机藏了起来。待安全检查后再将7台焊机搬出来使用。

7) 有两档粗调节的交流弧焊机，两挡状态的空载性能参数差别很大，仅用一组电容无法使两挡状态下具有相同或接近的空载节电率及次级输出电压，有时电容量不合适，可能出现Ⅱ档节电，Ⅰ档耗点增加，且次级输出电压高于正常空载输出电压，增加触电危险性。

3. 预防措施

(1) 电渣压力焊机操作人员必须配备专用的劳动防护用品(手套和绝缘鞋)，原因是所接触的都是崭新带有坚硬毛刺的螺纹钢，其损坏较快，很容易造成触电事故。

(2) 电渣压力焊机加装弧焊机防触电装置(二次降压保护器)，根据弧焊机防触电装置国家标准GB 10235—2000的技术要求：

1) 空载安全电压小于24V，能在任何潮湿场合都没有人身触电危险，确保操作人员的人身安全；

2) 起动时间小于0.06s，对电渣压力焊作业根本没有起动响应时间；

3) 起动灵敏度小于500Ω，对人体在任何潮湿场合接触二相电时不会起动达到安全保护；

4) 待机延时时间小于1s，当二次空载电压80V时，在1s内降至小于24V，有效防止人身触电死亡危险。

以上4条都是有效防止电渣压力焊机二次空载电压伤人的科学依据。用户在选购时一定要购买有国家强制性 3C 认证的弧焊机防触电装置。

4. 监督管理

(1) 电渣压力焊机操作人员必须经专业技能培训,除电焊工特种操作证外,还需建筑行业安全操作培训合格,持二证上岗,操作时做好监督记录,每台电渣压力焊机作业为一小组,每小组必须有一人具备监管救护知识,或者多台(组)有专人监护制度。

(2) 现场安全监理人员对进入建筑工地作业的电渣压力焊机和电焊机,必须安装弧焊机防触电装置才能进行作业,同时必须提供 3C 认证证书。根据国家质量认证中心和国家技术监督局的规定,没有取得 3C 认证的产品不得进入现场使用。并不定期的对二次空载电压进行测试,要求安全电压低于 24V。

5. 社会效益和经济效益

(1) 电渣压力焊机作业和电焊机作业,其二次空载电压触电事故时有发生。每发生一起触电事故,就会给一个家庭带来极大的不幸,给一个企业带来巨大的压力,给社会带来负面影响。

根据弧焊机防触电装置国家 GB 10235—2000 标准的技术条件,是有效地防止电渣压力焊机和电焊机二次空载电压触电事故,其给社会带来的效益是不可估量的。

(2) 一个建筑工程,如果不使用弧焊机防触电装置,一旦发生电渣压力焊机和电焊机二次空载电压触电事故,死者家属来人安排接待工作及安家费等不会低于 30 万元人民币,就算该工地 2 万平方米的建筑面积,停工整改 10 天左右,给企业带来人力物力和经济损失也是相当大的。

(3) 电渣压力焊机是高漏抗变压器,功率因素一般只有 0.3～0.4,空载时为 0.1～0.2,空载损耗电能大,每台电渣压力焊机每年空载耗电在 2000kWh 左右,据上海电焊机行业协会提供的数据,上海建筑单位大约有 1.2 万台,上海市大约有 12 万台,全国大约有 120 万台交流电焊机,其耗电量相当可观。

**参考文献**

1. 蒋洪伟等."弧焊变压器电子型防触电装置",冶金设备.1998,1(2)

2. 李宪政."初级串接电容对有两档粗调交流弧焊机空载节电性能的影响",焊接技术.1999,2(4)

3. 路登平."弧焊变压器的节能潜力和节能措施",节能.1995(7)

4. 王毅、路登平."弧焊变压器二次空载电压触电对策",劳动保护.1996(5)

# 18. 加强事前控制　提高监督水平
## ——开展施工前期质量监督工作的做法与体会

上海市市政建设工程质量安全监督站　沈建庭

市政工程实行竣工备案制后,如何进一步加强政府监督的力度？这是我站三年来一直在不断探索、总结的一个问题。与房屋建筑、特别是住宅工程明显不同的是,市政工程大都由各级政府投资,且属于公益性工程,因此在建设管理上有明显的特点,如:前期手续不完善、指令性工期、建设管理中的行政干预、边设计边施工等等。针对这些特性,监督机构应如何来履行监督职责、实施有效控制？具体地说,在竣工备案制模式下,政府监督机构应如何对政府工程进行监督？可采取哪些措施或手段,来有效地约束五方质量责任主体？如何通过行为监督来保证工程实体质量？

工程质量监督一般可分为四个阶段,即:报监受理、开工前监督、施工过程监督、竣工验收监督。长期以来,在竣工核验制模式下,监督机构的监督重心一直放在施工过程和竣工验收这两个阶段上,而没有对开工前的监督予以足够的重视。近几年来,我站在推行竣工备案制改革时,加大了开工前监督的力度,通过一系列措施,来约束各责任主体的质量管理行为,规范设计、监理、施工各方的工作程序,收到了较好的效果,同时也提高了监督机构的权威,树立了政府监督的形象。

所谓开工前监督,顾名思义应在工程报监后至正式开工前进行。但事实上,由于种种原因,大部分市政工程都存在报监滞后的现象,且短期内问题难以解决。因此,本文所说的开工前监督,实际上是指我站的在开工前至施工前期所采取一些监督手段。

**一、加强对参建各方管理人员的资质管理**

参建各方管理人员的资质和能力,特别是项目经理和总监理工程师的素质,对工程施工质量有着直接的、甚至决定性的影响。由于市场因素和受利益驱动,不少单位的管理人员流动性很大、调换频繁,对工程建设带来诸多不利影响。因此,对工程施工过程中各方(主要是施工和监理单位)管理人员到岗情况和资质条件的审查,应作为一项重点监督内容。我站的具体做法是:

1. 报监后要求建设、设计、施工、监理单位填写《质量从业人员资格审查表》;

2. 第一次监督检查时审查各方从业人员的资质情况;

3. 对与投标文件不符或资质条件不够的管理人员向有关单位提出整改要求;

4. 要求在调换项目经理或总监理工程师时必须有本单位的任免文件,并取得建设单位的书面确认;

5. 对一些管理人员资质不够或缺岗的工程项目组织专项监督检查,责令有关责任主体整改并作书面承诺。

## 二、明确工程采用的标准、规范

标准、规范是工程设计、施工和监理的依据，设计图纸、施工方案都必须以标准、规范作为技术支撑。但目前尚有许多责任主体，包括设计、施工、监理和建设各方，在标准、规范的应用上有许多含糊不清、相互矛盾甚至错误的认识；同时，标准体系的不完善也增加了应用上的混乱。出现了诸如标准并列（几个同类标准并列，如公路桥梁与铁路桥梁）、标准用错（错误地引用标准包括过期标准）、标准缺漏（必须采用的标准未列出）、标准穷举（罗列所有标准）等等问题。这些问题的实质就是对标准、规范不重视、不了解，对如何正确执行标准、规范缺乏正确的概念，而由此引发的直接后果就是造成工程质量控制中的疏漏、错误，并最终影响到工程实体质量。针对这种情况，近几年来，我站将工程建设过程中标准、规范的正确应用作为质量监督的一项重要内容，并力求从源头上抓起，即从建设单位抓起、从开工时抓起。具体做法如下：

1. 列出市政工程常用标准规范名录并下发各建设单位；
2. 督促建设单位提出本工程执行的标准、规范清单；
3. 对招标文件中引用标准、规范不完善的地方进行补充、修正；
4. 在监督交底文件中对执行的标准、规范作进一步明确；
5. 对各责任主体提出的标准、规范要求按主次顺序排列；
6. 检查施工现场施工、监理单位是否配备主要的标准、规范。

## 三、抓关键部位关键工序，确保结构安全

实行竣工备案制后，监督机构的工作重心转移到对参建各责任主体质量行为的监督上来。那么，质量行为监督与工程实体监督关系如何？怎样做到既有效控制工程质量，又不具体参与过程验收？我们觉得，政府质量监督的根本目的，是保证最终形成的工程实体结构是安全的、质量是好的。对质量行为进行监督，目的是要为工程实体质量的形成提供有效的保障机制，质量行为的优劣，最终要在实体质量的好坏上体现。对此，我站提出了抓关键部位、关键工序的概念。市政工程关键部位、关键工序的质量验收，既能督促参建各方履行主体责任，同时也保证了工程结构安全，是竣工备案制条件下整个市政工程质量监督工作的核心。

所谓关键部位、关键工序，是指对工程结构的安全使用有直接影响的部位或工序。换言之，这些部位或工序的质量不好，就不能保证工程的安全使用。控制了这些部位或工序的质量，工程结构的安全运行就得到了保障。我站对关键部位、关键工序验收的监督采取了下列做法：

1. 对常规的市政工程如道路、桥梁、排水管道等，通过分析、归纳，列出其关键部位、关键工序的清单，以主管部门文件的形式公布；

2. 对特殊工程或新结构、新工艺，由建设单位根据划分原则，组织设计、监理、施工单位进行讨论，提出本工程关键部位、关键工序的清单，并报我站审核后确定；

3. 将关键部位、关键工序的验收记录纳入工程竣工备案资料目录，作为工程竣工验收的必要条件之一；

4. 建设单位会同设计、监理、施工各方讨论制定本工程关键部位、关键工序验收的具体办法，并形成书面文件；

5. 施工过程中，由建设单位组织关键部位、关键工序验收，按规定填写验收记录，并由建设、设计、施工、监理四方签字；

6. 监督机构对验收过程实施监督。

对关键部位、关键工序验收,我站没有规定统一的验收办法,这是因为:1)质量验收的主体是各参建单位,监督机构只行使监督责任;2)这是过程验收或阶段验收而不是竣工验收;3)考虑到设计单位也要作为验收的一方参与签字,验收办法应由一定的灵活性;4)由于市政工程各道工序流水交错作业,因此一项关键工序的验收可能要经过分阶段的多次验收才能完成。在这种情况下,一种统一的验收模式不仅是不必要的,而且可能是对验收不利的。我们的目的,是要通过各方的参与,使其真正承担起责任来保证这些部位和工序的质量,因此通过建设单位的组织,协商出一个各方(特别是设计单位)都能接受并付诸实施的验收办法是一条切实可行的途径。

在实践过程中,我们还在一些工程中推行了节点验收方法。所谓节点,是指对关键部位或关键工序,在施工到某一个预先设定的标志点时,由参建各方作一次质量验收。验收通过后,才进行后一部分的施工。

**四、规范参建各方管理行为**

随着市政建设规模的扩大、建设市场开放以及投资体制的多元化,大量的企业以各种不同的身份进行市政建设行业,其自身的能力、素质各不相同。一些新进入市政行业的企业对本地本行业的建设管理要求不了解、不适应,而参建项目的增加使一些单位的管理力量被“稀释”、严重不足,由此导致的直接后果就是管理不到位、管理力量薄弱,严重时造成管理失控。因此,监督机构在监督工作中,必须对参建各方的管理行为进行规范。

1. 建立畅通的管理网络。不仅参建各方应有自己的管理网络,而且应该形成以建设单位为中心、相互连接并同监督机构有通畅渠道的质量管理网络。监督机构应督促建立这个网络并对其运行状况进行动态监督。

2. 组织开展专职管理人员的培训。一项大型工程项目的建设,参建方特别是施工、监理单位往往可达几十家,各单位的管理人员素质良莠不齐、认识水平高低不一,工作上缺少一个共同的起点。为此,我站经常协助建设单位组织各参建单位进行质量管理专业培训。通过这种形式,监督机构将政府监督的要求、规定和一些具体做法加以贯彻,使所有参建的责任主体形成共识,在此基础上形成整个项目质量管理的统一规定,为以后的工作开展奠定基础。

3. 加强对勘察、设计单位工作质量的管理。在工程竣工核验制时期,政府质量监督的主要对象是工程实体,对参建方的监督也主要集中在与形成实体质量有直接关联的施工、监理单位身上,很少涉及勘察、设计单位。实行竣工备案制后,五个质量责任主体都是政府监督的对象。那么,如何开展对勘察、设计单位的监督呢?我们认为,在工程施工阶段,除了督促其履行在关键部位、关键工序验收和竣工验收中的质量责任外,政府监督主要是对勘察、设计单位的工作质量、特别是现场服务质量进行监督。比如,设计交底的时间、次数、深度,设计变更和变更设计的程序和手续等。针对地下工程的实际情况,我站还专门制定了勘察单位进行勘察设计交底的具体要求。由于勘察、设计单位的特殊性,这些措施的实施,不仅规范了勘察、设计单位的行为,还受到了其他参建方的欢迎。

4. 加强对具体管理行为的指导。由于市政基础设施工程本身的特殊性以及标准规范建设方面的不完善,因此在工程划分、隐蔽验收、表式应用和填写等方面,建设、施工、监理各方经常会碰到问题。作为政府监督部门,监督机构应在工程开工阶段,主动加强对这些问题的指导，根据标准、规范的要求，提出解决办法，使工程按照统一、规范的管理要求循序开展。

五、几点体会

1. 抓施工前期监督意义重大。首先是势所必然，政府要求监督机构要以抓行为监督为主，而要抓行为监督，就应该在行为发生之前明确行为准则，施工前期监督就是做这方面的工作。其次是作用显著，对一项大工程来说，只要抓住建设单位，并在工程前期阶段就制定游戏规则，所有参建单位，都必须按这个规则去做。面上的大局把握住了，工作就取得了主动，这与事先没有规则、事后一个点一个点去纠偏整改相比要省力得多。再者，抓施工前期监督能提高监督机构的能力和权威。开展施工前期监督，是一种主动的、指导性的、进取型的工作，是你还没做、我来告诉你该怎么做，这同你做完了、我来看看你做得怎么样相比，显然需要更高的能力和水平，迫使监督机构和监督人员必须要提高自身能力、善于总结，不但能发现问题、还要能提出解决问题的方法。另一方面，前期监督做得好，监督机构的站位就高，自身的权威也就得到了体现。

2. 建设单位是参建各方的龙头。在工程建设中，建设单位是合同的一方，其余四个主体是合同的另一方，建设单位可通过合同对其他四方进行约束。实行竣工备案制后，组织工程验收的责任也落实到建设单位身上。因此，建设单位作为工程质量第一责任人的身份是毋庸置疑的。监督机构在监督工作中，要突出建设单位的地位，既要责成其履行对其他各方的管理职责，也要支持其管理工作的开展，同时还要时时注意纠正其管理上的松弛、不作为和不当行为。对一些能力比较弱的管理单位，监督机构要积极帮助扶持。

3. 将监督交底作为一项重要工作来做。监督机构加强事前控制，非常重要的一环，就是做好监督交底。所谓监督交底就是指监督员向参建各方公布监督方案，提出监督要求。许多控制措施，都可以通过交底这一环节，在监督方案和监督要求中提出，包括：施工标准、规范的确定，关键部位、关键工序验收的监督要求，对勘察、设计单位的管理要求，以及许多程序性、过程性的管理措施。

4. 重视行政手段的运用。监督机构代表政府进行监督，必须要有一定的强制力，因此，必要的行政手段是做好监督工作的一种支撑、一种威慑力。这里指的行政手段包括行政措施和行政处罚。行政措施包括责令整改、通报批评、局部停工、列入不良记录等，行政处罚属行政执法范畴，需要政府主管部门委托。无论行政措施还是行政处罚，都应该是监督机构工作中的重要方法。在市场经济日益发展的今天，企业的诚信记录、企业的声誉变得越来越重要。必要的行政手段能起到强烈的惩戒作用。当然，由于杀伤力巨大，采用行政手段应有充分的依据和必要的权衡。处理不当，会两败俱伤。

5. 摆正位置、演好角色。从我站的工作实践来看，政府监督机构在工程建设过程中，一直扮演着一个相当重要的角色，而且随着政企分开、市场体制完善，其重要性还有所上升。只要能公开、公平、公正地办事，监督机构是能够有所作为的。在一定程度上，监督机构甚至是公信力的象征。即便如此，监督机构也一定要摆正自己的位置，我们可以指出各责任主体的行为不当，但不能替代他们作决定，我们也不能替代立法机关和政府部门来制定游戏规则。我们就像裁判，按照现有的规则，在竞技场上维护竞赛的秩序。当然，我们有一点临场处置的自由裁量权，仅此而已。把权力和责任还给参建各方，而我们只是在各方行使权力的同时督促他们履行责任，这就是监督。

# 19. 从基坑坍塌事故谈市政工程事故应急预案机制的建立和实施

上海市市政建设工程质量安全监督站　徐克洋

## 一、从基坑坍塌事故引出

近几年，本市市政基础设施建设得到了飞跃发展，建设工程的施工管理水平也有了很大提高，对提高建设工程施工质量，减少建设工程事故的发生起了很大作用。但是，由于建设工程点多、面广，各施工单位管理和技术水平参差不齐，一旦管理和操作失控，极易发生重大事故，甚至可能造成社会灾害。为了保护企业、国家和人民生命财产安全，保证建设工程的顺利进行，在工程建设中如何有效控制危险源，建立和实施事故应急预案势在必行。下面就今年上半年，在本市市政工程施工过程中，连续发生两起深基坑施工事故，谈谈如何建立和实施建设工程事故应急预案。

2003 年 1 月 30 日，沪闵二期某标段一人行地道基坑开挖过程中，当基坑挖土接近基底标高，准备进行第三层支撑时，发现西侧围护有滑移迹象，立即组织人员撤退，1h 后围护墙严重滑移（图 2-3）。3 月 27 日，轨道交通明珠线二期某车站 2 号风井基坑开挖施工中，由于支护体系失稳，造成基坑坍塌事故（图 2-4）。经查，这两起事故均为施工措施不当所致，且有许多相似之处，主要责任单位为同一家施工单位，深基坑围护方式都采用 SMW 工法，基坑破坏方式都是支护失稳引起的围护墙踢脚破坏。因此对这两起事故作进一步剖析，找出事故原因，提出预控措施，将有助于今后类似工程的质量控制。

图 2-3

第一起事故发生后，参建各方经过分析研判，得出了坑边超载、支撑不及时为基坑坍塌的主要原因，但却忽视了在施工方案审定、现场施工管理、安全技术保证体系、事故应急预案

图 2-4

的落实以及信息化施工等深层面问题的探讨，致使施工单位没有吸取深刻的经验教训，没有挖掘管理上的漏洞，并采取有效措施加强施工现场管理，导致不久再次发生了类似的基坑坍塌事故。

由于在两个月内连续发生两起同样性质的事故，引起了方方面面的重视，在对事故的调查中，确实发现施工现场存在诸多问题：

1. 该工程深基坑围护设计方案未按《上海市深基坑工程管理暂行规定》要求进行技术评审，同时设计图纸上也没有相应的围檩结构设计详图，其具体设置交由施工单位设计，此举明显不妥。

2. 施工组织设计不完善，尤其是 2 号风井第四道支撑、第四、第五层土方挖土方案根本未提及，不能指导实际施工。同时监理单位也未对此提出疑义。

3. 土方开挖顺序、方法未遵循"开槽支撑，先撑后挖，分层开挖"的原则，根据调查情况，第四、第五层土是一次挖成的，而第四道支撑是无法形成完整体系的，现场施工组织有漏洞。

4. 施工单位擅自更改施工组织设计中围檩的选材以及结构形式，造成安全储备不足。

5. 监测报表反映，各道支撑轴力从基坑挖土开始，至基坑坍塌前均远小于设计要求的预加轴力。但工程参建各方从未对此书面提出质疑，进行原因分析，并提出解决办法。

6. 现场未能提供有效的支撑预加轴力系统标定检测报告，现场轴力如何控制不得而知。

7. 施工组织设计表明该工程深井降水除了便于施工外，还起到地基加固作用，但在现场没有查到降水成果记录。

8. 事故前三天，现场发现围护墙中部分型钢有横向裂缝，在附加应力作用下施工人员贸然采取补焊措施，降低了钢材强度。

综上所述，造成这两起事故的原因是综合性的，但从应对事故苗子出现时的对策；到事故发生时的应急措施；以及事故发生后的善后处理全过程；暴露出施工单位对事故的发生、发展、处理，在组织上、措施上、物质储备上等都没有做好充分的准备。致使完全可以避免的事故发生了，致使可以控制在有限范围内事故损失，由于无事故应急措施或应急措施不到位，使事故损失扩大化，致使事故发生后现场救护、抢修、善后处理一片混乱，造成一定的经济损失,也给社会留下不好的负面影响。

建设工程事故应急预案的建立和实施是解决上述问题的关键所在,“预案”将施工质量、安全保证体系,施工信息化监控体系,施工现场事故隐患、危险源的控制,施工现场事故预防措施人力、物力、财力的组织和储备,应对事故的组织指挥体系等系统有效地整合在一起。“预案”能有效预防突发性重大建设工程事故的发生,并能在事故发生后迅速有效控制事故的发展,将事故危害程度影响范围控制在最小限度内,减少事故对人民生命及财产安全的影响。

## 二、如何建立和实施建设工程事故应急预案

(一) 原则

为保证建设工程、企事业、社会及人民生命财产的安全,防止突发性重大建设工程事故的发生,并能在事故发生后迅速有效控制事故的发展,将事故危害程度影响范围控制在最小限度内,减少事故对人民生命及财产安全的影响。根据各建设工程实际,本着“预防为主、自救为主、统一指挥、分工负责”的原则,制订工程紧急事故应急预案。

(二) 基本内容

1. 工程概况。包括:施工现场平面布置、周围环境、交通状况、需要保护的建筑物及地下管线。

2. 根据工程的特点以及不同的阶段制定施工现场事故隐患、危险源的数量及分布图。

3. 指挥机构的设备和职责。

4. 装备及通讯网络和联络方式。

5. 应急救援专业队伍的任务和训练。

6. 预防事故的措施。

7. 事故处置。

8. 工程抢险抢修。

9. 现场医疗救护。

10. 紧急安全疏散。

11. 社会支援等。

(三) 应急指挥机构的职责及分工

1. 指挥机构

建设工程成立事故应急救援“指挥领导小组”,由项目经理、有关项目副经理及生产、安全、设备、保卫、卫生等部门领导组成,下设应急救援办公室,日常工作由安全部门兼管。发生重大事故时,以指挥领导小组为基础,立即成立事故应急救援指挥部,项目经理任总指挥,有关项目副经理任副总指挥,负责施工现场应急救援工作的组织和指挥,指挥部可设在施工现场。

2. 指挥机构职责

指挥领导小组:负责本单位“预案”的制定、修订;组建应急救援专业队伍,组织实施;检查督促做好重大事故的预防措施和应急救援的各项准备工作。

指挥部:发生重大事故时,由指挥部发布和解除应急救援命令、信号;组织指挥救援队伍实施救援行动;向上级汇报和向友邻单位通报事故情况,必要时向有关单位发出救援请求;组织事故调查,总结应急救援经验教训。

（四）施工现场事故隐患目标的确定及潜在危险性的评估

1. 施工现场事故隐患目标

根据工程的特点以及不同的阶段确定施工现场事故隐患、危险源的数量及分布情况，评估可能引起事故的后果，确定应急救援危险目标，可按危险性的大小、工程部位、施工阶段依次排为 1 号目标、2 号目标、3 号目标……等。

2. 潜在危险性的预测和评估

对每个已确定的危险目标要做出潜在危险性的评估。即预测可能导致事故发生的途径，如误指挥、误操作、设备失修、工艺失控、材料不合格等。评估一旦发生事故可能造成的后果，可能对工程及周围环境带来的危害及范围。

（五）救援队伍

施工企业根据实际需要，应建立各种不脱产的专业救援队伍，包括抢险抢修队、医疗救护队、义务消防队、通讯保障队、治安队等，救援队伍是建设工程事故应急救援的骨干力量，担负企业各类重大事故的处置任务。

（六）装备和通讯联系

为保证应急救援工作及时有效，事先必须配备装备器材，并保持通讯畅通。施工现场必须针对危险目标并根据需要，将抢险抢修、医疗救援、通讯联络等装备器材配备齐全。平时要专人维护、保管、检验，确保器材始终处于完好状态，保证能有效使用。

（七）制订预防事故措施

对已确定的危险目标，根据其可能导致事故的途径，采取有针对性的预防措施，避免事故发生。各种预防措施必须建立责任制，落实到部门和个人。同时还应制订，一旦发生事故，尽力降低危害程度的具体措施。

（八）事故处置

制订重大事故的处置方案和处理程序。

1. 处置方案

根据危险目标模拟事故状态，制定出各种事故状态下的应急处置方案，如基坑坍塌、支架倒塌、设备倾覆、多人中毒、燃烧、爆炸、停水、停电等，包括通讯联络、抢险抢救、医疗救护、伤员转送、人员疏散、生产系统指挥、上报联系、救援行动方案等。

2. 处理程序

指挥部应制订事故处理程序图，一旦发生重大事故时，第一步先做什么，第二步应做什么，第三步再做什么，都有明确规定。做到临危不惧，正确指挥。重大事故发生时，各有关部门应立即处于紧急状态，在指挥部的统一指挥下，根据对危险目标潜在危险的评估，按处置方案有条不紊地处理和控制事故，既不要惊慌失措，也不要麻痹大意，尽量把事故控制在最小范围内，最大限度地减少人员伤亡和财产损失。

（九）紧急安全疏散

发生重大事故时，可能对施工现场内外人群安全构成威胁时，必须在指挥部统一指挥下，对与事故应急救援无关的人员进行紧急疏散。疏散的方向、距离和集中地点，必须根据不同事故，做出具体规定。对可能威胁到周围居民和单位安全时，指挥部应立即和地方有关部门联系，引导居民迅速撤离到安全地点。

（十）工程抢险抢修

有效的工程抢险抢修是控制事故、消灭事故的关键。抢险人员应根据事先拟定的方案，在做好个体防护的基础上，以最快的速度及时排除险情，消除事故。

（十一）现场医疗救护

及时有效的现场医疗救护是减少伤亡的重要一环。施工现场急救应有抢救程序图，每一位医务人员都应熟练掌握每一步抢救措施的具体内容和要求。

（十二）社会支援

建设工程一旦发生重大事故，本单位抢险抢救力量不足或有可能危及社会安全时，指挥部必须立即向上级和友邻单位通报，必要时请求社会力量援助。社会援助队伍进入施工现场时，指挥部应责成专人联络、引导并告之安全注意事项。

（十三）落实制度

为了能在事故发生后，迅速、准确、有效地进行处理，必须制订好“事故应急预案”，做好应急救援的各项准备工作，对施工现场有关人员进行经常性的应急救援常识教育，落实岗位责任制和各项规章制度。如建立值班制度、检查制度、例会制度等。

**三、结束语**

一个完善的、健全的建设工程事故应急预案，能最大限度地防止突发性重大建设工程事故的发生，并能在事故发生后迅速有效控制事故的发展，将事故危害程度影响范围控制在最小限度内。然而，由于各施工单位管理水平、人员素质参差不齐；又由于社会监控机制不能横向到边、纵向到底，直接影响到“预案”的制定与落实，直接影响到事故隐患的预防和应急救援效果。随着国家对建设工程法律、法规的不断完善和健全，施工企业对建设工程事故防范意识进一步加深，实施建设工程事故应急预案制，必将成为防范市政建设工程事故发生和有效控制事故危害程度的强有力保障体系。

# 20. 深化水利工程监督，进一步提高工程质量

上海市水利建设工程质量监督中心站　黄惠祥

《建设工程质量管理条例》(以下简称《条例》)的施行，给政府质量监督模式与工作带来了深刻的变革。作为以国家投资为主体，以社会公益为主要目标的水利工程，其工程效益直接关系国民经济发展和人民生命财产安全，政府对工程质量的监督必将有其行业的特殊要求，这就是《条例》对水利等行业工程的质量监督管理作出专门强调的原因。面对其他建设工程的质量监督管理从"核验制"向"备案制"的转变，面对进一步规范建设市场的强烈要求，如何深化水利工程的质量监督工作、进一步促进工程质量的提高，是摆在我们面前的一个重要课题。

## 一、依法监督、依法管理

监督机构是建设市场中的执法主体(至少是代理主体)之一，这一地位在《条例》中已很明确，具体操作上需要做好几方面的工作。

1. 明确事权

质量监督是政府职能，质监站是受政府委托的具体实施监督职能的机构，所以首先要明确哪些监督事务应该由政府部门直接来做，哪些事务由质监机构来做。比如对参建单位施工过程中的质量行为管理，不但是一个动态的过程，而且时间和空间范围都较广，政府不可能多次深入到每一个现场，因而这项工作主要得由质监机构来完成。再比如对工程质量是否符合规范、标准、设计文件的规定进行检查，也是具体的事务性工作，而且专业性很强，更需要监督机构来实施。这是事权，或是职责。

质监机构受政府的委托进行工程质量监督，对存在的问题提出整改要求，就需要有一定的权威，这是职权对等的管理原则的需要。《条例》出台以后，原有的质量否决权，临时或局部停工权等事务性工作仍然没有改变，但是要真正贯彻《条例》的要求，光做好这些工作还不够，如果针对《条例》中近三分之一篇幅的罚则，明确赋予质监机构处罚建议(含调查)、甚至一定范围的直接处罚权，则监督力度将进一步加强。这对推动水利工程建设市场的完善将有很大的促进作用。

2. 系统理解有关工程建设的法律、法规、规章、规定

工程建设法律、法规、规章、规定是质监机构检查的重要依据。法律、法规、某些工作规范、有关规章、规定是规范项目参建单位质量行为的准绳，对水利工程而言，主要有《中华人民共和国水法》、《中华人民共和国建筑法》、《条例》以及水利行业、上海市有关规章、规定，监督中应该系统地加以理解、宣传和实施。

## 二、突破传统监督模式，加强对参建单位质量责任行为的监控

过去的监督方式，不管是建筑工程的基础、主体、竣工验收的"三步到位"核验，还是水利

工程的基坑、底板、水下结构、初验、终验时监督检查，都是以实物为主的阶段抽查方式。这种形式从理论上讲，难免发生样本不合理的“以偏概全”错误，更甚的是使政府监督陷入具体的事务性工作，大多情况下就事论事，不利于从宏观的、市场的角度进行监督管理。《条例》出台后，监督方式逐渐向参建单位质量责任行为和实物质量监督并重转变，应该说这是因果并重的合适监督方式——以规范质量责任行为来降低出现质量问题的概率，这是真正的规范建设市场之路。

《条例》第二章～第五章规定了项目建设单位、勘察、设计单位、施工单位、监理单位的质量责任和义务，对当前建设市场中的不法质量行为很有针对性，比如建设单位肢解发包工程、设计单位越级设计、施工单位转包工程、监理单位无资格人员监理等等，凡不符合具体条款的行为都应予以纠正，甚至应进行处罚。

必须承认，因为起步较晚，更由于建设市场的惯性，对质量行为的监督还存在很大难度，一定程度上发现问题容易，处理问题难。然而面对困难必须要树立有所为的思想，毕竟有《条例》撑腰，只要做好和政府部门、项目参建单位的协调工作，加强宣贯，有理有据，这一工作一定能够不断深入。最近建设部印发的《工程质量监督工作导则》明确了对责任主体和有关机构履行质量责任行为的监督检查的职责。明确了对责任主体和有关机构违法、违规行为的调查取证和和核实，提出处罚建议或按委托权限实施行政处罚等作了规定。

对参建单位质量责任行为的监督，还应体现在合同监督上。建设工程各方，在履行各自义务时，由于主客观原因，合同的严肃性常得不到保证，有很多事例：由于建设单位原因开工日期拖延，竣工日期仍旧后门关死；再比如承包单位投标承诺的项目管理班子中标后不到位；承诺的技术措施不实施；建设单位管理人员随意下达指令，干涉监理、设计、施工单位的工作等等。在这方面，我们的项目管理和西方发达国家的做法仍有很大差距，质监机构有必要对建设各方明显违背合同承诺的行为提出监督意见。

对质量行为监督的同时，仍旧不能放松对实物质量的检查监督，实物质量是面镜子，在涉及结构安全、功能的主要部位丝毫不能放松检查。监督机构要有计划有步骤地组织质量检查工作，监督人员对分工负责的工程采用定期与不定期的方式进行巡查、抽查。对发现的劣质工程坚决按照“三不放过”的原则，对责任单位与责任人作出严肃处理，使质量责任警钟长鸣。在专业范围内定期通报质量状况，弘扬先进，鞭策落后。同时运用质量现场会形式，抓住正反两方面的典型，推广保证质量的新举措，通过抓两头、带中间的工作方法，带动工程质量全面、稳步提高。

**三、重视对监理工作的监督管理**

在施工单位质量行为尚不够规范的建设环境下，必须重视发挥和依靠现场监理质量控制的前哨作用，然而由于监理队伍以及监理业务人员素质距《条例》尚有距离，重视对监理工作的监督管理，促进监理水平的不断提高，对提高工程质量水平具有重要的现实意义。

首先要加强对监理工作的监督力度。监督检查中主要需核实监理单位派驻现场的人员是否符合投标承诺要求，是否专业对口、业务熟悉、发现、处理质量问题是否及时、准确（整改通知及时消项），应用规范、标准是否正确等。要通过实物质量的优劣来考察监理人员的目标控制能力，对不称职的监理人员要像对待实物质量问题一样不能手软。总之要通过对监理单位履行质量行为的监督，不断推动监理工作的规范化建设，促进监理工作水平快速提高，以适应《条例》规定的工作标准要求。

其次要大力支持监理工作。作为质量监督机构，在质量问题上要积极配合监理人员，对出现违规违法的质量行为、结果坚决予以处理，支持帮助监理做好监理工作。

**四、强化施工过程中执行强制性标准情况的检查**

规范、标准、技术规定是检查实物质量的依据之一。对水利行业，有三个层次的规范、标准。首先是现行工程建设标准、规范中某些被列入中华人民共和国《工程建设标准强制性条文》(水利工程部分)的条文，必须严格执行，工程实物中不符合强制性条文的质量问题必须进行整改；第二层次是现行国家、行业、地方的强制性标准中的其他条文，也应严格执行；第三层次的是有关推荐性标准，比如《水利水电工程土工合成材料应用技术规范》(SL/T 225—98)等，如合同约定采用也应严格执行。有关技术规定，可理解为结合特定地域在具体问题上对规范、标准的补充，应和规范、标准结合起来执行。

同时，要大力提高监督人员的素质。一方面，随着国家和水利行业质量监督工作制度的推行，从事监督人员逐步要取得执业资格。另一方面，监督机构要建立一种长效的机制，不断提高质量监督人员的水平。应该树立终身教育思想，定期和按专题对监督人员进行法律、法规、规章、规定、规范、标准、工程技术、管理理论、管理道德的培训。

**五、质监机构配备现代检测仪器，用科学数据说话，更能显现其监督权威性**

长期以来，质监机构对建设工程实体的质量检查手段，基本上是通过目测、手量、锤敲的传统手段，对照技术资料，凭直观和经验来判断质量状况。虽然也能起到监控质量的一定作用，但是对结构内在质量的评估，显然欠缺可靠依据。随着时代的发展，建设规模、建筑结构复杂程度变化很大，对结构安全的要求愈为迫切。质监机构如果仍以传统手段来检查工程实体质量，显然已不相适应。因此引进一些现代工程检测仪器来测定工程内在质量，使其评价结构内在的质量更为科学性、可靠性，从而也提升了质监机构的权威性。所以在深化改革，完善质监机制的过程中，引进部分适用的现代工程检测仪器装备质监队伍是非常必要的。

**六、进一步完善监督工作的规范化、程序化**

水利工程质量监督尽管未实行“备案制”，但《条例》出台以后，在监督的内容和实质上全国都是一致的，和过去相比工作内容更多，因此监督工作责任也更大了，必须努力加强自身建设，具体可以从以下两个方面提高：

一是监督工作的程序化建设。在程序化监督工作中要坚持三个原则：一要始终以法律、法规、规定、规范、标准为依据；二是质量问题必须按设计和规范要求进行整改处理；三是敢于利用《条例》罚则(提请政府部门处罚)，坚决治理劣质工程和不规范质量行为。

二是监督机构技术保证体系建设。归纳为责任体系、人才体系、知识体系：一是建立技术岗位责任制和工作标准，落实责任考核制度；二是建立具有合理知识结构的监督人才体系；三是建立完善的执法依据体系，及时收集有关工程建设的现行法律、法规、规范、标准等，更重要的是将有关知识转化为监督人员的执业技能，对监督人员要建立终身教育、培训体制。

总之，随着《条例》的深入贯彻实施，监督机构只有及时转变思路，以对工程质量高度负责的精神创造性地开展工作，才能做好《条例》赋予的职责，维护政府监督的权威，切实推动工程质量的提高。

# 21. 加强对施工企业质量行为的监督，确保石化工程质量

上海市高桥石化质量监督站　凌留根

**提要**：工程质量监督的一个重要方面是监督检查参与工程建设各方主体的质量行为。施工企业是实现工程质量的关键主体。监督施工企业的质量行为，使之在施工过程中规范地履行自己的责任，有利于确保石化工程质量符合安全、卫生、环保要求。

工程质量监督制度改革的一个重要方面是政府及其委托的监督机构必须运用科学的方法，将建设工程参与各方的质量责任和其责任行为的成果，即工程产品质量，均列为监督对象，尤其强调了以监督工程参与各方质量责任为主要内容，改变了过去那种只对工程实体质量进行监督的做法。新办法实行对建设市场和施工现场的全要素的全覆盖监督，将工程建设参与各方推向建设质量责任第一线，从不断加大政府的工程质量监督力度，增强参建各方的质量责任，来达到提高工程质量，杜绝不合格工程流入社会。

工程质量形成合格实体，在各方条件具备的情况下，是通过施工企业的精心组织和精心施工形成的。是施工企业落实国家有关工程质量法律、法规和强制性标准的直接操作和实践的结果。因此，监督工程师在对建设工程实施质量监督过程中尤其要加强对施工企业质量行为的监督检查，使其质量行为在国家法律、法规的范围内正常运作，对确保施工这一直接影响工程最终质量的阶段的工程质量是至关重要的。以下就我们依据有关文件精神在实际工作中加强监督检查施工企业质量行为，确保石化工程质量的主要方面试述如下：

1. 检查施工企业是否按资质等级承包相应的工程任务。项目经理是否与中标书中相一致，并在现场主持工作。检查分包企业的资质是否符合所承担工程的要求。

2. 检查施工企业所选择的检测单位是否经省级以上人民政府计量行政部门对其的检定，取得合法经营资格。是否有利用其他企业内部的试验室对本企业提供检测业务。

3. 检查项目经理、技术负责人、质量检查员等专业技术管理人员是否配套，并具有相应资格及上岗证书。上岗证书应在现场存放，以便于检查。

4. 检查施工组织设计或施工技术方案是否经过批准并能贯彻执行。

(1) 每道工序施工前是否组织施工技术交底。交底记录是否有被交底人员的签字。

(2) 班组自检、互检、交接检制度的执行记录情况。执行记录上的检查人员、交接人员签名是否及时齐全。

(3) 检査建筑材料、构配件、设备的进场有无检验记录，有无能保持其质量的存放条件。材料、商品混凝土等是否按规定进行现场取样检验。对未经检验或检验不合格时的处理是否有记录。是否按规定对现场试验室、搅拌站、标养室进行有序的管理，检查管理的记录。检查现场使用的计量器具的检定证书是否有效。

这里要特别强调的是进场材料、构配件、设备的检验必须及时和认真。材料、构配件、设备是工程的基础，对于石化行业易燃易爆、高温高压的特点，确保工程质量就首先要确保材料、设备的质量。因此，对进场未经检验或检验不合格的应严禁使用于工程上。对经检验不合格的还应尽快清出现场，以免错用、误用。我们石化工程的进度要求往往非常紧迫，对材料、构配件和设备的需求也就显得非常紧迫。因此，有计划地及时做好进场检验显得更为重要。若确需使用未经检验的材料和设备，则必须履行好有关紧急放行的规定：

1）要经过审批，必须是由授权审批的人审批。

2）对放行的产品，必须做出明确的标识。

3）对放行的产品及情况要认真记录并保存。

4）一旦发现放行的产品不合格应立即送回和更换。

5）更换作业，不会损坏邻近的施工成果。

6）紧急放行的有关资料必须妥善保存。主要有：紧急放行的报告及审批签字；负责放行的授权证明；放行产品的标识和记录等。

(4) 检查对分项、隐蔽工程项目的检查验收记录是否及时、真实。签字手续是否完整，验收是否有明确的结论。

(5) 检查执行见证取样送检制度的落实情况。根据建设部关于印发《建筑施工企业试验室管理规定》的通知中的规定，建筑施工企业试验室应逐步实行有见证取样和送样制度，对涉及结构安全的重要部位的混凝土试块等必须实行见证取样和送样。现已执行了这一制度，见证人及送检单位就应认真实行。

(6) 检查施工企业整理工程质量控制资料是否及时、真实、完整。新规范对资料方面的要求又增加了安全与功能检测资料。对混凝土增加了同条件养护试块的测试和钢筋保护层厚度的检测。对这些新增检测要求和内容，就目前工程上能执行好的是不多。但是，既然建设部和规范中有明确规定，我们就要督促检查施工企业认真实行。

5. 检查施工企业在施工中是否按施工图和设计文件施工。按图施工是施工企业保证工程质量的最基本要求。工程设计图纸和设计文件是设计单位按照建设单位要求，依据国家有关工程设计标准和规范设计的，体现了工程项目的质量和水平。因此，施工企业在施工中应当按照工程承包合同的要求，按设计文件要求组织施工，才能保证工程达到设计功能。施工企业无权自行变更设计。在施工现场遇到无法施工的情况需要变更设计时，应有原设计单位出具变更，手续齐全后方可按变更的设计施工。

6. 检查施工企业在施工中是否遵循施工技术规范，严格执行强制性标准。强制性标准包括：有关安全、卫生、环境、基本功能要求的标准；必须在全国统一的规范、公差计算单位、符号、术语等基础标准；与评价质量有关的通用试验方法和检测方法标准；对国民经济有重要影响的工程和产品标准等。对于技术标准规范，尤其是强制性标准施工现场必须具备随时可以查阅的条件。

7. 检查施工企业是否建立健全质量保证体系，建立并落实质量责任制，加强施工现场的质量管理，抓好职工培训，广泛采用新技术和适用技术，以利保证工程质量。质量体系的运行和责任制的落实情况，职工培训的情况是否有记录可查，尤其是质量管理记录是否能清晰反映质量控制的面貌。对新技术的应用是否具有鉴定记录可查。

8. 交付竣工验收的工程，必须符合规定的工程质量标准。检查是否有完整的工程技术经济资料和工程保修书。按规定,施工企业在主要分项、分部工程,关键分部工程完成后,经监理、建设单位等验收合格后填写分项、分部工程质量验收证明书,其中一份交质监站备案。单位工程完成后经自检合格填写竣工报告送建设单位,整理完成工程质量控制资料送质监站核查。

我们在漕泾的某项工程,由集团公司的某建设公司总承包,土建由本市的某建筑公司分包。按上述内容对施工企业进行了质量行为检查。项目经理按投标书安排选派,项目管理人员由公司任命发文确认,质保体系名单和质量责任制上墙张榜。有审批手续齐全的施工组织设计和各专业施工技术方案。工序施工前进行了技术交底,交底有记录,交底和被交底有签字和确认。各分项工程施工中的自检、互检、交接检、隐蔽验收等手续从资料检查中反映也较完整。材料、设备进场有检验并有记录,按不同种类规格合理堆放。现场有工程适用的施工验收规范和质量标准。检查中也发现了质保体系上墙人员名单与施工组织设计和公司发文中的人员有不同的。原因是由于公司人员调动未及时更改。施工使用的检测工具档案目录与检定证书不一致,即目录上有该仪器,而无检定证书。经整改复查为因未使用该仪器,被撤回,但档案中未更改。问题指出后均作了整改。由该公司施工的某单元工程申报了市优质结构安全工程。经优质结构安装工程评审组专家的现场检查,认为该工程在工业建设中施工规范,统一、整齐。已基本同意评为市优质结构安装工程。

我们在其他工程中对施工企业的质量行为检查中发现的主要问题有:(1)项目经理未能到位,由副经理代理。(2)质保体系名单上有名但无上岗证。(3)有的现场焊工不能出示焊工上岗证。(4)应使用的规范标准,现场缺的较多。(5)总包单位对分包单位的管理不力。(6)有些部位在施工前未办妥设计变更手续就施工。(7)工程资料的收集和整理同步性不够,滞后的较多。(8)对实行新的施工质量验收规范还不够熟悉等。均要求施工企业进行了整改。

加强对施工企业质量行为的监督,市总站为我们创造了很好的条件,即对项目经理质量不良行为记分管理办法的出台和执行。我们要以此为抓手,规范施工企业质量行为就有了方向和手段。加上建设部《建设工程责任主体和有关机构不良行为记分管理办法》等文件的指导,只要每个质量监督工程师认真履行国家赋于的监督权力,遵循质量监督基本原则的要求,有重点地把实现工程质量关键对象的施工企业的质量行为检查好,监督好,使之规范化。也相信组织健全,管理完善的施工企业是能够配合监督部门的监督检查,不断规范自己的质量行为,建设出更多符合质量、安全、环保的优质工程,为国为民造福千秋。

# 22. 论地铁信号工程质量监督必要性与作用

铁道部上海铁路局建设工程质量监督站　严必庆

铁道部工程质量监督总站上海监督站承担上海市地铁信号工程质量监督工作已有十年之久，从铁路（也称国铁）转向地铁信号工程的质量监督工作中，虽然摸索出一些经验，但也走了不少弯路。下面简要叙述地铁信号工程质量监督工作的一些体会。

**一、加强对施工、验收规范和技术标准编制工作的督促和检查**

由于国铁和地铁在信号设备、运行方式、列车速度、运输目的等方面不尽相同，因此国铁和地铁的信号工程存在许多不同之处，各有各的特点。单单套用国铁各种规范、验标、技术规程等标准进行地铁的质量监督工作是远远不够的，必须采取新的对策。

地铁信号工程包括正线信号和停车场（或车辆段）信号工程，其中停车场（或车辆段）的信号工程和国铁车站信号工程相似，按国铁的设计、施工规范和验收标准来进行质量监督和检查是可以的，但正线信号工程和国铁信号工程的区别比较大，而且正线信号在地铁信号工程中所占投资或实物工作量的比例大大高于停车场工程。现用表 2-2 具体描述它们之间的区别。

表 2-2

| 序号 | 方面 | 国铁信号工程的特点 | 地铁正线信号工程的特点 |
|---|---|---|---|
| 一 | 区间和车载设备 | 车站之间距离（区间）长，目前调度集中（CTC）、超速防护等先进技术尚未全面应用，复线区段应用得最广泛的是移频自动闭塞；机车上除机车信号外，无其他车载设备，车载设备和区间设备相对简单 | 车站之间距离（区间）短，ATC（列车自动控制）作为地铁信号主要的设备全面使用，它包含 ATS（自动列车监督）、ATP（自动列车防护）、ATO（自动列车驾驶）三个子系统，车载和轨旁设备相对复杂 |
| 二 | 车站设备 | 车站股道多，道岔相应多，车站的联锁关系复杂，联锁试验作为监督检查的一个重要方面 | 车站股道少，道岔相应少，车站信号的联锁关系相对简单得多 |
| 三 | 列车运行方式 | 客、货运混跑，列车速度不一，客车的最高时速可达 160 公里/小时，而货车的速度较低，存在列车交会、待避等作业，运行图排列复杂<br>实行左侧行车制 | 只运行客车，列车速度单一，基本没有列车交会、待避等作业，运行图排列简单<br>实行右侧行车制 |
| 四 | 机车牵引 | 既有内燃（非电力）牵引，也有电力牵引，而上海局范围内以内燃牵引居多 | 全线均为电力牵引 |
| 五 | 施工要点 | 既有新建工程，也有在营业线上进行设备改造的工程，后者在数量上还占据多数，由于 24 小时运营，在营业线上施工要点困难 | 一般为新建工程<br>在运营线路上采取白天运营、晚上仃运的运行方式，设备的检修、调试等作业可在晚上要点进行 |

1993年进行地铁信号工程质量监督时，还没有一本相关的施工标准或规范，直到1999年，由国家质量技术监督局和建设部联合发布了《地下铁道设计规范》(GB 50157—92，1999年由中国计划出版社首次印刷)、“地下铁道工程施工及验收规范”(GB 50299—1999，关于信号的内容仅12页)，上海市地铁信号工程才有了第一本施工、验收的国家标准。有了国家标准，还应制定相应企业标准，将国标内容更加细化，便于工程质量检查和监督时的具体操作。地铁信号工程室外设备的安装可分为隧道内、地面、高架三种情况。而指挥行车用的ATC设备，目前在上海地铁工程中，采用多种国外进口的产品(一号线为美国GRS、二号线为美国USS、三号、四号线为法国ALSTOM、五号线为德国SEIMENS公司)，为企业标准的制定带来不便，但如果没有具体化的施工、验收标准，将不利工程质量的控制。本质监站一介入工程后，便要求建设单位及时组织参建各方，根据本工程具体情况，由施工单位起草，编制施工技术或验收标准初稿，然后由建设单位组织施工、监理、设备接管等单位讨论、审查后，由建设单位的主管单位发文批复后执行。一号线工程的“地铁机电设备安装标准”于1994年在上海市建设委员会科学委员会的主持下审查通过的；二号线信号工程的施工技术标准是由上海地铁总公司机电项目部、信号承包商及信号监理共同讨论并确定的。以后的三、四、五号线信号工程均按此办法实施。在编制和审查标准的工作中，有以下几点体会：

1. 参与编制标准初稿的施工单位，应在本单位广泛征求意见(不应为一个人的工作)，由单位(非项目经理部)预审批准后报送建设单位，建设单位必须组织施工、设计、监理、设备接管等单位，必要时可邀请其他专家对其进行审查，审查通过后由其主管部门发文执行。此工作应在工程开工前或工程初期完成。

2. 编制施工标准的目的是为了施工人员、质量检查人员进行施工、检查时有据可依，因而，可操作性应强，应订出具体执行的标准，对检查或检验项目应有量化标准，例如对某种设备的安装应“符合建筑限界规定”的要求，应按隧道、地面、高架三个方面，描绘出它们的建筑限界具体尺寸。国铁对超限检查的标准规定得比较仔细，如高柱和矮型信号机的接近建筑限界就是根据“铁路技术管理规程”的“铁路建筑接近限界”细化而成的，地铁亦应同样细化。

3. 工程结束后，进行工程总结时，应对开工初期编制的施工标准执行的情况作一系统小结，进一步加以完善。

4. 目前，上海地铁一、二、五号线信号工程已完成并已正式投入运行，在工程管理方面也积累了一定的经验，现在可以考虑编制一本相对较完整、并对以后信号工程进行指导、检查的强制性标准，以规范上海地铁信号工程的管理。

**二、检查内业资料讲究实效**

工程内业资料中的“分项、分部、单位工程质量检验评定表”是为了控制和确保工程质量而编制的内容，应反映工程质量的真实面貌、设备特性测试的具体数字。在检查资料过程中，发现有的表格填写不够规范、不及时、检查人和填写人不一致、甚至出现检查人和填写人各归各的现象，失去了表格的真实性。对此我们对相应的内业资料进行了逐项分析，指出了每项内容的正确填法，例如：要求测试的项目必须填写测试时的实际数字，不可以填写大于多少或少于多少；三月份检查的项目不允许拖到七月份来填写；张三、李四进行检查的项目，不能由王五一个人包办填写等等。我们注重的是表格的真实性，表格内容必须完全、正确反映施工质量状况，不应将施工检查和填写表格脱离为二件事，更不允许在工程验收前夕或内业资料归档时临时补填。

对于信号机、道岔安装装置及电动转辙机等信号设备的质量检验，其“基本项目”和“允许偏差项目”在国铁验标中规定为部分抽查，而我们在地铁信号工程的质量检验中，提出了进行全验的更高要求，希望能纳入地铁信号工程质量检验的相关规定。

对于国外设备的电气特性测试，外商是比较认真的，工作也做得很仔细，但他们制定的测试表格可以简化，有的表格在一大张纸上只填写一个具体的数字，我们认为在不减少测试项目、不降低测试标准的前提下，可以根据我们的国情简化表格，按照国铁信号工程中常用的联锁试验表格的式样，予以改进。三号线停车场信号工程在绘制电缆测试表格时，施工单位曾想以一张纸填写一根电缆的检查和测试内容，我认为大可不必，以二十或三十根电缆集中在一张纸上完全可以满足电缆埋深检查、特性测试等各种内容要求。在设备厂验的过程中，也按照这个思路去要求，简化表格的填写。

## 三、严格施工、监理单位的资质审查

和其他专业一样，开工前应检查施工、监理单位及其个人的资质。地铁信号工程的施工队伍目前均由中国铁路通信信号集团公司下属上海、济南工程公司等专业队伍承担，其项目经理、技术负责人、质量及安全检查员均符合相应资质要求，然而监理单位的总监理工程师、监理工程师的资质稍许低了些：有些监理单位的总监仅取得铁道部而无建设部的监理工程师资质；部分监理工程师连铁道部监理工程师的资质都没有，在经过上海市设备监理部门培训后匆忙上岗，更有些通信、电力专业工程师兼任信号监理工程师。我们认为：总监应取得建设部监理工程师资质，同时担任过三个项目的监理工程师；监理工程师应取得建设部（或铁道部）监理工程师同时具备信号工程师技术职称的资质，其他省、市培训班结业证书都不代表取得合法监理工程师资质。

我们除要求监理人员对关键工序必须认真进行旁站监理外，还要求不断提高自身的专业业务水平，提高发现施工问题的能力，对于监理人员来说，地铁正线信号工程也是一门新技术，单凭国铁监理经验是远远不够的，只有和施工单位人员一起学习、摸索，通过实践掌握质量检验的方法，判定质量的优、劣，才能真正做好监理旁站工作。当然，我们不要求、也不允许监理单位替代或组织施工单位，进行设备测试、记录等工作，那只会减少旁站监理的效果。

## 四、切实抓好设备的静态和动态调试工作

上海市几条线采用美、德、法国的 ATC 设备，他们对设备的测试、静态及动态调试都有自己一套方法和程序，根据他们提供的方法、表格、测试仪器，由施工和外商共同进行，并将现场测试的数字和情况传回到本国，由本国相应部门确定是否符合要求。我们的施工、监理单位要做的工作就是(1)要确保测试的数字符合实际和外商提出的技术标准，这就要求施工、监理、建设、设备接管等单位和外商共同把好测试数据关，测试完后均应确认、签字；(2)检查测试的内容、系统功能等是否符合与外商签订合同中的技术规格书要求，对于外商设备，将合同及技术规格书作为检查的依据；(3)在试验中，按我国实际，认为有疑问时还必须向外商提出，请外商解释或按我们的想法予以改进。

## 五、其他几个想说明的问题

1. 监理费用

地铁信号工程的施工、监理队伍通过招、投标方式选定，各监理单位为了抢占市场，不惜压低报价，出资单位也希望价格便宜的监理单位中标，但过低的报价造成监理单位入不敷

出，使其采取相应低劣措施，出现了下述情况：委派监理人员少了，显得忙不过来；聘用无资格证书的退休专业工程师或维修单位人员，而正式监理单位的成员仅为总监理工程师；一人兼多专业的工程监理，造成专业业务不熟悉等。这些情况无疑降低了工程监理的质量。

国外设备、器材比国内设备、器材费用大得多，其监理工作量也大得多，而监理费用的计取曾按国内设备、器材费用作为基数的，信号工程监理费自然普遍较低。建议相关单位按规定费用用于监理工作，加强监理的力量，确保工程质量。

2. ATC（自动列车控制）设备的选型

目前上海市几条线的 ATC 设备选用美、德、法国等四家公司的产品，公司太多，将产生二方面的问题：

（1）当机车因故需换线使用时，因车载设备和地面发送设备不是一个系统，无法接受相关信息，ATC 设备无法使用；

（2）对于设备接管单位来说，各公司的产品都应有足够的备品，无法统一使用。对于维修人员来说，既增加了培训工作量，又不利于人员的统一调动使用。

因此，根据各公司产品运行多日的基础上，从使用性能、安全运行、方便维护、投资大小等方面综合进行比选。希望在 6、7、8、9 号等线 ATC 设备的选型上，能相对集中，逐步统一上海地铁信号设备的制式。

地铁的 ATC 设备还应考虑国产化的问题，铁道部科学研究院通信信号所和中国铁路通信信号总公司设计院（他们均为铁路信号高端技术的研制单位）等部门已在参与研究，建议能与他们在技术和设备上进行合作，早日实现地铁信号设备国产化。

3. 信号设备开通的时机

地铁一、二、三号线均是先使用临时过渡信号开通运营，再进行正式信号设备的安装和调试。使用临时过渡信号虽然可以解决燃眉之急，开行部分车列，但也存在如下不足：

（1）效率低，当客流逐步增大时，无法加车或缩短列车间隔时间，以满足运营需要；

（2）运营安全系数相比正式信号低得多；

（3）临时运营开始，正式信号调试困难：白天无法进行，晚上在最后一班列车开走、最早一班列车来到之前的时间里进行调试，除去办理相关手续、临时和正式信号倒接两次后，所剩用来进行调试时间很少，因此设备调试的周期拖得特别长，以三号线为例，开通日期为 2000 年底，但正式信号的开通计划为 2004 年 6 月，足足三年多，而莘闵线信号设备和线路同步开通，信号的调试只用了一年多。

相比之下，建议采取正式信号和线路同步开通、不使用过渡信号的方案为好。

4. 缩短信号调试周期

从上海几条地铁或轻轨线的建设过程来看，信号设备调试往往是正式开通运营的最后一步，信号调试也就成了地铁工程的控制工程，因此必须想方设法缩短 ATC 调试时间。根据前几条线的调试情况来看，缩短调试时间是完全有可能的：

首先，ATC 设备的调试既是控制工程，不应按部就班作业，应作为一个特殊战役来打。根据外商的技术要求、调试总时间和上海市领导对本条线完工的时间要求，由建设单位组织参建各方，制定相应方案和网络计划（现在的调试没有编制网络计划，难以控制进度），排定作业时间表，这个时间表应将休息日和法定节假日作为工作日来考虑（其休息或节假日的问题另行处理）；每天直接作业时间应大于 8～9 小时，合理安排好每天上、下班的接送和中午用餐等事项，尽可能减少调试以外的间接时间。

其次，安排动态调试时，还应准备好列车和人员，加强运营部门的配合工作，根据信号调试的具体要求，派出列车，组成运营、机务、信号调试三方协同作战，以满足调试需要。牵涉到外商人员参加的调试，必须事先和外商在签订供货合同时明确。

最后，应确保调试用的列车，由于列车供应不足，开始运营后不但直接影响了运行，也拖延了信号设备的调试。

5. 营业线上无联锁道岔的安全问题

建设一条轻轨线时，往往将与此条线相衔接线的道岔铺设好，以减少以后铺设道岔时的返工和麻烦。该条线开通运营后，已铺设的道岔虽然已被钉闭或用电动转辙机的锁闭杆锁住，但没纳入相应信号的联锁关系，如果由于某种原因（如后续工程动了道岔而没有完全恢复、长期没有维修可能出现尖轨松动或有人破坏，移动了尖轨等），出现道岔不密贴或“四”开时，运输人员并不知道，继续通过该道岔运行，这将是很危险的。国铁对无联锁道岔的管理非常严格。当然地铁和国铁还有较大的区别，但也必须加强对无联锁该道岔的管理、防护、检查，采取有效措施（如暂时不铺设尖轨，以钢轨构通线路；对已铺设的道岔采取每天定时检查等），确保运行安全。

6. 制定营业线施工的安全管理制度

以往几条线的建设均为新线工程，不牵涉到营业线的运行和安全。随着地铁线的增多，改动既有信号设备施工也渐渐多了，如共和新路高架线的工程就要动一号线控制中心和火车站站内的设备、软件；一号线新龙华车站改建为地下站等。这些工程均属在营业线上施工作业，比新建工程更多地应考虑营业线的正常运行和安全。为此，作为地铁的建设部门，应制定相对比较完善、实用、便于操作的“营业线信号施工安全管理办法”，用于指导涉及营业线信号工程的施工，确保正常运营和安全。

# 23. 试论混凝土预制构件质量监督的重点

上海市钢筋混凝土预制构件质量监督分站　朱建华　韩建军　马建高　林贵航

混凝土预制构件自 20 世纪 50 年代起开始在国内建设工程中应用。由于混凝土预制构件真正实现了工业化、标准化生产，而且其具有质量稳定、施工周期短等特点，到了 60～70 年代，混凝土预制构件的开发和应用进入了高潮，工业厂房、公共建筑和民用住宅工程等大量使用预制构件。之后，由于施工技术的提高和预制构件的发展跟不上建设的发展速度，制约了混凝土预制构件的发展。进入新世纪，人们又开始理性地认识预制构件，并且在建设工程中得到广泛的应用，使用量逐年增加。据不完全统计，2003 年，上海全年混凝土用量约 400 万立方米，创历史最高，主要品种有混凝土方桩、PHC 高强混凝土管桩、预应力空心板梁、预应力节段梁、地铁管片、混凝土排水管等，广泛用于工业厂房、公共建筑、民用住宅、市政建设、公路桥梁等。

预制构件是建设工程重要的组成部分，其质量直接影响建设工程的结构安全和使用性能。长期以来，人们高度重视预制构件的质量，并将其纳入建设工程的质量监督范畴。同时，由于预制构件通常是工业化、标准化生产、流动性大，因此，在质量监督的方法上又有别于工程的质量监督。10 多年的监督管理实践表明，提高预制构件生产企业的质量保证能力是确保预制构件质量的关键所在，也是预制构件质量监督的重点。

所谓质量保证能力是指企业持续生产和供应合格产品的能力，要求企业不仅能生产和供应合格产品，而且更重要的是要求企业能持续地、连续不断地、稳定地生产和供应合格产品。质量保证能力是企业持续稳定提供合格产品的综合能力的集中表现，其基本要素是人机料环法，即人员、机器设备、原材料、生产环境和生产方法等。对于构成预制构件生产企业的质量保证能力主要有人员、设备、管理、技术、生产过程控制和出厂检验等几项。

**一、人员**

人员是企业基本条件中最活跃，也是最重要的要素。人员包括企业负责人以及各岗位的管理人员和生产操作人员。企业负责人应有足够的管理能力，能够驾驭全局。企业负责人应有高度的使命感、责任意识和法律意识，同时应有高度的质量意识，能够正确处理好质量与效益的关系，能够提供适宜的资源确保企业的质量保证能力。企业各岗位的管理人员和生产操作人员应有相应的教育培训背景，应掌握与其岗位相关的技术、管理和生产操作技能。企业各类人员的素质和数量应能满足生产、经营和管理的要求。

**二、工艺设备**

在预制构件生产过程中，一些重要的生产活动和生产过程是由生产设备和设施完成的，企业生产能力和预制构件质量很大程度上取决于生产设备和设施。企业的生产设备和设施应符合企业的生产规模和预制构件质量的要求，生产设备和设施应运行可靠，同时要符合环境保护的要求。

### 三、质量管理

按照管理学的描述，管理是指在一定条件下，对组织所拥有的资源进行有效的计划、组织、领导和控制，以实现组织目标的过程。管理是保证作业活动实现组织目标的手段。显然，企业质量管理是企业为实现质量目标而进行的计划、组织、领导和控制等一系列活动。

计划是按照企业质量目标，在预见未来的基础上对企业活动进行筹划和安排，以保证企业活动的正常进行。预制构件生产企业应该按照企业的质量目标，将生产、经营全过程划分成若干个分项，并且针对各个分项制定相应的质量目标、控制方法、纠偏措施，同时要为实现这些目标给予资源的保证。

组织是指为了实现企业的目标而有效地将各项活动分配给各部门、各人员去承担，建立并保持部门之间、人员之间相互分工而又合作的关系。预制构件生产企业应有适宜的、能够满足正常生产要求和有效开展质量管理活动的组织结构，明确各部门、各人员的目标任务、职责、权限和相互之间的关系。

领导是指引导和动员一个群体去实现企业的目标的过程。从广义上讲，所有的管理者都应该是领导者，都应成为拥有管理权限并能引导和动员部门人员实现目标的人。预制构件生产企业的各级、各部门负责人和管理人员应该按照企业的组织结构以及目标任务、职责、权限和相互之间的关系，引导、动员和参与相关的活动，实现企业的质量目标。

控制是按照企业目标，对活动以及活动结果进行衡量、纠偏和预防的过程。在预制构件生产企业，质量控制是按照企业的质量目标以及有关标准、规范、规程和规定，根据生产实际和控制能力，确定生产过程中的质量控制点和控制目标，借助于试验检测等手段，去衡量实际结果，并且对出现的偏差进行纠正。质量控制应该同质量计划结合起来，质量计划是质量控制的目标，而质量控制又往往会影响质量计划。

### 四、生产技术

技术是根据自然科学原理和生产实践而形成的工艺操作方法和技能。生产技术是人员、知识和经验的结合，是指导生产的重要依据，预制构件生产企业应有足够的技术能力保证企业的生产和质量活动。

### 五、试验检测能力

试验检测是企业开展质量活动的重要手段。原材料的检验、生产过程的质量控制和产品质量检测等都依赖于试验检测。预制构件生产企业应有与其生产规模和产品要求相适应的试验检测能力。试验检测人员应有相应的教育培训经历，掌握试验检测标准和方法，熟练进行操作，按试验检测标准和方法开展试验检测工作。试验检测仪器设备和试验检测的环境应符合试验检测要求。

### 六、生产过程质量控制

质量控制是按照企业质量目标，对质量活动以及活动结果进行衡量、纠偏和预防的过程。管理理论和管理实践都表明，生产过程质量控制是确保企业持续生产和供应合格产品的重要活动。生产过程质量控制的目标是按标准规定和设计文件以及合同要求向客户提供合格的，符合客户要求的产品。按照预制构件生产的实际情况，可将生产过程质量控制分为原材料质量控制、钢筋制作质量控制、混凝土质量控制、预应力质量控制、成型和养护质量控制等质量控制点，并且制定相应的质量控制标准和控制方法。

1. 原材料质量控制

原材料质量控制的重点在于一是做好各种原材料的进货验收工作。二是做好原材料质量试验检测，应按有关标准的规定取样和试验，经试验检测合格的原材料方可使用。三是做好原材料的储存和保护，原材料必须按品种、规格分别存放，有醒目的标识标明原材料品种、规格产地和检验状态及其试验检测结果，并有防止变质或混料的措施。

2．钢筋制作质量控制

钢筋制作质量控制的重点在于一是钢筋的品种、规格必须符合标准规定和设计文件以及合同要求，并且经试验检测合格的钢筋方可使用。二是钢筋调直、冷拔、冷拉、焊接、镦头等钢筋制作工艺应符合有关标准的规定，钢筋制作前、钢筋制作过程中、钢筋制作后应按标准规定和设计文件以及合同要求取样试验检测，经试验检测合格后方可使用。三是钢筋成品（骨架）中钢筋的品种、规格、数量和位置应符合标准规定和设计文件的要求。

3．混凝土质量控制

混凝土质量控制的重点在于一是混凝土配合比必须根据标准规定和设计文件以及合同要求进行设计。二是混凝土生产（混凝土拌制）用原材料的品种、规格必须符合标准规定和设计文件的要求，符合混凝土配合比设计的要求。三是混凝土生产用的计量仪器设备，必须按规定进行计量检定或校准，生产前应对混凝土生产设备进行必要的检查。四是应检查和控制原材料的计量误差，保证计量误差在标准规定的误差范围内。五是应对混凝土的质量进行检测，检测的项目、取样的方法和试验检测结果应符合有关标准规定和设计文件以及合同要求进行。

4．预应力质量控制

预应力质量控制的重点在于一是预应力钢筋的品种、规格、数量和位置应符合标准规定和设计文件的要求，并经检验合格后方可使用。二是预应力张拉和放张的工艺、方法和技术参数应符合标准规定和设计文件的要求。三是预应力张拉和放张设备技术参数应符合标准规定和设计文件的要求，预应力张拉和放张设备应完好，并应按规定进行计量检定或校准。四是预应力张拉或放张前应试验检测混凝土的强度，符合要求后方可进行预应力张拉或放张。五是预应力张拉时应检测张拉力和伸长值等重要技术参数。

5．成型和养护质量控制

预制构件成型和养护质量控制的重点在于一是成型和养护设备或设施的工艺及技术参数，以及成型和养护的工艺制度应符合标准规定和设计文件的要求，并与生产的产品相适应。二是混凝土应符合标准规定和设计文件以及合同要求。混凝土的运送和浇捣应符合标准的规定，并与生产的产品相适应。三是混凝土浇捣前应检查模具、隔离剂及隔离剂涂刷、钢筋的品种、规格、数量、钢筋的位置、保护层控制措施、预留孔道、预埋件等隐蔽项目，符合标准规定和设计文件要求后方可浇捣混凝土。四是成型时应按标准规定留置足够数量的混凝土试件，用于试验检测混凝土质量和工艺控制。五是预制构件起吊和运送前应试验检测混凝土的强度，符合标准规定和设计文件要求后方可起吊和运送。

**七、产品质量检测**

产品质量是质量管理的总目标，也是企业质量保证能力的综合反映．企业的基本条件、质量管理以及生产过程质量控制最终都在产品质量上反映出来。因此做好产品质量检测不仅是评价产品的质量，也是对企业质量管理活动的检验。

1．产品质量检测

由于产品质量检测通常是一种抽样检测活动，对检测结果的判定带有一定的风险。为了减小这种风险，全面、公正、科学的判定产品质量，产品质量试验检测应在生产过程正常，生产过程中各项质量控制活动有效，且生产过程质量控制的结果符合相应的要求等前提下进行。产品质量试验检测应按标准规定和设计文件以及合同要求制订产品质量检测的程序，检测的项目、取样和试验的方法。试验检测的结果应符合标准规定和设计文件以及合同要求。

2. 产品质量判定

产品质量的合格判定应符合下列要求。一是原材料按规定进行进货验收，质量证明书及其他有关材料齐全有效，按标准规定进行试验检测。试验检测结果符合有关标准的规定，且符合产品及生产的要求。二是生产过程得到有效质量控制、重要技术参数齐全，按标准规定进行各项试验检测。技术参数和试验检测结果符合有关标准的规定和生产技术规程的要求，技术参数和试验检测相对稳定，无明显的离散现象。三是产品按标准规定进行质量试验检测，试验检测结果符合有关标准规定和设计文件以及合同要求。产品质量稳定。

十多年来，上海预制构件生产企业和质量监督站共同致力于提高预制构件生产企业的质量保证能力，取得了明显的效果。质量监督部门先后颁发了一系列管理文件，制订了预制构件生产企业质量保证能力通用要求，企业建立了一套比较完整且比较适宜预制构件生产的质量管理体系，在质量监督中注重企业质量保证能力的监督，为确保预制构件质量发挥了积极的作用。

# 第三章　工程设计与施工技术

# 1. 上海多层老住宅加装电梯的可行性研究

上海市建设工程安全质量监督总站　支锡凤

**摘要：**多层住宅加装电梯是电梯行业的关注热点，本文对多层住宅加装电梯的需求作了分析，介绍了国外加装电梯概况，提出了加装电梯的注意点，对于加装电梯的投资及管理问题也做了探讨。

**关键词：**多层住宅，加装电梯，老龄化，井道，基础设计，付费电梯

**1. 多层住宅加装电梯的需求性分析**

(1) 城市人口老龄化的需要

多层住宅是上海市居民的主体住房，由于过去在技术和经济上的原因，已建的多层住宅中尚有较多的遗留问题、前几年市政府出台的“平改坡”工程解决了屋顶渗漏和隔热问题；深得民心。随着城市老龄人口的增长以及人们生活质量的提高，居民出行在得到良好的陆地公共交通设施服务的同时，也渴望得到便捷的垂直交通工具。

上海市早在 1979 年就已经进入老龄化社会。据 2002 年上海市老年人口信息发布会公布的数字；截至 2001 年末，全市户籍人口 1327.14 万，其中 60 岁及以上老年人 246.61 万，占总人口的 18.58%，其中 65 岁及以上老年人口 192.52 万，占总人口的 14.51%；我市老龄人口比例已接近欧洲国家的水平(约 20%)。今后几年，超过 60 岁的老年人口比例仍呈绝对增长趋势。

在国外，尤其是欧洲国家，人口老龄化的问题出现的较早；已有统计数据表明，欧洲超过 60 岁的老年人口比例呈绝对增长趋势。这些国家很早就注意到了人口老龄化的问题；为了给老年人提供更为舒适的居住环境，其措施之一就是对于已有的住宅进行改造。在瑞典，如果中年以上的人和老年人仍居住于原有住宅的话，他们认为在三至四层多层住宅楼中加装电梯是一个既合算又合理的举措。

来自上海市房产经济学会老年用房专业委员会的调查数据表明，对于养老住宅需求也有增长的趋势，老年人选择居家养老的占 95.8%，选择养老公寓和其他养老机构的仅占 4.2%。因此利用现有的条件来改善老年人的生活空间是很有意义的事。在已有多层住宅加装电梯，可以明显改善老年人的出行问题，这也是保障老年人生活权利的一种具体措施。

(2) 提高人们生活质量的需要

随着经济的发展，人们的工作节奏在加快，同时对生活质量提出了更高的要求。住宅的功能模式发生了很大的变化。人们开始追求一种完善的功能性住宅，如出入住宅依赖电梯的欲望越来越高。电梯作为一种垂直交通工具，可便捷地解决日常的出行问题，已有住宅加装电梯的发展空间还是很大的。目前上海房地产业中，装有电梯的多层住宅销售势头上涨，

成为热销房源之一，别墅中也装电梯，这也正体现了各阶层对有电梯住宅的青睐。对于一般的民用住宅的物质老化期为50～80年，功能老化期为20～25年。加装电梯也是缩短二者老化期的重要措施。

在上海市住宅发展局的“平改坡”综合试点小区中，对加装电梯进行了初步的尝试，据居民反映，使用效果良好。目前加装电梯的试点工作正在进一步的扩大。

**2. 国外加装电梯的概况**

在欧洲一些国家很早就注意到了人口老龄化的问题。以瑞典为例，在1983年就开始了一个十年政府规划；对约三十万幢公寓进行修理、改造和更新。瑞典大约有三十五万幢住宅，居住着800多万人口。自从1977年后，瑞典制定了大楼的设计与改造规范，要求所有多层住宅楼都要进行改造。如果楼层高于二层，都应提供电梯。瑞典政府和国会给电梯的改造研究拨了特别基金款，成立改造电梯工作组，开始研究和实践工作，目标是推出既可靠又便宜的且适用于多层住宅加装的电梯。电梯工作组与居民代表，残疾人，不同的权力机关，电梯制造商，大楼建筑师，住宅管理部门和研究人员共同讨论研究，并通过多个前期工程的实践，提出了下列富有建设性的意见：

(1) 所采用的电梯技术和实际加装方法，应能使居民不为安装电梯而必须搬迁居室或安装电梯后居民不会面对增长得非常高的房租。

(2) 所用的电梯不仅是安全的，而且在制造、安装、维修和保养方面也是便宜的。所以，在瑞典为了使电梯能适用于现有多层住宅，它必须是：廉价的；功能全；尽可能占用小的空间；安全性好；能快速安装。

这些研究结果适应了瑞典已有多层住宅楼中乘客电梯市场的要求，他们的经验也是值得可借鉴的。

目前众多国际知名的电梯公司已纷纷加入了已有住宅加装电梯的项目中，据迅达电梯有限公司介绍，该公司在欧洲销售的用于已有住宅加装的电梯的数量超过3万台；现在有增加趋势；奥的斯电梯有限公司用于加装的电梯在西班牙、意大利、日本都有较大的批量；通力电梯有限公司的无机房电梯已成为欧洲加装电梯的首选产品。

1999年日本的住宅企业联系协会成立了“单元型公共住宅电梯开发调查委员会”，征集加装电梯方案并于2000年制定了《单元型公共住宅电梯的认定规范》。并提出电梯井道和电梯设备整体开发的设想；把井道部分作为与电梯一体化的设备在工厂中统一考虑。

**3. 上海市多层住宅加装电梯的需求量估计**

截至2001年底，在上海38324万平方米的建筑面积中，其中居住房屋的面积达到23475万平方米，占总建筑面积的61.25%。超过八层以上的建筑面积为7410万平方米，占总建筑面积的19.33%。以此百分比为依据，类推七层以下(含七层)居住房屋在总居住房屋的总面积为18937万平方米。另据市房地局测算，尚有一些住房布局不合理，房屋建筑及设备老化，使用功能简陋，需拆除改造的住房面积4000万平方米，没有电梯的多层住宅面积约15000万平方米。截至2001年底，上海市区人均居住面积达到了12.5平方米，平均每户人口2.8人，若以七层以下多层住宅面积推算，一梯三户，全部加装的话，则大约需加装20万台电梯。其市场的潜力是很大的。

**4. 加装电梯时应注意的问题**

(1) 安全性问题

对加装的电梯，必须注意一个安全性问题。由于目前我国没有专门的用于加装住宅梯的制造、安装和验收标准。所以，加装的住宅梯的一个最基本的先决条件是，其安全要求不能降低。如为了充分利用建筑空间，采用浅底坑和井道顶部低空间等问题必须认真地作出风险评估。

(2) 电梯的主要参数

对于不同的楼型及每个门洞中不同数量的住户，可选用不同的电梯参数。电梯的技术参数建议为：额定载重量 400～800kg；额定速度为 0.4～0.63m/s，对于一梯两户或层高较低的住宅，参数以取下限为宜。

对于有轮椅需求的电梯来说，额定载荷不应小于 200kg，轿厢面积至少 1 平方米。

(3) 驱动系统

与通常的驱动系统不同的是，要进一步开发成本低、占用空间少和低速使用的驱动系统。这些系统可以是有齿轮的，如螺旋驱动，齿轮和齿条驱动，蜗轮蜗杆驱动；各种新型传动及强制驱动等。有条件也可采用无齿曳引驱动系统的方式。根据国外经验及已有住宅的结构，优先推荐采用无机房电梯。为了减少电梯起、制动对居民电网的冲击；拖动方式建议采用变频调速。

(4) 电梯的井道设计

外加井道可采用砖混结构、混凝土结构。钢结构等形式。这些形式中，砖混结构和混凝土结构井道的施工周期长；环境卫生差，对居民的干扰大，一般不宜采用。国外大多采用钢结构方安，轻质钢板围封，分段在工厂预制，现场进行拼装。这样施工周期短，井道结构重量轻；有利于改善地基承载。

由于多层住宅的周边大多已有管道埋设，为了不改变已有管道的铺设位置，建议采用浅底坑或无底坑形式的电梯。这种类型的电梯需要采取一些特殊的安全保护措施。

为尽可能降低电梯运行、开关门噪声对住户的影响，在井道的布置上应尽可能远离卧室、起居室。加建的电梯井道应至少有一侧为透明的或者做加窗处理。井道与厨房、厕所、储藏室、楼道、垃圾井道等相邻的情况。电梯门不宜面向住宅的门窗。

(5) 快速安装

由于是在原有住宅的基础上加装电梯，因此施工时不可避免地要影响到原来的住户。在施工之前，应该尽可能做好前期的准备工作，包括对原有住宅结构和加装电梯方案的仔细研究。而在具体安装施工时，应尽可能的做到快速安装。尽量不搬迁居民，如果需要搬迁，时间也应控制在几天左右。根据瑞典的经验；两周时间应已足够完成一台梯的加装。

(6) 加装电梯井道的基础设计要求

上海位于东海之滨，是典型的软土地，在软土地基上建造房屋，沉降控制是基础设计的主要问题。上海地区采用天然地基的多层住宅一般为 5～6 层(局部 7 层)，基础形式为条基和筏基。过大或不均匀沉降是引起房屋质量问题的重要原因。上海市建设和管理委员会于 1999 年 1 月 18 日发布了“关于提高本市住宅工程质量的若干暂行规定”，明确规定多层住宅的地基设计必须以控制变形值为准，基础最终沉降量应当控制在 15～20cm。我们在已有住宅上加装电梯，沉降问题也是考虑因素之一。为了使土建工程师对井道的基础设计有可靠的依据，电梯制造商应准确地提供负载；如井道本身结构的自重(如电梯商承包井道的)，轿厢或对重冲击缓冲器的力，安全钳动作时通过导轨作用于底坑的力等。

在实施加装电梯工程之前，建议要针对电梯加装地的地基土质类型分别给出限定性条件，如对于有底坑需求的情况，底坑的基础设计条件的负载限定；对于液压电梯，建立液压缸支撑地的负载限定等等，以满足沉降变形的要求。

（7）电梯井道与原有建筑的关系

对于加装电梯的井道，一般全部或者部分与原来的建筑附联。与原有建筑结构附联的方式应根据墙体结构来确定。有的可以利用原有建筑外墙购建井道。原有楼梯的过渡平台延伸为候梯平台，这样不影响住宅功能。当单跑楼梯时，这样的连接可以实现无障碍设计，对于双跑楼梯；井道的出入口沿每层之间的过渡平台延伸，乘客要走半层楼梯至候梯平台，不能实现无障碍设计。有的可将井道设置在楼梯过渡平台的外侧，每站停靠在过渡平台面。若建筑物为六层；则电梯停靠5站。如果基站高出住宅底层，则井道可以建于室外。无须作深开挖，适当加大基础受力面积即可。与原有建筑附联带来的一些附加影响因素，在具体的实施过程中应做认真的研究。对于可能的风载及电梯的偏载对建筑的影响，土建设计师应予以充分地重视。

（8）抗震问题

根据国家标准《建筑抗震鉴定标准》GB 50023—95 和行业标准《建筑抗震加固技术规程》JGJ 116—98，并结合上海的实际情况，上海市建设委员会组织编制的上海市工程建设地方标准《现有建筑抗震鉴定与加固规程》（以下简称《规程》），已于2000年7月1日在上海施行。该规范第二部分“抗震加固”明确指出，对现有建筑进行改建或扩建时，如需变动原有的结构，必须按改建或扩建后的结构状态建立力学计算模型，进行抗震分析和鉴定，并按现行上海市标准《建筑抗震设计规程》的要求进行抗震设计。上海现有的多层住宅结构多为砌体结构或钢筋混凝土结构房屋，在构建井道时必须结合实际的设防烈度采取一定的抗震措施，对建筑体进行加固，以满足《规程》要求。尤其井道搭接于住宅外墙时，应复核电梯偏载运行、安全钳动作及地震时给墙体带来的侧向载荷。

**5. 加装电梯的投资方案**

对于已有住宅加装电梯，无疑将会大大提高人们的生活质量。尤其是解决了老、残人的出行问题。但是，必须考虑的一个问题是在经济上的可行程序。据估算，加装一台电梯的最低成本可以控制在20万元左右（包括设备和外加井道），这样的费用如果由居民承担；这对于现阶段的上海市民来说，在心理上尚不是一个容易接受的价目。

根据我国目前的经济发展情况和上海的综合经济实力，我们认为对于上海地区已有住宅加装电梯的资金来源，提出如下几种模式，供参考：

（1）政府全额投资，为老百姓办实事

希望市政府能有一项政策性投资，就像住宅的“平改坡”工程那样，投资没有收益回报，这种投资方式是为老百姓办实事的一种体现，居民只承担电梯使用过程中的维保费用。

（2）政府和居民共同投资模式

在欧洲，加装电梯的资金来源是多元化的。以芬兰为例，通常由中央财政、地方财政和居民三者承担；加装电梯的设备费用约为 *S* 万欧元/台，中央财政承担40%，地方财政承担15%，其余的45%由加装电梯的住宅居民承担。而瑞典，在实施1983年的十年政府规划时，更是由瑞典政府和国会给加装电梯拨了特别基金款，以政府投资为主。根据我国目前的经济发展情况，对于地方财政而言，出资仍是一项政策性投资。政府是加装电梯投资的主体，费用主要由政府承担，但与上述方案不同的是，居民也应承担小部分费用。关于投资比例的确定，要由政府部门经过宏观和微观的双向考察来确定。

(3) 政府和单位共同投资模式

如果住宅楼原来是单位承建的，且现在的住户仍是同一单位的职工居住，这时可考虑采用政府和单位共同投资模式，作为单位来说。这是一种福利性的投资。这样既不给上海的地方财政带来过大的压力，也不给居民带来经济负担。

(4) 房产开发商投资模式

对于一些地理位置较好，住宅建造年代比较近；尚具有房产投资潜力的住宅，可以通过吸引房地产开发商加盟的方式。对于房地产开发商而言，可以通过对原有住宅加建顶层和跃层或改造底层等措施，使其得到投资回报。加建面积住房的产权可以归房产公司所有。相对于政府和居民共同投资模式而言，这种投资模式也减轻了地方财政和居民的负担。

(5) 电梯厂商投资模式

电梯厂商投资模式的思想主要来自于一种国外最新提出的电梯运作模式——付费电梯。付费电梯这一概念得以提出，主要是由于电梯成本不断下降以及未来消费行为模式的改变。其基本思想是乘客至上，考虑乘客个人对舒适的需求。电梯就像自动售货机一样，只要投币或插卡，电梯就投入服务，并自动计费，该种模式今年在德国已有样机试点。

目前，我国电梯系统的运行与维保费用主要由物业管理来补偿，费用收取的原则是依据住户数量和面积的多少来分摊，而不管住户的人口多少和楼层的高低，因而有明显的不合理之处。付费电梯的基本思想是，对于电梯厂商来说，加装的电梯不是卖出的产品，而是一种设备投资，根据实际的交通运营情况来收取服务费用。这意味着乘客可以采用类似于陆地个人交通卡付费方式，选择个性化服务，乘梯才付出相应的花费，不乘梯不付费，改变了现有电梯的付费按户分摊的模式。按目前的消费理念，这种投资模式的回报周期较长。如果政府对电梯投资商给予一定比例的补偿，作为公益投资，然后设备由电梯投资商运作，这种方案可能也是一种值得探讨的运作模式。

**6. 加装电梯的管理问题**

对于加装的电梯而言，其设备的技术是成熟的，但是，已有住宅加装电梯的工程，涉及到居民利益、市容、景观、环境、土建及房屋结构、电梯及建筑规范等诸多问题，是一个面广、量大的系统工程。因此，对于管理工作者来说，也有很多的新问题。借鉴国外的管理经验，建议由政府的有关部门牵头，成立专门的管理审批机构(可成立市、县两级的职能部门)，负责审定加装电梯的方案，以及专项基金的审批。具体的批报程序建议如下：

(1) 所在住宅的业主委员会提出要求加装电梯的报告，可能的话，报告中应包含居民承担费用的承诺。

(2) 物业管理委员会提供一个对住宅楼环境的影响，电气容量的承受能力等的意见。

由电梯承包商(或井道结构承包商)提供加装电梯的土建图，包括井道结构、底坑的承载及其与房屋结构的联系等要求。

(3) 上述资料齐全后，上报区(县)有关的职能部门审定。该职能部门应委托一个专业部门(如协会、设计院或专家组等)对楼的土建结构作分析，结合电梯制造商(或专业的井道结构承包商)提供的外加井道的结构方案，提出加装电梯的可行性意见。

(4) 有关部门对加装的井道是否影响市容景观的问题做出评估。

经区(县)职能部门的审核同意后,再报市政府的主管职能部门最后审定加装电梯方案及配套资金的落实问题。

**7. 建议修订建筑设计规范,对新建的三层以上住宅应设电梯**

上海最近几年新建住宅面积均超过 2 千万平方米,随着城市建设的长远发展需要,高层住宅受到限制,越来越多的新建住宅为小高层、多层及别墅住宅、GB 50096—1999《住宅设计规范》第 4 条款中,仅规定"七层及以上住宅或住户入口层楼面距室外地面的高度超过 16 米以上的住宅必须设电梯。小于这个条件的可不设,房产商从经济效益考虑;目前新建多层住宅加设电梯的极少。如果市政府考虑为已有多层住宅加装电梯出台政策的话,我们建议,首先要修订建筑设计规范,增加"新建的三层以上住宅应设电梯"的条款。同时有关部门应对新建无电梯多层住宅的审批作出限制,这样真正做到"老账逐步还,新账不再欠",使多层住宅加设电梯的工作和限制新建无电梯多层住宅的工作同步发展,

新旧多层住宅加设电梯,我们认为这是必然的趋势。一方面;普通住宅的"老年化"设计可能是一个发展方向。老年化的住宅设计并不是建设很多的特殊设施,而主要是考虑老年人或老后生活需求设计。电梯对于多层住宅的老残居住者而言是必须的代步工具。另一方面,无论那个年龄的购房人,终究走向老年,在新建的多层住宅中,也应本着"居安思危"的原则,将电梯作为"储备设施"。目前有电梯的多层住宅热销也是一个例证。

如果已有多层住宅需要加装电梯的话,则需要重新设计和建造一个新的电梯井道;要进行电气的改造等,其费用估计是新建楼预装电梯的 1.5～2 倍。所以这种对现有新建未设电梯的多层住宅的限建措施,无论从经济效益和社会效益都是应该与现有楼加装电梯的举措同步实施。

**参考文献**

1. 朱维易. 多层单元式住宅设计与构造. 北京:中国建筑工业出版社

2. 曹善淇主编,建设部标准定额研究所组织编写. 民用建筑设计标准规范实施手册. 北京:中国建筑工业出版社

3. 中国工程常用数据系列手册编写组编. 建筑设计常用手册. 北京:中国建筑工业出版社

4. 上海市统计局编. 上海统计年鉴 2002. 北京:中国统计出版社

5.《上海住宅》编辑部编. 上海住宅(19/19—1990)上海:上海科学普及出版社

6. 陈希哲主编. 土力学地基基础(第三版). 北京:清华大学出版社

7. 胡庆冒主编. 建筑结构抗震设计与研究. 北京:中国建筑工业出版社

8. 朱昌明主编. 电梯与自动扶梯. 上海:上海交通大学出版社

9. ENSI-1 电梯制造与安装安全规范(中译本)上海交通大学

10. 顾国容,陈晖著. 上海地区多层住宅沉降控制研究. 上海建设科技第四期. 2001

# 2. 模板坍塌事故的预防及应急预案的编制

上海市建设工程安全质量监督总站　姚培庆　刘　震　周　军　吴伟秋　陈瑞兴

**概要**：《建设工程安全生产管理条例》已于 2004 年 2 月 1 日开始实施，条例规定（第四十九条）：施工单位应当制定本单位生产安全事故应急救援预案……；本文从一起模板坍塌事故分析入手，阐述了扣件式钢管模板支撑体系坍塌事故发生的原因，以及预防措施，同时对模板坍塌事故应急预案的编制作了简要的分析。

## 第一部分　案例技术分析

模板坍塌事故是建筑施工中极易引发群体伤亡的危险源之一，尤其随着城市现代化的发展，大层高的建筑越来越多，一些高度大于 4.5 米，且采用扣件式钢管模板支撑架的模板工程频频发生了坍塌事故，造成重大的人身伤亡和财产损失。

2000 年某月，上海某正在浇筑混凝土的锅炉房工程屋面平台突然发生坍塌事故，造成 11 人死亡、2 人重伤、1 人轻伤，直接经济损失达 257.5 万元。坍塌部位位于整个锅炉房北侧，平面尺寸约为 18m×34.6m，标高＋20.00m（＋21.00m）。屋面为梁板结构，18m 跨度主梁尺寸为 400mm×1500mm，主要次梁的尺寸为 250mm×900mm，板厚 120mm。框架柱＋16.50～＋20.00m（＋21.00m）范围与梁板一起浇筑。屋面排架支撑采用 $\phi48\times3.5$ 的钢管搭设，传力至＋4.50m 的二层平台。

排架搭设基本以主梁轴线为基准，距梁轴线 0.5m 左右两侧设置两根立杆，其余部分以间距不超过 1.8m 为原则平均分配立杆间距，立杆间距实际最大值为 1.7m 左右，水平杆的竖向间距为 1.8m 左右。立杆上下搭接大部分采用对接扣件，仅在接近屋面板模板部位，为了调整高度而采用两个施转扣件作搭接。据勘查，水平杆在纵横方向每隔一个步距均缺设一根，排架支撑中没有设置连续的竖向和水平剪刀撑。在二层平台中有三个 4.0m×8.6m×1.5m集料坑区域，立杆直接落于坑底。排架搭设没有设计计算文件及指导施工的书面技术文件。施工时，平台东端混凝土采用泵车送达后人工驳运，西端为直接布料。

从标高＋20.00m（＋21.00m）屋面结构平面布置图分析，得出排架支撑最大受载区域大体为 $3.25m^2$（2.5m×1.3m），其下部支撑立杆为 2 根 $\phi48\times3.5$ 的钢管。下面按《建筑施工扣件式钢管脚手架安全技术规范》（JGJ 130—2002）对架体进行力学分析：

（一）荷载分析

1. 结构静荷载

主梁　　$0.4\times1.5\times1.3=0.78m^3$

次梁　　$0.25\times0.9\times2.5=0.563m^3$

楼板　　$[(2.5\times1.3)-(0.4\times1.3)-(2.1\times0.25)]\times0.12=0.27m^3$

$(0.78+0.563+0.27)\times 25000=40325N$

2. 木模板荷载

$$3.25\times 300=975N$$

3. 施工活荷载

$$3.25\times 1000=3250N$$

$$1.2[(1)+(2)]+1.4(3)=54110N$$

传递至单根立杆的荷载为 27055N

（二）稳定分析

用钢管、扣件作排架的支撑设计必须进行详细的受力分析和计算，是施工安全管理中的强制性要求，这对于本案例支撑高度大于 4.5 米的高支撑架尤为重要。而模板支撑的实际搭设处理与理论计算假定是否相近又是极其重要的计算依据。由于采用扣件相互连接，各个节点都存在一系列的可变因素，如偏心、位移、紧固扭矩不足等，这些因素均影响到计算中杆件长细比的确定。长细比的难以确定直接影响杆件的稳定分析。因此，实际工程中的计算模式的假定必须严格按最有利于安全的角度出发。

由于轴心受压杆件的长细比按规范要求应限制在 $\lambda=150$ 之内，也就是当考虑钢管的计算长度 $L_0\leqslant 2370mm$ 时，才能符合规范要求。若要满足此要求，就必须在计算杆件两端形成良好的铰接状态（如安装水平剪刀撑，形成水平刚度较强的状态）。本案例支撑水平杆步距虽要求为 1800mm，但实际水平杆"在纵横方向每隔一个步距均缺设一根"，因此按 2 步高作为"良好的铰接状态"进行验算，则 $\lambda=3600/15.78=228$，此时的 $\phi=0.146$。

稳定验算：$\sigma=N/(\phi\times A)=378.8MPa$

以上分析不难看出事故的技术原因主要是：

(1) 本案例屋面设计标高较大，离地面达 21m，与二层平台（标高 +4.50m）间距达 16.5m。因此，支撑竖向高度较大，采用 $\phi 48\times 3.5$ 钢管作竖向立杆，水平间距 1.0～1.7m 明显过大，水平杆上下间距 1.8m，没有设置连续的竖向和水平剪刀撑，导致支撑系统整体性极差，即没有形成可靠的空间受力结构。

(2) 在未计入施工中泵送混凝土直接对模板支撑的冲击力时，支撑立杆受力已达 27kN 以上。假设钢管立杆的计算长度为 3600mm，则钢管稳定验算中的计算应力已达 378.8MPa，此值已大大超过 Q235 钢的设计强度值 205MPa 和屈服强度值 235MPa。因此支撑立杆已不稳定，发生坍塌事故已是必然。

在我国，扣件式钢管模板支撑架是建筑施工中常用的支模方式，但因为缺少相对应的设计计算专业标准，使现有的设计计算存在着不确定、不安全的因素，尤其是对于支撑高度大于 4.5m 的梁板模板支撑架，更是由于安全技术和事故预案的不完善，导致模板坍塌事故频频发生。加上施工现场缺乏必要的紧急救援系统，无法在坍塌事故发生后及时施救，以至于造成大量的人员伤亡，为预防模板坍塌事故的发生，确保扣件式钢管模板支撑架的使用安全和施工人员安全，有必要对同类事故的预防措施和应急预案进行分析及探讨。

**第二部分　扣件式钢管模板支撑架坍塌事故的预防措施**

（一）保证架体稳定的构造措施

关于扣件式钢管模板支撑架的设计计算，仅在近期颁布实施的《建筑施工扣件式钢管脚手架安全技术规范》（JGJ 130—2002）中 5・6 条作了一些计算规定，但规定是借鉴了国外近似“几何不可变杆系结构”力学模型的计算方法，由于我国现行相关标准对常用的扣件式钢管模板支撑架的构造要求没有国外标准那样严格，加上扣件钢管的安装质量受人为因素的影响较大，使得按传统习惯搭设的扣件式钢管模板支撑架不易达到“几何不可变杆系结构”的力学要求，因此，若按现行规范设计计算支撑架，还必须通过构造手段来提高架体的整体刚度，以保证架体的使用安全。

1. 设置纵横向扫地杆和梁下纵横向水平杆。

因为根据有关试验，如不设置这二项杆件，立杆的极限承载能力将下降11.1%。设置时应注意：纵向扫地杆应采用直角扣件固定在距底座上皮不大于 200mm 处的立杆上。横向扫地杆应采用直角扣件固定在紧靠纵向扫地杆下方的立杆上。

为保证立杆的整体稳定，还必须在安装立杆的同时设置纵、横向水平杆。

2. 支撑架的步距以 0.9～1.5m 为宜，且最大不能超 1.8m。

因为支撑架步距的大小与立杆的极限承载力之间存在近似反比的线性关系，当施工荷载较大时，适当缩小纵横向水平杆的步距，以减小立杆的长细比，则可充分发挥钢管的强度，使其更为经济合理。根据测算，杆件的计算长度增大一倍则其极限承载力将降低50%～70%。

3. 模板支撑架立杆应优先使用对接接长的方式。

立杆接长的方式有对接和搭接两种，根据有关测试，对接的最大承载力是搭接的 3 部多。

值得注意的是当顶部立杆使用搭接接长时，由于模板上的荷载是直接作用在支撑架顶层横杆上，并通过扣件与钢管间的摩擦力将力传到立杆上的，又因为扣件所能传递的力较小，且有一定的偏心，致使支撑架整体受力性能较差。此时搭接接长的构造要求是：扣件间距应大于 800mm，且每根立杆的允许荷载以小于 12kN 为宜。

在搭设支撑架时还应注意，立杆和水平杆的接长位置应做到相邻杆错开，且不在同一步跨内。

4. 立杆的间距不得超过支撑设计规定，且间距的实际取值不应超过 1m。

立杆底部支承结构必须具有支承上层荷载的能力。当用楼板作支承结构时，由于模板支承立杆所承受的施工荷载往往大于楼板的设计荷载，因此要以计算确定保持两层或多层立杆。为合理传递荷载，立杆底部应设置木垫板，并且使上下层立杆处在同一垂直线上。

5. 合理设置剪刀撑。

剪刀撑有利于提高架体的整体稳定，特别是支撑高度大于 4.5m 的支撑架，合理设置剪刀撑能有效防止泵送混凝土对模板支撑的冲击所造成的架体整体失稳，根据相关试验表明，合理设置剪刀撑的支撑体系其极限承载能力可提高 17%，因此，满堂的模板支承架应沿架体四周外立面满设竖向剪刀撑，竖向剪刀撑均由底至顶连续设置。支撑架较高时，或者高宽比≥6 时，为提高架体的整体刚度，在架体顶部、底部设扫地杆处、以及中部每隔 4～6m 处必须设置满堂水平剪刀撑，剪刀撑必须与立杆相连接。

6. 严格控制支撑架的变形，确保架体的稳定性。

除架体承载引起架体变形外，还有地基的不均匀沉降导致立杆受力不均发生局部失稳，模板下部的支撑梁变形过大，也会引起支撑架的变形。

当特殊结构施工或支撑荷载较大时，支撑架要尽可能通过已具备一定强度的相邻构件

(墙、柱等)实施卸载,并尽量与建筑物实现可靠连接。

(二) 保证架体安全的管理措施

1. 模板支撑工程必须做到先设计后施工。设计内容应包括:

(1) 支撑系统强度计算

计算时应考虑1) 模板及支撑重量;

2) 混凝土及钢筋自重;

3) 施工人员和设备荷载;

4) 混凝土倾倒和振捣产生的荷载;

5) 风荷载。

并按荷载的最不利状态和组合计算。

还必须以单扣件抗滑力小于 8.5kN、双扣件抗滑力小于 12kN,对扣件连接点进行验算。

(2) 支承模板支撑系统的楼、地面等的强度计算。

(3) 支撑材料的选用、规格尺寸、接头方法、水平杆步距和剪刀撑设置等构造措施。

(4) 绘制支撑布置图、细部构造大样图。

(5) 混凝土浇筑方法及程序、模板支撑的安装拆除顺序以及其他安全技术措施。

(6) 支撑系统安装验收方法和标准。

2. 将模板支撑工程施工列入危险作业管理范围。在签发"混凝土浇筑令"前,除对模板体系验收外,还必须对支撑体系实施整体验收,且技术设计人员必须参与验收。

3. 精心设计混凝土浇筑方案,确保模板支撑均衡受载,并优先考虑从中部开始向四周扩展的浇筑方法。在混凝土浇筑过程中,应派专业技术人员观测模板、支撑系统的应力、变形情况,发现异常应立即停工排险。

**第三部分　扣件式钢管模板支撑架坍塌事故的应急预案**

1. 扣件式钢管模板支撑架坍塌重点防范部位一般包括:

(1) 支撑高度大于 4.5m 或者高宽比≥6 的支撑架。

(2) 社会影响较大工程。如市区中心、居民密集区、重大公共设施项目等。

(3) 特殊结构工程。如大跨度、大截面框架梁、大截面悬挑梁板、大跨度大面积浇筑的梁板结构等。

(4) 作业环境恶劣、施工人员集中、施救困难的工程。

2. 扣件式钢管模板支撑架坍塌事故预案编制的基本内容和要求

(1) 预案的基本内容:

1) 重点防范部位概况:

*a*. 重点防范部位所处的区域位置、周围环境、施工通道。

*b*. 重点防范部位作业性质、作业人数、使用工具、作业方法等。

2) 重点防范部位施工顺序:

详细列出每项作业操作程序以及所涉及的工种。

3) 重点防范部位施工过程中的隐患:

*a*. 施工过程中每一行为可能造成的不良后果,以及可能引发的事故类型。

*b*. 事故可能波及的范围。

4）控制措施及责任人：

针对隐患进行安全分析，制定出对应的控制措施以确保作业安全。为保证控制措施的落实，还需明确相应的责任人。

5）施救措施：

*a*. 针对不同的施工行为、人员数量和事发类型、部位，制定出相应的施救方法。

*b*. 对事发后可能出现的各种情况制定出预防事态扩大的措施。

*c*. 针对事故发生的不同阶段可能出现的各种情况制定出预防事态恶化的措施。

*d*. 确定施救和疏散人员、物资的办法和路线，以及紧急联络与通讯的方法。

*e*. 施救过程中应注意的事项。

（2）预案的基本要求：

1）要有针对性和实用性。

要针对不同的工程特点、不同的施工方法、不同的施工机具、不同的作业性质和不同的施工环境。预案要贯穿施工全过程，力求细致全面、具体。措施要简单易行，具有较强的操作性和实用性。

2）确定最不利状态，进行科学的计算和分析。

在广泛调研的基础上，确定重点防范部位，以假设的最不利状态对模板支撑架进行强度计算和稳定性分析。并对可能出现的事故危害作出科学的评价，为施救措施的制订提供准确的依据。

3）绘制预案实施网络图。

根据假设的事故情况，确定所采取的预防手段，并以此绘制出预案实施网络图，以便操作和实施。预案制订后要进行审核，合格后才能投入应用。

4）应随施工情况的变化而及时修订。

预案经审定投入应用后若施工情况发生变化，要及时进行修订，以适应新情况下的安全需要。

**第四部分　施工现场应急救援体系的建立**

由于模板支撑架坍塌发生后，施工人员常发生因异物吸入造成呼吸功能衰竭而死亡，本文案例 11 个死亡人员中因异物吸入致死的 8 个，占 73%。从中可知事故发生后不能有效施救是造成惨案的又一原因，因此紧急救援系统的建立是减小伤亡的有效措施。模板支撑架坍塌事故紧急救援系统应包括：

1. 紧急设施

（1）事故报警系统

事故发生时，现场用于救助的报警装置。事故报警系统必须与工地的办公区、值班室、门卫等主要岗位相连。

（2）支撑应力监测及自动预警系统

用于自动监控模板支撑承载后的应力、变形，一旦应力、变形超出警戒值就予报警。

（3）紧急救援工具

主要是用于清除坍塌物的起重和切割机具。如千斤顶、起重葫芦、吊索具和金属切割机等。

（4）应急照明

用于事故现场紧急停电时以及救援时的照明。

(5) 紧急医疗工具

用于紧急医疗救护的基本器材，如急救药箱、担架等。

2. 紧急联络与通讯

发生事故需要外部救援时，除起动工地报警系统外，应拨打 119 报警和医疗救护 120。同时按预案规定的通讯方法向有关部门联络。

3. 紧急撤离方法

一旦事故发生，作业人员应立即停止作业，在采取必要的应急措施后，撤离危险区域。撤离时以人员安全为主，不要急于抢救财物，并针对现场具体情况有序地向安全区域撤离。

4. 紧急工作组

紧急工作组的组成目的是对工地内可能发生的重大险情作出响应。其工作宗旨是减少人员伤亡，并关注财产损失和环境污染。紧急工作组成员必须经过紧急医疗救护和事故预案等紧急救援知识的培训，并能熟练掌握和运用。紧急工作组应经常组织培训和演习。

紧急工作组的组成和职责：

(1) 救援组：主要负责人员和物质的抢救、疏散，排除险情及排除救援障碍。

(2) 事故处理组：按事故预案使用各种安全可靠的手段，迅速控制事故的发展。并针对现场具体情况，向救援组提供相应的救援方法和必要的施救工具及条件。

(3) 联络组：负责事故报警和上报，以及现场救援联络、后勤供应，接应外部专业救援单位施救。指挥、清点、联络各类人员。

(4) 警戒组：主要负责安全警戒任务，维护事故现场秩序，劝退或撤离现场围观人员，禁止外人闯入现场保护区。

5. 紧急救援的一般原则

以确保人员的安全为第一，其次是控制材料的损失。紧急救援最关键是速度，因为大多数坍塌死亡者是窒息死亡，因此，救援时间就是生命。此外要培养施工人员正确的处险意识，凡发现险情要立刻使用事故报警系统进行通报，紧急救援响应者必须是紧急工作组成员，其他人员应该撤离至安全区域，并服从紧急工作组成员的指挥。

6. 急救知识与技术

鉴于模板支撑架坍塌事故所造成的伤害主要是机械性窒息引起呼吸功能衰竭和颅脑损伤所致中枢神经系统功能衰竭，因此紧急工作组成员必须熟练掌握止血包扎、骨折固定、伤员搬运及心肺复苏等急救知识与技术。

坍塌是建筑施工"四大伤害"之一，而模板支撑工程又是坍塌事故多发的主要危险源之一，为此建设部发布了《关于防止建筑施工模板倒塌事故的通知》，并要求作为施工安全专项治理的主要内容。本文针对上海地区模板支撑工程的设计、构造和管理以及事故预案作了一点分析和要求，以求模板支撑工程施工的安全技术更趋完善。

# 3. 建筑结构材料对结构选型的影响及中国高层钢结构的发展展望

上海市建设工程安全质量监督总站　周　磊

## 一、建筑结构材料对结构选型的影响

建筑结构材料是形成结构的物质基础。木结构、砖石结构、钢结构，以及钢筋混凝土结构各因其材料特征不同而具备各自的独特规律。例如砖石结构抗压强度高但抗弯、抗剪、抗拉强度低，而且脆性大，往往无警告阶段即破坏。钢筋混凝土结构有较大的抗弯、抗剪强度，而且延性优于砖石结构，但仍属于脆性材料而且自重大。钢结构抗拉强度高，自重轻，但需特别注意当细长比大时在轴向压力作用下的杆件失稳情况。因此选用材料时应充分利用其长处，避免和克服其短处。例如利用砖石或混凝土建造拱结构，利用高强钢索建造大跨度悬索结构。

随着科学技术的发展，新的结构材料的诞生带来新的结构型式并从而促进建筑型式的巨大变革。19 世纪末期，钢材和钢筋混凝土材料的推广引起了建筑结构革命，出现高层结构及大跨度结构的新结构型式。近年来混凝土向高强方向发展。混凝土强度提高后可减少结构断面尺寸、减轻结构自重，提供较大的使用空间。例如：据俄罗斯资料介绍，用强度为 60MPa 的混凝土代替强度为 30～40MPa 的混凝土，可节约混凝土用量 40%，钢材 39%左右。另有资料介绍：跨度为 18m，承载能力为 8.34kN/$m^2$ 的格构式桁架、如用 35MPa 的混凝土制作需要 3.11$m^2$ 混凝土，而用 60MPa 的混凝土制作，只需 1.8$m^3$，节约 40%。国际预应力混凝土下属委员会也曾指出，如果用强度为 100MPa 的混凝土制成预应力构件，其自重将减轻到相当于钢结构的自重。还有的学者认为如把混凝土强度提高到 120MPa 并结合预应力技术，可使混凝土结构代替大部分钢结构，并使 1kg 混凝土结构达到 1kg 钢结构的承载能力。钢筋混凝土结构的选型问题也必将带来一场变革。但随着混凝土向高强方向发展其脆性大大增加，这是一个亟待进一步解决的问题。

此外轻骨料混凝土在建筑结构中有很好的应用前景。澳大利亚曾应用轻骨料混凝土建造了两幢 50 层的建筑，其中一幢为高 184m、直径 41m 的塔式建筑，其 7 层以上 90%的楼板和柱均用钢筋轻骨料混凝土制作（轻骨料混凝土密度为 1730kg/$m^3$，抗压强度 31.38MPa）使整个建筑物节省 141 万美元。

复合材料是另一个值得重视的发展方向，苏州水泥制品研究院汤关柞进行的试验表明，钢管混凝土具有很大优越性。例如混凝土断面的承载能力为 294.2kN，钢管承载能力为 304.kN，组成钢管混凝土柱以后，由于钢管约束混凝土的横向变形而使承载能力提高到 862.99kN，比两种组成材料的承载能力之和 598.2kN 提高 44%。近十几年来钢管混凝土结构在单层及多层工业厂房中已得到较广泛应用。上述经验表明：承重柱自重可减轻 65%左右，由于柱截面减小而相应增加使用面积、钢材消耗指标与钢筋混凝土结构接近，而工程造价和钢筋混凝土结构相比可降低15%左右，工程施工工期缩短1/2。此外钢管混凝土结构显示出良好的延性和韧性。

钢纤维混凝土是一种有前途的复合材料，钢纤维体积率达1.5%～2%的钢纤维混凝土的抗压强度提高很小，但抗拉、抗弯强度大大提高。此外结构的韧性及抗疲劳性能有大幅度提高。国内利用钢纤维混凝土上述优良性能而建造的大型结构实例之一是南京五台山体育场的主席台。主席台的悬臂挑檐的挑出长度14m，采用薄壁折板结构。为了提高抗裂性，折板采用钢纤维混凝土。靠近柱的三分之一部分，钢纤维用量为150kg/m³，其余部分用量为75kg/m³。拆模后未见任何微裂缝，在悬臂端部11个点测定挠度最大值为17.4mm（设计计算挠度120mm）。此外，国内外地震震害实例表明：柱梁核心区的剪切破坏是钢筋混凝土框架受震破坏的重要原因之一。因此都致力于提高柱梁核心区抗剪能力。不少工程柱梁结合处钢筋密集，不但施工困难而且难以保证质量。美国巴特尔研究所在柱梁核心区范围内使用纤维率为1.67%（131kg/m³）的钢纤维混凝土，并减少了四根箍筋。试验结果表明，按美国抗震结构设计标准提高了梁柱结合部的承载能力，而且在每个柱梁结合处使用钢纤维量为3.2kg而减少箍筋重11.8kg。

型钢混凝土组合结构（Steel Reinforced Concrete Composite Structures）简称SRC是混凝土中主要配置型钢而形成的一种建筑结构，是继木结构、砌体结构、钢结构、钢筋混凝土结构等传统建筑结构之后最具有发展潜力的一种新型建筑结构。型钢混凝土结构SRC是一种将型钢与钢筋混凝土结合起来的新型组合结构，与其他结构形式相比，具有以下明显优点：

1. SRC是一种介于钢筋混凝土结构与钢结构之间的组合结构，其变形能力具有钢结构的一些特征，抗震能力明显高于钢筋混凝土结构；

2. 与普通混凝土结构相比SRC构件不但发挥了型钢的骨架作用，还可以发挥高强混凝土的特性，从而进一步减小构件截面尺寸，降低结构自重，增加使用面积或有效空间，减轻基础、地基的负担，尤其适用于软土地基的上海地区；

3. 与混凝土相比，SRC结构内埋型钢与外围箍筋一起对混凝土形成良好约束作用，改善了混凝土的受力状态，充分发挥其强度特性；

4. 与钢结构相比，SRC结构型钢混凝土保护层对内部型钢可以起保护作用，解决了钢结构防火难、易腐蚀的问题，而且SRC构件刚度较大，在高层建筑中更容易控制其层间位移与顶点位移，满足人体舒适度的要求；

5. SRC结构施工时可以利用型钢承受施工阶段的荷载，并将模板悬挂在型钢骨架上，从而省去支撑，加快施工进度。

因此，型钢混凝土结构也是最具有发展潜力的一种新型建筑结构。

**二、中国高层钢结构的发展**

1. 引言

我国高层民用建筑防火设计规范将10层以上的住宅建筑以及24m以上的公共建筑和综合性建筑规定为高层建筑；民用建筑设计通则将高度超过100m的建筑称为超高层建筑。在高层建筑特别是超高层建筑中，自20世纪80年代起我国开始采用钢结构，但80年代建造的高层钢结构几乎都是国外设计，大部分为纯钢结构，组合结构和钢—混凝土混合结构较少：当时建造的上海希尔顿酒店，采用钢框架—混凝土核心筒在我国建筑界引起强烈反响。

该建筑地上 43 层，高 143.6m，其型钢用钢量仅 $69kg/m^3$，混凝土筒用钢筋约为 $70kg/m^3$。我国当时钢材紧缺，钢筋较易解决，特别是型钢的价格比钢筋高出不少；另一方面，混凝土核心筒可以采用滑模作业，施工方便，而这种结构的钢框架现场焊接工作量也不大。为了节约钢材和降低造价，这种结构体系被认为是符合我国国情的，因而在 90 年代建造的高层钢结构几乎全都采用了这种形式。

2. 钢框架—混凝土核心筒体系的性能及其在我国的发展

如上所述，钢框架—混凝土核心筒体系的确有很多优点，但是也有一些重要缺点，那就是其抗震性能基本上取决于混凝土核心筒。在这方面不像钢结构那样优越。美国早就指出对这种体系的抗震问题没有进行过研究，在历史上它有过遭受震害破坏的记录，因此，认为不宜用于地震区；还认为建筑高度最好不超过 150m。但在我国，随着经济的发展，大楼越盖越高，加之业主和设计人员对上述情况缺少了解，建筑高度呈火箭式上升，结构形式单一地采用钢框架—混凝土核心筒体系。继 68 层、高度达 294m 的深圳地王大厦建成之后，88 层、高度 465m 的上海浦东金茂大厦相继竣工。正在建造中的上海浦东环球金融中心，这些建筑都采用钢框架或组合柱—混凝土核心筒结构。采用组合柱通过腰桁架和帽桁架与核心筒相连的方案，受力情况可能有所不同，尚待研究。但一般说来，腰桁架和帽桁架连接处应力集中严重，而且无助于抗剪能力的提高。我们再看看多震国家日本是怎样对待这种结构的。日本劳动力昂贵，为了节约人工费用，于 1992 年建造了 2 幢钢框架—混凝土核心筒高层建筑，高度分别为 78m 和 107m，并结合这两幢结构对它的抗震设计方法开展了一系列的研究，这种做法是很值得学习的。这 2 幢建筑高度都不大，但在这之后；已经过去 7 年，日本并未建造任何新的这种体系的建筑，相反要求这种形式的建筑今后要由建设大臣批准，似乎管理更严了，这不能不引起我们深思。钢框架—混凝土核心筒体系在我国已广泛用于 7 度地区，在 8 度地区尚少应用，但不加研究地向 8 度地区推广的倾向是存在的，令人担忧。即使在 7 度地区，在筒的高宽比较大和两种材料匹配的情况下，怎样才能确保其抗震性能，也没有进行过什么研究。这种体系至少有一个很大弱点，就是混凝土筒刚度大，承担了约 90% 的水平力，即使将钢框架做得较强，也难以从根本上改变这种局面。在单一材料的双重抗侧力体系中，周边框架要求至少能承担 25% 的水平力，而在钢框架—混凝土核心筒结构中却无法做到。也就是说，这种体系的二道防线的抗震能力很弱，仅从这一点而论，它对抗震是很不利的。更不要说高度和高宽比都很大的混凝土核心筒能否有效地抗震，是有争议的。国外有采用密柱深梁的钢框筒与混凝土核心筒混合使用的做法，认为这样有助于改变第二道防线单薄的状态，提高其抗震性能，而它与纯钢结构相比仍然是较经济的。1987 年建造的澳大利亚阿得雷德国家银行中心即采用这种做法。该建筑平面为六边形，31 层，高 136，框筒柱距 3.2m，因邻近有 1880 年建造的古建筑，为了防止对古建筑造成任何可能的损害，采用了此方案。在确定方案前，设计组对结构形式进行了广泛的探讨，认为这是在造价、施工速度和抗震性能方面都具有明显优点的新方案。经济性和抗震性尚未能做到兼顾的钢框架—混凝土核心筒结构，在我国日益占据统治地位，与此同时，我们还看到一种能兼顾这两方面要求的另一种结构形式，正在我国兴起，那就是钢管混凝土结构。

3. 钢管混凝土结构的特点及在我国高层建筑中的应用

近年来，我国钢管混凝土结构发展加快，已逐步在高层建筑中推广应用。早期仅在混凝土高层建筑的部分柱子中采用，后来扩到在大部分柱子中采用，现已出现全部柱子都采用钢管混凝土的超高层建筑了。据初步统计，到目前为止在不同程度上采用钢管混凝土的高层建筑和超高层建筑，在全国各地已有近 20 幢。就这种建筑的高度而言，从十几层发展到 20～30 层，进而又发展到 70 层。图 1 是天津今晚报大厦，为圆形建筑，直径 44m，地下 2 层，地上 38 层，高 137m。该建筑采用框筒结构体系，钢筋混凝土内筒，周边为钢管混凝土框架柱，混凝土整体现浇密肋楼盖。柱网为 8.4m×8.4m，最大柱截面采用 $\phi$1020×12 钢管，用 Q345 钢材，内灌注 C60 混凝土，于 1997 年建成。深圳赛格广场大厦，地下 4 层，地上 70 层，高 278.8m，为框筒结构体系，除框架柱全部为钢管混凝土外，内筒也采用 28 根钢管混凝土柱，构成空间桁架体系。柱子最大轴力为 9000t，最大柱截面采用 $\phi$600×28 钢管，Q345 钢制作，内灌注 C60 混凝土。这是当今全部采用钢管混凝土柱的世界最高建筑。钢管混凝土结构如此迅速地被用于高层和超高层建筑，主要是这种结构具有以下优点：

(1) 抗压和抗剪性能好，承载力高。

钢管中的混凝土由于受到钢管的约束，抗压强度大体可提高 1 倍；另一方面，由于混凝土对钢管屈曲的约束作用，钢管的屈曲抗力也提高了。这种互补的效果，使钢管混凝土成为理想的受压构件。与此同时，混凝土也增大了塑性。此外，据研究和实验，证明了钢管混凝土的抗剪性能也非常突出，钢管防止了混凝土的剪切破坏。

(2) 抗震性能非常好。

分析研究证明，钢管混凝土在反复循环荷载作用下，弯矩—曲率滞回曲线十分饱满，且无刚度退化，也无下降段，相当于不出现局部失稳的钢结构的性能，因而其抗震性能还优于钢构件。导出的滞回曲线可分为有下降段和无下降段两种情况，同时得到了此两种情况的判别式，它决定于所用钢和混凝土，以及轴压比和构件长细比。由于钢管混凝土的抗压承载力高，且可作到不限制轴压比，因此柱截面可大大减小。例如，天津今晚报大厦，最大柱子受轴向压力 4000t，柱截面采用钢管 $\phi$1020×12，Q345 钢材，C60 混凝土；若采用钢筋混凝土柱，柱截面需 1.4m×1.4m。赛格广场大厦最大柱子受轴向压力 9000t，柱截面采用钢管 $\phi$600×28，Q345 钢材，内灌注 C60 混凝土。若采用钢筋混凝土柱，截面为 2.4m×2.4m。近来出现了以钢管混凝土为核心的叠合柱，利用钢管混凝土柱的这种优点来减小柱截面。在 1995 年的日本阪神大地震中，钢骨混凝土结构有不少损坏，特别是采用格构式钢骨的构件，惟钢管混凝土结构无损，它的优越抗震性能再一次得到了确认。

(3) 钢材性能要求不高，取材容易，钢管制作方便。

在高层钢结构中，对于厚度较大的钢板，例如大于 40mm，要求板厚方向性能符合收缩率指标，以防止焊接时出现层状撕裂。而钢管混凝土采用的钢管厚度均在 40mm 以下，据估算，用于 400m 高的大楼，钢管厚度也不超过 40mm。对材料没有什么特殊要求，取材容易。另外，与采用厚钢板的高层钢结构框架柱相比，钢管的制作要简单得多，而且大大减轻了施工现场的焊接工作。这一点远胜于高层钢结构。

(4) 为采用逆作法施工创造了条件，可加快施工进度，缩短工期。

(5) 耐火性能远胜于钢结构。

由于管内有大量混凝土，能吸收很多热量，当火灾发生时，混凝土的导热系数低，而比热大，因而构件截面中的温度分布不均匀，越到中心温度越滞后，故构件的承载力缓慢下降，增加了构件的耐火时间，且耐火时间随构件的增大而增长。因此，钢管混凝土耐火极限比钢构件长。为了达到耐火极限 3h 的要求，防火涂料所需要的厚度可以减小。根据以上分析，作者认为，在高层建筑中采用钢管混凝土柱，不但抗震性能优于钢结构，而且比钢柱可节约钢材50%。因此，宜在今后的高层和超高层建筑中大力推广。

4. 钢管混凝土结构在美国高层建筑中的应用

钢管混凝土结构由于它优越的抗震性，在日本获得广泛应用。这里介绍它在美国高层建筑中的应用。位于美国西雅图的SWMB公司，专门从事高层建筑中钢管混凝土结构的应用和设计的研究，其特点是采用大直径钢管和高强混凝土。由该公司设计并于1989年建成的西雅图联合广场，58层，高220m，在结构的核心采用4根$\phi$8.05m的高强混凝土钢管混凝土柱，混凝土的抗压强度达100MPa，该建筑的钢材用量仅58kg/m$^3$，施工速度达到2～2.5d/层。

采用高强混凝土主要目的是利用其较高的弹性模量，提高结构的刚度。据报道，与纯钢结构比较，这些钢管混凝土结构可使用钢量减少1/2，约为55～57kg/m$^3$。结构核心采用大直径钢管混凝土柱，可以取代混合结构中的混凝土核心筒。

5. 对我国高层建筑钢结构发展的几点看法

根据我国改革开放以来，高层建筑钢结构的发展及其现状，提出以下看法：

(1) 目前主流的钢框架—混凝土核心筒混合结构，虽然造价低、耗钢省，但由于混凝土核心筒的抗震性能欠佳，目前又缺少研究；而周边钢框架由于混凝土核心筒的侧向刚度相对过大而不能起到有效的二道防线作用，因此并不是理想的抗震结构体系。它用于非抗震设防时虽然较经济，但鉴于我国大部分大城市至少要求按7度抗震设防，因而它并不完全符合国情。它的抗震性能和合理应用范围，尚有待进一步研究。

(2) 高层建筑钢结构体系为数不少，各有其特点，在选用上应根据工程的具体情况全面考虑，不宜单一化。由混凝土结构来承受结构的地震力，原则上是可取的，但抗测力体系应具有延性。在此前提下，方法是多样的，例如，带缝混凝土剪力墙板，钢管混凝土结构及其他组合结构等。在某些情况下，全钢结构未必就不经济，如纯框架结构，巨型钢结构等，它们能满足特定情况下的某些要求，综合考虑可能还是适合的。(我国钢管混凝土在高层建筑中的应用近年得到迅速发展上出现了70层的钢管混凝土结构大厦；高强混凝土已用到80MPa；钢管混凝土柱可不限制轴压比和抗压承载力高的优点，已在不少工程中被广泛利用。鉴于钢管混凝土结构既具有一系列优越性能特别是极好的抗震性能，又可实现低造价和低钢耗，是符合我国国情的理想结构体系，可考虑推广。为了进一步推广钢管混凝土结构在高层建筑中的应用，还有一些问题需要研究解决。例如，探讨最能发挥钢管混凝土柱优点的结构体系及其抗震性能；研究合理的梁柱节点形式及其抗震性能，特别是混凝土梁与钢管混凝土柱的连接节点。我国当前的具体情况是：为了节约钢材和降低造价，楼横梁多采用混凝土结构。混凝土梁与钢管混凝土柱的连接节点，目前形式较多，何种形式较好，成了推广中亟待解决的问题，有必要进行系统深入的研究，得到经济合理、施工方便又有良好抗震性能的节点形式。

# 4. 无机房电梯的发展前景和质量监督要点

上海市建设工程安全质量监督总站　张　铭

众所周知,工业的总的发展趋势就是高效与节能。对于电梯行业而言,实现对空间的节省和能源的高效节能是关键。普通的电梯都需要有一个单独空间来放置曳引主机和控制屏(俗称机房),从而降低了空间利用的有效性,同时大的曳引设备热损耗大,又不能实现能源的有效利用。为了解决这一矛盾,20 世纪 90 年代,随着通力公司 KONE EcoDIsc 碟式马达的发明,无机房电梯应运而生。

无机房电梯一经推出就在业界产生巨大振动,并立即作为一种杰出的技术革新而获得广泛认可,它在环保、节能方面所体现的优越性能,使人们相信一个新的电梯时代已经到来。根据相关的研究和实践证明,在通常的住宅中,与有机房电梯相比,无机房电梯总的节能约为 50%～60%,在高层建筑中,与传统的直流驱动电梯相比,其节能约为 25%～35%。其无机房的构造更给建筑商节省了空间,带来了 15%的成本节约。

目前仅在上海市场,紧随通力公司之后,OTIS、迅达、三菱、蒂森、爱登堡等电梯公司纷纷推出了各具特色的无机房电梯,并且在应用新技术、采用新工艺方面不断有新的突破。例如 OTIS 公司的 GEN-2 型无机房电梯,突破性地采用了扁平皮带取代钢丝绳作为电梯的悬挂装置,从而使其曳引机的体积和重量达到目前情况下的最小,并且具有运行平稳无噪声的特点。该系统中的扁平皮带是最新研制的高科技产品,具有超高的强度,而与皮带相匹配的带轮,为了解决摩擦系数的问题,据说 OTIS 公司采用了空间技术来进行带轮的制作和表面处理。

同时,在体现"易于安装、易于维护"的商业化要求方面,无机房电梯更有突出表现。例如爱登堡公司的永磁同步行星顶式无机房电梯,曳引机和控制柜设在轿顶上,随着轿厢一起运动,高温天气下可自行散热;把轿顶作为检修平台,维修方便;选用行星齿轮曳引机,在任何情况下均可手动盘车放人。凡此种种,我们有理由相信,无机房电梯的技术优势不仅于此,并且将日益增加和扩大。

无机房电梯的发明和使用,也解决了有机房电梯的一些难题,使电梯行业进入了许多全新的领域。首先,在当今旧楼改造工程、尤其是那些需要对外观进行保护的旧建筑改造工程中,设计师们不约而同地选择了无机房电梯,它们以现代高技术的姿态给旧建筑带来全新的活力,而之前由于有机房电梯对机房和井道的特殊要求而始终被拒之门外。不仅如此,今天当我们以专业的眼光来审视一幢幢外观新颖、造型独特的崭新建筑时,谁又会怀疑其中所使用的电梯不是无机房电梯呢!同样地,在地下建筑中,由于其特殊性,没有多余的空间可供占用,但又需解决内部的垂直运输问题,无机房电梯的出现,恰恰解决了这一矛盾,例如在上海各地铁车站中均使用了无机房电梯作为其垂直运输工具。另外,当人们认识到无机房电梯高效率、低能耗、低噪声、节省空间的优点之后，又马上把它请进了别墅建筑之中，从而创立了小型家庭用电梯。这一类电梯本身具有很强的可塑性，可以灵活适应不同类型别墅的要求，它的应用为现代别墅的概念加入了新的内容。

与此同时，科学家们正在研究充分利用无机房电梯的特性优势，创造一个更为高效的电梯系统。已经使用或建议可提高电梯系统效率的方法有许多种，包括快速直达服务、高速运行、双层电梯、多分区建筑设计等，这些方法的任意组合都可以提高电梯系统的效率，但由于同样的原因，这些系统在大幅度提高成本的同时，所产生的效率也极为有限，然而无机房电梯的出现，使得这一需求有了新的发展方向。例如，国外曾有人研究，为了尽可能节省空间、提高效率而采用单井道多轿厢系统，但在有机房电梯情况下，该系统结构复杂，困难重重，难以取得新的进展，而在无机房电梯情况下，许多困难就迎刃而解。无机房电梯给了专家们设计思想上的极大自由，新的研究成果必将不断涌现。

在常规的电梯应用领域中，无机房电梯以其显著的环保、节能也日益得到发展，许多的居民小区、公共场所都选用了无机房电梯，其市场占有量逐年扩大。随着科学技术的不断进步，我们可以预见，无机房电梯的应用范围将越来越广阔，最终市场销量的不断增加又和价格的日益低廉形成良性循环，谁又能断言有机房电梯终不会被无机房电梯所取代呢？

作为一名电梯专业的质量监督员，在对本市电梯安装工程的质量监督和竣工备案过程中，我接触了许多无机房电梯，通过实践，我认识到无机房电梯在专业中所具有的特殊性，主要表现在以下几个方面：

首先，在目前尚没有出台无机房电梯国家标准的情况下，如何对无机房电梯进行竣工验收呢？我们首先要求生产厂家提供该型号电梯的四大安全部件的形式试验报告及通过国家检测机构的整机性能检测报告、合格证明书等以及其自身的企业标准进行备案，质量监督员据此熟悉该无机房电梯的特点，然后参照相应的国标对该电梯的竣工验收进行监督。

其次，对照相应的国家标准就会发现，实际应用中的无机房电梯常常会和某些具体的标准条款相矛盾，其中尤以旧房改造和别墅电梯最为明显。以我所负责监督的浦东汤臣豪园电梯安装工程为例：该工程所选用的是永大牌家用电梯，其额定载重量为230kg，额定速度为0.25m/s，设计时考虑到家用电梯要能容纳一部轮椅进出为宜，故设计轿厢内尺寸为900mm×900mm，这样按照国标对载重和面积的相关规定（225kg载重最大面积为0.7$m^2$）轿厢面积就超标了；另外，该电梯的顶层高度OH和底坑深度PIT按照设计要求分别为不低于3400mm和不小于550mm，但国标中OH的最小值为3700mm，PIT的最小深度为1400mm，明显不符，但如果完全照搬国标的尺寸，又会给土建成本造成不必要的提升，如何看待和解决这些矛盾呢？我认为在没有无机房电梯专门国家标准的前提下，作为我们质量监督机构而言，根据竣工验收备案制的要求，首先应强调由建设单位组织竣工验收以及建设单位负责制的重要意义，并且指出存在的问题，严格监督建设参与各方按照相关规定进行竣工验收。如在上述案例中，永大电梯公司针对矛盾所在，重点对安全保护系统做了较大的修改，满足了安全使用的需要，建设单位和监理单位均表示认可，在竣工验收时获得通过。

试想，如果机械地、死板地执行电梯有关标准而不敢越雷池半步，我们的科研人员又如何能研发出国际一流的电梯技术以不断适应市场的需求呢？同样地，无机房电梯的出现也给我们的质量监督工作带来一个崭新的课题：面对新技术、新工艺的不断涌现，而规范的制定又总是滞后于新技术、新工艺的发展这样一个事实，我们应该怎样做？是机械、死板地执行电梯现有标准成为新技术发展的拌脚石，还是积极本着“实事求是，与时俱进”的态度为新技术、新工艺的落实和完善而努力？我想答案是很明确的。我们必须始终站在“监督”的立场，牢牢把住“竣工验收备案制”这一根本，我们的质量监督工作由此也必将不断自我完善，在新的时代焕发出新的生机！

# 5. 施工现场,安全用电管理的现状分析

上海市建设工程安全质量监督总站　颜元和

随着改革开放的深入,我国面临着大规模的经济建设,建设规模逐年扩大,建设行业已成为我国的第四支柱产业。但建设工程安全生产形势严峻,安全事故时有发生。为遏制事故的发生,必须按照国务院《建设工程安全生产管理条件》的要求明确建设工程参与各方的安全生产责任,规范各自的安全行为,还要通过对安全事故的原因解析,找出安全管理上的缺陷,以达到减少安全事故的目的。全国施工现场临时用电发生触电死亡事故占事故总数的8%左右,但上海市2003年建设工程施工现场临时用电发生触电死亡事故占事故总数的15.4%,触电事故已是建设工程发生事故的主要因素之一,必须要引起我们对施工现场临时用电的充分重视,通过强化现场管理来降低触电事故的发生。下面浅谈施工现场临时用电管理存在的问题及应对措施。

**1. 健全施工现场临时用电管理网络,落实岗位责任制**

随着建设行业改革的进一步深入,为适应专业化施工及加快工程进度的要求,一个工程项目有多个施工企业参与,在施工现场各施工企业交叉作业;另外,因建筑市场存在经营行为不规范的现象,部分工程项目经过多次分包,施工人员受聘于无资质或低资质的企业,总承包单位为应付日常的检查虽按照施工现场安保体系的要求制定了施工现场临时用电专项安全施工方案及施工机械设备的安全用电等有关管理制度和责任制,但方案、管理制度等针对性差,对各分包企业的日常管理松懈,以包代管,施工人员进场无实在的安全教育,电气基本知识缺乏。所持有的用电设备和手持电动工具是否完整?安全技术性能是否稳定?总承包单位对提供给分包单位使用的分配电箱等设备的完好性及分包单位的自备用电设备进场不进行日常专项安全检查,安保体系资料缺乏真实性。工地安全管理人员对操作人员无证上岗及违章操作不制止不处罚。如在2003年7月7日在精彩娱乐城室内装饰工程发生的一起触电事故,原因是天气炎热,施工人员将废弃的风机盘管作风扇使用,风机盘管与风扇是完全不同两个通风设备,使用了很长时间而工程项目部的安全管理人员视而不见,没有人出来阻止;再加上工地的电源线路也存在问题(该路电源线没有设置漏电保护器,风机盘管也未做接地保护);在移动风机盘管时又未将电源切断而导致一工人触电身亡。三处违章而导致的死亡。

另外施工现场项目部管理人员组成的专业来看,能基本懂得施工现场临时用电知识的人员很少,对施工现场临时用电的管理又不予重视,日常安全检查是由工地电工进行检查,使得作业与检查为同一人,缺乏对工地电工工作质量的检查监督。施工现场电工的责任性不强,对配电设施和用电设备维护、检修、调换不及时是工程项目部对电工制约管理不力的表现,也是导致用电不安全的重要因素,从许多触电事故中可以看到。很多是漏电开关无效及未接接地(零)保护线而导致了解电身亡。如果我们现场电工能及时发现和调换失效的漏

电开关和正确接线就能避免事故的发生。所以，施工企业要重视对现场电工的专业培训和继续教育，提高工作责任心以及在日常检查、维修等工作中能够严格按照国家有关规范标准的要求操作。

建筑工地必须根据施工现场的特点建立和完善临时用电管理责任制，确立施工现场的临时用电为总承包单位负责制，进入施工现场的一切配电设备、用电设备（分配电箱、开关箱、手持电动工具、电焊机等）必须经总承包单位检查合格方可进场使用。建立日常的安全用电分级检查机制，即总承包单位和分包单位的检查，现场电工的自查和管理人员的监督检查。

施工企业应加强施工现场临时用电知识的普及，项目部管理人员要重视临时用电的安全，对作业人员应针对环境等（高温与潮湿）因素对施工人员进行必要的针对性的临时用电安全教育和交底，应在项目部及各施工班组各设立一名意外伤害急救人员，急救人员必须经过触电后急救等方面的急救培训，并根据施工现场应急预案对触电事故发生后的急救进行定期演练，熟习触电后现场急救程序，减少触电死亡事故的发生。

**2. 根据产品技术要求正确使用电气设备，提高施工现场在用电气设备安全技术水平**

现施工现场使用的电气元器件（空气开关、漏电空气开关、电焊机、插座等）其产品的设计为通用型。很多不适应施工现场的使用环境（多尘、室外、潮湿、移动、再加上高温季节等），很多电器（漏电开关、空气开关等）新的产品参数正确、状态正常，使用一段时间后，动作迟缓，漏电动作数据不准确，甚至失效。现在施工现场使用的电焊机需另配置二次侧空载降压保护器，为操作方便或减少费用支出，部分在用电焊机未配置二次侧空载降压保护器或损坏后不及时修复或更换，而采取短接措施（使二次侧空载降压保护器切除）；电焊机二次侧搭铁线损坏或遗失后不及时添置，而用钢筋、扁钢等代用；施工企业为降低成本而采购低价的电气产品，部分是劣质产品，这些电气产品的技术参数不稳定，安全性能差，在该动作时不动作，从而导致触电事故的发生；不按产品技术要求使用电气设备，如电焊机搭铁线采用钢筋或扁钢代替等。如 2003 年 7 月 25 日平吉新村四街坊二期工程发生的一起触电事故。因搭铁线与龙头线距离过长，二次侧电流经过一段网状钢筋时，钢筋绑扎点的电气接触不是很好，在这段钢筋间形成电位差，一操作工人在攀爬钢筋时人体不同部位同时接触焊接钢筋形成回路，因在高温季节大量出汗人体电阻值下降引起触电身亡。

要鼓励电气设备生产厂商开发适合施工现场的电气产品。对施工现场使用的漏电开关、电焊机二次侧空载降压保护器、手持电动工具等进行定期检测，施工企业无检测能力的可委托检测机构进行检测。管理部门应对进入施工现场的用（配）电设备、电焊机二次侧空载降压保护器、漏电空气开关等关键电器元器件进行监控，要防止劣质电气器件进入施工现场，对质量与性能稳定性存在问题的产品及时向施工企业进行反馈。施工企业要加强对新购置的电器设备的管理，认真按照安全保证体系的要求进行验收，杜绝不合格电器设备进入施工现场。强化施工现场的用电方面的定期巡查、保养、维修工作责任制，项目管理部加强督促检查，对现场电工的工作质量进行监督记录，确保施工用电设备安全防护装置齐全、有效，用电资料记录齐全。普及用电知识，增加安全教育中的安全用电知识内容；教育有关操作人员正确使用电气设备、手持电动工具，提高预防触电的防备意识，严格执行持证上岗制度。

**3. 配备必要的安全防护用品，增强自我保护意识**

在 2003 年本市建筑工程发生了 18 起触电事故，死亡 18 人，虽然这一年有连续高温时间长，高温季节有人身出汗多，睡眠不足，反应能力下降等因素，但一个不容忽略的问题是这些施工企业项目部未根据特定的环境进行安全用电教育及配备安全防护用品。在触电事故调查时也未听见有关操作人员要求配备安全防护用品要求，也存在操作人员不按要求使用安全防护用品。

施工企业项目部应针对气候(高温与潮湿)与工程特点对施工人员进行必要的针对性的临时用电安全教育和交底，利用民工教育让其了解电的基本知识，防护用品的正确使用方法，增强自我保护意识。施工项目部还要根据施工项目及工种的特点，为在施工现场有可能直接使用电动设备人员配备合格的防触电方面的防护用品(如绝缘手套、绝缘鞋等)，并督促操作工人按规定正确使用劳动防护用品，教育操作人员提高自我保护意识，杜绝违章操作，严禁在无监护人员的情况下带电操作。

建设工程安全生产管理要坚持安全第一、预防为主的方针，重视施工现场临时用电的安全，建立健全安全生产责任制和群防群治制度，保障广大一线操作人员的安全。

# 6. 外墙塑钢窗施工工艺的技术优化

上海市建设工程安全质量监督总站　翁益民

**1. 概述**

随着住宅消费市场化、商品化进程的日益发展，广大消费者对所建住宅的质量要求已经提高到了一个前所未有的高度，但渗漏作为一个通病仍时有发生；目前高层乃至超高层住宅楼相继出现，加上全装修房之推广实行，塑钢门窗防渗漏作为外墙防渗漏重点环节显得尤为重要。为响应市住宅局推行的新建住宅创建“无渗漏”工作要求，创建无渗漏工程，履行对业主承诺，徐汇苑一期工程在外墙大面积窗施工前，选择了样窗试验开路，并进行了渗漏原因分析及方案优化，达到了较理想效果。

徐汇苑一期工程位于中山南二路，天钥桥路口，主要由一幢办公楼A楼(25层)、三幢高层住宅楼C型楼及一幢酒店式公寓B楼(31层)组成，总建筑面积约17.3万$m^2$。所有高层住宅上部结构为现浇剪力墙体系，外墙饰面采用冠军200×60×8外墙砖，窗为维卡塑钢窗。

**2. 窗试验及渗漏原因分析**

由于工作量较大，必须选择一个较为合理的施工工艺以确保塑钢窗工程施工质量，避免今后返修造成巨大浪费。首先要对传统工艺造成渗漏原因加以分析。

(1) 对发泡剂填充料进行抗渗试验。窗四周混凝土结构不作任何粉刷处理，塑钢窗直接固定原结构面，然后在窗框四周注满发泡剂(要求均匀饱满)，进行渗水试验，未出现渗漏点。由此可见发泡剂材料本身具有良好的相容性和粘结强度，并具备防雨渗漏性能。但在实际操作过程中，发泡剂饱满度由人为控制，不可避免产生少量空隙，塑钢窗固定片对其饱满度也产生影响，同时在注打过程中目前也没有较好的措施来保证发泡剂边口顺直，以至发泡剂注打后通常需要对边口加以割齐，造成其抗渗性能下降，所以发泡剂在目前施工工艺条件下不能满足抗渗要求。

(2) 传统施工工艺分析。由于塑钢窗窗框具有热胀冷缩特性，故要求窗与墙体缝隙的内腔填充弹性材料，为使弹性填充料充分发挥其良好的粘结强度和抗渗漏性能，窗安装后与洞口之间缝隙最好控制在20mm左右，但结构施工尤其是现浇剪力墙体系结构偏差必定存在，为满足空腔缝隙要求，洞口周边需先进行粉刷处理，然后进行窗框固定及打发泡剂工作。然而粉刷层由于以下原因，往往存在渗漏隐患：操作随意性较大；粉刷层易脱水后出现干缩裂缝；窗固定片安装时也影响粉刷层粘结，造成粉刷层起壳；同时按传统工艺窗框四周内外粉刷层一般均为连通(一次性同时粉刷)，一旦粉刷层与结构面粘结不牢或存在缝隙，水就会渗透外侧粉刷层后经粉刷层与结构分界线或粉刷层内部缝隙渗入室内，尤其窗角部位因操作难度大最易出现渗漏问题。因此如何杜绝由于外墙粉刷层渗漏而引起窗渗漏是窗安装施工关键问题。

**3. 窗安装方案优化**

根据以上原因分析，我们对塑钢窗安装工艺作了如下优化：

（1）为杜绝粉刷层渗漏引起窗渗水，窗框四周粉刷层分框内、框外二次完成，框内侧粉刷层在窗框固定后，发泡剂注打前进行，框外侧粉刷层在发泡剂注打后进行，同时在内外粉刷层接口处设置一道防水隔离层，使窗框以内及以外粉刷层相互隔离。由于是混凝土结构，该防水层既要起到混凝土界面处理剂作用，又必须具备防水效果，经市场了解，我们选用曹杨厂 JCTA-700 防水混凝土界面处理剂。

（2）由于窗角最易渗漏，故需对该部位进行双重防渗处理，第一，在窗框外周边设置防水隔离层；第二，在结构施工时，窗台结构做成朝外坡向或挡水口，高差 30cm 左右，即使粉刷层渗水，也能迫使渗漏水沿结构坡向朝外流动。

（3）为防止窗固定片安装时影响粉刷层质量，要求先安装窗固定片，然后进行框内侧粉刷层施工。同时窗“Z”字形固定片设置在窗框内侧，以确保窗框外侧粉刷层具备良好的整体性。

**4. 窗安装工艺**

（1）流程

外墙粉刷至大面为止，弹线→塑钢窗框安装→缝隙处理检查→周边砂浆或细石混凝土嵌缝（保证框与洞口间隙 20mm 左右，但嵌缝砂浆或混凝土应嵌至窗框外侧面平）→喷注发泡剂并切割修平（框外侧留槽 15mm 左右）→四周留槽部位水泥砂浆嵌缝至框外侧面平→涂刷混凝土防水界面剂→窗框外侧粉刷、面砖镶贴、嵌缝→清理检查嵌填硅胶。

（2）施工操作要点

1）在结构施工过程窗台做成朝外坡向或挡水口，内外高差约 30mm。

2）外墙抹灰至大面为止，窗框外侧四周粉刷层待防水隔离层施工后进行。

3）塑钢窗固定，要求横平竖直，按规定要求将框牢固固定在结构墙体上，为防止窗安装扰动洞口粉刷层，应在安装固定片后再进行框内侧粉刷层施工。粉刷完成面与窗框缝隙控制在 20mm 左右。

4）缝隙经清理检查后进入发泡剂填缝工作，作业时应控制速度，以填缝饱满且刚露出窗框为限。填缝剂经固化后，采用专用刀具切割，外侧面要求进框 15mm 左右留槽，然后用砂浆嵌没作为混凝土防水界面剂基层，确保防水层效果。

5）四周抹灰，面砖收头。

待四周嵌缝砂浆具有一定强度后，涂刷混凝土防水界面剂 JCTA-700，要求最小厚度 2mm，以确保其发挥防水性能，然后进行框外侧四周粉刷、面砖镶贴、砂浆嵌缝工作。

6）待嵌缝砂浆干透后，清理垃圾和灰尘，检查合格后，按要求嵌填硅胶，其表面应平整、光滑。

7）窗安装节点详图（图 3-1）。

**5. 结束语**

塑钢窗按调整方案施工后，该施工工艺基本上克服了由于粉刷质量问题造成的渗漏通病，明显起到了抗渗效果。由于混凝土基层粉刷前需涂刷界面处埋剂，采用防水界面剂加以代替，起到了较好效果。同时在结构施工过程中，必须加强门窗洞口控制，保持上下、水平的偏差控制在 10mm 以内，尤其当外墙饰面采用块状材料时，应在结构施工前进行预排，确定

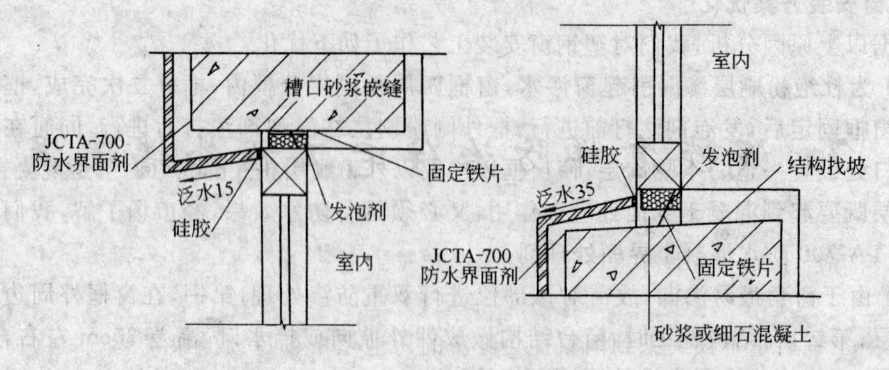


图 3-1 窗安装节点详图

洞口尺寸(作一定调整,并征得设计部门许可),确保洞口尺寸符合要求,可避免缝隙嵌填砂浆时引起质量问题。

# 7. 浅谈怎样防治住宅工程外墙渗漏

上海市建设工程安全质量监督总站　马树根

住宅工程质量不仅关系到国家社会经济的房地产市场持续健康发展，而且直接关系到广大人民群众的切身利益。但目前住宅工程外墙渗漏还较普遍，雨水通过外墙缝隙渗入墙内，致使内墙装饰面层产生霉变，甚至造成粉刷层起壳、脱落，影响使用效果，严重的还会引起电线短路，造成意外事故，给用户带来一定的经济损失并引起纠纷，因此必须分析研究，采取有效措施加以解决。

目前在上海地区，住宅工程结构形式主要有以下几种：混合结构，多用于多层住宅；现浇混凝土框架、剪力墙结构，多用于小高层、高层住宅。

不同的结构形式，外墙渗漏易发生的部位各有不同，产生原因及防止措施也不尽相同，以下展开说明：

**一、混合结构**

（一）砌体外墙过梁支撑穿墙洞及钢筋混凝土框架、剪力墙、支模、螺栓孔洞

1. 原因分析

外墙过梁支撑洞及高层支模螺栓孔洞填补不密实，修理后孔洞的四周有收水裂缝。

2. 防治措施

（1）铲除支模洞上下左右四周的残浆，清除孔洞内垃圾杂物，浇水湿润；

（2）用已润湿的砖镶洞镶切厚度为墙厚的2/3，浆砂必须饱满，镶砖时要内墙平、外墙收进墙厚的1/3，约70mm；

（3）第二天在收进的70mm左右的支模洞中浇捣C20细石混凝土，厚为50mm，留出20mm左右的空隙；

（4）隔夜或待细石混凝土强度达到一定程度后，用1∶2水泥砂浆压实填平支模洞到外墙平；

（5）剪力墙螺栓孔洞修理要派专人负责，不得遗漏。修理办法要在内墙先把洞用C20细混凝土填密实，填到约1/3深处，外墙待粉刷之前分二次使用C20细石混凝土填补外墙进去20mm，然后用1∶2水泥砂浆填平外墙。

（二）外脚手架拉接铅丝洞

1. 原因分析

在拆除外脚手架时铅丝没能根除，甚至外露。

2. 防治措施

做外粉刷时在拉接铅丝四周，留出以铅丝为中心$\phi$80mm左右区域，待外脚手架拆下时再粉，粉刷前尽量沿铅丝的跟部凿进外墙面20mm左右，将铅丝彻底根除，随后浇水润湿，用1∶2水泥砂浆，最后用外粉同样材料粉平。

（三）外墙砌体头缝处

1. 原因分析

头缝处砂浆不饱满或瞎眼缝

2. 防治措施

(1) 砖块要在砌筑前一天浇水润湿；

(2) 外墙砌筑时多孔砖要用满刀灰，不准装头缝；

(3) 外墙在粉刷时，先在外墙部位的室内外看一遍，墙石有无透亮处、断砖，根据不同情况，作出具体修补方案；

(4) 在每天砌筑墙体收工后自检互检，技监员专职检查墙体，发现灰缝不饱满立即用原浆勾缝；发现有瞎眼缝当场纠正，把外墙渗水隐患消除在当天的施工过程中。

（四）外墙粉刷分隔条处

1. 原因分析

在嵌条前、嵌条外墙面草坏没有刮平或有裂缝。起条时外粉草坯随嵌条而起，造成槽内形成空隙。

2. 防治措施

(1) 在嵌条前，嵌条处粉草坯一定要刮平，刮密实，草坯不得有空隙、开裂；

(2) 起条后要认真检查一遍，槽内有否空隙，如有凿去空隙部分，清理和浇水湿润并用108胶水填补，而且要抽平压密实。

（五）女儿墙及屋面圈梁部位外墙粉刷

1. 原因分析

因受冬季和夏季的气候影响而产生热胀冷缩的温差裂缝，所以长墙受冷热影响后的二山墙伸缩，故而山墙影响比较大，二山墙就比较容易产生外墙面渗水。

2. 防治措施

(1) 首先要做好隔热防热措施，要选用较好的隔热材料和保持良好的通风。

(2) 砖砌女儿墙部位受温差影响产生的裂缝，在节点构造上设计应采取必要的措施来防范，在施工中应采用实心砖砌筑，适当部位加设构造柱或在墙体两侧间距5m左右设温度构造措施。

**二、框架结构**

填充墙梁底部部位：

1. 原因分析

框架梁底，填充墙砖最上一皮的上部，砌填砂浆不足产生空隙。

2. 防治措施

(1) 砌筑框架填充墙时，应事先立好皮数杆，砌筑时应严格按照皮数杆砌筑，否则会产生半二皮砖；

(2) 框架结构与填充墙的交界处必须用砌筑砂浆密实，填充墙与框架梁底接触处采取立砖斜砌挤紧，为使砂浆饱满，宜用踏步式砌筑（梁、板底下500mm开始）；

(3) 如外粉前发现梁底有缝隙，就要把砖、梁之间凿开30mm左右宽的一条槽，清除杂物后浇水润湿，用1：2水泥砂浆把缝隙填实，不得少于二次。

另外，不同的结构形式，也有一些相同的外墙渗漏易发生的部位，如：

（一）外墙门窗周边部位

1. 原因分析

门窗侧、顶处嵌缝不密实，门窗拼铁处没有用填充材料密实，下部窗盘砌成或捣细石混凝土找平时不密实。钻洞拼管处在安装时漏放填充材料。周边用水泥砂浆填嵌干裂。

2. 防治措施

(1) 门窗框离墙缝隙过大时，应用 1∶3 水泥砂浆分层粉到一定宽度，门窗框的边缝空隙应不大于 20mm、不小于 8mm；

(2) 应夹引条，用 1∶2 水泥砂浆进行嵌缝，并先嵌门窗两面门窗框边；

(3) 隔夜或到一定强度后用 1∶2 水泥砂浆嵌出八角角缝，并抽平压实，不可咬樘子；

(4) 镶窗盘必须密实，门窗底离镶砖面应不少于 60mm，并用 C20 细混凝土浇捣密实；

(5) 外窗盘粉刷时，水泥砂浆不能咬樘子，抽圆档要抽进门窗下框平面 2～3mm；

(6) 铝窗安装窗框，框与墙之间及框与框之间的拼缝部位应用软体材料，不能用水泥砂浆填嵌，窗外侧用防水密耐膏封闭。

（二）明避雷带锚固脚处和外墙落水管卡脚

1. 原因分析

安装明避雷带及外墙落水管均在外粉完成后进行，然后在打墙洞时就要破坏粉刷的整体性和外粉各层之间的粘接牢度，产生空隙起壳和裂缝。

2. 防治措施

(1) 安装明避雷带锚固脚应在外粉刷工序开始前施工，在墙面上垂直弹线，打洞时要清除洞内杂物，浇水润湿填嵌洞至少分两次进行；

(2) 外墙落水管锚固脚头最好在外粉刷工序前，粉刷灰饼做好后放置，具体做法同避雷带。如在外粉完成后涂料前施工，打洞时要注意，不要打得太大，而且修补要认真仔细，填嵌密实不得遗漏。

（三）预留空调洞、室内排气孔洞处及预留分体式空调主机架子螺丝孔洞

1. 原因分析

预留洞内外墙水平不一致或外高内低，造成倒泛水，预留洞墙体部分没有认真嵌实粉好，导致水从墙体中渗进。空调主机架子固定螺栓处补洞不密实或遗漏。

2. 防治措施

(1) 在洞孔外墙沿洞口四周粉一圈突出墙面 20mm、宽 40mm 的水泥粉刷带，以防止孔洞上沿进水，孔内墙体要粉刷光滑密实，不准有裂缝，而且要内高外低，两头高差 15mm 左右；

(2) 空调冷凝管洞要预埋金属管，在预埋时要捣嵌密实，而且也要内高外低，高差 15mm 左右；

(3) 空调外墙架子洞在打好膨胀螺栓后用硅胶或水泥砂浆把膨胀螺栓与墙面之间的洞补好后方能固定架子。

总之，住宅工程外墙渗水是常见的通病，了解住宅工程渗漏部位，产生原因及防治措施，在施工中方可突出重点、抓住主要部位，逐步消除住宅工程外墙渗水通病。

# 8. 住宅工程楼板裂缝的设计原因与控制措施

上海市建设工程安全质量监督总站　顾国明

## 一、现状

(一) 设计市场和住宅设计体系现状

1. 随着上海市工程建设任务的不断发展，勘察设计队伍在迅速扩大，据了解，在上海市从事工程建设勘察设计任务的地方甲级勘察设计企业达68家；地方乙级勘察设计企业78家；地方丙级设计企业160家。丙级设计企业个数占总数52%。上海市住宅工程有相当一部分是由乙级和丙级设计企业承担，住宅设计单位低资质、设计人员中刚出校门的年轻人多。外省市来的甲级勘察设计单位不熟悉上海市地方规程，有些单位的主要骨干力量并没有来，有的是低资格的设计人员搞挂靠设计。凡此种种情况，造成一部分住宅工程勘察设计质量低下，存在勘察设计质量问题较多。

2. 建筑市场不规范。一些住宅开发商任意压价，片面降低勘察设计费用，以收费最低为主要条件选择勘察设计单位，同时又不讲合理的设计周期，限期开工，逼迫提前出设计施工图。造成施工图设计深度不够，质量问题较多。有的工程上部平立面尚未确定，基础桩基先出图赶进度开工，造成既成事实，上部平面结构只能迁就，无法合理改动。

3. 从住宅工程设计的结构受力体系来讲，已从多层砌体建筑发展到高层的框架、剪力墙或框剪结构，尽管各种受力体系有其自身的受力特点，但是作为江南地域的上海地区，住宅建筑的墙体与屋面不像北方严寒地区那样需要考虑保温、隔热或抗冻影响，这些似乎都是设计规范和住宅标准规定了的传统方法；同时，在高层建筑的抗侧力计算分析时，楼板又是作为在平面内无限刚度的假定来传递侧向力的，这也是一种约定俗成的假设；然后，这些传统的计算分析方式和约定俗成的计算“假设”在严酷的现实面前受到了严重的挑战；几乎使不少住宅建筑的现浇混凝土楼板出现不同程度的裂缝。这说明，传统的设计理论和约定俗成的“假设”并不符合上海地区实际存在的楼板开裂规律。

因此，对现浇混凝土楼板的开裂现象作一些深入的调查研究是非常必要的。

4. 回顾分析钢筋混凝土现浇楼板的各种受力体系发现，无论是按单向板设计还是按双向板设计；是按单跨板设计还是按多跨连续板设计；无论是板端支承在砖砌墙内还是支承在边梁或剪力墙内；受力状态的考虑都是局限于楼板平面本身的应力变化，常见的如楼板平面的受弯变形(按弯矩配置抵抗正、负弯矩的受力钢筋)，楼板平面的受剪变形(如楼板的抗冲切的抗剪钢筋和连续板在板支承点周围的抵抗剪应力的用钢筋网片配筋等)，即使是考虑板端嵌固节点产生的负弯矩，也是只考虑板平面弯曲或屈曲所产生的应力。在楼板受力体系分析时，对于现浇结构构件之间在三维空间中，如何分配内力，协调变形，根本就没有考虑；如与楼板连接的竖向构件如何与楼板共同作用，如何与楼板共同协调变形。再有，当在同一层平面内的楼板平面形状发生突变时，很难考虑由此产生的次应力，如楼板缺角引起的L形平面凹角处或带有外挑转角阳台的凸角板端、或是楼板在相邻板跨连接处厚薄相差过于悬殊、或局部开洞、或错层等情况下，都会产生一些应力集中现象，产生一种垂直于板截面的应力，使楼板在板平面内受到剪切，形成一种撕拉力。这对钢筋混凝土楼板是非常不利的。

（二）楼板裂缝种类

上海市住宅工程自采用现浇混凝土结构以来，现浇楼板使用的混凝土按照规定必须采用商品混凝土代替现场自拌混凝土。但是采用现浇混凝土后，现浇楼板的裂缝已成为普遍的质量通病，其裂缝发生的部位及走向带有一定的规律性，据发生现浇楼板裂缝工程实地调查结果，概括起来有以下几种现象：

1. 长条形住宅靠近顶端单元的两个相交的外墙角处的现浇楼板，时常会发生与两个外墙成45°夹角的条形裂缝。裂缝与外墙角垂直距离约在50～100cm，裂缝的宽度自工程刚竣工时的0.1mm，会发展到0.3mm左右，多数是沿楼板厚度上贯穿性裂缝。

调查情况表明，这种45°夹角裂缝，对多层住宅一般从三层开始到顶层为常见；高层住宅一般从顶层开始到下部2/3的楼层范围内各层均有；沿着各楼层45°夹角裂缝在顶层及上部楼层比下部楼层裂缝宽度要大，越往下层，裂缝宽度逐渐减小，直到消失。当一端外墙有转角阳台的房间楼面上却不会产生裂缝。

2. 在现浇楼板内预埋塑料电线管方向的板面上部有统长裂缝。按照现行住宅设计标准规定，起居室、主卧室内需配置单相两极和单相三级组合插座三只，单相三极空调电源插座一只及照明电源，都必须在现浇楼板内预埋穿电线的管子。近几年来，预埋电线管已经全部采用PVC电管，取代过去的金属黑铁管（不镀锌钢管）。在工程竣工后，明显的发生在一部分房间的预埋塑料电管的板面上出现了裂缝，裂缝宽达0.2～0.3mm左右，这种裂缝仅在楼板上表面上出现，板底无裂缝。

3. 在卧室或起居室平面尺寸不规则时，沿着宽度尺寸较大变化的薄弱部位，发现自凹角开始的裂缝，在现浇楼板上呈现平行于纵向墙面方向的裂缝，见图3-2。这种裂缝宽度为0.1～0.2mm，在楼板厚度上呈贯穿性裂缝。

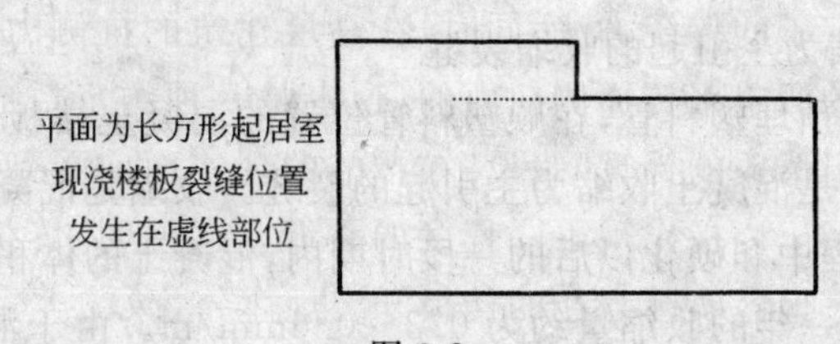


图 3-2

4. 发生在现浇楼板后浇带界面上，沿着后浇混凝土和先前浇筑的混凝土交接界面上，也可能发生沿楼板的厚度贯穿性裂缝。

现浇楼板发生上述种种裂缝，往往成为住户对住宅质量问题投诉的热点，有的要求赔偿，有的还要求退房。建设单位虽然采取了种种措施，例如委托专业施工队伍修补处理后可以消除不良后果，或向住户解释这些裂缝不会带来安全问题，也不会影响使用功能。但是对一些贯穿裂缝，由于修补处理不当，裂缝还会反复出现，严重的可能还会导致改变楼板的支承条件；而发生在PVC管子上部板面的裂缝，显然削弱了楼板的计算高度；在楼板尺寸突变的墙角部位沿楼板上发生贯穿裂缝，也会影响住宅的使用功能等等。消除这些现浇楼板上裂缝的发生，已成为当前亟待解决的问题，也是提高住宅工程质量需要解决的重要内容。控制现浇楼板裂缝发生，首先要全面分析裂缝发生原因，针对原因，采取相应对策措施。现从住宅工程设计角度分析原因，提出一些建议措施。

**二、从设计角度分析现浇楼板发生裂缝的原因**

从钢筋混凝土楼板的设计分析看，传统的做法还是按弹塑性设计。建筑结构荷载规范规定，结构设计在使用过程中按承载能力极限状态和正常使用极限状态分别进行荷载效应组合，并取各自的最不利组合进行设计，混凝土结构设计规范又规定，只有对“直接承受动力荷载作用的结构与要求不出现裂缝的结构构件”按弹性体系计算。言下之意大多数钢筋混凝土楼板是允许开裂的，只不过是我们应合理的控制裂缝的宽度和裂缝的分布。

当然，对于影响结构构件安全的和正常使用的构筑物，如水池或油罐的抗渗漏和使用在具有腐蚀性气体、高温环境的构件设计自然比较重视的，也是要严格控制裂缝的。因此，由于静载或使用载荷引起的构件开裂，也是比较容易受到重视的。但是，对于临时荷载(例如：施工机械的上楼，构件砌块的堆载)或温度应力与混凝土收缩作用引起的应力往往是结构设计不容易考虑的。这些临时荷载或温度应力是促使楼板开裂的原因之一。

具体的原因不外乎以下诸方面：

(一) 温度变化引起

上海地区一年之内气温的变化较大，夏季极端最高温度达 39℃，结构物外表面温度可达 50℃左右，冬季温度最低可达零下 5～8℃左右。由于夏天室外墙体温度高于室内温度，结构外墙面在高温下发生受热膨胀作用，在纵横两个外墙面的膨胀变形对楼板产生的牵拉力作用下，使纵横两垛外墙夹角处的楼板呈现向外墙方向的拉伸。当主拉应力大于混凝土极限抗拉强度时，造成现浇楼板在转角处出现接近 45°的条形裂缝，因楼板与外墙体接触，板的上下面又均存在墙支承的约束，造成此类 45°裂缝是上下贯穿的。随着混凝土龄期的增长，混凝土收缩裂缝容易在薄弱面上展开。因此这种 45°方向的裂缝，在工程刚竣工时只有 0.1mm 宽度，到半年或一年之后，逐渐会扩展到 0.2～0.3mm 左右。如果施工时气温较低，一到夏季，这种 45°的楼板裂缝更容易发生。

(二) 以混凝土收缩为主引起的收缩裂缝

现浇混凝土楼板内预埋塑料管，在顺塑料管位置的混凝土楼板面上的裂缝和现浇楼板后浇带交接面上裂缝均是混凝土收缩为主引起的裂缝。收缩是混凝土固有的特性之一。混凝土浇捣后，在硬化过程中和硬化以后的一段时期内，混凝土的体积将收缩。混凝土收缩值随时间而增加。混凝土一年的收缩量约为 0.3～0.6mm/m。由于混凝土的收缩，在其表面或内部产生裂缝，破坏混凝土的微观结构，降低混凝土耐久性，在标准条件下，普通混凝土的收缩变化规律可用下述数学表达式表示：

$$\varepsilon(t)_0=\frac{t}{71.48+1.472t}\times10^{-3}$$

式中 $\varepsilon(t)_0$——在标准条件下初始测试时的混凝土龄期为 3d 的普通混凝土收缩值(mm/m)；

$t$——混凝土实际测试的龄期(d)。

影响收缩的因素有环境相对温度、构件截面尺寸、养护方法、粉煤灰掺量和混凝土强度等级等。这些因素都有各自的影响系数，在非标准条件下，应将这些影响系数综合考虑。对上述收缩值加以修正(摘自龚洛书、惠满印《混凝土收缩与徐变的实用表达式》1993 年出版，中国土木工程指南)。由于预埋塑料电管与混凝土之间无粘结力,使楼板的计算厚度减少,当混凝土收缩时,在混凝土中产生拉应力,在这种拉应力作用下,就会在楼板内预埋塑料管的断面的薄弱部位产生裂缝,这种裂缝一般在没有配筋的楼板面层开裂,而楼板下部因有受力钢筋或构造钢筋发挥作用不易开裂。同理可知,在楼板后浇带的新老混凝土界面上,由于先浇捣的混凝土和后浇带上新浇的混凝土都产生收缩,如果缺乏必要的技术措施,必然会在新老混凝土界面上产生裂缝。

(三)建筑设计方面原因

在现浇楼板平面形状突变的部位,由于应力集中现象,也会产生裂缝。在住宅卧室、起居室、电梯旁的平面形状不规则的部位,有时楼板遇到电梯开洞等位置,楼板的受力情况复杂,来自两方面的应力叠加而产生应力集中。在混凝土楼板的凹角部位就会产生大于混凝土抗拉强度的主拉应力,形成上下贯穿性裂缝。

1. 平面形状与产生楼板裂缝的关系

当住宅卧室或起居室沿着长度、宽度方向尺寸变化时,由于楼板刚度不一致,会产生不相同的变形。当短边楼板受墙体约束时,在长边跨产生较大变形后,板就会沿着长、宽尺寸交角的薄弱部位开裂,裂缝自凹角开始一直向里,裂缝宽度由角部开始逐步减少直至消失。

2. 住宅平面长度与产生裂缝的关系

房屋结构平面超长,由于材料的收缩和温差引起变形影响。会造成墙体连同楼板的横向裂缝。

3. 屋面、外墙节能保温措施不够

上海四季存在温差,室内、室外也存在温差,这是自然现象,而住宅建筑能否适应这种温差,避免此类楼板裂缝的发生,这是设计角度应考虑的问题。上海市"八五"、"九五"期间制订的住宅设计规范,没有完全强调按节能建筑要求,控制围护结构的传热指标,进行热工计算。较多住宅的屋面不设保温层。有的外墙采用20cm厚混凝土,墙体的内、外表面均不做保温或隔热,热工性能差,造成屋面、外墙体在夏季温度急剧上升,加大热胀作用。从裂缝发生的现场实例分析可知,由于屋面热胀和墙面热胀的共同作用,致使产生住宅端部在顶层转角处楼板的45°斜向裂缝,其中顶部裂缝最大,往下逐渐减少,直至消失。当转角处墙面有阳台时,由于刚度大,阻止了外墙的热胀作用力对楼板的影响,因此有阳台的转角楼板就不发生45°夹角裂缝。调查资料又表明,当转角处是烟道、楼板上留有孔洞。外墙受热膨胀产生的拉力传递不到楼板上,因此这时楼板在角端就无裂缝。

(四)结构设计方面原因

1. 结构设计对温度应力与混凝土收缩应力的控制进行针对性的配筋考虑不够。

由于墙板变形(如剪力墙或角端处交角墙板的热胀)牵连楼板,迫使楼板在楼板平面内的拉伸变形考虑不够。按传统的概念在板角支承处或板端支承处增加抵抗负弯矩钢筋的目的,只是考虑到楼板在承重竖向荷载作用下弯曲变形。并没有考虑墙板或边梁(当边梁是带窗台的深梁时)对楼板的影响。因此,有时在端跨的板角虽然增加了负弯矩钢筋或加长了角端的放射形配筋,仍然阻止不了端部单元楼板角端的45°向的裂缝。

2. 结构设计对具有预埋管的楼板在板面裂缝的构造措施上考虑也是不够

例如:PVC电管用多了,甚至在局部节点上还有十字交叉,或是不用接线盒情况,都不利于混凝土楼板发挥整体受力作用。PVC管与混凝土的握固力非常小,PVC管密集部位的楼板就变成了“夹心饼干”,大大降低了板在抗弯时的计算高度。

3. 对具有开孔的楼板,特别是孔开得比较大的双向板的设计问题

设计时我们往往只考虑楼板在竖向荷载作用下的洞口四周加强配筋(因为纵向的受力钢筋被切断了)。而没考虑到如果周围的支承点上是剪力墙或深梁时,板与墙体或板与梁的变形协调问题。在计算程序上也无法考虑协同工作,这时如墙或梁刚度较大,板的孔边凹角处必然出现应力集中现象,开洞板发生翘曲。对条状建筑由于沉降不均匀,同样会对楼板的受力产生不利影响。

4. 关于梁、柱、板采用不同混凝土级配与后浇带问题

为了充分发挥混凝土的强度特性,以及抗震设防的原则。如一般性建筑设计成“强柱弱梁,震而不倒”楼板的混凝土级配往往比柱的级配低。特别是高层建筑的底下几层这种现象比较普遍。但是在楼板与梁交接处处理不好,不同级配混凝土收缩变形不协调,也是造成楼板与梁、柱交接处开裂的一个原因。

当我们在设计较长的条形建筑时,为了减少混凝土的收缩变形,往往会预留后浇带,这对长条形楼板防止开裂是有好处的。但是后浇带不能替代伸缩缝。个别设计将现浇框架结构的长度延伸超过55m,不设伸缩缝,采用后浇带而未开裂的情况也是有的,但是不能作为经验来推广。后浇带与伸缩缝的概念、作用不一样的。至今新的混凝土结构设计规范还是没有突破这一规定,因此,结构设计在考虑防止楼板开裂方面,还是要考虑各个方面综合因素。

**三、从设计角度防止现浇混凝土楼板裂缝发生的对策措施**

这里不得不重复说明影响住宅现浇混凝土楼板裂缝的因素是多种多样的。有混凝土材料的预拌配制因素(如级配、强度等级、减水剂、缓凝剂、早强剂、膨胀剂、抗冻剂及外加活性矿物材料),预拌混凝土的质量还特别容易受到生产、运输、浇筑和养护过程中环境因素的影响,尤其是过高的气温、远距离的运输或搅拌车等候浇捣以及水化热等影响和施工荷载对未终凝混凝土的影响,本文只是从设计的角度提出防止现浇混凝土楼板裂缝发生的对策措施建议。

(一) 建筑设计方面考虑的对策

1. 适当控制建筑物的长度

多层住宅一般应控制在不大于55m,高层应控制在不大于45m较为合适。如果超过此长度,应采取构造措施,设置伸缩缝,超长量不大时,可用留设后浇带等措施,减少楼板混凝土的收缩影响。

2. 外墙与屋面采取保温隔热措施

(1) 住宅建筑屋面采取保温隔热措施是非常必要的。除设置保温层解决冬冷问题以外,同时在上部增设架空隔热层。通过空气流动,达到隔热降温作用,减少太阳辐射导致屋面结构升温。

(2) 住宅外墙面应采用浅色装修材料,增强热反射,减少对日照热量吸收,同时外墙外表面或内表面设置保温隔热层。屋面和外墙体材料,通过热工计算,使屋面和外墙体的表面根据不同季节均能达到《夏热冬冷地区居住建筑节能标准》和《上海市建筑节能技术规程》要求,使内部结构层的温度应力减小。

(二) 结构设计方面考虑的对策

1．对于建筑物体形平面不规则而产生的裂缝，可在L形或Z字形的凹角单元开间的范围内采取负筋长向与短向拉通方案（也就是有凹角处的楼板采用双层双向配筋），钢筋宜采用小直径小间距；或设置暗梁使之形成较规则的平面。

2．为防止楼板沿现浇预埋塑料电线管方向的楼面裂缝，可采用下列任何一种措施防治：

（1）在预埋塑料电线管时，必须有一定的措施，塑料管要有支架固定，塑料管在管线交叉通过时，必须采用专门设计的塑料接线盒，防止因塑料管交叉对混凝土板厚度削弱过多。在预埋塑料电线管的上部预埋钢筋网片，可采用钢板网或冷轧带肋钢筋网片 $\phi4@100$mm 宽度 600mm。

（2）改进黑铁预埋管性能，采用内壁涂塑黑铁预埋管，一方面既保持了黑铁管（不镀锌钢管）与混凝土的握固力，同时也有利于穿线，不影响混凝土楼板的计算高度。

3．板厚宜控制在跨度的1/30，最小板厚不宜小于12cm。适当减薄后浇层，最适宜的做法是后浇层与楼板同时浇捣；采用随浇随抹，用机械抹光，在装饰阶段再涂5mm厚专用涂料。

4．对需要严格控制裂缝的部位，建议不用光圆钢筋，全部采用热轧带肋钢筋以增强其握固力。楼板的分布钢筋与构造钢筋宜采用变形钢筋来增强钢筋与现浇混凝土的握固力，特别是小直径的分布筋或构造筋以冷轧扭钢筋来替代光圆钢筋，对控制楼板裂缝的效果明显好转。

5．住宅端部及转角单元在山墙与纵墙交角处，应考虑山墙与纵墙受热变形后楼板能够承受在板平面内汇集在板角向的剪力。较好的构造措施是在端部单元和跨度≥3.9m的楼板中配置双向、双面钢筋；钢筋间距不宜大于150mm，在阳角处钢筋间距不宜大于100mm，外墙转角处楼板的配筋方向可以平行于墙面方向，也可配成与墙面成45°角方向的钢筋网格。配筋范围应大于板跨的1/3，钢筋间距不宜大于100mm。楼板上部钢筋与墙体连接均应满足锚固长度的要求。这些钢筋不仅是承受板在角端嵌固在墙中而引起的负弯矩，更重要的是起到了协调两片交角墙体（特别是钢混凝土剪力墙）与板在受到温度变化时的共同作用产生的变形。

6．当现浇钢筋混凝土楼板搁置在边梁上，该端跨支座的负弯矩钢筋也应该在端跨内整跨拉通，以便让墙体变形与楼板变形能通过拉通的负筋逐渐传递到中跨去，这样就协调了三个构件在温度应力作用下的变形。

7．楼板的混凝土强度一般不宜大于C30，特殊情况需采用高强度等级混凝土或高强度等级水泥时要考虑采用低水化热的水泥和加强浇水养护，便于混凝土凝固时的水化热的释放。

8．后浇带处理。住宅建筑长度超过规定的混凝土结构，可设置后浇带。待混凝土早期收缩基本完成后，再浇筑成整体结构，可减少混凝土收缩的影响，又能提高抵抗温度变化的能力。后浇带设置应考虑以下问题：

（1）后浇带的间距，住宅建筑一般控制在多层不大于55m，高层不大于45m的长度以内，以保证在后浇带划分的区段中混凝土可以较自由地收缩。

（2）后浇带应设在对结构受力影响较小的部位，一般应从梁、板的1/3跨部位通过或从纵横墙相交的部位或门洞口的连梁处通过。

（3）后浇带应贯通整个结构的横截面，以将结构划分为几个独立的区段。但不宜直线通过一个开间，以防止受力钢筋在同一个长度的截面内100%有搭接接头。

(4) 后浇带的宽度为700～1000mm，板和墙的钢筋搭接长度为45倍 $d$，梁的主筋可以不断开，使其保持一定的联系。

(5) 后浇带的混凝土浇灌宜在主体结构浇灌后两个月后进行，最早也不得早于40d。使主体混凝土早期收缩完成60%～70%时为宜。

(6) 后浇带浇筑时的温度，尽量接近主体结构混凝土浇筑时的温度。

(7) 浇筑后浇带的混凝土最好用微膨胀的水泥配制，以防止新老混凝土之间出现裂缝。如有困难，也可以用一般强度等级混凝土。但在新老混凝土表面应清理后接浆浇筑。

9. 结构设计如能控制建筑物的不均匀沉降与采取适当的构造措施也能防止楼板开裂。例如在适当的标高位置设置钢筋混凝土圈梁，圈梁不宜过高，并应在外墙与承重墙上贯通，如果遇到楼梯间外墙时，由于窗台与窗顶标高与楼层不在同一位置，这时楼梯间的窗过梁与楼层的圈梁都应进入窗边的构造柱中。通过构造柱进行搭接来调节墙体不均匀沉降。

10. 对搁支在外挑梁上的阳台板或楼板，特别要关注梁上的荷载；设计者往往只考虑每根外挑的梁能承受本层的楼板与隔墙的荷载，并没考虑上下相邻层的牵连作用。当本层挑梁上的隔墙砌满到上层梁底时，一旦上层梁产生挠度后，自然会将上层的墙体与楼板搁支荷载全都传给本层挑梁。这也是造成挑梁与楼板面开裂的原因。有时一根挑梁要承担其上部好几层的荷载，这就必然造成严重裂缝。在设计悬臂挑梁时应验算和控制变形，而且设计时，要在挑梁下面与隔墙交界处作一些适当的脱离措施，例如留缝隙或是松软物充填，就能免除挑梁的开裂。

(三) 加强质量管理

建议勘察设计企业应严格加强内部质量管理，建立和健全质量保证体系，对5万 $m^2$ 以上住宅小区设计任务，规定必须是由通过ISO 9001质量管理体系认证的单位承担，今后进上海承担勘察设计任务的单位也必须是获得质量体系认证证书的勘察设计单位。

通过初步调查，我们认为继续深入对住宅楼板开裂的设计控制的创新研究是很有必要的。例如：有否可能将楼板搁支在较理想的铰支座上；是否可以将钢筋混凝土楼板的设计计算模型控制在弹性变形阶段，不进入弹塑性状态；是否有办法开发研究一种有机的高弹性防水的粉刷面层材料，来适应楼板由于温度变形和混凝土收缩变形引起的开裂。

# 9. 小砌块住宅外墙温差、收缩裂缝的预控与防治

黄浦区建设工程质量监督站　顾欣荣

**提要**：本文以剖板小砌块住宅外墙温差裂缝产生的原因与特点为主，通过辩证分析与扬长避短，从减少温差、分段控制，化小变形，提高外墙的保温，抗裂能力入手，对现有设计、施工中的一些传统做法提出了改进与修正，并结合长远，提出了一些适合我国国情，成本低廉而有效，施工简易而可行的大众化节能小砌块住宅外墙方案，多管齐下地对这一常见、多发的质量通病进行预控与防治。

**关键词**：小砌块住宅、温差、裂缝、预控及防治措施。

小砌块住宅在上海地区十多年的应用中，出现外墙面因受温度应力作用下引起一些部位的开裂，较为普通地表现在顶层端部的几个开间，如房屋顶层端部横墙从顶角至纵墙 2m 左右的 45°八字形踏步式裂缝、内纵墙至山墙的八字形踏步裂缝、山墙顶层圈梁下的水平裂缝。以及因门窗开洞而截面削弱在洞口产生的八字形裂缝等。这些裂缝不仅造成外墙渗漏，影响使用，也影响了美观与建筑物的耐久性，更重要的是降低了房屋的整体刚度和抗震能力。以致成为当前住宅质量投诉率较高的一个"热点"

外墙墙身出现上述裂缝系有多种因素，但究其原因最重要的外因还是温差因素，据有关资料分析，上海地区冬、夏季室外屋面板与外墙面表面温度年温差可达 60℃以上，而室内墙面年温差一般不会超过 30℃，这样巨大的温差会给砌体局部的外表面，特别是受阳光辐射较长时间的屋面板产生强烈的热应力与伸长变形。平屋盖对墙体产生两端方向的水平推力由中部向两端集中，由温度应力产生屋盖与墙体变形的差异，引发成作用在砌体上的剪应力，当剪应力或主拉应力大于砌体抗剪强度时，使得外墙顶层两端与窗口砌体截面突变的薄弱处、顶端开间、内纵墙、内横墙约束处即出现开裂（详见图 3-3、图 3-4）。此外，由于"热应

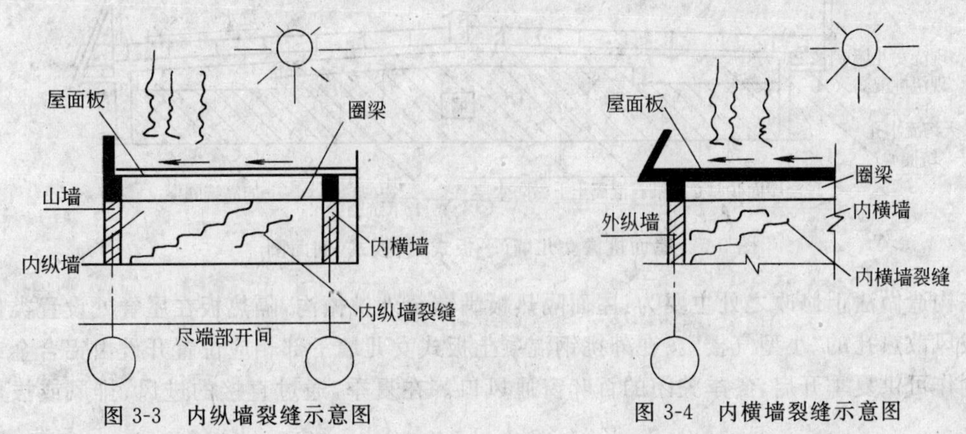


图 3-3　内纵墙裂缝示意图　　　图 3-4　内横墙裂缝示意图

力”的破坏性强，也会引起外墙较大程度开裂与局部破坏，与小砌块砌体材质自身因干缩产生的不规则的细小裂缝相比，当然相形见绌。但此时砌体收缩裂缝往往易被掩盖与忽视，对此我们决不能不以为然而等闲视之。

根据《工程结构裂缝控制》(王铁梦著)，混凝土结构建筑物顶层墙体两端主拉应力和最大剪应力计算公式为：(公式符号见文献 1)

$$\sigma_{\mathrm{L}} \approx \tau_{\max}=\frac{C_{\mathrm{x}}(\alpha_2 T_2-\alpha_1 T_1)}{\sqrt{\frac{C_{\mathrm{x}} t}{b h E_{\mathrm{s}}}}} \tanh \frac{L}{2} \cdot \sqrt{\frac{C_{\mathrm{x}} t}{b h E_{\mathrm{s}}}}$$

按以上计算公式根据实际情况进行复算(具体计算另附)，近年来竣工后的不少小砌块住宅尚不能满足砌体抗剪要求，故发生较为普遍的顶层端部开裂。因此必须进行相应改进，对此笔者建议如下：

**一、改进传统屋面隔热层通风设施的构造**

据有关资料显示，在我国夏季太阳对各个朝向辐射照度的日总量之和中[单位：($W/m^2$)]，平屋面(近似水平面)的日总量约占总和的一半以上，已超过了建筑物其他各个方向东(西)、南、北四个朝向日总量之和，因此为能有效降低夏季赤日炎炎的热辐射，屋面设保温、隔热层是减少夏天外表面温度与室内平顶表面温度之差的最有效与必不可少的关键措施之一，但以往传统的住宅平屋面的隔热层的构造做法，因受四周女儿墙的“门户”阻隔，致使檐口处间接的通风道迂回曲折，由于未设置或造就成直通的进风口与排风道，造成未能形成直接空气对流、通风的良好条件，故其散热降温效果较差，对此提出针对性改进措施如下：

1. 提倡“平改坡”及“屋面绿化方法”，将能有效减少太阳辐射热量，降低屋顶外表面温度，以减少温差条件下屋面水平推力。

2. 当受条件限制，平屋面不能采用绿化措施来降低外表面温度时，且确因建筑立面需要必须做平屋顶并设女儿墙时，此时不宜采用女儿墙包檐做法。而应采用檐沟落低的挑檐女儿墙做法(含现浇钢混凝土竖板式、斜板式女儿墙均可)。这不仅因为做挑檐的屋面可有效避免屋顶渗水，而是修改的目的在于满足设置了直通的进、(出)风口后，不至于破坏纵向女儿墙根部处天沟的卷材防水层泛水，使之达到建筑物美观与隔热通风效果的统一(详见图3-5)。

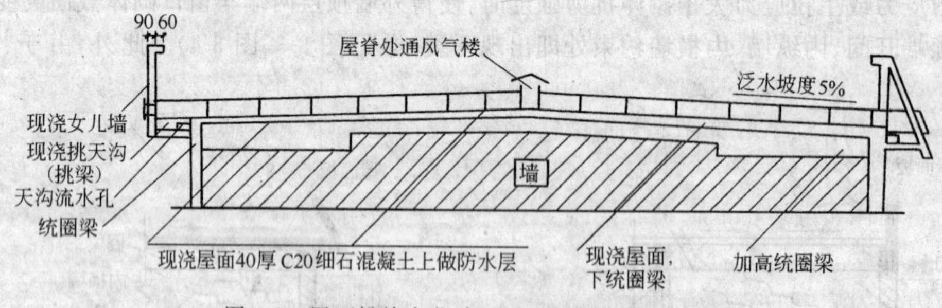


图 3-5 屋面挑檐女儿墙(平板式、斜板式)剖面图

在构造做法上修改之处主要为：屋面隔热板满铺至外挑檐沟，隔热板在屋脊处设置类似于含拔风散热孔的“小型气楼”。在外挑钢混凝土板式女儿墙下部相应位置开设由铝合金或塑钢制作可供夏季开启，冬季关闭的百叶窗通风口。在夏季，通过直接的进风、排风或拔风

效应，较大地改善了平屋面的通风条件，加快了隔热板下冷热空气对流与交换的速度，提高了通风散热的效果，降低了屋面因受热辐射所产生的温差与膨胀应力。在冬季，通过物业管理使架空层四周封闭，使架空层获得一定的热阻值而对屋面进行保温。通过以上改进，从而减小了屋面受夏热冬冷引发温差在纵、横两个方向上的变形（详见图 3-6）。

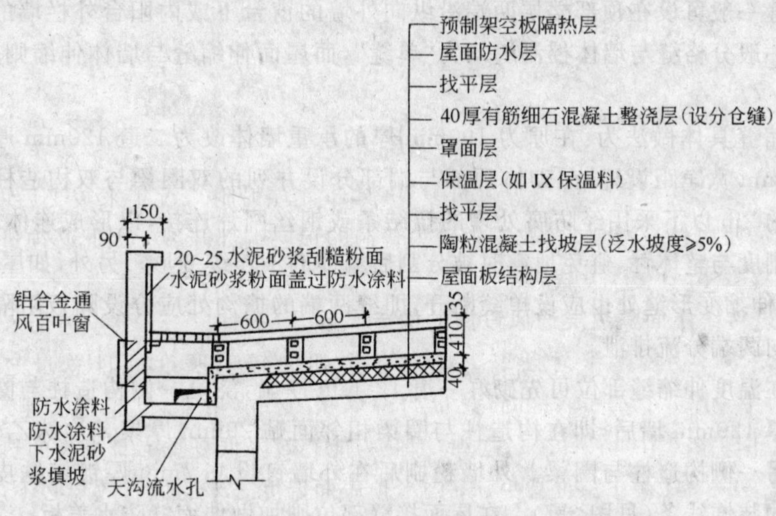


图 3-6　竖板式挑檐女儿墙节点详图（保温层正置法）

3. 屋面架空层的表面应加做白色或银白色涂料，楼层顶部的外墙面宜采用浅色并具有高弹性、堵漏、防水功能的合成树脂液防水涂料，以减少夏季烈日阳光下屋面、墙体对辐射热量的吸收，而不应作为一项节约措施予以取消。

**二、在顶层墙体、屋面设组合变形缝**

小砌块房屋在正常使用条件下，墙体易产生由温差引起的斜向、竖向裂缝和材料干缩引起的不规则裂缝，国标《砌体结构设计规范》（GB 50003—2001）中明确规定应在墙体中设置伸缩缝，伸缩缝应设在因温度和收缩变形可能引起应力集中、砌体产生裂缝可能性最大的地方。但目前设计单位通常做法为：一是仅在屋面上设置分格缝（横向缝间距控制在每 1～2 个开间或 6m 左右、纵向屋脊处设一道），二是将房屋长度控制在小砌块墙体伸缩裂缝允许的最大间距内。（如整体式或装配整体式钢筋混凝土结构有保温层及隔热层的屋盖，砌块墙伸缩缝的最大间距控制在 40m 以内），但实际应用效果并不理想，这是因为我国过去一直沿用前苏联伸缩缝的做法，在此应明确指出的是该种方法仅适用于较为寒冷的地区，更何况使用对象属收缩率较小的烧结砖，而不是收缩率较高的混凝土小砌块，故决非“放之四海而皆准”。

防止墙体裂缝产生的一种有效而实用的方法是采用“组合变形缝”方法，即不但在屋面总体上设伸缩缝，局部上设分格缝，还应在墙身总长上设伸缩缝、另在局部墙段及墙体自身收缩应力较为集中的部位（自顶层端部每隔几个开间的墙体上）设控制缝。在屋面及顶部楼层设“组合变形缝”的目的在于“化大为小”，即对温度、材料收缩应力产生的总变形进行“化整为零”与“分而治之”，使这些在内、外应力下产生的每一部分变形不致叠加而增大，而是将其分段后，化小控制在若干个可承受并在允许变形的范围之内。虽然这些“缝”就其功能而言均归类为变形缝，在构造上也有“单缝”与“双缝”之别，但其分工各有所侧重而不容替代。

一般“伸缩缝”系通过分段来分解总体长度，防止因外因温差引起整体过大的应力叠加与集中，用以减小屋盖与顶层墙体变形的差异。而(墙体)控制缝、(屋面)分格缝则是在某一区段内，用以消除内因(材料收缩)或温差引起的局部变形与开裂。在具体设置时，屋面伸缩宜从顶层楼部几个开间内结合分单元或分户考虑，取定后与墙体伸缩缝结合时应“二缝合一”。而墙体控制缝一般可设在顶部楼层两端沿纵向外墙的窗台下或内阳台外栏墙的二侧部位。就构造而言一般分格缝与墙体控制缝均为“单缝”，而屋面伸缩缝与墙体伸缩则为相重合的“双缝”。

墙体伸缩缝具体做法为：在原为190mm厚的承重墙体改为二道120mm厚砌块墙，两墙间留有20mm宽净距设缝，在砌体顶部与端部分设并列的双圈梁与双构造柱，但两砖墙在楼层高度的2m以下采用经防腐处理的拉结条或钢丝网片连接，以形成连体双片墙后仍保持一定的刚度与整体性，避免地震时被分割后墙体的不连续变形。另外，如屋面设带挑檐女儿墙时，其伸缩变形缝处也应设单缝断开，即缝两端的檐沟处应分设隔板阻隔而不联通，使雨水各自向两端分流排泄。

施工时在温度伸缩缝部位可先砌好一道120mm厚墙，浇筑一侧构造柱与圈梁，脱模后砌完另一道厚120mm墙后，即在构造柱与圈梁相邻面贴20mm厚聚苯泡沫乙烯板作为模板直至完成另一侧构造柱与圈梁。外墙粉刷后在外墙钉设0.7mm厚镀锌铁皮燕形盖板，或形成立面的装饰线条(见图3-7)。在屋面接缝部位则加做伸缩缝防水盖板。

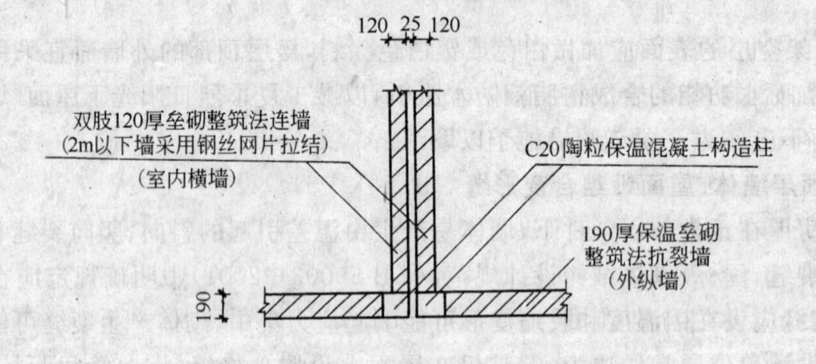

图3-7　顶层外墙设温度伸缩缝平面图

墙体控制缝的设置应使该缝沿墙长方向能自己伸缩，在构造上缝两侧的墙体应有预埋钢筋网片进行连接，出平面外能承受一定的水平力，其缝隙填嵌材料为柔性、密封、防水、耐候，一般可设在窗台下的窗角处，内阳台外栏墙的两侧设置竖向控制缝。

同理，在中高层小砌块建筑中，除屋面外，应注意到相对于多层建筑而言，高层建筑外立面积更大，特别是未设外保温的外墙，接受阳光照射的热量更多更强，热应力也更大，故更需要引起重视来合理设置相应的组合变形缝。

**三、小砌块相关材料的改性与研发**(材质改性、组合保温、外墙节能)

就材性而言，小砌块的隔热、保温、抗剪强度差，然而它的外墙表面却作为第一道防线在夏季烈日下承受较长时间、阳光下巨大能量的热辐射，显然“势单力薄，难以抵挡”。再者，目前外墙与内墙多为同一品种，在材质、规格与构造上均未见有质的差异，虽自2001年起上海地区的小砌块外墙已采用轻集料混凝土灌孔，使墙体热工性能与防止外墙渗水上有所改善，但仍不能达到不久后即将推行实施的《住宅建筑节能设计标准》中规定的要求，为克服这一先天不足的缺陷并结合长远，故将保温材料与小砌块外墙的基层墙体复合，构成复合保温墙体，以较大幅度地提高其墙体热阻与热惰性指标（$D$ 值）增强热稳定性，使之达到节能外墙的要求，现采取以下改进措施：

1. 选用煤渣混凝土小砌块作外墙壳模：

与普通混凝土小砌块相比，煤渣混凝土小砌块具有容重轻，保温隔热性能好、生产成本低与收缩性能优于粉煤灰加气混凝土块等优点，尤其是在墙体热工性能方面，现有的190mm 厚的薄壁型（30mm 厚）与厚壁型（40mm 厚）煤渣小砌块保温隔热性能分别已接近或超过 240mm 普通黏土砖墙的指标，故可选用其作为外墙外保温第一道防线的"壳模"。

当然砌块及相关材料的性能也是影响温差、收缩裂缝的一个重要因素，故防治温差与收缩开裂不仅要从控制墙身纵向长度与墙体构造着眼，还应从减小小砌块自身收缩值等着手，来进一步提高砌块墙身的整体抗裂性，建议在外墙小砌块原材料配比中掺杜拉纤维（一种专用水泥制品的抗裂纤维），以抵消混凝土收缩；研制无收缩、粘结力强适合小砌块墙的专用干粉砂浆等，以进一步提升与改善小砌块及相关配套材料的内在质地。

2. 外壁采用双壁构造，材质改性

外壁采用双壁构造系为了在外墙靠室外一侧空腔内插入经涂有防水胶粘剂的高效保温材料（20mm 厚硬质矿棉板），该板的物理性能力：干密度 300kg/m$^3$，导热系数 $\lambda_c$＜0.042 W/m·k、憎水型产品、难燃。由于保温材料构造上多为疏松、多孔，抗湿、抗冻性差，不能单独地抵御大自然的侵蚀。而以上材质经改性、组合，即分工明确、不同功能的层次与合理简单的构造叠加后（自外向内平面空腔内分别为保温层、承重（整浇层）、电气管线敷设层），可达到优势互补、相得益彰的效应，而且作为半成品，产品质量易于保证。

外墙近室内一侧空腔则为了满足各类电气管线的敷设，小砌块中间的大孔设计时则可根据不同的结构类型、承受不同强度等级，结合热工性能要求进行综合考虑后取定，或封底、或透孔后根据需要分别灌入不同类别、不同设计强度等级的轻集料混凝土（膨胀珍珠岩混凝土、陶粒混凝土等），以分别满足与适应各类不同结构体系建筑围护结构外墙节能要求的需要。

在外墙施工砌筑铺水平灰缝时，应采用专用探尺，预留出外侧相应保温层投影面的部位使之空缺，经砌筑每楼层完工后，自然形成了外墙外保温系统所组成四个结合层面中的三个（即界面粘结层、保温层、防护层），仅余下一道饰面层（外抹灰、涂料等）而已，与目前国内外常见的外保温节能外墙相比，施工操作大为简单、可靠、方便，速度也大为加快（见图3-8）。

对于小砌块外墙面的水平与竖向灰缝，则可在缝隙内的相应保温层部位间敷设"背衬式保温嵌缝条"（一种由胶粘塑纸与闭孔发泡聚乙烯柔性椭圆棒结合的保温材料，经填塞完毕后，采用"防水宝"水泥砂浆进行嵌补与勾缝，以作防水保护层，该缝一般应凹入基层外墙面5mm 左右）（见图 3-9）。

3. 组合保温，达到外墙节能标准

经实施以上措施后，小砌块外墙热工性能，大为改善，已超过了 240mm 厚黏土砖，但因煤渣小砌块自身构造中"横肋"的存在：在外墙每块小砌块中仍有一小部分面积受"热桥"的影响，为满足节能指标，再以保温砂浆内粉刷作为一种热阻补充，它具有施工方便，基本不占

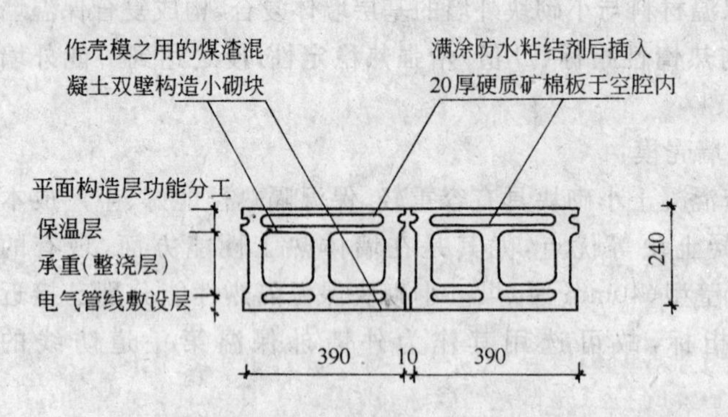

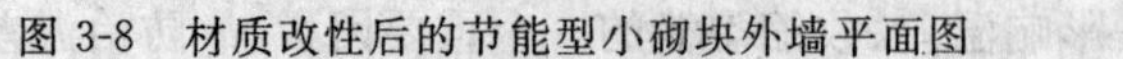

图 3-8　材质改性后的节能型小砌块外墙平面图

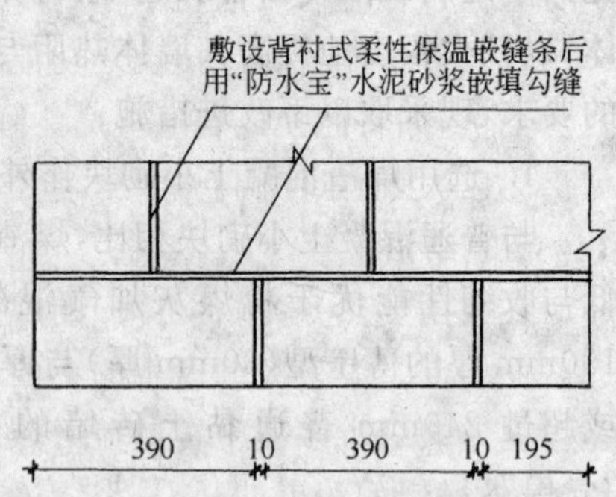


图 3-9　节能型小砌块外墙外立面水平、竖向灰缝处理示意图

用室内使用面积等优点。目前上海已有袋装膨胀珍珠岩粉刷料、JX 保温粉刷料等，保温粉刷层的厚度一般为 20mm 厚。经过组合保温，使小砌块外墙穿上一件组合保温、隔热的"棉衣"使之达到节能外墙的标准。

**四、改革传统外墙构造做法**

在住宅中，外墙在大自然中作为建筑物的第一道防线承受了风压、雨水、温差、地震等诸多不利因素的构件，而成为满足一系列诸如强度、变形、抗震、保温、防渗等多方面的要求，因而其作用与功能至关重要，故应倍加重视。但通过实践检验，目前的传统构造与做法不能满足抗剪、防裂、防渗、保温、节能等功能要求。为此等者建议在当前尚未开发出一种同时能满足上述要求的外墙砌块时，建议外墙采用"垒砌整浇法"(见图 3-10)。即施工时采用两端开口长 390mm 高为 190mm 的主规格厚壁型的煤渣型砌块、作为保温"壳模"进行垒砌，每当横向砌完一皮砌块后，便在砌体顶部凹槽内横向放置一根水平钢筋，并在与竖向插筋相交的位置预绑扎固定好开口铁丝。砌完一层楼后，清孔后即可在竖向孔内直立插入纵向钢筋，经伸入外墙内侧砌体孔内对丝扣进行再绑扎与固定，也可利用该孔敷设穿墙螺栓并与竖档、围檩组成支护体系，而后灌入轻骨料混凝土，这样最终形成的是直接连成一体的"保温型整体式抗裂外墙"，而不是像普通型小砌块虽经灌混凝土后，组成的却是由间接连接的"非保温排柱式外墙"。

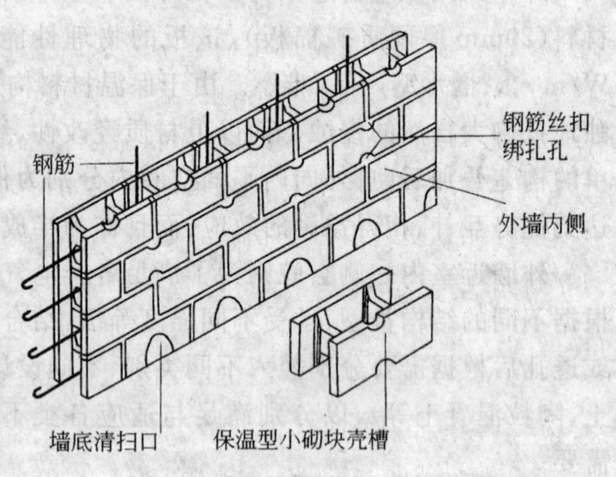


图 3-10　保温型垒砌整浇法整体式抗裂墙

在外墙配置钢筋时应根据结构功能的变化对不同的部位处进行相应的调整，如 L 型、T 型等连体芯柱、圈梁、窗台板压顶，门窗洞口边框加固，底层窗下墙反梁等进行综合考虑。除芯柱、窗洞口边外，对外墙竖向构造钢筋一般间距为 400mm，在绑扎时要注意位置不应居中，而应偏向于外墙边的靠室外部位，但必须留设好相应保护层。

由于厚壁型煤渣混凝土墙体本身已超过相当于黏土一砖墙的保温隔热性能，在此基础上可再通过保温砂浆内粉刷作为一种热阻补充，即能达到"内保温"的节能外墙要求，故该墙体不仅具有节能、保温、抗裂之功能，还有简单实用、施工方便的优势。

当然，如将此换成普通混凝土作内墙，即成为整体式配筋砌块剪力墙，其应用、推广、发展潜力巨大，前景广阔。

**五、结语**

在我国夏热冬冷(含上海)的广大地区，混凝土小砌块住宅外墙的开裂主要由温差过大因素而引起。温差裂缝产生的主要原因是温度应力引起变形后的剪应力高于砌体的抗剪强度。温差裂缝大多集中在屋盖区域四周下的顶层外墙四角部位，并由此引发相关连接的内纵墙、内横墙的约束处开裂，裂缝最显著的特点是随着季节的热胀冷缩而变化，而其他部位的不规则裂缝则主要由砌体材料的干缩引起。本文围绕着"减少温差、分段(片)控制、化小变形，结合外墙节能，从提高外墙的保温、抗裂"能力着手，提出了设置"组合变形缝"方法，并简单阐述与分析了"前苏联""伸缩缝"与欧美地区"控制缝"的共性与差异，将上述两种不同的砌体构造中的变形缝——"伸缩缝"与"控制缝"做法有机地统一，结合起来，做到对症下药，为我所用，以满足小砌块外墙在剧烈温差下变形与抗裂的使用要求。在具体实施时，提出以下几点建议：

1. 在屋面及(顶层)墙体设置不同类型、构造的"组合变形缝"时，应根据工程特点，对设置长度的控制与数量及选用构造时应根据小砌块建筑的纵向总长度、屋面与外墙的保温状况、建筑物的分单元(户)等情况综合考虑，按照能满足功能的需要后选定。

2. 上海地区对以小砌块作为新型墙体材料在住宅、商办楼等建筑物的推广应用中，应将外墙小砌块列为重点科研攻关对象。如在砌块抗收缩值方面，不仅要有管理措施(出厂养护期的控制)，更应有技术措施。建议从源头抓起，可在外墙保温型煤渣混凝土小砌块壳模的原材料配比中掺杜拉纤维(一种专用于水泥制品的聚丙烯纤维)以抵抗收缩并使混凝土具有抗裂、中强、节能功能，以此为契机研制开发出一种集保温、抗震、承压、防水、抗裂等满足于多功能且较低成本于一身的外墙新型小砌块系列。

开发出无收缩、适合小砌块用的外墙砌筑与粘结力强、抗裂性能优并掺杜拉纤维的外粉刷用干粉砂浆(商品砂浆)以及收缩较小的轻集料灌浆混凝土等一系列配套技术产品。对普通小砌块砌筑的内墙，施工砌筑中可在平铺端面法的基础上推广使用灌浆器加浆插捣密实，使竖缝砂浆的饱满度达到90%以上。通过以上措施，确保内墙竖缝灰浆饱满，外墙整体性及抗裂性能好且不渗不漏(见图3-11)。

3. 住宅外墙(围护结构)的节能主要是依靠提高结构的保温隔热性能来实现的，本文在小砌块及相关材料的改性中，以外保温为主，内保温为辅，对墙体实施复合保温，其中在选用煤渣混凝土小砌块做壳模基础上，将热阻较大的高效保温材料插置粘结于热工性能差的小砌块外墙外侧空腔内，不仅可

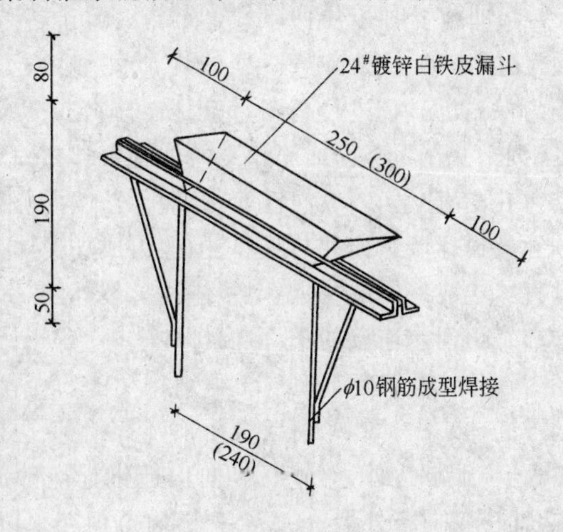


图 3-11 小砌块插入式竖缝灌浆支护工具大样图

阻止夏季室外热流进入墙体内，从而大幅下降破坏墙体的热应力，使建筑物在温差变化较大的环境中仍处于相对稳定的状态，而且又能有效地防止和减少外墙的裂缝，较为彻底地根治了小砌块住宅的“热”、“裂”、“漏”的顽症通病，不仅起到对主体结构进行保护与提高建筑物耐久性的效果，还有利于新型墙体材料推广及建设工程质量的提高，可谓一举多得。与目前国内外外墙外保温流行的三大应用体系（聚苯薄板玻纤网布增强聚合物砂浆抹灰体系、岩棉外挂钢丝网聚合物砂浆抹灰体系和保温层外挂预制混凝土薄板体系等）相比，虽属异曲同工，但具有构思简单、新颖、成本低廉、施工操作方便，易于推广，较适合我国国情等优点。

综上所述，本文提出从四个方面预防及控制小砌块外墙的温差裂缝，在立足当前、结合长远的同时，与时俱进地将防治与克服小砌块外墙裂缝的质量通病与节能外墙紧密地结合起来，在我国其他地区也可供参考、借鉴、推广使用这些预控及防治措施以为日臻完善，使小砌块住宅建筑的应用与发展有一根本性地质的飞跃。最终将成为“禁黏”与保护环境的一支新型墙体材料实际应用的主力军。

**参考文献**

1. 王铁梦. 建筑物的裂缝控制. 上海：上海科学技术出版社，1999

2.《砌体结构设计规范》GB 50003—2001

3.《混凝土小型空心砌块建筑设计规程》DG/TJ 08—005—2000

4.《住宅建筑围护结构节能应用技术规程》DG/TJ 08—005—2002

5. 龚益，沈荣熹，李清海编著. 杜拉纤维在土建工程中的应用. 北京：机械工业出版社，2002

# 10. 建筑工地设备管理的"五字经"

黄浦区建设工程质量安全监督站　童志鹏

自17世纪英国工业革命以来，机械设备已走入各行各业，走进老百姓的生活当中，对解放各行各业的生产力，提高劳动生产率和提高人民的生活质量来讲，起到了不可替代的重要作用。我们建筑工地也是一样，从小打小闹简单的零星施工，到如今的塔吊林立设备轰鸣的集团军立体交叉作业。其中机械设备对我们现代化高速发展的建筑事业立下了不可磨灭的功勋，但是，进入改革开放年代后，随着市场经济的蓬勃发展，不少建筑企业为了适应市场经济的需要，进行了经营体制改革。在资产重组、管理结构调整、人员精简中忽略了机械设备安全管理这重要的一块，以致建筑工地的机械设备安全管理往往不到位，特别是大量的建筑民营企业像雨后春笋一样地掘起，更给建筑工地的机械设备安全管理带来了"灾难"。这类企业一无上级，国家和地方对建筑工地机械设备安全管理的一系列新的精神、新的规定往往因传达不下去而无法贯彻落实，以致造成不少建筑工地和"新型的设备，老式的管理"这种难堪的局面，二是这类企业重效益、轻管理现象较严重，特别是对机械设备的安全管理和维修资金的投入不够重视，以致造成不少机械设备带病运转现象严重和"面拖蟹"现象普遍。更有甚者，少数小型建筑企业为了节约成本，大量地采购二手低价，甚至折旧几乎已完并处于报废边缘的机械设备，给建筑工地机械设备安全管理和安全运营留下了巨大的安全隐患，有的已造成了机毁人亡的重大安全事故。所以，如何提高建筑工地的机械设备管理水平，提高设备的利用率，延长其使用寿命，减少或杜绝各类设备事故和安全生产事故，是摆在我们建筑工地各级管理人员和专职设备管理人员面前的一个重大课题。笔者曾担任过专职设备管理员(以下简称机管员)，现将担任机管员期间的点滴经验和一些体会列举于下，供有心之士参考。

设备一生中一般分成两个阶段，我们俗称前、后半生。设备的前半生在厂家和商店度过，这里不再累述。而当我们一旦将其购入之日起，即设备的后半生开始了，所以在设备的后半生中，如何合理地使用、定期的保养、安全地周转、运输，将对机械设备的寿命和建筑工地的安全生产以及降本起到很大的作用。所以建筑工地必须强化对机械设备的安全使用和管理，不能懈怠。建筑工地的设备管理一般来讲应遵循"五"字经，即"管"、"用"、"养"、"修"、"算"。

**一、设备的管理**

1. 建筑工地必须建立以项目经理为主，技术负责人为辅，有机管员、安全员、材料员、采购员等参加的联席会议制度，各司其职地研究讨论机械设备的定型，采购、验收、维修保养、安全使用、转场、重大事故的分析、善后和重大责任追究问题。

2. 建筑工地必须建立一系列既切合实际而操作性又强的机械设备管理制度、操作规程和各级岗位责任制、安全生产管理制度等等，以及约束机操人员安全使用机械设备的奖罚条例。通过制度的落实，切实地执行，来有效的调控机械设备的管理和安全生产的局面，以杜绝机械设备"面拖蟹"现象、带病运转现象和安全生产事故。

3. 建筑工地必须按规定设置专(兼)职机械设备管理员。笔者认为，小的工地因大型机械不多，可设一名兼职机管员，人员可来自工地负责日常维修保养的机修工。因为此类人员一般对中型机械设备的性能、机械结构以及安全使用比较熟悉，切忌使用外行，以免造成不必要的损失。中型工地可设一名专职的机管员，以加强对工地机械设备的统一管理。大型工地可建立有 2～3 名人员的设备管理组。为了确保安全生产，可与工地安全部门和材料部门合署办公，以便加强安全生产管理和设备另配件的统一采购。建筑工地的机械设备专(兼)职管理人员必须按照安全生产要求通过岗位培训，并持有上岗证后才准正式上岗，切忌无证人员瞎指挥，以免造成安全事故和不必要的损失。机管员的管理权力范围应包括工地上所有的机械设备、未出库的电动工具、临时照明灯具；设备和电动工具仓库；以及涉及此类范围的管理人员、特殊工种和各类机操工。遵照管理制度对此类人员实施统一管理，并参与涉及机械设备安全事故的调查处理。

项目经理必须对机管员的工作全力支持，特别对机管员提出的涉及人员的奖惩，应义无反顾地支持。只有通过机管员尽职地、科学地、不折不扣地加强对人和机的管理，才能提高机械设备的完好率、利用率、降低和杜绝涉及机械设备的安全事故，才能为企业提高劳动生产率并创造更多更大的经济效益做出贡献。

## 二、设备的使用

科学地、合理地使用机械设备，对建筑工地来讲是至关重要的。一台设备少则几千元，多则几十万元乃至成百万元，对科技含量高的机械设备来讲甚至上千万元。如果不牢牢地抓住使用这一环节，刮用机械设备，甚至带病运转，一旦出现机械故障产生停工，对工地的停工间接损失不说，单是购修理用的另配件费用这一直接损失，支出也是惊人的。如果再由于设备故障而连带发生伤人事故，那后果更不堪设想，给国家和人民的生命财产将带来巨大的损失，所以必须牢牢地抓住使用这一环节，就要做到以下几个方面：

### 1. 牢把采购关

根据需要决定采购什么设备并定型后，采购部门必须按国家提供的合格供应商名单，对生产厂家的准产情况、维修情况、备配件供应情况，以及他们产品在别的工地上的安全运营情况进行考察，并严禁采购无生产资格厂家的产品和不合格产品，经考察确认无误后即可签订合同、确定供货时间和各方的有关责任以及合格备配件的供应情况。大型设备进场组装后，中、小型设备成品进场后必须由项目经理牵头，机管员为主、安全员、机操工、机修人员参加，共同对机械设备进行验收，软件方面查有关资质、合格证(有的设备还须查进沪准用证)、说明书等；硬件方面查机械设备(或成品)的安装是否符合国家和上海的有关标准，各类安全限位装置是否齐全有效，各备配件是否齐全，并由工地派有证电工给机械设备通电进行试运转，验收合格后，由参加验收的人员在验收单上逐一签名以示验收责任制的落实。验收后，由供应方技术人员对工地有关人员进行机械设备的性能、操作和有关应注意的安全问题进行面对面的技术交底，并由各方在交底记录上签字，有的设备如：塔吊、人货两用电梯的操作人员还必须经特殊工种的培训合格后持证上岗。

### 2. 牢把运行关

(1) 机械设备验收合格后，运行前(大型设备如塔吊，人货两用电梯在使用前还必须报市机械设备检测中心验收合格后才准时用），机管员应立即将验收的有关资料原件（有的可用复印件：如发票等）分门别类地建立机械设备管理档案，有的资料复印件归入安全生产保证体系，并从机械设备发票开出之日起，按国家规定建立机械设备折旧台账，逐月对机械设备进行折旧，同时设立每月一册的设备履历书和交接班记录，要做到定机、定人、定保养。另外还要建立一机一卡一账的机械设备台账等等，通过机械设备台账的管理，可以使专（兼）职机管员和项目部对在用的设备状况、安全使用和待机情况、维修保养情况、机操工的安全生产考核情况和上岗培训情况等等一目了然，以便项目部的统一安排和调度，确保生产正常安全地进行。

（2）机操工的管理。建筑工地机操工总体可分为两大类，一类为特殊工种，如塔吊司机，人货两用电梯司机等，另一类为中、小型机械设备操作工，必须对他们分门别类地进行登记造册，以便统一管理和调度。不管哪一类机操工必须持证上岗，并对他们开展定期的机械设备知识和简单的维修保养知识、安全生产知识以及操作规程等的培训，特殊工种还必须定期的送到有关部门进行复训，使他们的业务知识和安全生产知识得以普遍提高。并对他们进行安全生产考核，同时严格执行奖惩制度，对一些先进分子要及时给予荣誉上和物质上的奖励，对少数责任心不强，设备保养又不好或常出事故苗子以及发生安全事故的机操工，要给予一定的惩罚以儆效尤，促使他们迎头赶上，对个别教而不化的机操人员要及时撤换，以免发生设备事故和安全事故。

（3）安全检查和机械设备运行检查，是机械设备使用过程中一种行之有效而且必不可少的手段。通过检查可以发现问题从而消除问题，使生产得以正常进行。建筑工地必须开展定期和不定期的机械设备安全生产大检查，检查的内容应以安全生产为主，查设备的安全运行情况，查安全限位和设施的齐全完好情况，查操作规程执行情况、各类制度的落实情况和人员遵章守纪情况。建筑工地还必须开展定期的机械设备大检查，检查的内容应以机械设备为主，查设备的完好情况，查保养情况，查各类安全装置的齐全、完好情况，查机械履历书和交接班记录填写情况，查修理情况，查机械设备的性能和各类辅助设施完好情况，查安全用电情况等等。检查中要本着实事求是的工作作风，表扬好的做法，指出不合理、不安全的陋习和存在的各类隐患，责令及时改正。总之，通过一系列的安全生产检查和机械设备运行检查，来及时消除安全隐患和设备、电器隐患，达到安全生产进而促进生产的目的。

### 三、设备的保养

由于建筑工地露天作业的特点，建筑工地的机械设备长期承受风吹、雨打、日晒、寒冷，以及灰尘的物理侵袭和大量水泥、部分防冻剂的化学腐蚀并长时间的运转，所以要延长机械设备的寿命，日常的保养是一项既重要而又不可缺少的必要手段，建筑工地要用强制的手段规定机操工的日常保养工作，并作为他们的岗位责任制内容之一。如在必须做到工完、料尽、场地清的同时，要及时清洗机械设备并涂上机油，避免水泥附在机器上结块而造成“面拖蟹”现象，同时必须按机械设备说明书的要求实施“三级”保养。如定期给机械设备的运转关键部位打黄油、上机油等等。保养时一旦发现部件损坏特别是安全装置损坏时，必须及时向机管员报修。平时，工地可开展一些安全生产和红旗设备的竞赛，以确保机械施工的安全生产和机械设备的完好率，对评上安全生产先进个人和红旗设备的，可给予一定的物质奖励和全工地通报表扬，对被评为最差设备的机操工必须按照企业的奖惩制度给予一定的处罚，促使他们及时改进。

## 四、设备的维修

随着机械设备的年龄增长，以及保养不及时、不到位，自然磨损加上人为的因素，机械设备的传动部件肯定会损坏，严重时可导致机械设备的报废，甚至会发生安全事故，所以机械设备的维修必须严格执行报告制度和小、中、大修制度，通过报告制度可以及时地消除隐患，排除一些突发的故障，通过小、中、大修制度，可以定期的更换一些已磨损或严重磨损部件，使机械设备"永葆青春"，以提高使用寿命，同时对建筑工地的安全生产和降低工地的成本有着极大的好处，另外，一些小的故障可由一些懂得机械原理的老机操工自行解决；大的故障必须由专业的机修工解决，严禁非机修人员维修，以避免事故，同时将修理的情况记录在设备履历书上。我想只有严格地执行好维修制度，机械设备才能有可能为建筑工地的安全生产和顺利施工发挥最大效率。

## 五、设备的成本核算

建筑工地的机械设备成本核算是一件至关重要的事。通过成本核算可以知道机械设备的利用率，使机械设备在解放生产力，提高劳动生产率方面发挥更大的作用；通过成本核算可以知道每台设备的修理费用支出多少，哪个环节出了问题应该如何加强管理，并可及时消除事故隐患，达到安全生产的目的；通过成本核算可以知道机械设备的总费用占整个工程建安成本的百分比，以利于合理地使用有限的资金，达到节约成本的目的；通过成本核算还可以知道如何合理分摊设备的折旧费用，知道在用机械设备的"剩余使用寿命"，以便及时更新一些既不安全而且又陈旧的机械设备，为杜绝安全事故或降低事故频率起到有效的预控。如此种种不再累述。所以建筑工地不仅要懂得设备的"管"、"用"、"养"、"修"，更要懂得如何"算"，只有算清楚了，算明白了，才能更好地利用有限的资金，从而发挥机械设备更大的作用，为我们的建设事业作出更大的贡献。

# 11. 浅析混凝土小型空心砌块多层住宅墙体裂漏问题产生的原因及防止措施

卢湾区建设工程质量安全监督站　张　伟

上海地区十多年来混凝土小型砌块应用实践，结合墙体材料革新对近年大量应用非承重轻质混凝土小砌块后出现的问题进行研究，解决了砌块墙体的裂漏渗问题，小砌块这种新型墙体材料为改善人们居住条件发挥了重要作用。

**1. 小砌块应用**

一系列行政措施控制使用红砖，积极扶持新型墙体材料，使得普通混凝土小型空心砌块成为多层住宅结构工程的主要墙体材料。通过广泛深入的研究，混凝土小砌块由于轻质高强，加设芯柱灵活并可提高抗震性能等优点而成为取代红砖砌体结构的墙体材料。一大批多层住宅使用，经过对混凝土小砌块墙体的开裂调研，受力性能和抗震试验研究，采取了适当的构造措施及隔热措施，解决了墙体的裂漏问题，使混凝土小型空心砌块结构应用技术日趋成熟。改革开放以来，随着住宅商品化，人们对住宅功能、环境、装修等条件要求多变并越来越高，对混凝土小型空心砌块的设计和施工带来更高要求。

**2. 非承重砌块墙体裂漏问题研究**

针对近年非承重混凝土小型空心砌块大量应用中出现的墙体开裂问题，对砌块生产和设计施工应用进行研究。通过对已建成楼房墙体开裂情况进行调查，分析裂缝产生原因，找出改善墙体抗裂漏性能的途径和措施。

(1) 砌块材质问题

混凝土小型空心砌块主要是轻骨料(如陶粒、膨胀珍珠岩、煤渣等)混凝土，和蒸压加气混凝土(或泡沫混凝土)。由于轻质砌块容重轻，用作非承重墙体时较红砖有较大优越性。但其他的材料性能则又较红砖差，如强度一般较低为2.5～5MPa，吸水率较大为10%～20%，干缩率较大达0.1%，且混凝土干缩时间较长，砌块上墙后还在不断收缩。从调查情况发现有些墙体出现沿砌块本身或沿灰缝走向开裂，有些还出现发霉现象。有些墙体在使用了一段时间后也出现裂缝，这些主要是材质问题所致，必须加强砌块生产管理，严格质量认证，不准粗制滥造、质量低劣的砌块进入建筑市场。

(2) 设计构造问题

非承重混凝土砌块墙是后砌填充围护结构。当墙体的尺寸与砌块规格不配时，难以用砌块完全填满，造成砌体与混凝土框架结构的梁板柱连接部位孔隙过大容易开裂。门窗洞及预留洞边等部位是应力集中区，不采取有效的拉结加强措施时，会由于撞击振动容易开裂。墙厚过小及砌筑砂浆强度过低，会使墙体刚度不足也容易开裂。墙面开洞安装管线或吊挂重物均引起墙体变形开裂。与水接触墙面未考虑防排水及泛水和滴水等构造措施使墙体渗漏。

以上种种由于设计考虑不周而致，必须针对建筑工程的使用功能，及各种材料的特性扬长避短，采取有效的构造措施，精心设计方可避免墙体开裂渗漏。

(3) 砌筑施工问题

非承重砌块与红砖不同，随意砍凿砌筑，材料供应商野蛮装卸使块材缺菱掉角，砌筑时用不同材料混砌，使用龄期不足的砌块等，墙体容易开裂。部分空心混凝土砌块芯柱不贯通或混凝土灌注不密实，削弱了墙体整体刚度容易引起墙体开裂。砌块与混凝土柱连接处及施工留洞后填塞部位未加拉结钢筋，墙顶 300cm 高的砌体无隔日顶紧砌筑，均容易引起接口部位开裂。砌块上墙时含水率过大或雨期施工淋湿砌块，墙体也会因收缩开裂。砌块无错缝对孔搭砌，灰缝砂浆不饱满，日砌筑高度过大等均容易引起墙体开裂。墙体孔洞预留及开槽等处理不当，削弱了墙体强度，填补不好时亦会引起局部开裂。

总之，按常规红砖的施工方法砌筑砌块，往往容易造成墙体开裂。因此对各种材质的轻质混凝土砌块需有专用施工方法与专门处理措施，精心施工才能确保墙体不开裂渗漏。

(4) 墙面抹灰问题

砌块墙体与红砖墙一样，一般均加抹灰装饰层，外墙更要粘贴饰面砖。当砌块墙面特别是蒸压加气混凝土砌块墙面基层处理不当，饰面砖粘贴方法不对时抹灰饰面层易起鼓开裂甚至脱落而造成渗漏。厨卫间墙体既要吊挂也要防水，抹灰层处理不当也易造成渗漏。开洞槽埋管线后，填塞及抹灰面层处理不当往往引起局部开裂。大管径给排水管固定铁脚无法生根牢固，使用过程中铁脚会松脱，造成周遍抹灰层开裂空鼓。部分热水管埋设深度不够造成温差产生裂缝。在抹灰前砌块墙表面浮灰污染未清，造成抹灰层空鼓。在不同材料的连接处及开槽位置、抹灰层钉上钢丝网或加防裂网布可减小抹灰层的开裂。

综上所述，非承重混凝土砌块墙体开裂原因较多，要从各方面考虑采取控制措施，加强砌块主产管理保证材料质量。针对裂漏原因精心设计、精心施工才能建造出优质墙体让住户放心满意。

**3. 裂缝的预防措施**

混凝土小型空心砌块产品出厂检验必须按照 GB/ T 4111—97；产品质量必须符合 GB 8239—97；设计、施工、监理按《砌体结构设计规范》GB 50003—2001 和《砌体工程施工质量验收规范》GB 50203—2002 规范进行。使用过程中易出现开裂、渗漏等问题，因此，必须严格控制其含水率，在墙体设置收缩缝，砌筑埋设灰缝钢筋或联系梁等措施。

在材料、建筑设计要点、结构构造要求、砌体工程施工、抹灰工程和验收等均应严格控制。砌筑±0.00 以上的小混凝土砌块墙体的砌筑砂浆应采用不低于 M5.0，在材质上严格控制。以建筑设计为龙头，对容易裂漏部位采取有效的构造措施。严格按规范设计文件和规范施工。对砌体与混凝土梁柱的连接均有专门拉结加固措施及防水、隔热、隔声等措施，对外墙建议用加挂防裂钢网，增设防水层等以满足建筑的使用功能要求。

施工重点在砌块的砌筑及洞口处理。严格按不同砌块控制上墙时含水率，强调锚固钢筋要展平砌入水平灰缝，对不同材料控制不同的日砌高度，对洞边空心砌块填实及加设边框等处理以确保墙体整体性。

抹灰的施工质量参照《建筑装饰装修工程质量验收规范》GB 50210—2001 要求，对外墙抹灰特别是高层外墙抹灰要加挂钢网，结合上海地区关于防止建筑安装工程质量通病的若干规定，做好抹灰防水处理。

防止混凝土小型空心砌块施工质量通病的几点具体措施：

(1) 材料质量控制

1) 检验小砌块产品出厂合格证；砖的品种、强度等级必须符合设计要求；

2) 进入现场的小砌块产品在厂内养护龄期必须达到 28 天；

3) 外形尺寸和外观检查；

4) 复试小砌块抗压强度等级；

5) 凡有裂缝或破损断裂的小砌块不得上墙；

6) 小砌块必须堆放在场地平整、不易潮湿、排水畅通的地方，并有遮盖设施；

7) 砂浆品种符合设计要求，强度必须符合规定。

(2) 施工质量控制

1) 小砌块不浇水砌筑；

2) 不反砌；

3) 上下皮砌块应孔对孔、肋对肋、错缝搭接；

4) 纵横墙同时砌筑、交错搭接；严禁留直槎，其他临时间断处，留槎的做法必须符合施工规范的规定；

5) 清除小砌块孔洞四周的毛边；

6) 芯柱脚必须设清扫口；

7) 砌完每层墙体后清扫芯柱孔洞；

8) 用模板封闭清扫口；

9) 先浇 50mm 厚与芯柱 C20 混凝土成分相同的水泥砂浆；

10) 埋设的网片必须在水平灰缝的砂浆层中；

11) 灰缝厚度 10±2mm，要求横平竖直，必须饱满，控制头缝的饱满和水平灰缝的平直；

12) 施工中不得随意在墙上凿槽打洞；

13) 不混砌黏土砖及其他墙体材料；

14) 顶层内粉刷必须在屋面保温层和架空隔热层施工完后再进行；

15) 外粉刷必须在房屋结构封顶后半个月再进行。

(3) 施工构造的质量控制

1) 小砌块搭接长度小于 90mm 及同缝处必须在水平灰缝中加设 $\phi4$ 钢筋网片；

2) 小砌块墙体与混凝土框架柱、梁间必须在粉刷前钉设 200mm 宽钢丝网；

3) 非承重隔墙不与承重墙同时砌筑，预留 $\phi4$ 钢筋网片拉结；

4) 砌筑时，每 3 皮须用 $\phi4$ 钢筋网片与墙体连接；

5) 从上往下穿芯柱钢筋，并与下部芯柱钢筋或圈梁插筋搭接绑牢；

6) 实行计算浇灌。要求按"连续浇灌，分层(300～500mm 高度)捣实，一气呵成"的原则进行操作，直浇至离该芯柱最上一皮小砌块顶面 50mm 止；

7) 由丁小砌块壁厚仅 30mm，若采用 $\phi6$ 钢筋作拉结筋极易使钢筋位于孔洞上，不利拉结，故应使用 $\phi4$ 钢筋点焊网片；

8) 包括有建筑构造与结构构造、门窗洞构造、墙柱连接、过梁构造柱、安放空调机构件、管线安装构造以及墙面抹灰用料及做法等，应严格按设计和规范要求；

9）对不能同时砌筑而又必须留置的临时间断处应砌成斜槎，并加设拉结筋，拉结筋的数量按每12cm墙厚放置一根直径6mm的钢筋，间距沿墙高不得超过50cm，埋入长度从墙的留槎处算起，每边均不应小于100cm，末端应有弯钩。

（4）安装工程的配合

经与相关专业设计人员协调，将电气管线竖向敷设于承重砌块芯孔中，墙体孔洞、埋件等全都预留、预埋。解决了砌块墙体不允许凿打的问题，也为管线使用过程中围护、更新提供了方便。混凝土砌块除受温度影响体积胀缩变化较大以外，受湿度影响也会使其材料性能产生不良变化。因此室内卫生间、厨房等较潮湿处也相应进行防水隔湿处理——首先是将相应墙体内侧做防水隔湿处理；其次是厨卫进行整体设计，管束集中定位。竖向管束设管道井隐蔽处理，水平方向将卫生间结构底板下沉400mm，将洁具排水弯头和水平构件置于本层，这样的设计处理既减少了隐患，又便于维修，避免户间干扰。

（5）根据多年的实践经验，结合实际工程

解决墙体开裂问题的关键在于：

1）正确分析砌体结构的受力情况和变形原因，采取有效的构造措施改善砌体的受力条件，并根据不同情况合理布置控制，完善砌体施工的构造要求，提高墙体整体刚度。

2）以配筋方式实现柔性连接，加强砌体结构的整体性和延展性。

**4. 监理单位按照GB 50203—2002规范进行检验批质量验收**

加强全过程控制严格按照设计图纸和规范要求，对重要节点采取旁站检查，组织平行检查和抽查相结合，加强对进场原材料、成品和半成品的质量检查或检测，杜绝不合格建材进入施工现场，同时严格审查施工组织设计或方案的具体实施贯彻情况，确保施工质量。重视控制对砌体检验批以下两个方面的检查：

（1）对主控项目的检查（资料检查和观察检查）

1）小砌块强度等级符合设计要求。检查和验收：检验出厂合格证、试验报告、批量，符合设计要求为合格；

2）砂浆强度等级符合设计要求，要有配合比报告，计量配制，在试块强度未出来之前，先将试块编号填写，出来后核对。并在分项工程中，按批进行评定，符合要求为合格；

3）墙体转角处和纵横墙交接处应同时砌筑。临时间断处应砌成斜槎，斜槎水平投影长度不应小于高度的2/3；

4）水平灰缝的砂浆饱满度不低于90%，按净面积计算。用百格网检查，每批不少于3处，每处检测3块小砌块，取其平均值；

5）竖向灰缝不低于80%，竖缝凹槽填满砂浆，不出现瞎缝或透缝；

6）轴线位置偏移10mm，检查全部承重墙，不大于10mm；

7）层高垂直度，选质量较差的抽查，不少于6处，不大于5mm。用经纬仪、吊线和尺量检查。

（2）对一般项目的检查（用经过计量认证的专用测量工具）

1）水平灰缝厚度和竖向灰缝宽度，宜为10mm，以8～12mm为限。每个检验批不少于3处，用尺量小砌块5皮高度的砌体，检查2mm砌体长度的竖向灰缝折算。

2）基础顶面和楼面标高，±15mm，用水平仪和尺检测。

3）表面平整度，清水墙5mm，混水墙8mm，用2m靠尺及塞尺测量。

4）门窗洞口高宽（后塞口）±5mm，尺量检查。

5）窗口偏移 20mm，吊线或经纬仪检查。

6）水平灰缝平直度，拉 10mm 小线尺量检查。各项目的 80％点允许偏差达到要求，其余 20％的可超过允许值，但不得超过其值的 150％，即为合格，否则，返工处理。

通过组织对规范的多次向有关设计、施工、建设、监理等单位的技术人员进行宣贯，并以试验示范工程进行推广应用，开现场经验交流会议，非承重混凝土小型砌块应用趋向成熟，建筑墙体的裂漏情况得到控制。

**5. 混凝土小型空心砌块与传统黏土砖的比较优势**

1）节约土地资源，对国家的长期发展具有战略意义。

2）节省能源，平均能源消耗量仅为黏土砖的 46％。

3）自重轻，有效减少墙体自重 20％～40％。相应的可以减少基础设计宽度，减少配筋量，同时抗地震能力增强。

4）缩短建设周期 40％，提高劳动效率。

5）降低建设成本，节约资金，根据实际工程决算，每平方米降低成本约 10％。

6）环保贡献突出：一方面降低能耗、降低施工垃圾量减少环境污染，另一方面有效利用工业废物降低工业排放量。

7）装饰面层可工厂化生产，可变性强，造型新颖。

**6. 今后的展望**

按墙体材料革新要求，在城市建设中墙体使用毁田烧制的红砖是要取消的。目前以混凝土小砌块替代红砖砌作墙体是切实可行的。非承重混凝土小砌块，特别是轻质砌块由于材料性能不及烧结红砖，往往容易开裂渗漏，使用时要采取足够措施去控制。尽管有规范和技术标准，但仍未能完全避免裂漏的出现，新型墙体的推广应用是一个综合性的系统工程，需要建设管理、生产、设计、施工、监理和质监等各方面配合，层层把关，全过程控制。针对出现问题及时研究，切实解决，通过不断总结经验，相信混凝土空心小型砌块墙体的裂漏渗问题是可以解决的。

# 12. 住宅工程楼板裂缝的施工原因与控制措施

长宁区建设工程质量安全监督站　高妙康

## 一、楼板裂缝现状

（一）施工企业现状

1. 住宅建设施工队伍素质亟待提高。20 世纪 80 年代以来，上海市城市基础设施建设，高、精、深、重为特色标志性建筑工程以及量大面广的住宅小区工程，作为上海城市基本建设三大支撑体系齐头并进，施工企业迅速扩大，全市基本建设施工人员最庞大时达到百余万人。由于工程专业分类的特殊性，占全市施工企业主导地位的一级、二级施工企业，特别是大型施工企业热衷于承建技术难度大、工艺结构复杂、造型新颖的城市基础设施和重点建设项目。一度被认为是“烂污工房”的住宅工程基本是由资质相对较低的集体或民营的施工企业承担。这些施工企业的施工人员主要来自农村，刚刚放下锄头铁搭，不熟悉住宅施工的主要工艺，不精于混凝土浇灌及砌体砌筑的基本技术，不熟悉住宅建设的质量技术标准；即使有时是高资质企业总包施工，由于实际分包的质量能力较低，住宅工程质量得不到保证，住宅工程质量问题一度较差。

2. 住宅市场不规范，施工企业难做“无米之炊”。20 世纪 90 年代初在上海特别是市场结合部住宅工程一哄而起，住宅开发商不尊重住宅建设秩序，一些开发商有地就是“霸王”，任意开发，随意定价，片面压低勘察设计费用，以收费最低为主要条件选择施工企业。部分施工企业低价中标，再随手转包，不讲合理的施工周期，限期开工后，工期一压再压，三天一层墙，下层结构强度未稳定，上层结构继续施工，难免住宅工程质量用户不满意。

3. 混凝土浇筑工艺升级换代，施工现场缺乏质量保证措施。随着上海市建筑施工技术的进步，上海市住宅工程施工实现了从现场搅拌混凝土进化为商品混凝土泵送技术施工。浇筑工艺的演变，造成现场机械设备、人员操作工艺规程乃至技术参数的重大调整，但不少企业沿用老一套施工方法，钢模板支撑体系几十年不变，钢管支撑排列变形较大，混凝土的坍落度从原来的 3cm、4cm 提高到 12cm 的要求，却未引起施工人员的重视，混凝土浇筑成形后往往离析度过大，楼板难免出现裂缝。

（二）楼板裂缝种类

1. 板面四角斜裂缝。这种裂缝出现在板面的四个角，裂缝方向与板边几乎成 45°角（图 3-12）。

2. 板底跨中裂缝。这种裂缝出现在板底，垂直于受力钢筋（图 3-13）。

3. 板底平行于短跨受力钢筋方向的裂缝。这种裂缝出现在板底，平行于短跨受力钢筋方向（图 3-14）。

4. 板底对角线处裂缝，这种裂缝出现在板底，沿着板的对角线方向（图 3-15）。

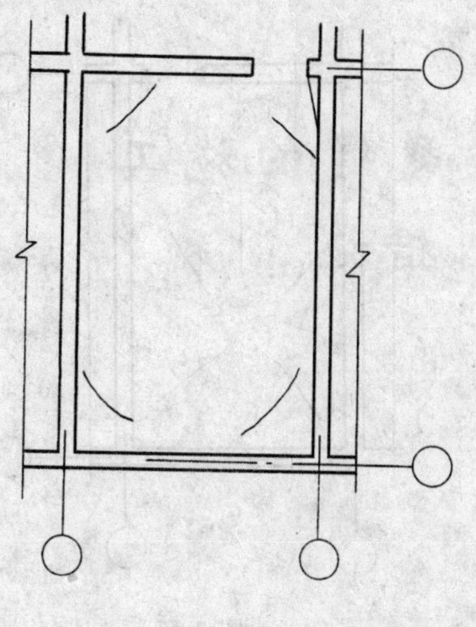
图 3-12

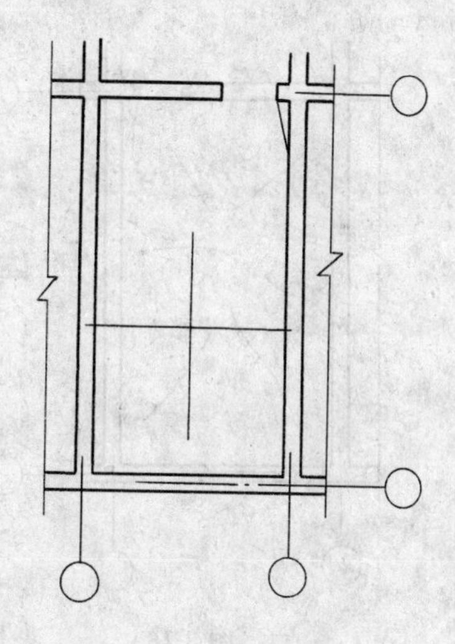
图 3-13

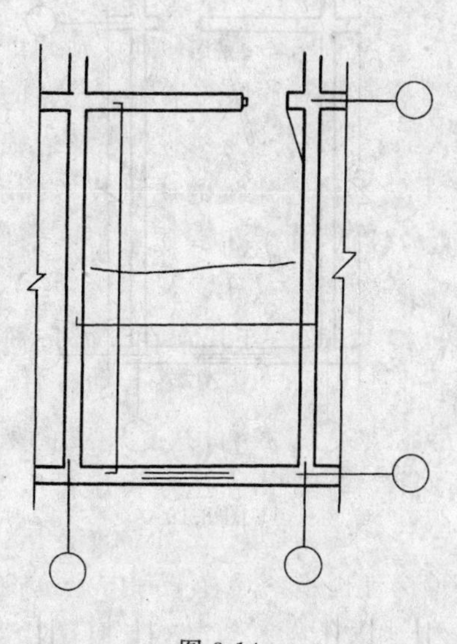
图 3-14

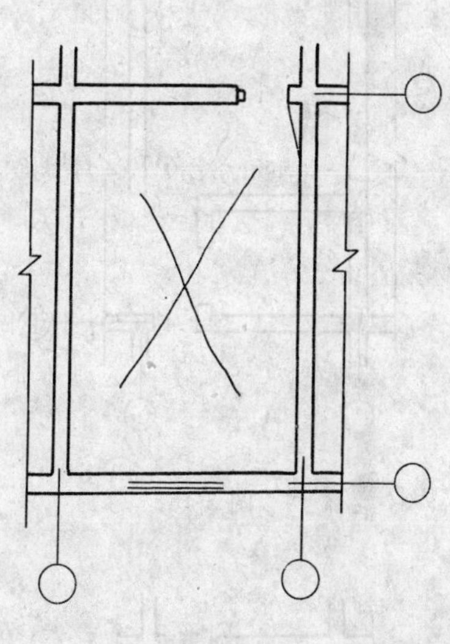
图 3-15

5. 板面龟裂。这种裂缝是板面规则裂缝，深度一般为 3～5mm，裂缝宽度<0.3mm（图 3-16）。

6. 板底不规则裂缝。这种裂缝出现在板底，呈不规则状，且无一定的位置（图 3-17）。

7. 局部内隔墙下板底裂缝。这种裂缝出现在内隔墙处的板底（图 3-18）。

8. 预埋管线处的裂缝。这种裂缝出现在预埋管线的下面（板底）或上面（板面）（图3-19）。

9. 板面四周裂缝。这种裂缝出现在板面，沿板的四边近墙处（图 3-20）。

10. 最上一层中间房间的楼板裂缝。这种裂缝出现在最上一层的中间某房间楼板上，裂缝方向是垂直于建筑物的长方向（图 3-21）。

上述各种裂缝，严重者出现贯穿现象，或裂缝宽度>0.3mm。

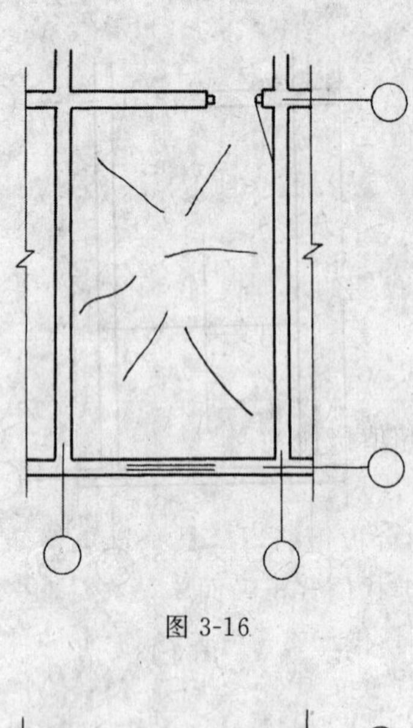

图 3-16

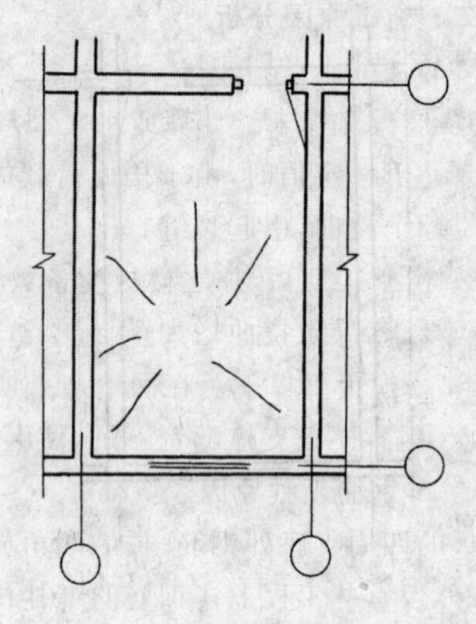

图 3-17

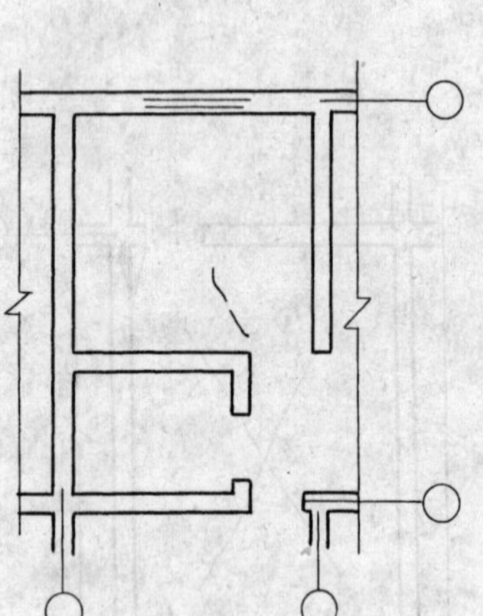

图 3-18

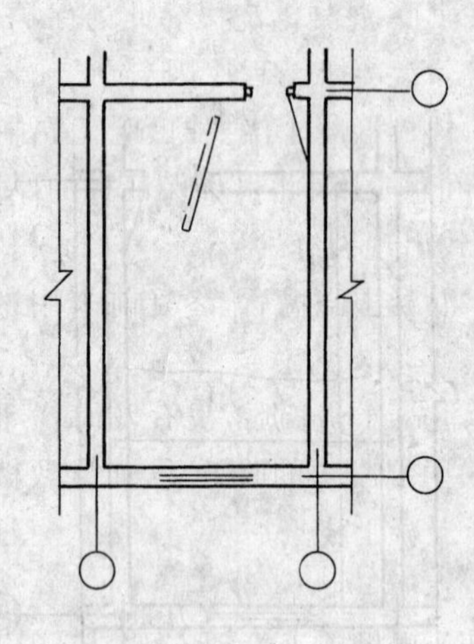

图 3-19

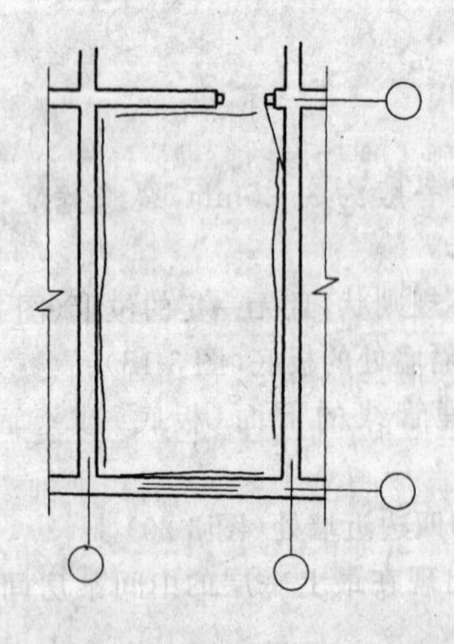

图 3-20

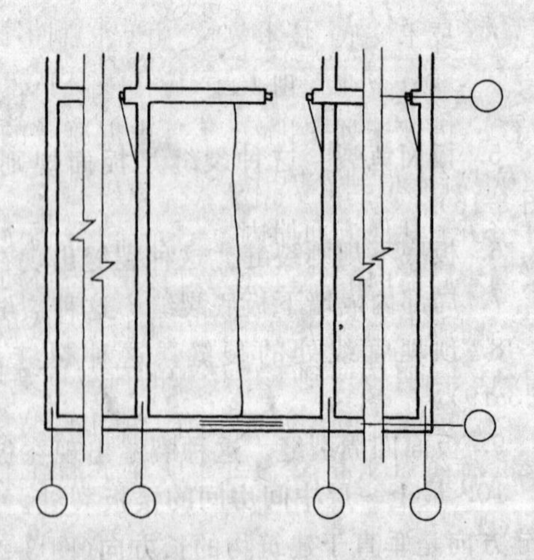

图 3-21

## 二、施工原因分析

(一) 模板工程原因

1. 模板支撑未经计算或水平、竖向连系杆设置不合理，造成支撑刚度不够，当混凝土强度尚未达到一定值时，由于楼面荷载的影响，模板支撑变形加大，使混凝土楼板中间下沉，楼板产生超值挠曲，引起裂缝。

2. 由于工期短，加之楼板配备数量不足，出现非预期的早拆模，拆模后混凝土强度未达到规范要求，导致挠曲增大，引起裂缝。

3. 当模板支撑支承在回填土上时，回填土既未夯实，也未采取其他措施。混凝土浇捣后填土沉陷，模板支撑随着下沉，使混凝土楼板产生超值挠曲，引起裂缝。

(二) 钢筋工程原因

板的四周支座处钢筋、板的四角放射形钢筋或阳台板钢筋均应按负弯矩钢筋设置在板的上部，但有些工程上述钢筋的绑扎位置不正确；或绑扎位置正确而未设置足够的小支架将其牢固固定；或前两者均符合要求，但在混凝土浇捣时，操作人员随意踩踏钢筋，使这些钢筋落到下面了，混凝土浇捣后此处保护层变大，板的计算厚度减小，楼板受力后出现裂缝。

(三) 混凝土工程原因

1. 楼板混凝土浇捣时，既无控制板厚的工具，也未做有效的标高标记，而是凭操作人员的经验和感觉，因此很难保证板的厚度符合设计和规范要求。当板的厚度小于这些要求时，容易导致出现裂缝。

2. 混凝土浇捣后，终凝前未用木蟹压抹，以增加混凝土表面抗裂能力，容易出现板面龟裂。

3. 混凝土浇捣后，没有及时浇水养护，并保证一定的养护期，也没有采用其他有效措施，加快了混凝土的收缩，从而导致楼板裂缝。

4. 混凝土浇捣后，没有经过一定的养护期，混凝土强度尚未达到一定的值时(规范要求1.2MPa)，就安排后续工序施工，甚至吊运重物冲击楼板，使楼板出现不规则裂缝。

(四) 现场施工管理方面的原因

1. 技术质量管理责任制不落实。

2. 技术交底、技术复核、过程控制不到位。

3. 部分企业管理人员，操作人员技术素质不能胜任。

4. 进度计划安排时，不考虑混凝土的养护期，或施工现场未创造混凝土养护条件，不能保证混凝土得到养护。

(五) 其他方面原因

1. 局部内隔墙设计为直接砌筑在楼板上，施工时由下而上逐层完成，当上一层内隔墙砌筑完后，其墙体自重作用在楼板上，楼板由此增大变形，部分荷载传递到下层楼板。一层一层往上砌，传递到下层楼板的荷载逐渐增加，使下层楼板在内隔墙处板底出现裂缝。

2. 预埋管位置处理不当。模板安装完后，下层钢筋尚未绑扎，就在模板上铺设管线，或钢筋、管线交叉重叠，管线上表接近混凝土表面，上面又未加钢筋网，因此在管线的下面或上面出现裂缝。

## 三、施工控制措施

(一) 模板工程措施

1. 保证模板的刚度。模板支撑的选用必须经过计算，除满足强度要求外，还必须有足够的刚度和稳定性，支撑立杆（$\phi 48$ 钢管）的间距一般不大于 900mm。

2. 座在回填土上的模板支撑，填土应夯实，支撑下应加设足够厚度的垫板，并有较好的排水措施。

3. 根据工期要求，配备足够数量的模板，保证按规范要求拆模。

（二）钢筋工程措施

1. 对于板周边支座处的负弯矩钢筋、板四角的放射形钢筋和阳台板钢筋，绑孔时位置正确，同时必须设置钢筋支架，将上述钢筋牢固架设，支架的间距≤1m。

2. 混凝土浇捣前，必须在板周边支座处的负弯矩钢筋、板四角的放射形钢筋和阳台板钢筋范围处搭设操作跳板，供操作人员站立。操作人员不得踩踏在上述钢筋上作业。

3. 严格保证钢筋位置。固定后的钢筋与模板之间必须严格按规范规定镶嵌保护层垫块。垫块的厚度应控制在 2cm 左右。目前不少施工企业采用的塑料垫块用铅丝固定在主筋位置的方法应予提倡。

（三）混凝土工程措施

1. 保证楼板厚度。应严格按设计和规范要求控制楼板厚度。在浇捣混凝土前应设置标示板厚的三脚标架，操作人员必须严格依据三脚标架控制板厚。

2. 严格控制用水量，混凝土浇捣时，必须在规定的坍落度条件下施工，严禁贪图方便，任意加水的现象，以防混凝土离析度过大，影响强度。

3. 混凝土终凝前必须用木蟹两次抹平。混凝土浇捣后，在终凝前需用木蟹进行两次压抹处理，以提高混凝土表面的抗裂能力。

4. 混凝土养护应充分、规范。

（1）混凝土浇捣后，12h 内应对混凝土加以覆盖和浇水，浇水养护时间一般不得少于 7d，对掺用终凝型外加剂的混凝土，不得少于 14d。施工现场必须安装供浇水养护的水管。高层建筑尚应设计有足够扬程的临时用的水泵和水源。

（2）后续工序施工时应采取措施，保证连续浇水养护不受影响。当不能保证浇水养护时，必须在混凝土表面覆盖塑料薄膜。

（3）在养护期内，混凝土强度小于 1.2MPa 时，不得进行后续工序的施工。混凝土强度小于 10MPa 时，楼板上不得吊运堆放重物，在满足混凝土强度≥10MPa 的情况下，吊运重物时，重物堆放位置应采取有效措施，减轻对楼板的冲击影响。

（四）现场施工管理措施

1. 按 GB/T 19001—2000《质量管理体系要求》标准的要求，建立质量保证体系，落实岗位职责，确保人员能够胜任，加强过程控制。做好项目工程师对技术人员和技术人员对操作人员在控制裂缝方面的技术交底工作。

2. 在编制施工组织设计时，应将控制裂缝的措施，包括加强地基基础处理，保持结构稳定性的措施编入施工组织设计中，并督促项目部认真贯彻实施。

3. 在施工图纸交底时，就钢筋混凝土现浇楼板在设计方面可能会出现裂缝的问题，如楼板 $L/H \geqslant 30$、楼板厚度不够、钢筋间距过大，直径过小等，与业主、设计、监理研讨，取得有利于控制裂缝的一致意见，并形成会议记录。

4. 合理设定结构施工工期。施工组织设计时对主体结构施工工期的确定必须科学合理，既要保证施工的连续性，更要保持前期施工结构的刚度、强度均已达到规范允许强度后才继续进行下一层结构施工。

5. 建议建材行业开发一种效果甚佳的混凝土养护液。这种养护液涂刷到混凝土表面后，既能保持混凝土内部的水分不过快蒸发，又不影响楼板结构粉刷层的粘结。

通过对以上三个方面工作，希望能从混凝土楼板施工中的模板支撑，钢筋工程和混凝土工程等环节，加强管理，将施工中的裂缝原因得到克服和解决，使现浇混凝土楼板裂缝得到有效控制。

# 13. 打造数码工地，实现网络监控

## ——浅谈建筑工地远程视频监控的应用及前景

长宁区建设工程质量安全监督站　史敏磊　李艳梅　高妙康

建筑行业是一个安全事故多发的行业。目前，工程建设规模不断扩大，工艺流程纷繁复杂，如何搞好现场施工安全管理，控制事故发生频率，一直是施工企业、政府管理部门关注的焦点。利用现代科技，优化监控手段，实现实时的、全过程的、不间断的安全监管也成了建筑行业安全施工管理亟待考虑的问题。

随着科技高速发展，视频信号经过数字压缩，通过宽带在互联网上传递，可实现远程视频监控功能。将这一功能运用于施工现场安全管理，势必会大大提高管理效率，提升监管层次。今年三月，由上海市长宁区建设工程质量安全监督站、中国建筑科学院建筑工程软件研究所（上海分部）、江苏南通三建集团有限公司（沪）三家单位合作，经过三个月的紧张调试，在上海仁恒滨江花园（二期）工地实施了远程视频监控试点。该监控系统的试运转，初步使施工企业跃上了新的管理平台，政府监管力度得到加强，及时有效地掌握了现场施工动态情况。视频监控装置犹如一只"电子眼"，全过程、多方位的对施工进展进行实时监控，对于作业人员而言，也无形之中增加了制约力度，规范了行为，提高了安全意识。总体来说，成效显著。

**一、远程视频监控系统设计及应用**

1. 工地概况及监控点布置

试点工地现场为五幢板式超高层全现浇混凝土结构住宅，规模宏大，施工基本同步，进度紧凑，作业人员数量庞大，工序错杂。经过现场考察，根据监控范围和目标设定要求，确定了监控摄像头布置点为两处：1 号摄像头安装于结构附设塔吊的塔身上，随着操作层的升高，监控点也将同步上升，除对施工操作层进行全面监控外，同时可以鸟瞰整个施工工区。2 号摄像头安装于工地进门处横梁上，以观察门卫管理情况。

2. 技术应用

（1）视频数据压缩和解压缩。基于 MPEG-X 图像压缩标准，通过对图像标准、帧容量、实时性等远程传输参数对比，我们选择 MPEG4 压缩技术。它具有容量小画质佳的优点，同时它采用流媒体技术，增强了网络传输功能。

（2）视频数据传输。实现远程监控目的要求数据传输具有实时性、同步性和稳定性。TCP/IP 网络通信协议可确保数据可靠传输，在此基础上使用宽带网络能保证数据上传速率达到远程监控最低要求的 512k/s。在目前常用的广域网（Internet）接入方式中，通过对数据传输速率稳定性比较，我们选择 ADSL 或有线通宽带接入。

3. 监控工作原理

X-Remote 远程传输系统，由现场摄像端采集视频信号，经由传输端传至 MPEG4 软压缩数字硬盘录像机上压缩数据，接入 ADSL 宽带（或有线通接入）将压缩数据通过互联网传递到监控端，使用安装了 OURCOM 实时监控软件的普通电脑即可直接进行远程监控操作。其方案示意图如图 3-22。

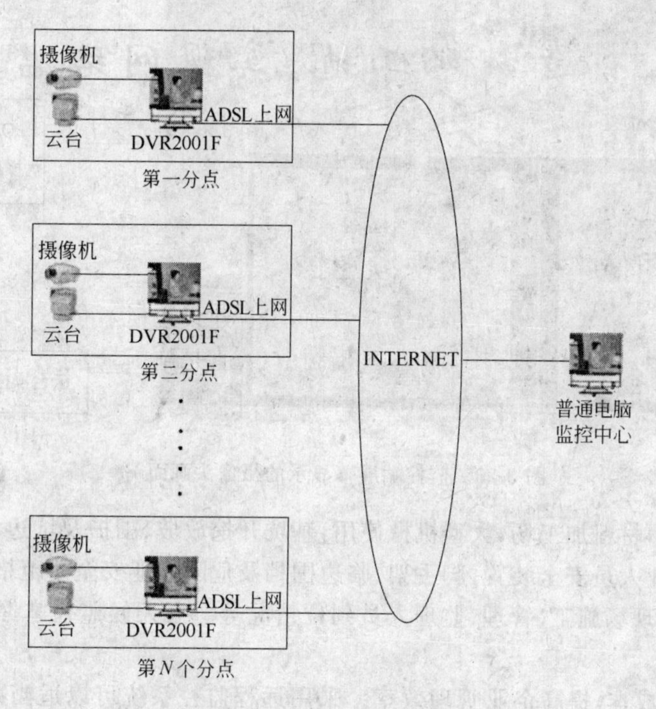


图 3-22　远程监控方案示意图

其中摄像端由摄像机、摄像机镜头、云台、云台支架、防水球罩、室外解码器组成；传输端包括传输线缆、线路放大器、传输转接口；监控端为硬盘录像机、不间断电源、云台控制键盘和主机显示器。

**二、远程视频监控实施成效**

1. 视频图像远程监控的实现

理论上，如果终端主机安装了实时监控软件并接入宽带，即可在互联网上任一台电脑上实施远程监控。在本次试点中，当远程监控系统安装调试完毕后，工地现场施工单位、监理单位及开发商办公室均看到了从塔机和门卫处摄像头传输来的视频图像，远在数里外的质安监站亦同样在互联网上看到了工地实景。经比较，现场中央监控室所见的图像质量可达 DVD 画质，通过 OURCOM 软件只需轻点鼠标即可对云台进行同步操控，实现平面 357°，上下 90°立体化监控，并可随时调整摄像头焦距，掌握微观、宏观场影，监控画面可多幅（最多十六幅，视摄像头布置数量而定）、单幅切换，使监控更具针对性。在远程端，图像经过互联网传递后略有损失，但仍可达到 VCD 的画质，现场情况一览无遗，同样运用 OURCOM 软件可以对摄像头进行调控，观看不同视角的画面，但约有 10 秒左右的延迟。可以说，远程监控目标基本实现（见图 3-23）。

2. 远程监控效果

(1) 现场施工动态信息即时掌握。可以观察到——门卫管理：如工程设备、设施、材料进场管理，工作人员进出施工现场，安全通道设置，安全“七牌二图”宣传告示等情况。场地

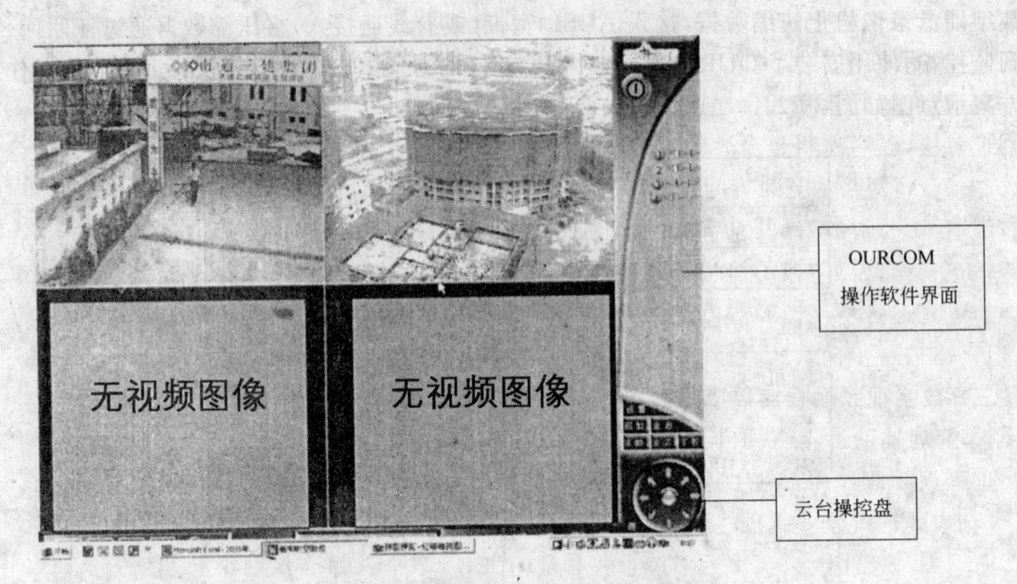


图 3-23 监控端屏幕显示的摄像头画面

管理包括材料堆放，材料加工场，大型机械使用，基坑开挖放坡、围护及坑边堆载等情况。施工操作管理：如作业人员安全装置，脚手架、临边围档及危险作业安全防范措施，以及根据所戴安全帽颜色区分现场施工、管理、监理人员到位情况等。全天候监控掌握动态即时信息，发现问题及时整改。

(2) 降低管理成本，提高企业管理效率。采用远程监控系统可以适当减少现场安全管理人员数量，或使管理人员制订针对性管理措施，及时发现违规现象，使整改信息迅速传达落实，有的放矢，提高掌握现场情况的效率和准确性。同时通过宏观监控，优化施工场地布局，合理规划，综合调配人力物力。随着无线宽带技术的推广与应用，更可使高层管理者们在出差途中随时了解工地进展情况，提高采取对策的实效性。

(3) 落实岗位职责，便于调查和明确责任。现场施工人员文化层次参差不齐，远程监控的设置，在很大程度上敦促了施工人员的责任心和工作积极性，促进规范操作意识，便于施工统一管理。施工过程被录像存储备份，可随时查看监控信息，即使发生了一些不可预测的事件，也便于事故发生后第一时间内查明事故发生原因，明确事故责任。

(4) 政府监管更具实效性与针对性。监督机构须对施工现场质保体系、安保体系的建立和实施进行检查。远程实时监控的出现，对于制定抽巡查计划，明确监督重点极有帮助，提高检查针对性和真实性。对文明、标化工地评定做出客观判断，在远程监控系统试运行初期，适逢四月"非典"肆虐期间，通过远程监控，使我站有效掌控了工地人员进出管理情况，取得了意料之外的奇效。通过远程监控，掌握施工现场实时信息，发现问题主动出击采取措施，使安全隐患在出现征兆时予以控制消除，全面实现预控目的。

3. 存在不足与建议。该远程监控系统试用至今，仍有许多地方值得进一步探讨和研究。

(1) 摄像头布局方位及数量设置上还有待优化。该试点工地共在建五幢高层，目前看来设置的两只摄像头，其监控覆盖面还不够宽泛，部分关键细节如材料加工场所、生活区域尚不能完全监控。因此如何在成本控制范围内，有效合理地布局摄像视点亟待探讨与解决。

比如增加低像素静止的摄像头，线形移动来回巡视的摄像头等。

(2) 塔吊摄像头晃动情况。塔吊在工作过程中会对摄像头产生非常明显的晃动和抖动，容易造成解码盒和云台连接线的松动，且引发图像丢失。目前采取的避振措施还不能从根本上解决问题，这将是今后研究的课题。

(3) 不同网络带宽兼容问题及带宽分配差异。由于长宁区质量安全监督站采用的宽带是有线通且通过局域网共享带宽，而南通三建仁恒滨江工地采用的是ADSL，两种宽带之间的传输在初始调试阶段不能很好兼容，影响了图像传递的质量和速率，出现网络连接失败、图像严重延迟等情况。经过开发组成员对硬件、软件不断优化，目前已大大缓解了这一问题，但仍需进一步探索。

**三、数字视频远程监控应用前景**

1. 管理辅助工具，获取长远效益

远程视频监控用于施工现场安全、质量的监控，是计算机技术在工程建设领域应用的提升，极有效地辅佐企业管理水平的提高，使企业及时了解和掌握施工过程信息，作出高效决策。所谓“管理出效益”。作为辅佐企业管理的工具，数字视频远程监控系统促使企业管理水平提升以获取长远效益。诸如通过先进管理实现了目标创优、降低了施工成本、避免了事故频发、提高了工艺水平、加快了施工进度等等。

2. 合理分析成本，打造数码工地

远程视频监控系统设备投入中，摄像端约占80％，传输端及监控端约占20％，可考虑如下几种方案：企业自行配置型，根据工程规模大小适配系统设备，随着使用工程项目的增多，其一次投入成本会逐次降低；租赁型，对于短期工程，企业可以考虑以租赁的方式租借远程监控设备，免去安装保养费用，同时可以促成新型设备租赁行业的诞生。打造数码工地是一个系统工程，信息化要求高，数码监控正是通过它自身的信息传递特性成为打造数码工地的基础。

3. 实现建筑企业与客户端实时信息交互功能

建筑产品涉及的建筑企业有开发商、承建商、设计公司、监理公司。根据不同需求，可安装监控端实现视频信息共享及交互传递。比如，作为开发商在工地现场安装远程监控端，好似请了一个质量、安全方面的电子专家，既节约成本又能及时掌握工地在建项目的质量安全情况；还可以在销售部门将施工实况展现于客户面前，体现诚信理念同时更能展现现场施工进度及各种状况，合理制订销售计划。而作为设计单位则可以在第一时间掌握施工动态，对施工难点或设计欠妥之处及时进行设计变更。监理公司除掌握施工现状合理安排监管重点之外，如同时对多个工程项目进行监管可随时合理调配人员到位。通过信息交互功能实现，可进一步实现社会化监管效应，这为督促建设参与各方的诚信建设有百利而无一害。

4. 政府管理部门提高服务管理水平，实现预控目标

作为政府职能管理部门，除了上述对工地现场安全施工进行远程监控之外，可以拓展到质量监控领域。由于竣工备案制的实施需要加强对工地操作面的质量监督抽查，通过远程监控即可以合理安排抽巡查计划，做到有的放矢，体现抽查的随机性和真实性，同时对监控重点予以明确。此外，作为政府高层决策领导，对区域内的重点工程项目实施远程监控系统，可以进行有效调度，按时按质完成既订目标。

综上所述，远程视频监控系统运用虽然不是一个新的科技课题，但根据目前的科技发达

程度，愈来愈廉价的电子设备供应市场，以及不断提高的现代企业管理要求，将其运用于热火朝天的建筑行业实现全方位的远程监控正日益成为可能。作为一种有效的管理手段，其功能的拓展就这篇文章而言还不能窥见全豹，有待于引起广泛的关注和探讨。

# 14. 逆作法一柱一桩纠正架法智能调垂施工技术及质量控制

长宁区建设工程质量安全监督站　肖建新　朱灵平　吴　献

**摘要**：目前逆作法施工技术在深基坑工程中越来越被广泛应用，对其研究也越来越多，对逆作中间一柱一桩的调垂技术及质量控制是逆作法施工成败的关键。本文主要依托目前上海最大超深的逆作法施工工程——上海长峰商城一柱一桩施工的成功实例，介绍其中一种方法，即纠正架法智能调垂技术及相关质量控制点。

**关键词**：逆作法、一柱一桩、钢管柱、地下连续墙、纠正架。

## 1. 前言

建筑深基坑逆作法施工，是地面以下各层地下室梁、柱、楼板等结构自上而下施工。在逆作法施工期间，地下室底板浇筑之前，地下室承受垂直荷载的立柱尚未形成，上部荷载通过临时支承柱和地下连续墙来承担。

在逆作法工程中，这些中间临时支承柱主要采用宽翼缘 H 型钢、钢管和格构柱等截面形式，临时支承柱锚入工程桩中(一般为钻孔灌注桩)。施工中中间临时支承柱承受上部结构和施工荷载等垂直荷载，而在施工结束后，中间支承柱一般又外包混凝土后作为正式地下室结构柱的一部分，永久承受上部荷载，所以中间支承柱的定位和垂直度必须严格满足要求，一般规定中间支承柱轴线偏差控制在 20mm 内，垂直度控制在 1/400 内，否则将在承重时增加附加弯矩以及外包混凝土时发生困难。为此必须设计专门的定位调垂设备对其进行定位和调垂。另外，由于一柱一桩桩体与钢管柱采用不同强度的混凝土，所以交接面位置准确对保证一柱一桩受力也是比较关键的环节。本文主要介绍上海长峰商城逆作法一柱一桩纠正架智能调垂系统及不同强度混凝土的浇捣工艺控制，以保证一柱一桩施工质量达到相应标准。

## 2. 工程概况

长峰商城是一座融合高品质立体换乘中心及综合性的商业设施为一体的商业建筑。长峰商城坐落于上海市长宁区中山公园西侧，占据地铁二号线、轻轨明珠线两条重要的城市轨道交通线的交汇处，建筑面积达 31 万 $m^2$，建成将展示新世纪多功能商业中心的宏伟形象。

长峰商城规划结合商业建筑建设上海市一流的公共交通换乘枢纽，着力体现商品质换乘中心。充分利用地上、地下的公共开放空间，提高换乘的环境质量，实现卖区意义上的“零换乘”。另外，独特的建筑造型与先进的商业设计理会提升建筑的内涵，238m 主楼外立面一条弧线由底至顶勾划出建筑的宏伟气势。

上海长峰商城工程地下四层，主体结构为一幢 10 层裙房和 60 层(框剪结构)主楼组成。基坑总面积为 22000$m^2$，基坑开挖深度：主楼为 19.55m，局部达 21.8m；裙房为 18.75m。工程桩采用 $\phi$850 的钻孔灌注桩，桩长 72.5m，工程桩身混凝土设计强度等级为水下 C35，总桩数 1132 根。基坑施工采用裙房全逆作法，主楼采用半逆作法施工，裙房一柱一桩为裙房 $\phi$850 深 72m 的灌注桩上部接 $\phi$550×16 钢管混凝土柱，共 229 根。钢管柱混凝土强度等级为 C60。一柱一桩的设计承载力为 6000kN。垂直度需满足 1/400 的设计要求。

**3. 纠正架智能调垂原理和工艺流程**

(1) 工作原理

针对上海长峰商城一柱一桩设计承载力大，垂直度要求高的特点，对以往的一柱一桩调垂进行了改进，开发使用纠正架法调垂系统。调垂系统主要由：传感器、纠正架、调节螺栓、电脑及控制程序等组成(图 3-24、图 3-25)。

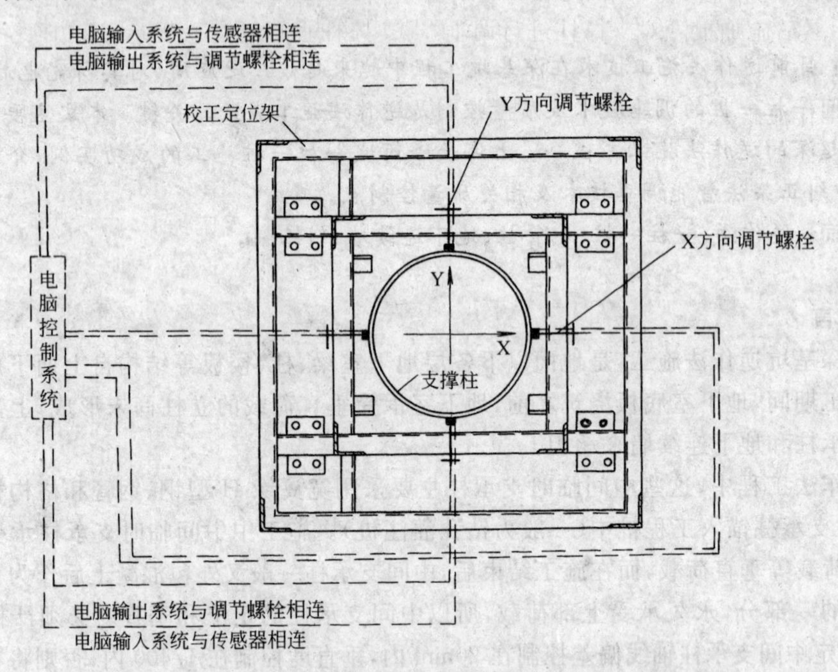


图 3-24 纠正架法支撑柱调垂平面图

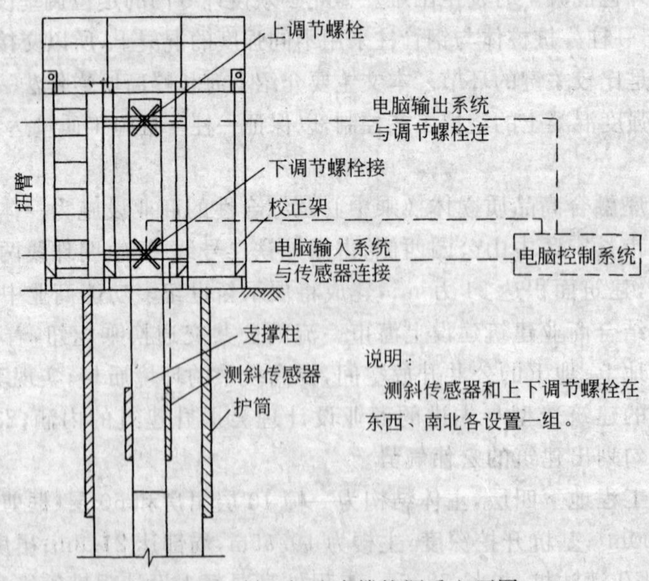


图 3-25 纠正架法支撑柱调垂立面图

在 $\phi$550×16 钢管混凝土柱上端 X 和 Y 方向上分别安装一个传感器，每个传感器终端与电脑连接，形成监测和调垂全过程智能化施工的监控系统。$\phi$550×16 钢管混凝土柱固定在校正架上，校正架设计高于地面 2m，用型钢制成，校正架上设置两组调节螺栓，每组共 4 个，两两对称，两组调节螺栓有一定的间距，以便形成扭距，校正架中心留直径 600mm 孔，作为 $\phi$550×16 钢管的就位孔。

系统运行时，首先将传感器和电脑系统与支撑柱相连，将支撑柱吊起直立，用二个方向经纬仪在地面对支撑柱进行垂直调整，即对传感器电脑系统进行归零处理。当支撑柱吊入孔内达到设计标高后，由电脑程序进行分析，确定支撑柱的倾斜以及纠正架两个方向上须施加的推力，然后施加推力对支撑柱进行调垂，当支撑柱垂直度进入规定的范围后，锁定支撑柱，调垂结束。

(2) 工作流程：

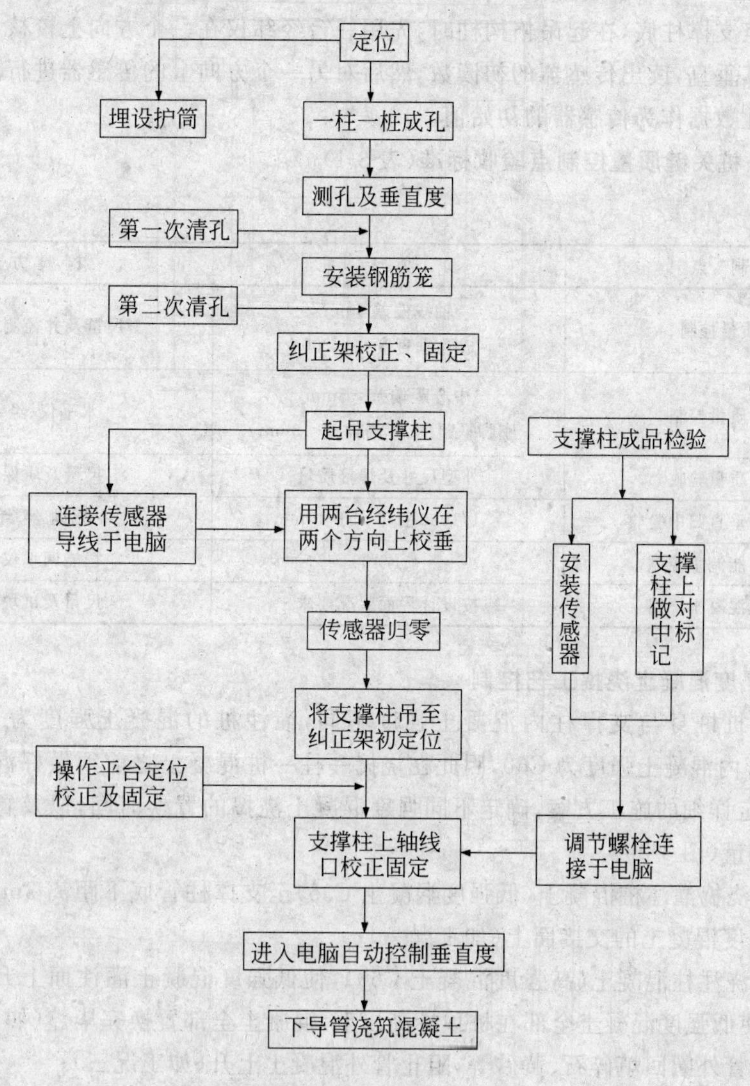


支撑柱智能调垂系统工艺流程

**4. 调垂设备安装**

(1) 定位架安装、固定

纠正架既是控制支撑柱平面位置的固定设备，同样是调整垂直度及标高的专用设备。在桩孔 X、Y 方向位置确定后，设置纠正架安放平台，用 100mm 厚 C20 混凝土制作。纠正架与桩孔中心对中后，纠正架与安放平台固定。

(2) 传感器安装

在支撑柱上端 X、Y 方向上各设置一个测斜传感器，安装传感器时，须固定上下两端。实际工程中可在支撑柱上传感器下端焊接一块角钢，角钢垂直于支撑柱的一面上钻一小洞，传感器下端恰好能插入洞中，并能相对固定住传感器的位置，且有利于传感器的拆除。

传感器安装好后，在交付使用之前须进行调试，即对传感器进行归零处理，消除零漂的影响。具体做法如下：首先将传感器线路接好并临时固定，将传感器上的电线沿格构柱临时固定，一直接至支撑柱底，在起吊格构柱时，先用一台经纬仪在一个方向上校核，控制格构柱的垂直度，使其垂直，读出传感器的初读数，然后对另一个方向上的传感器进行测试，同样得到初读数，以此数据作为传感器的初始值。

**5. 一柱一桩关键质量控制点验收标准**(表 3-1)

表 3-1

| 控制点 | 验收标准 | 检验方法 |
|---|---|---|
| 桩孔质量控制 | 轴线偏差 5mm<br>成孔垂直度<1/200 | 尺量及井径测试报告 |
| 定位架质量控制 | 中心距偏差<5mm<br>座脚平整度、标高偏差<3mm | 水平仪、经纬仪 |
| 支撑柱质量验收 | 外型尺寸及焊接质量 | 尺量及质保资料 |
| 支撑柱地面垂直归中验收 | <1/1000 且不大于 10mm | 双向经纬仪 |
| 支撑柱智能调垂控制 | <1/400 | 智能调垂仪报告 |
| 不同强度混凝土浇捣 | 按设计界面工况要求 | 尺量及试块报告 |

**6. 不同强度混凝土浇捣工艺控制**

由于灌注桩桩身与支撑柱内混凝土强度不同，灌注桩的混凝土强度为 C35(水下)，$\phi$550×16 钢管内混凝土强度为 C60，因此在浇捣一柱一桩混凝土之前须做好混凝土浇捣的准备工作，确定详细的施工方案，确定不同强度混凝土浇捣的置换时间，以及置换过程中后浇混凝土的用量(图 3-26)。

(1) 水下浇捣灌注桩混凝土(低强度混凝土 C35)至支撑柱管底下距离 3m，控制导管下口位于不同强度混凝土的交接面上(如工况一)；

(2) 开始浇注柱混凝土(高强度混凝土 C60)，使低强度混凝土灌注面上升至钢管底以上 2.5m 处，使低强度混凝土全部在桩顶标高以上，混凝土全部置换完毕。(如工况二)；

(3) 沿钢管外圈回填碎石、黄砂等，阻止管外混凝土上升(如工况三)；

(4) 继续灌注 $\phi$550×16 钢管内高强度混凝土，直至低强度混凝土从卸浆孔排除，并见到高强度混凝土新鲜混凝土排出为止(如工况四)。

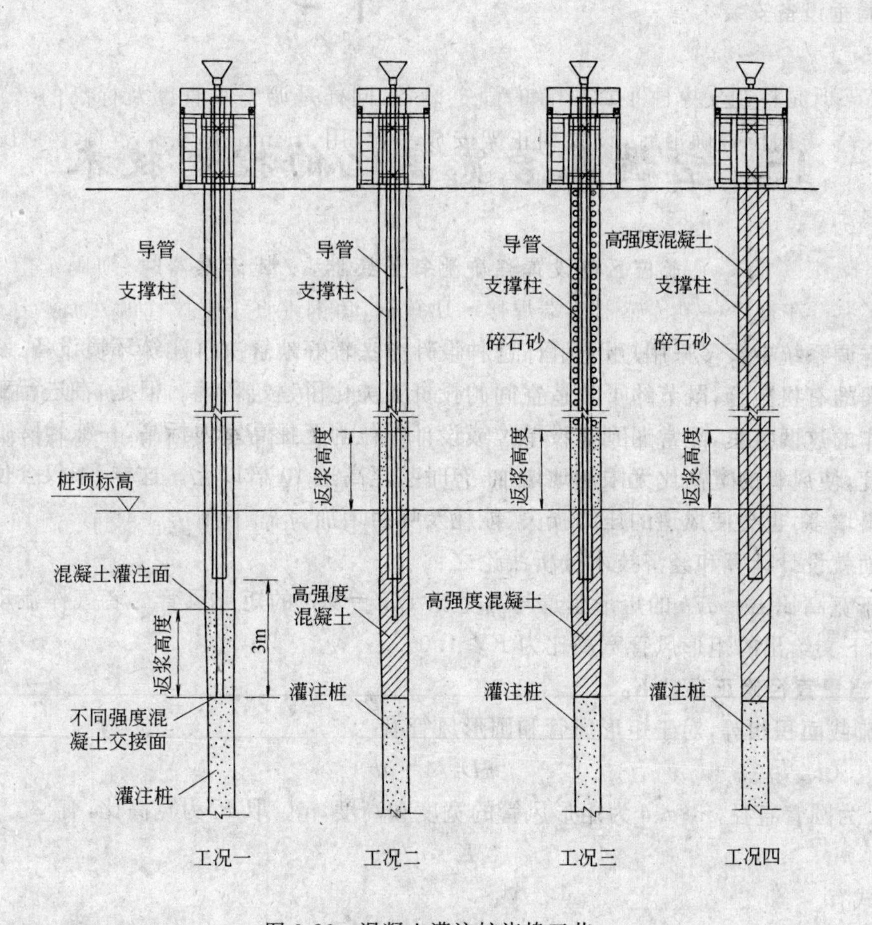


图 3-26 混凝土灌注桩浇捣工艺

**7. 实施后的效果**

上海长峰商城工程作为目前上海最大的一逆作法基坑工程，一柱一桩的施工稍有偏差，不但对以后永久外包柱的位置产生影响，而且直接影响一柱一桩的受力。上海长峰商城通过纠正架智能调垂方案的实施，过程中严密加强监控，保证了 229 根 $\phi$550×16 钢管一柱一桩达到设计要求。支撑柱的垂直度均满足 1/400 的设计要求，并为以后逆作法施工提供了宝贵经验。

# 15. 空调风管宽高比的控制技术

长宁区建设工程质量安全监督站　王正慧

在空调系统中大多采用矩形风管，这种设计方法较好地解决了建筑环境设备、装置与建筑物之间的有机配合，既节约了建造空间的投资又美化了建筑环境。但是，在进行工程质量监督工作的这两年里，经常遇到建设单位或设计单位为了提高室内标高，一味地降低空调风管的高度，使风管的宽高比无限制地增加，有时甚至高达10倍以上。这样，不仅会使风管加工用材料增多，也会使风道的压力损失、能耗及噪声增加。

下面就设计计算和经济技术分析浅论之：

由于宽高比 $K=a/b$ 的矩形管道与高宽比 $1/K=b/a$ 的矩形风管二者气体流动特性相同，因此下文给出的矩形风管宽高比为 $K\geqslant 1.0$。

**1. 当量直径修正系数 $K_D$**

通流截面积相等，对于矩形风管和圆形风管有

$$\pi D_0^2/4=ab$$

式中 $D_0$ 为圆管直径，m；$a$、$b$ 为矩形风管的宽度和高度，m。取 $K$ 为宽高比，有

$$K=a/b \tag{1}$$

代入前式有

$$b=(\pi/4K)^{0.5}D_0 \tag{2}$$

矩形风管的流速当量直径为

$$D_0=2ab/(a+b)$$

把式(1)、(2)代入上式得

$$D_V=D_0(K\pi)^{0.5}/(1+K) \tag{3}$$

把流速当量直径修正系数记做 $K_{DV}$，即

$$K_{DV}=D_V/D_0=(K\pi)^{0.5}/(1+K)$$

同理，流量当量直径修正系数记做 $K_{DL}$，可得

$$K_{DL}=D_L/D_0=(K\pi)^{0.1}/(1+K)^{0.2} \tag{4}$$

**2. 耗材修正系数 $K_p$**

对于圆形风管处理风量和单位管长表面积分别为

$$L=\pi D_0^2 v/4,P_0=\pi D_0$$

式中　$L$—处理风量，$m^3/s$；

　　$v$——风速，m/s；

　　$P_0$——单位管长表面积，$m^2/m$。

由上述两式可得

$$P_0=(4\pi)^{0.5}(L/v)^{0.5} \tag{5}$$

对于矩形风管处理风量为

$$L=abv$$

用上述两式计算矩形风管单位管长表面积 $P_J$，可得

$$P_J=2K^{0.5}(1+1/K)(L/v)^{0.5} \tag{6}$$

把矩形风管耗材修正系数记做 $K_p$，即

$$K_p=P_J/P_0 \tag{7}$$

把式(5)、(6)代入(7)得

$$K_p=0.5642K^{0.5}(1+1/K) \tag{8}$$

**3. 阻力修正系数 $K_R$**

矩形风管比摩阻计算公式为

$$R_M=(\lambda/D_V)\rho V^2/2$$

式中 $R_M$——矩形风管比摩阻；

$\lambda$——摩擦阻力系数，Pa/m；

$\rho$——气体密度，$kg/m^3$。

把(3)代入上式得

$$R_M=(1/K_{DV})(\lambda/D_0)\rho V^2/2=(1/K_{DV})R_{M0}$$

式中 $R_{M0}$ 为圆形风管比摩阻，Pa/m。

把矩形风管比摩阻修正系数记做 $K_{RM}$，有

$$K_{RM}=R_M/R_{M0}=1/K_{DV}=(1+K)/(K\pi)^{0.5} \tag{9}$$

**4. 能耗修正系数 $K_N$**

风管内输送气体的能耗为

$$N=CR_ML$$

式中 $N$——功率，kW；

$C$——系数。

把矩形风管能耗修正系数记做 $K_N$，有

$$K_N=N_M/N_0=R_M/R_0=K_{RM} \tag{10}$$

由(1)、(3)、(4)、(8)、(9)、(10)构成矩形风管修正系数的计算公式。

利用圆形风管技术参数计算方法和线图，加上本文给出的修正系数计算公式，可以方便的进行矩形风管设计计算。

对式(8)分析有

当 $K=1$ 时，有 $K_p=1.1284$；且 $K_p(K=1)$ 取得极小值。即正方形风管在相等流通截面积矩形风管中耗材最少，但它比圆形风道多用材料 12.84%。

同理分析可以得出，在相等流通截面积矩形风管中正方形风管的当量直径最大，阻力和能耗最小。当宽高比 $K$ 变化时矩形风管各修正系数($K_{DV}$、$K_{DL}$、$K_p$、$K_R$ 和 $K_N$)的变化情况列在表中。由表 3-2 可见，随着宽高比 $K$ 的增大，当量直径($D_V=K_{DV}D_0$、$D_L=K_LD_0$)逐渐减小，风管加工用材料($P=K_pP_0$)逐渐增多。阻力($R_M=K_RR_{M0}$)和能耗($N=K_NN_0$)逐渐增大。

不同宽高比矩形风管修正系数　　表 3-2

| $K=a/b$ | 1 | 2 | 3 | 4 | 5 | 6 | 7 | 8 | 9 | 10 |
|---|---|---|---|---|---|---|---|---|---|---|
| $K_{DV}=D_V/D_0$ | 0.885 | 0.834 | 0.783 | 0.708 | 0.660 | 0.619 | 0.585 | 0.556 | 0.531 | 0.509 |
| $K_{DL}=D_L/D_0$ | 0.976 | 0.965 | 0.948 | 0.934 | 0.920 | 0.909 | 0.899 | 0.890 | 0.881 | 0.874 |
| $K_p=P/P_0$ | 1.128 | 1.197 | 1.303 | 1.414 | 1.514 | 1.617 | 1.706 | 1.795 | 1.881 | 1.962 |
| $K_R=R_M/R_0$ | 1.130 | 1.199 | 1.277 | 1.412 | 1.515 | 1.616 | 1.709 | 1.719 | 1.883 | 1.965 |
| $K_N=N_M/N_0$ | 1.130 | 1.199 | 1.277 | 1.412 | 1.515 | 1.616 | 1.709 | 1.719 | 1.883 | 1.965 |

由表中可以得出结论：随着宽高比（$K \geqslant 1.0$）的增大，矩形风管的流速（流量）当量直径逐渐减小，压力损失、能耗逐渐增大，风管加工用材料也逐渐增多。亦即空调系统的初投资和常年运行费用增加，噪声增大。因此，在矩形风管的设计和安装时应适当控制其宽高比。并且希望在设计规范和施工验收规范中也能对矩形风管的宽高比加以限制。

# 16. 高层住宅箱形混凝土基础裂缝的形式、原因及防治措施

宝山区建设工程质量安全监督站　谢卫民

目前高层住宅越来越多，以达到充分利用土地资源，少投入，多产出的目的，但是高层住宅建筑由于体量大、荷载重，条形基础或片筏基础已无法满足设计要求，同时由于人防及地下停车库的需要，高层住宅几乎都是采用桩基和箱形基础。但由于温差、收缩和外部约束等原因使许多箱形基础的混凝土出现裂缝和渗漏现象，严重影响钢筋混凝土的内在质量，影响结构的正常使用。

**一、箱形基础顶板的裂缝**

顶板会在不同的部位出现不规则的裂缝或在外墙大角处出现有规律的斜裂缝。顶板不规则的裂缝一般是由于混凝土的收缩引起的，施工中只要振捣密实、及时养护，这类裂缝是可以避免的。至于外墙大角处出现有规律的斜裂缝，是由于温度影响。在转角处局部温度应力集中，使混凝土受拉出现裂缝。设计时只要在这些部位设置一定数量的放射筋，就能防止这类裂缝的出现。

**二、箱形基础墙板裂缝**

墙板上常出现的裂缝有垂直缝、水平缝、斜缝。

（一）垂直裂缝

一般是由于混凝土的收缩产生。结构设计中布置不合理，局部刚度较大，在刚度大和刚度小的截面交接处，如框架柱和墙板交接处，较易出现收缩裂缝。此类裂缝一般不危及结构安全和影响使用功能。要减少此类裂缝的出现，设计上一定要按规定要求，设置伸缩缝或后浇带，结构布置时刚度尽量均匀对称。在相同配筋率的情况下，应尽量使用较细的钢筋和较小的间距，施工中做到振捣密实、及时养护。

（二）水平裂缝

常出现在墙板与顶板或底板的交接处以及施工缝处。墙板和顶板交接处的水平裂缝，大部分是施工工艺不当，在浇注完墙板混凝土后，没有待墙板混凝土充分沉实和收缩，就进行顶板混凝土的浇筑。由于两者收缩方向的不同，在交接处很容易产生水平缝。因此在施工中要在墙体混凝土初凝前，得到充分的沉实和收缩后，再浇顶板混凝土。由于墙板的上下端是剪力最大的地方，也可能由于结构设计不合理，而产生剪切破坏，要视具体情况区别对待。至于施工缝处的水平裂缝，是施工中没有认真处理和清理，或再次浇筑时没有采取铺接缝砂浆所致。只要按施工规范要求做，就可避免此类裂缝的出现。

（三）斜裂缝

墙板上斜裂缝是由于受力而产生的，它会影响结构的安全和使用功能。主要是因为设计不合理和混凝土受到外部约束而产生。

设计不合理，表现在以下几个方面：

1. 绝对沉降量控制值偏大，引起同一基础相对沉降偏差大而产生裂缝。

2. 不按规范要求设置沉降缝或后浇带。如某 24 层住宅将主楼箱形基础和四层群房的箱形基础连在一起的，由于负载差异很大，设计中又没有设沉降缝或后浇带，加之主楼的绝对沉降没有控制好，致使主楼封顶使主体出现倾斜，基础墙板出现斜裂缝。

3. 结构布置不合理，箱形基础各个部位刚度分布不均匀，使各个部位的变形不均匀、不协调、墙板出现斜裂缝。

外部的约束也会引起墙板出现不规则的斜裂缝。由于施工场地狭小，有时施工单位不得不把地下室基坑的围护桩，作为地下室墙板的外模。由于墙板混凝土凝固时产生收缩受到围护桩的约束，当约束力大于墙板混凝土的抗拉强度时，墙板就会产生不规则的斜裂缝，为解决此类裂缝，墙板上必须设置必要的后浇带。

（四）根据墙板上述各种裂缝的成因，可以采取以下方法进行综合防治

第一，设计方面：

1. 控制混凝土墙板长度，应根据规范规定，设永久性伸缩缝，其间距一般为 30～40m 或按 20～30m 设宽 1m 左右的后浇带，可有效削弱温度及收缩应力，待施工后期再将各段墙浇筑成整体。上海地区夏季较热，雨水较多，后浇带的间距可以缩小。

2. 合理布置分布钢筋，减少混凝土的收缩，限制裂缝的发展。混凝土墙板水平钢筋常用带肋钢筋，若适当减小钢筋的直径和间距，对抵抗混凝土的收缩变形是有一定效果的。

3. 在混凝土中掺加尼龙纤维、钢纤维以增加混凝土的抗裂性能。

第二，材料选择：

1. 水泥应选择水化热较低的品种，如矿渣硅酸盐水泥，粉煤灰硅酸盐水泥。

2. 骨料应使用级配良好的石子。

3. 砂子以中、粗砂为宜。使用中、粗砂拌制同等强度的混凝土，水泥及水的用量均可相应减少，并可降低混凝土的温度升高幅度，减少混凝土的收缩。

4. 砂、石含泥量必须符合规定，石子应小于 1%，砂应小于 2%。

第三，施工方面：

1. 配合比要精心设计，不仅要注意强度，而且要考虑水化热及收缩，采取加减水剂，掺粉煤灰利用混凝土的后期强度等措施，降低水灰比，减少水泥用量，降低水化热和收缩，对防水要求高，裂缝控制严的工程，建议采用膨胀混凝土，特别要注意坍落度控制，对商品混凝土的坍落度应控制在 12cm 以内。

2. 加强混凝土振捣控制。

3. 建议优先选用木模，浇混凝土前应注意湿润模板，浇好混凝土后注意保湿保温（因钢模不易保湿、保温）。

4. 控制好拆模时间，到拆模时间（特别使用钢模时）应及时拆模，拆模后应及时养护，温差较大季节应注意保温养护，以防止产生温度裂缝。

5. 混凝土稳定后应及时回填土，能有效地保护混凝土不开裂。

第四，裂缝的处理：

由于基础墙板裂缝从室外处理较简单方便且更有效，故在回填土前应认真检查，并做渗水试验，若发现裂缝应对其进行仔细观察，看有无发展，待裂缝稳定后，从地下室内外将原状

裂缝明确标处，然后以原状缝为中心线凿槽，将槽内疏松之物除去，表面油污除去，随后用高压水将浮灰冲出，等干燥后用堵漏剂堵。并在地下室外墙刷一道防水砂浆或做一层防水层。

**三、箱形基础底板的裂缝**

箱形基础的底板一般较厚，属于大体积混凝土。底板浇筑后，由于水化热，使混凝土内部温度升高。在混凝土浇筑完后3～4d内，板内温升达到最大。这时底板的表面混凝土已凝固，当表面温度与板内温度差超过一定限度，即产生不规则裂缝。此外，混凝土的干缩也会产生此类裂缝。降低大体积混凝土的温升和减小混凝土内部和表面的温差是解决此类裂缝的根本。大体积混凝土的温升与水泥用量、水泥品种、混凝土的热学性质有关。因此可以通过改善混凝土的性能、选用低水化热或中水化热的水泥（如矿渣水泥、粉煤灰水泥）配制混凝土，在混凝土中掺适量粉煤灰，或利用混凝土的后期强度，降低水泥用量等途径，减少水化热，从而降低大体积混凝土的温升。为减少混凝土的内外温差，施工中对浇筑好的混凝土要及时采取保温或体内降温措施，如用薄膜和草包覆盖或体内预埋冷却水管，减少表面热量的散失或体内降温，将内、外温差控制在规范要求以内。采取以上措施，都可避免产生贯穿裂缝和渗漏。为防止混凝土的干缩裂缝则须按规定及时养护。目前采取外保温措施的较多，体内降温投资多而且复杂，故采用较少。

以上从设计、施工、材料等几方面浅谈了箱形基础、底板、墙板、顶板出现裂缝的形式、原因及解决方法。总之，对箱形基础出现的裂缝要有全面的认识，分析原因、确定性质，需要处理的要对症下药，及时处理。

# 17. 深层水平冲孔纠倾技术在上海软土地区的应用

宝山区建设工程质量安全监督站　王　银

**提要：** 深层水平冲孔纠倾技术是在沉井深层掏土纠倾的基础上，加以发展而成，在上海已有较多的例子。本文介绍了深层水平冲孔纠倾技术的优点和与通常采用的纠倾方法的不同之处，同时还例举了六项工程实例来说明深层水平冲孔纠倾技术在上海软土地基房屋纠倾中的作用。

## 一、前言

上海地处长江三角洲，是我国代表性的软土地区，具有土软、层厚、分布广，加上水系发育、暗浜池塘密布等特点。由于地基软弱和不均匀所引起的建筑物倾斜、裂缝等事故屡有发生，近几年加快改革步伐，住宅小区成片开发，发生地基事故频率明显增高。目前，纠倾、加固方法甚多，但不少工程由于采用的纠倾方法不当，结果耗资大、工期长、影响面广、效果差，因此如何解决这个问题越来越引起勘察、设计及质监等方面的关注。

1997 年起，我站与诸暨市振兴建筑工程公司(进沪专业纠倾加固施工队伍)一道，对上海地区的软弱土层反复进行调查、研究，提出了"深层水平冲孔纠倾"理论，攻克了在上海地区惯用的"冲斜孔纠倾"一直不能解决的难题，并在宝山区团结路 58 号商住楼，乾溪新村 600 弄 18 号楼，共康路 5 号楼和 6 号楼，共江花苑 1 号楼，东沪苑 2 号、5 号、7 号楼，上海仁和医院门诊楼、急诊楼、医技楼的纠倾工程实践中都获得了成功。对解决居民的房屋质量投诉和保证公共建筑物的安全起到了稳定大局和化解矛盾的作用，取得了良好的社会效益和经济效益。

## 二、深层水平冲孔的机理

浅基础天然地基多层建筑物的基底下，一般都有一层较理想的持力层(有的通过人工加固形成复合地基)，随着建造年代的增长，基底以下土体逐步得到固结，持力层也在不断的加厚。造成建筑物倾斜(不均匀沉降)的原因是持力层以下的下卧层压缩变形所引起的。

深层水平冲孔纠倾，是在建筑物沉降量少的一侧基础边，打若干口工作井，在持力层以下的软土层中，朝基底深处放射形水平冲孔，冲孔位置、时间、进尺深度应根据工程具体情况而确定。所冲的孔呈外大内小(漏斗状)。由于建筑物对地基产生附加应力的作用，洞孔周围的软土缓慢地朝洞孔挤压，也就使整个持力层整体缓慢下沉，下沉的速率和位置正好与所冲洞孔的形状(漏斗状)成正比。

在冲孔过程中，须用精密的观测信息系统加以控制，使建筑物的回倾速率达到理想的程度。

## 三、深层水平冲孔纠倾的优点

1. 深层水平冲孔纠倾对天然地基浅基础的建筑物都有很明显的效果，特别是对平面几何形状比较复杂、有相邻建筑影响、纵向倾斜、独立基础等类型的建筑物，采用其他方法难以纠倾，而采用深层水平冲孔方法照样可以把它纠正(见图 3-27)。

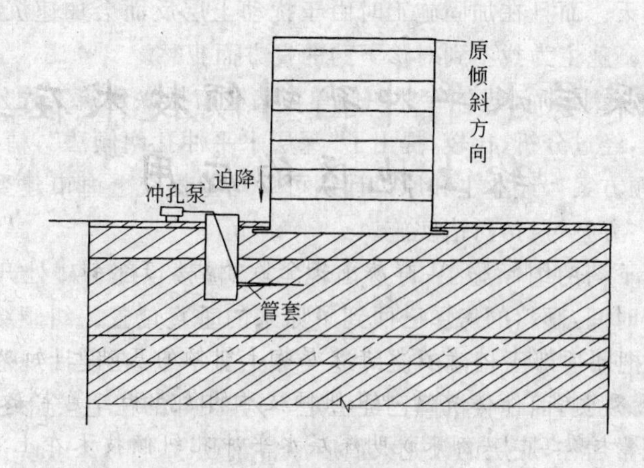


图 3-27 深层沉井冲孔纠倾原理

深层水平冲孔法，对纠倾的量能指标可以有效控制。对于具体的建筑物，或是纠正到垂直，或是矫枉过正 1‰，或是保留 1‰，都可以恰到好处地控制在需要的范围之内。

2. 不影响房屋结构和相邻建筑

冲孔的孔径在 150～250mm 左右，冲孔的部位在持力层以下的中高压缩性软土层中，每个孔又是在同一个水平上，整个持力土层没有受到破坏和扰动，相反，持力层与建筑物的基础底板结合成一个受力整体，可以调整冲孔对地基应力分布产生的不均匀因素。所以，深层水平冲孔对上部结构产生的不利因素可以完全消失。

冲孔是在工作井下操作的，工作井周围及底部都是封闭的，仅在所纠建筑物基础边预留几个小孔供冲孔之用，而且工作井的制作采用沉井法，对井周围的土体不产生影响，因此，冲孔纠倾不会影响相邻建筑。

3. 纠倾期间不影响建筑物的正常使用

冲孔纠倾都是在室外操作，并可避开建筑物的出入口及通道，而且深层水平冲孔纠倾采用沉降动态信息化施工，可以有效控制建筑物回倾速率，建筑物内部几乎无法察觉，因此，纠倾期间建筑物可以正常使用。

4. 纠倾施工现场文明，无污染，无噪声

冲孔纠倾采用工作井的方式，井下操作，收工时间覆盖井口，施工期间无泥浆外流现象，亦无任何噪声，因此不会影响周围环境。

**四、工程实例**

1. 宝山区团结路 58 号商住楼工程

六层底部框架上部砖混结构，有梁式片筏基础，两个单元，建筑面积约 2100m$^2$，1993 年建成。北面紧靠河道，片筏基础北面一半在暗浜上，原设计地基北面一半采取压密注浆加固，注浆程度为基础底板以下 3.5m。1994 年紧靠商住楼西边又建造了六层住宅楼，二幢楼南面相距仅 60mm，北面 500mm，结果造成商住楼向西倾斜。纠倾前二幢楼南面顶部已相碰，商住楼墙体已出现裂缝，构造柱已断裂。据观测，相碰现象还在日趋加剧，严重影响正常的居住和使用。

为此，业主邀请有关技术人员相继提出了多种处理方法：地基灌水泥浆、锚杆静压桩加固、甚至有人提出拆除一条轴线。上述办法都不可能纠正大楼，也不可能使二幢楼已经相碰那条沉降缝重见一线天。而且在加固施工时由于扰动土层反而会加速沉降，施工期间又会影响住户的正常居住。业主为找不到对诊下药的良方而犯愁。

1997年5月，我站会同浙江进沪专业纠倾单位诸暨市振兴建筑工程公司对现场情况进行了认真的调查研究，经过分析、比较，提出了“深层水平冲孔纠倾法”，精心编制了一份《团结路58号商住楼纠倾方案》，经业主和原设计认可后马上提交上海市建委科学技术委员会专家论证。论证结果：方案可行，付诸实施。

经二十多天对诊下药的纠倾施工，奇迹出现了，二幢楼顶部相碰处开始乖乖地分离开来。总共才四十多天时间，倾斜的房屋已回到了原来的垂直位置。纠倾结果将商住楼顶部向东拉开了150mm，把原顶部已相碰的沉降缝变成上宽下窄，在设计规范之内。纠倾结束后，经过近二年的跟踪观测，商住楼沉降已经稳定，与其相邻的住宅楼始终没有变化。

纠倾期间住户照常居住，底层的天龙大酒店照常营业。

2. 宝山区乾溪新村600弄18号楼工程

18号楼位于宝山区乾溪镇环镇北路600弄，门牌号为68～72号。六层砖混结构，五个单元，其中东面三个单元呈“一”字形排列，西面两个单元每个单元向南错开一个梯档排列。天然地基条形基础，局部片筏基础。于1995年4月开工，1996年底竣工。

在住户装修、入住过程中，发现房屋有倾斜现象，为此引起了当地政府、业主及我站的高度重视，并多次到现场，调查分析、探讨寻求合理的处理办法。

为了对该房屋变形作精确的定量分析，于1998年5月31日和1998年9月2日二次请同济大学测绘科技服务公司作精密测量。于1998年6月3日，请上海市房屋质量检测站对该房作结构鉴定。其结论是：房屋结构基本完好，但存在一定程度的倾斜，应采取相应的纠倾加固措施。

大场镇政府从住宅建设涉及到千家万户，直接涉及到人民的利益，又从稳定社会的高度出发，提出对该房作纠倾加固的决定。为了尽量使入住的居民不受影响，镇政府和业主提出最好不要影响底层南面的小院子。为此，我站与诸暨市振兴建筑工程公司（专业纠倾加固公司）根据现场条件和业主提出的要求，总结了团结路纠倾的成功经验，大胆提出了隔院子纠倾的设想，又一份纠倾加固方案送进了上海市建委科学技术委员会，结果是专家组论证获得一致通过。

1998年9月10日开始纠倾加固施工，沉井均分布在倾斜建筑物南侧院子围墙外，通过埋设套管等先进技术，深层水平冲孔穿过院子，最终使纠倾达到理想效果。因地质条件及房屋重心等因素，北侧采取了锚杆静压桩加固，桩数20根，桩长20m。经过三个月的纠倾加固施工，使房屋垂直度回复到规范允许范围之内。整个纠倾加固过程，没有影响楼内居民的正常生活。为此，得到了业主和楼内居民的赞许。

至12月9日，现场经纬仪测量数据表明，房屋向北倾斜率2.79‰，在规范范围之内。经过近一年的跟踪观测，证明房屋已稳定。

3. 共康路5号楼和6号楼工程

5号、6号住宅位于宝山区共康路、三泉路口，二幢楼按同一套图纸施工。

七层砖混结构，四个单元呈“一”字形排列。天然地基有梁式片筏基础，基础地板厚度350mm，地梁高度600mm，上下各配4$\phi$20。基础轴线尺寸为长51.2m，宽11.5m，基础地板南北方向各伸出 1.8m，东西方向各伸出 0.8m。±0.00 至沿沟底高度为 19.4m，建筑面积每幢约 4000m²，1999 年春节前竣工，部分居民已入住。

据业主提供的 1999 年 3 月 14 日测量资料，北侧 D 轴平均累计沉降 5 号房 165.8mm，6 号房 213.8mm，墙角垂直度平均向北倾斜 5 号房 102.8mm（5.3‰），6 号房 125.5mm（6.47‰）。房子整体刚度较好，未发现结构性裂缝。

根据上述情况和现场条件，我们认为这个工程类似于乾溪新村 18 号楼。所以，纠倾加固方案基本类似 18 号楼，但在具体施工中，根据实际情况作一些调整。

经过 50 天的纠倾加固施工，使二幢楼的垂直度都达到了国家技术规范允许范围之内。

4. 共江花苑 1 号住宅楼工程

共江花苑 1 号住宅楼工程位于宝山区共江路南侧，底层商场为框架结构，上部为六层砖混结构，分二个单元，其中顶层为跃层，仅设计在 C 轴以北。天然地基有梁式片筏基础，基础地板厚度 400mm，地梁高度 900mm，上下各配 6$\phi$20。基础轴线尺寸为长 38.4m，宽 9.3m，基础地板南侧伸出 1.6m，北侧伸出 2.3m；东西方向各伸出 1.2m。底层北侧有宽 3m 的裙房与主楼相连，裙房基础为悬挑地梁。±0.00 至沿沟底高度为 20m（裙房），建筑面积约 2700m²，1999 年 4 月竣工。

据业主提供的 1999 年 4 月 20 日测量资料，北侧 F 轴平均累计沉降 169.25mm，南侧 A 轴平均累计沉降 104.75mm，平均沉降差 64.5mm，基础倾斜率 6.9‰；墙角垂直度平均向北倾斜 84.75mm，墙角倾斜率 4.24‰。房子整体刚度较好，未发现结构性裂缝。

根据上述实际情况，且业主提出最好不要损坏室外道路、地下管线和绿化，我站会同诸暨市振兴建筑公司，利用底层商场的空间，提出了室内冲孔纠倾的概念。

经过二个月的纠倾加固施工，房屋的垂直度达到了国家技术规范允许的范围之内，沉降速率明显趋缓。整个施工过程丝毫没有影响室外道路、地下管线和绿化，把纠倾加固的附加损失降到最低程度。

5. 东沪苑 2 号、5 号、7 号楼工程

上海农工商集团东风总公司 1994 年投资建设的东沪苑 2 号、5 号、7 号楼由于地基发生不均匀沉降，导致房屋分别向北倾斜 11.5‰、12.37‰、9.75‰；2002 年 7 月 3 日至 2003 年 1 月 3 日期间平均沉降速率为 0.04mm/d。2003 年 3 月 29 日区人大代表在现场受理要求政府抓紧协调处理。纠倾队伍 2003 年 7 月至同年 10 月采用深层水平冲孔技术进场施工，取得了良好的效果。经测量 2 号房倾斜率为 2.74‰、5 号房为 1.32‰、7 号房为 2.08‰，符合 DGJ—11—1999《地基基础设计规范》。房屋经过纠倾和地基基础锚杆静压桩加固，保证了上部结构的安全，清除了居民的恐惧情绪，有效地化解了住宅投诉矛盾。

6. 上海仁和医院门诊楼、急诊楼、医技楼工程

上海仁和医院门诊楼、急诊楼、医技楼由上海宝山区地质勘探公司勘探，上海工程勘察设计公司设计，浙江中成建工集团有限公司施工。工程于 1998 年 5 月 18 日开工，2000 年 4 月竣工。房屋采用钢筋混凝土条形基础。门诊楼、急诊楼为钢筋混凝土框架结构，医技楼为砖混结构。三幢楼结构相对独立，并由变形缝连接组合成“T”字形平面。

由于房屋所处场地地质条件较差，虽持力层地耐力尚可，但其下有软弱下卧层，对基础沉降的影响较大，设计时因故未采用桩基而采用天然地基，致使房屋产生较大的绝对沉降量；

三幢单体建筑的结合部位恰好遇到一暗浜，虽采取了相应的技术措施，仍不可避免对房屋的不均匀沉降产生不利影响；

设计时，对建筑的结合部位，三幢单体建筑地基应力互相叠加的效应重视不够，使该部位的地基应力大于其远端的地基应力，当房屋整体地质条件较差，且又遇到局部地质情况异常时，就造成了三幢房屋均产生向结合点倾斜的现象，并导致了房屋的局部损坏。

根据现场检查测量情况分析，房屋的整体倾斜率虽尚处在可承受范围，但因其倾斜方向趋向结合部位，造成各幢房屋间变形缝上部变窄，并有相碰和互相挤压趋势，已导致房屋局部损坏，且该趋势仍在发展中，必须采取必要的房屋纠偏和地基加固措施。

为此我们采取了以下对策措施：

（1）采用深层水平冲孔法，对三幢房屋分别进行迫降纠偏，降低房屋倾斜率，使变形缝两侧房屋上部分离并保持变形缝的一定宽度。

（2）采用锚杆静压桩方法，对门诊楼西侧、急诊楼东侧及医技楼南侧局部进行地基加固。

（3）采用信息化施工，对房屋的沉降和倾斜变化进行全程监控，并在施工结束后继续进行一段时间的跟踪监测，以确定实施效果；

（4）采用适当的方法提高屋面隔热保温性能。

施工队伍于 2003 年 8 月 21 日进场，整个纠倾加固工程到 2003 年 12 月已经圆满结束。上海仁和医院的门诊楼、急诊楼、医技楼工程的地基承载力得到了加强，满足国家现行技术规范的要求，并保证了房屋上部结构的安全。

## 五、结束语

实践证明，对于上海地区软土地基的倾斜建筑物，采用“深层水平冲孔纠倾法”纠倾是一种行之有效的方法，它既经济合理，又安全可靠，而且纠倾期间不影响建筑物的正常使用。特别是在对平面几何形状比较复杂、或者有相邻建筑影响及纠倾难度较大的建筑物的纠倾中，效果特别明显。

# 18. 高层塔吊安装、拆除施工方案编制与安全技术控制

静安区建设工程质量安全监督站　张家明

塔吊是现代工业与民用建筑的主要施工机械之一。特别是在高层建筑施工中，塔吊起升高度和工作幅度的性能优势，使其被广泛应用。但是由于结构的复杂性，使高层塔吊安装、拆除成了高危作业，稍有不慎，极易造成群死群伤的恶性事故。因此高度重视高层塔吊装、拆方案的编制，加强其安全技术管理工作，在施工中充分发挥其特有的机械性能，达到提高工程质量、确保施工安全、缩短工期、降低工程成本之目的极其重要。下面就本人从事机械施工和管理的经验，谈谈自己的体会。

## 一、高层塔吊装、拆方案的编制

### (一) 方案编制的准备工作

1. 总承包单位项目管理部是高层塔吊的使用单位。方案编制前总承包单位项目管理部应汇同高层塔吊的专业施工(产权)单位，对本工程所需塔吊进行合理选型，对专业施工(产权)单位在方案编制中涉及的图纸、有关的土建计算数据，应及时、准确提供给专业施工(产权)单位。选型时应确定塔吊外扶或内爬的形式，注意塔吊安装位置是否满足工程的需要，覆盖最大的施工面；塔吊是否有足够的安装、拆卸空间和进出场道路；塔吊安装、使用、拆除的时间及综合成本等。因此高层塔吊选型的好坏直接影响工程的进度和总承包单位项目管理部的经济效益。

2. 专业施工(产权)单位是高层塔吊安装、拆除施工方案编制单位。在编制方案前，必须查看施工现场，详细阅读工程施工图及地质报告，对该工程施工过程作充分了解，特别是建筑物外型尺寸(高度、施工层面积)、构件的最大重量、建筑施工工艺、施工工期、建筑物的周围环境(周边建筑物和高压线)等，结合高层塔吊使用说明书规定的机械性能进行编制。

### (二) 方案编制的内容

1. 工程概况：工程名称、地址、结构类型、施工面积、总高度、层数、标准层高、计划工期等。

2. 选用高层塔吊技术性能主要参数：型号、规格、起重力矩、起重量、回转半径、起升(安装)高度、附墙道数、整机(主要零部件)重量和尺寸、塔吊基础受力、用电负荷，包括安装、拆除用起重机械的技术参数(如：起重量、回转半径、起升高度、整机重量、支承点的反力等)。

3. 高层塔吊相关布置图：高层塔吊平面布置图(包括离建筑物、高压线的距离，附墙杆平面布置及附墙节点详图等)；高层塔吊立面布置图、附墙杆标高；塔吊基础图及地基、基础结构加固剖面图；内爬塔吊爬升过程图；高层塔吊安装、拆除过程中所需辅助起重机械平面布置图(如拆除内爬塔吊用屋面吊平面布置图)及辅助起重机械支承点加固图；重要部件吊装位置图(起重臂、平衡臂、回转总成吊装位置平面、立面图，并指明拆卸过程中重要部件在

屋面上的临时放置位置等）。

4. 塔吊基础承载及有关节点的受力计算

（1）塔吊基础的设计。根据《塔式起重机设计规范》及高层塔吊说明书提供的塔吊基础所承受的自重、倾覆力矩、扭矩及水平力的值进行本工程塔吊基础承载能力计算（抗倾覆稳定性和地面压应力验算），确定塔吊基础几何尺寸、钢筋配置、混凝土强度等级等。如采用桩基加固，进行桩基础的承载能力计算。

（2）塔吊附着装置的定位。塔吊附着高度、间距、预埋件的制作应根据塔吊说明书及工程结构实际进行，预埋节点一般设置在结构的梁、柱、板交接处附近。进行受力最大位置附墙节点预埋件（螺栓）及焊缝的设计；并对附墙后受力最不利部位（墙、梁、柱）配筋及强度验算；塔吊加长附墙杆的设计及稳定性验算。

（3）内爬塔吊钢梁设计，拆除时台楞吊钢梁强度、刚度计算、屋面承载能力验算。

（4）辅助机械设备支承点承载能力验算（如汽车式起重机在地下室顶板上支承点承载能力验算，以确定地下室顶板加固措施）。

5. 塔吊安装、加节、拆除的步骤及质量要求：塔吊整体安装、拆除顺序；附墙装置安装及标高和间距控制措施；塔身加节、油缸顶升的步骤，垂直度的控制要求等。都必须严格按照塔吊说明书及《建筑机械使用安全技术规程》JGJ 33—2001 的要求编写。

6. 塔吊安装、拆除的人员组织：参加装拆人员应按岗位进行分工，协调作业。绘制安装、拆除作业组织网络图，制定各类专业人员的岗位责任制。如机械施工员（技术）：负责作业过程中的施工组织、设备调度和技术问题的处理；现场指挥：负责统一指挥信号，各工种协调；起重装拆工：负责起重吊装的捆扎、挂钩、零部件的装拆；塔吊司机：配合各类起重操作、顶升作业；电工：负责各控制机构的电器装拆、维修、调试；安全员：监督检查作业过程中的安全技术规程的执行情况。

7. 安装、拆除的安全技术措施：基础混凝土浇捣、预埋件设置的质量及隐蔽工程验收要求；安装以后的使用验收，设备检测措施；每一道附墙、加节以后的验收要求；台楞吊安装完毕后螺栓、焊缝的质量验收要求、试吊措施；塔吊安装、拆除前由机械施工员组织技术员、质量员、安全员对有关操作人员进行安全技术签字交底要求（安装、拆除的顺序、操作人员的责任分工、通信装置配备、装拆机具检查、安全警戒区设置、安全监护人员到位、现场动火报告、防止高空坠落措施等）。

**二、加强高层塔吊装、拆的安全技术管理**

（一）企业要重视高层塔吊装、拆过程的安全管理

1. 施工现场从事塔吊拆装作业的单位必须取得专业承包资质。未取得专业承包资质的企业一律不得从事塔吊的拆装业务。拆装企业要有固定的管理机构，专职管理人员。拆装作业人员必须经专业安全技术培训，实行持证上岗。作业人员调整必须经企业设备安全管理部门审定。

2. 建立高层塔吊安装、拆除施工方案二级审批制度。塔吊在拆装前必须根据施工现场的环境和条件、塔吊机械性能以及辅助起重设备特性，编制装、拆方案和针对性的安全技术措施，并由专业施工（产权）单位和总承包单位技术负责人审批，总监理工程师签字后实施。

3. 按已审批的高层塔吊装、拆施工方案实施。高层塔吊整体安装前应对其基础进行验收；安装及拆卸作业前，必须根据施工方案，进行针对性安全技术签字交底，按照操作程序分

工负责，统一指挥；拆装作业中各工序应定人、定岗、定责，专人统一指挥。拆装作业应设置警戒区，并设专人监护。

4. 必须保证安装、拆卸过程中各种状态下塔吊的稳定性。高层塔吊附墙杆件的布置和间隔，应符合说明书的规定。当塔身与建筑物水平距离大于说明书规定时，应验算附着杆的稳定性，或重新设计、制作，并经技术部门确认，主管部门验收。

5. 高层塔吊升、降节时应严格遵守说明书规定。顶升作业时液压系统应进行空载运转，调整顶升套架滚轮与塔身标准节的间隙，使起重力矩与平衡力矩保持平衡；顶升过程中将回转机构制动，严禁塔吊回转和其他作业；顶升作业应在白天进行，风力在四级及以上时必须停止；在塔吊未拆卸至允许悬臂高度前，严禁拆卸附墙杆。

6. 严格执行高层塔吊使用验收、检测管理制度。塔吊整体安装完毕，必须经总承包单位、分包单位(使用单位)、出租单位、安装单位共同验收，并委托经建设行政主管部门认可的有法定检测资质的单位进行检测。每次附墙加节后，必须由相关单位共同进行验收合格后方可使用。未通过验收，未经检测单位检测合格的高层塔吊不得投入使用。

(二) 行业主管部门要加强高层塔吊监督管理

1. 通过行业监管，逐步建立塔吊租赁企业的资质管理制度，完善塔吊租赁市场。出租单位(产权单位)对出租的塔吊要提供法定检测单位的检测合格证明。行业监管中如发现安全性能、技术指标不能满足要求的塔吊应立即清出施工现场。对使用年限长，经检测安全技术性能严重下降的塔吊，必须作强行报废处理，不得继续在市场上租赁、使用。

2. 加强对安装、拆卸专业单位的资质管理。根据拆装专业单位工作业绩和有关规定，由建设行政主管部门对其资质进行动态管理。要建立一套定期或不定期的检查制度，发现安全、技术管理等不能满足要求的企业，建设行政主管部门责令其整改，直至取消资格。

3. 安全监督机构要加强对进入施工现场的高层塔吊监督管理，建立高层塔吊安装备案、登记制度。塔吊安装前由总承包单位将塔吊的租赁合同、装拆单位的资质证书、经营手册、已经过二级审批的安装、拆除施工方案、塔吊基础验收单、特殊工种上岗证、有关的安全技术交底资料到受监的安监站备案。塔吊安装检测完毕，总承包单位将塔吊检测《合格证》到受监的安监站登记。

总之，抓好高层塔吊装、拆方案的编制与安全技术管理工作任重而道远。方案编制审批完毕仅仅是塔吊安装、拆除过程安全技术管理工作的第一步，更重要的是施工过程中不得随意变更方案。因故确需变更的，必须按规定审批程序进行。行业主管部门应加强对高层塔吊租赁、安装企业的资质管理，加强安装、拆除施工方案等有关的安全技术资料备案、登记工作。同时加大对高层塔吊使用监管力度，抓好动态管理，以避免重大恶性事故的发生。

# 19. 上海地区外墙抹灰裂缝原因及治理

嘉定区建设工程质量安全监督站　公延平

改革开放以来，全国各地掀起了基础建设的高潮。现在的住宅建筑逐渐走出了平面单调、外观落后、材料陈旧的框框，变得越来越新颖舒适、丰富多彩。外墙抹灰涂料饰面由于施工简单、色彩鲜艳、更新和维修方便而受到建设单位的青睐。但是，采用外墙抹灰涂料饰面的住宅建成一段时间(一般为三个月至一年)后，大多会出现大量无规则状裂缝，虽不影响结构安全，但严重破坏建筑外观，甚至壳裂渗水，已成为住宅质量通病中的一个顽症。

## 一、原因分析

### 1. 配合比因素

(1) 抹灰层砂浆强度没有过渡，底层或前层砂浆强度不足

现在的图纸中往往把外墙面设计成 1∶1∶4 的混合砂浆底、1∶1∶4 的混合砂浆面。其实，这是错误的，由于砖墙(混凝土墙)与混合砂浆材料间的收缩值(俗称软硬)差异很大，变形性能、膨胀系数相差过于悬殊，受到气候、温度影响远远大于内墙抹灰，1∶1∶4 混合砂浆直接作底层，不易与基层紧密粘结，易引起壳裂。应提高底层粘结层强度，用 1∶3 水泥砂浆作底层较合适，亦可适量掺入 108 胶水；用 1∶1∶6 混合砂浆作中间层直接抹在 1∶3 水泥砂浆底层上，也由于和上述相近的原因不如 1∶1∶4 混合砂浆与 1∶3 水泥砂浆底层粘结紧密牢固；另外，如果后一层抹灰砂浆强度高于前一层抹灰，砂浆在硬结过程中产生的收缩应力就有可能破坏前一层抹灰，造成层与层之间的空壳脱落，产生裂缝。因此，外墙抹灰砂浆应里硬外软，有所过渡，并保证底层或前层砂浆强度。

(2) 装饰面层抹灰水泥和石灰膏用量过多

由于 1∶1∶4 混合砂浆抹灰比 1∶1∶6 混合砂浆抹灰表面质感较细洁、均匀，因此设计者多喜爱用 1∶1∶4 混合砂浆作外墙抹灰装饰面层。但上海地区四季分明，冬夏温差很大，夏季室外可达摄氏 50 多度，冬季低温可至－10℃，装饰面层暴露在外墙抹灰最外表，极易受热胀冷缩影响。1∶1∶4 混合砂浆虽然水泥用量多一些，强度稍高，但同时亦约束了砂浆的胀缩，1∶1∶4 混合砂浆的强度又不足以控制砂浆因温差引起的应力作用，以致面层因胀缩产生裂缝。不堵则疏，1∶1∶6 混合砂浆作装饰面层由于减少了水泥用量，增大了砂浆的自由伸缩度(蠕动)，因此比较适合上海地区的气温，不易开裂。另外，水泥和石灰膏在砂浆硬结过程中的收缩很大，而砂子的收缩值极小，几乎不变；还有，面层中水泥、石灰膏用量越多，砂浆在硬结过程中随水分析出的游离盐、碱亦多，一段时间后往往容易滞留、积聚在面层表面，当遇雨水或二氧化碳时体积膨胀反应生成新的物质，产生的拉应力大于砂浆粘结应力而产生裂缝，因此面层抹灰所用砂浆中应适当减少水泥和石灰膏用量，增大砂子用量，即用 1∶1∶6 混合砂浆做面层，这样可减少砂浆的收缩，减少和避免裂缝产生。

(3) 未严格控制水灰比

砂浆掺水多，和易性好，操作方便，特别是如果砂浆中用砂较细，容易沉淀，施工时贪图方便加大用水量。但是同一配合比掺水越多，砂浆强度降低，砂浆在凝固过程中的失水也越多、越快，产生的收缩应力亦越大，从而导致抹灰产生收缩裂缝。

2. 操作因素

(1) 每层抹灰过厚

一次抹灰过厚，砂浆表面干燥较快，产生的收缩应力大于砂浆强度增长速度，易出现收缩裂缝，而一次抹灰薄，所产生的收缩应力相对较小，砂浆强度的增长速度只快不慢，因此可防止砂浆出现收缩裂缝。另外，一次抹灰过厚，易造成砂浆因重力作用下坠、滑移，且难以压实，从而产生壳裂。

(2) 粘结不实、养护不够

抹灰前砖墙表面没有经过清理，表面污浮物过多，砂浆与基层粘结不实，易出现空鼓和裂缝；砖墙表面无湿水或湿水不够，砂浆水份大量被砖墙吸收；砂浆在强度形成之前因失水太多太快而收缩，产生的收缩应力大于砂浆强度增长速度，必出裂缝；每层抹灰前还应注意前层抹灰的湿润程度，前层抹灰太干燥，会因同样的原因产生裂缝；另外，每层抹灰均应注意养护，前层抹灰时间短(正常气温应隔一夜)或养护不足，后层抹灰就会造成前层抹灰因强度不足而下坠、滑动，产生壳裂；如遇大风、高温天气，砂浆容易失水过快干缩而达不到强度，产生收缩裂缝。

(3) 有些施工单位在面层罩面时用铁抹子压光，这样就把水泥浆吊至砂浆表面，根据以上配合比因素的原因分析，必然产生裂缝；还有的在刷涂料前用水泥浆或1∶1水泥砂浆(细砂)批嵌抹灰面层，亦必然产生裂缝。

3. 材料因素

砂子太细，用水量多，和易性虽好，但失水快、失水多，同一配合比时降低了砂浆强度，增大了砂浆的收缩量；砂子不净，含泥量高，影响砂浆粘结力，亦降低了砂浆强度，增大了砂浆的收缩量；另外，砂子含硫化物、云母等杂质过多，不但影响砂浆粘结力，还会与水反应生成新的成份，引起砂浆膨胀起缝。

水泥本身安定性差，使水泥硬化后遇水仍在进行化学反应，使砂浆膨胀爆裂；或使用了过期、受潮水泥，降低了砂浆强度。

石灰膏未完全熟化，抹灰后继续熟化生成新的物质，使体积膨胀引起裂缝；石灰膏中所含杂质过多，使用后与水反应生成新的物质，使体积膨胀产生裂缝，并影响砂浆的粘结力，降低砂浆强度。

**二、防止措施**

综上分析，对设计采用抹灰涂料饰面的外墙面提出以下施工意见：

1. 外墙抹灰饰面应采用三层粉刷，即底层粘结层、中层找平层和面层装饰层。

2. 砂浆种类和厚度的确定：底层应采用1∶3水泥砂浆打底，厚度为5～7mm；中层应采用1∶1∶4混合砂浆找平，厚度为7～9mm；面层应采用1∶1∶6混合砂浆木抹子压光，厚度为7～9mm(面层不应用1∶1∶4混合砂浆抹面，不得用铁板光或海绵拉毛)。

3. 抹灰前必须先进行基层处理，填补孔洞、清理基层，对框架填充墙在接缝处敷贴200mm宽钢板网，混凝土墙面抹灰前必须达到必要的粗糙度，可采用凿毛、斩纹或甩浆处理。

4. 砖墙抹灰前必须对砌体隔夜浇水（宜二次，渗水深度 8～10mm）；后层抹灰应在前层抹灰砂浆凝固具备足够的强度后进行，每层抹灰时应注意前层抹灰面的湿润程度（7～8 分干）；抹灰结束初凝后应浇水养护（常温下一周），如遇大风、烈日直射应遮挡，冬季温度＜5℃时无防冻措施情况下应停止施工。

5. 水泥必须进行复试合格后方可使用；砂应用中粗砂（细度模数约 2.5～3.3），含泥量应小于 3%，底层、中层用砂宜经水淘洗，面层用砂必须经水淘洗；石灰膏不得含有未熟化的颗粒和杂质。

6. 砂浆必须严格计量，严格控制水灰比，底层砂浆稠度可控制在 90～100mm，中层砂浆稠度可控制在 70～80mm，面层砂浆稠度可控制在 90mm。所用砂浆应搅拌均匀，及时使用。

7. 涂料施工时应严格按产品说明书操作（禁止或控制掺水），基层必须干燥，不得用水泥批嵌，并注意气候、温度。

## 三、实例

嘉宏公寓 4 号、7 号房为六层住宅房，砖混结构，1999 年初开工，1999 年 10 月竣工，外墙抹灰完全按笔者的防治措施进行，当年被评为上海市优质工程“浦江杯”奖，外墙抹灰至今已有三年，经历了多个冬夏考验，外墙面未出现裂缝。

# 20. 混凝土现浇板上部受力钢筋保护层控制块

奉贤区建设工程质量安全监督站　谢仁明　陈卫东　翁永江　杨　军

现浇钢筋混凝土板类构件特别是悬挑板，其上部受力钢筋的位置和保护层是否符合规定要求，将直接影响现浇板的承载能力和耐久性。因此，新版《混凝土结构工程施工质量验收规范》(GB 50204—2002)明确规定将钢筋保护层厚度列入混凝土结构实体检验内容。并规定对板类构件纵向受力钢筋保护层厚度检验时，其允许偏差应控制在＋8mm、－5mm以内。

可是，在日常质量监督工作中发现，不少现浇钢筋混凝土板类构件，由于对上部受力钢筋的位置和保护层控制措施不科学、不可靠，在浇筑混凝土时，发生钢筋移位。从而对上部受力钢筋保护层厚度检验时，往往出现不合格现象，给工程结构安全留下程度不同的质量缺陷。

为了准确控制现浇钢筋混凝土板类构件上部受力钢筋保护层厚度，前一阶段，提出和实施多种控制方法，经检验、论证，其中采用V形槽混凝土控制块，特点多、效果好、成本低。一是采用控制块材质与现浇板材质相同；二是操作工艺简便，控制效果可靠；同时既可有效控制上部受力钢筋的保护层厚度；又可同步控制现浇板板厚。所以，V形槽混凝土控制块控制法，受到工程建设参与各方责任主体普遍欢迎，并在一批住宅工程和公共建筑上得到推广使用。

该控制块控制法的主要做法和重点要求如下：

**一、控制块的预制要求**

1. 材料和强度

采用细石混凝土预制，其配合比设计，应高于混凝土现浇板设计强度等级。如现浇板混凝土设计强度等级为C20，则控制块的混凝土强度等级宜采用C25。控制块混凝土养护龄期应达到28天。

2. 形状和规格

(1) 一要有利于与现浇混凝土紧密结合，保证质量。二要有利于有效控制上部受力钢筋位置。同时又应符合预制简便、施工方便的要求。

(2) 形状和规格如图3-28所示。控制块上平面应开设V形槽，作为上部受力钢筋就位搁置点。槽深等于上部受力钢筋的混凝土保护层厚度再加上部受力钢筋直径；槽宽宜采用上口宽，下口窄的V字形方式留设。

(3) 控制块两侧可加设竖向纵肋或预留竖向凹槽，有利于控制块与现浇混凝土紧密结合(见图3-29②、③型图示)。

(4) 控制块底面，即座落于底模的接触面，也可预留V形槽，适用于底部钢筋通过的部位(见图3-29③型图示)。

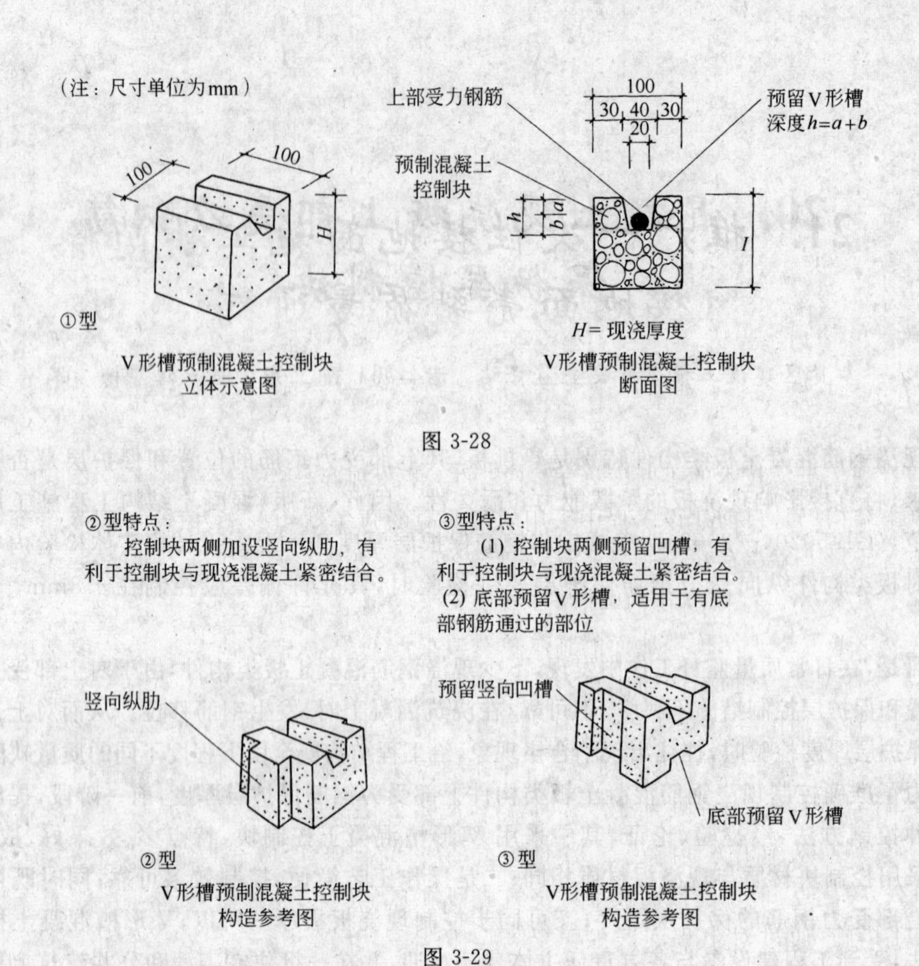


图 3-28



图 3-29

## 二、控制块的使用要求

1. 使用方法

(1) 使用前应将控制块先浇水湿润并凉干。

(2) 钢筋绑扎完成后，在浇捣混凝土之前，按照施工组织设计规定的控制块平面位置，设置好控制块。

(3) 控制块的四周，用钉子、铅丝与模板限位固定。

2. 布置部位

重点布置在有上部受力钢筋的部位：

(1) 现浇板在墙、梁四周设置上部受力钢筋的周边部位和转角部位。

(2) 悬挑结构：阳台、雨篷、沿沟等设置上部受力钢筋的部位，以及施工组织设计规定的其他部位。

# 21. 推广一次性楼地面施工法消除楼地面壳裂质量通病

外高桥建设工程质量安全监督站　戚宏飚

随着现代科学技术的不断发展，新工艺的不断出现并且广泛应用于建设领域中，然而钢筋混凝土结构仍是目前建设工程中采用的最普遍的建筑结构形式，但在钢筋混凝土结构楼地面施工质量上一直存在着质量通病（面层壳裂），这就给我们提出一个课题：是否可以通过改进施工方案与工艺来消除这一质量通病呢？

现今钢筋混凝土结构楼地面的施工仍普遍采取两次成型施工法，即先施工结构层再做面层，一般情况下，楼地面的面层只有 4～5cm，由于两次施工结合面的处理以及施工工艺等的因素，往往造成分仓缝两侧 20～30cm 范围内以及部分板块出现空鼓与开裂的现象，给工程质量带来了隐患，直接影响到建筑物的使用寿命。是否可以采用一次性楼地面施工法来消除这一隐患呢？通过实践证实一次性施工方案完全能够达到，在这里我并不想讨论设计方面的修改，只从施工方面来说，一次性施工虽然具有根除楼地面壳裂、减小楼板的厚度（减轻了荷载）等优点，但现浇楼面板一次浇筑成型施工难度大，成型工艺也较复杂，需要制定一定的施工措施，通过对工程实践的总结，现将一次性浇筑楼面板需要注意的问题谈一下体会：

1. 施工前准备：

(1) 首先控制好商品混凝土的初凝时间，一般初凝时间要在 6 小时以后，使工人有足够时间操作。

(2) 准备好与商品混凝土的相同的水泥若干吨，并筛选好中粗砂，然后在使用前拌成1：1 的水泥砂子干灰。

(3) 模板平面一定要浇水润湿。

(4) 根据工程量、组织好足够劳动力，并安排好换班作业。

(5) 在楼面梁钢筋上焊接标高控制水平钢筋，采用 $\phi10$ 光圆钢筋，每 2m 设一处。

2. 严格控制施工程序，把施工平面根据柱网分成若干施工段，先浇筑柱子混凝土，再浇筑梁到楼面模板面混凝土，然后从施工段一端浇筑楼面板。

3. 楼板面铺混凝土时，应根据画在柱子钢筋上的 50cm 线来铺设，中部可用麻线拉通测量高度，铺一块即用 2m 长刮尺刮平拍实一块，紧接用平板振动器振动密实，其后再用长刮尺刮平，标高有误差的应补混凝土或刮掉，高度与平整度达到设计要求，即待稍干后再作业。

4. 撒水泥砂了干面灰：

由于商品混凝土内有粉煤灰，细骨料成分偏大，铁板压出来不光滑，因此，在混凝土面上一定要撒 1：1 水泥砂子干灰，并掌握好撒干灰时间，撒得要均匀，待干灰吸水后用铝合金尺刮平，木蟹搓平。

5. 收光：

(1) 待混凝土面稍干，开始初凝，人基本能上去但不下陷，即用电动圆盘磨搓平。

(2) 第一遍用电动圆盘打出浆水，再用汽油铁板磨光机打磨，人上去即用木蟹搓平，铁板收光。

(3) 第二遍即最后用铁板收光：用铁板抹压无抹纹时即用铁板收光，应有序后退操作。用力碾压，将面层压光为止。压光时间控制在终凝前，依此类推，循序渐进，直至整个楼面施工完毕。

6. 养护：

楼面压光完成后约 24 小时（根据气候定）可用湿麻袋覆盖并浇水养护，每天至少浇水二次，时间不少于 7 天。如后道工序急需施工，可以用塑料布全面复盖严密，然后在上面用草袋或麻袋复盖；如需搭设上一层排架，排架立管下方均需垫 50mm 厚≥150mm 宽的厚板，使用钢管严禁在地面上拖拉，要做到轻拿轻放，以免将下面地坪拖毛或拉出痕迹。

以上是在现浇楼面板一次浇筑成型施工中应注意的一些问题，虽然其施工难度及成型工艺均较两次成型要大和复杂，但本着建设工程“百年大计”的指导思想，我们应当不断改进施工工艺，总结经验，消除质量隐患与质量通病，给国家和人民一个满意的工程。

# 22. 预应力混凝土施工质量控制研究

上海市市政建设工程质量安全监督站　徐振峰

**1. 前言**

建设部2000年起陆续发布了系列《工程建设标准强制性条文》(以下简称《强制性条文》),其条款内容,主要是涉及建设工程安全、人体健康、环境保护和公共利益的技术要求。在发布的通知中,明确规定《强制性条文》是国务院《建设工程质量管理条例》的一个配套文件,是参与建设活动各方执行工程建设强制性标准和政府对执行情况实施监督的依据,列入《强制性条文》的所有条款都必须严格执行。《强制性条文》具有权威性和强制性,其对设计、施工人员来说,是设计或施工时必须绝对遵守的技术法规,是技术条文的重中之重;对监理人员来说,是实施工程监理时首先要进行监理的内容;对政府监督人员来说,是重要的、可操作的处罚依据。

预应力混凝土施工质量控制的关键是:预应力筋、锚夹具和连接器、张拉和灌浆的质量控制。本文结合《强制性条文》的规定要求,针对当前预应力混凝土梁桥的施工,阐述质量控制的几个环节,以利施工和技术人员重点控制。

**2. 预应力筋、锚夹具和连接器的质量控制**

预应力筋、锚夹具和连接器作为形成预应力的重要组成部件,其质量必须严加控制。《强制性条文》对此也作了相应规定,其控制要点为:

(1) 预应力钢材的品种、直径和强度级别应按设计要求采用。当需要代换时,施工单位应办理预应力钢筋代换技术措施核定单,并经原设计单位同意后进行。

预应力混凝土结构所采用的钢丝、钢绞线和热处理钢筋等的质量应符合《预应力混凝土用钢丝》(GB/T 5223)、《预应力混凝土用钢绞线》(GB/T 5224)和《预应力混凝土用热处理钢筋》(GB 4463)等现行国家标准的规定;对于冷拉钢筋、冷拔低碳钢丝和精轧罗纹钢筋等的质量应满足设计和施工规范的规定。需要注意的是,国内部分钢绞线厂家按国外有关标准(如美标"ASTM A416-90A")生产的产品,与国标(GB/T 5224)相应的产品在规格(直径)、技术指标(破断力、抗拉强度)上有所差异,施工单位订货时应加以注意。

(2) 钢筋、钢丝、钢绞线在使用前必须对原材料进行物理力学性能的试验,同时必须测定其弹性模量。测定弹性模量的目的主要是修正设计延伸值。

(3) 预应力筋锚具、夹具和连接器应具有可靠的锚固性能、足够的承载能力和良好的适用性,能保证充分发挥预应力筋强度,安全实现预应力张拉,并应符合现行国家标准或交通部标准的要求。

交通部标准《公路桥梁预应力钢绞线用锚具、夹具和连接器试验方法和检验规则》(JT 329.2)中对桥梁用锚具未作锚固性能上的划分,同时也不考虑预应力筋的效率系数,因此其对锚固性能的要求高于国家标准中的Ⅰ类锚具性能的要求。

(4) 预应力锚具应有出厂合格证和试验报告单,并在进场时按批作抽样验收,其中包括10%且不少于10套锚具的外观检查、5%且不少于5件锚具的硬度检查和3套预应力筋锚具组装件的静载锚固性能试验。

夹片硬度直接关系到锚固性能,过硬容易造成钢绞线断丝,过软造成钢绞线滑丝。

(5) 杜绝使用表面带有裂纹的锚环和夹片,该类锚夹具一旦受力,会发生爆裂,轻者损坏张拉设备,重者伤人,后果严重。

**3. 张拉系统的校验**

《强制性条文》明确规定:施加预应力所用的机具设备及仪表应由专人使用和管理,并应定期维护和校验。

施加预应力所用的千斤顶、压力表与油压泵应进行配套校验,以确定压力表读数和张拉力间的关系曲线,校验应在经主管部门授权的法定计量技术机构定期进行。正常情况下每6个月或使用200次应作校验,但当出现连续断筋、千斤顶严重漏油、油压表指针不回零、调换油压表、实测伸长值与计算值相差过大等情况时,应及时校验。

**4. 预应力张拉的质量控制**

预应力张拉质量是确保预应力混凝土结构正常使用的关键所在。由于张拉因素引起的质量事故时有发生,如某高架工程,就因施工单位在预应力张拉环节施工失控,造成一桥跨梁底出现大量裂缝,影响结构安全使用,不得不采取增加体外预应力索的方法予以加固。预应力张拉质量必须有效控制,《强制性条文》对此也作了相应规定,控制要点:

(1) 混凝土强度控制

《强制性条文》规定:预应力筋放张时的混凝土不应低于设计强度的70%。

如果未达到要求强度进行张拉,则因混凝土收缩、徐变引起的预应力损失值大为增加,严重时,会造成锚垫板下混凝土压裂或破碎。

除了强度控制外,龄期也须控制,原因在于控制混凝土的弹性模量,早期混凝土弹性模量增长慢,在较低弹性模量下施加预应力,容易产生较大变形(如过大的反向挠度),继而会增大徐变引起的预应力损失。除了设计有规定外,正常情况下:后张法龄期不少于14天方可张拉。

(2) 张拉应力控制

《强制性条文》中规定张拉应力值允许偏差为±5%。

在预应力混凝土结构中,预应力筋的张拉应力控制,直接影响到预应力的效果。在具体的施工操作时,如何建立准确的、符合设计要求的有效预应力值是最重要的,所建立的有效预应力值距设计值过大或过小对结构来说都是不利的。预应力值过大,超过设计值过多,虽然结构的抗裂性较好,但因抗裂度过高,预应力筋在承受使用荷载时经常处于过高的应力状态,与结构出现裂缝时的荷载很接近,往往在破坏前没有明显的预兆,将严重危及结构的使用安全。另外,如果张拉力过大,会导致结构的反挠度过大或预拉区出现裂缝,对结构同样不利。预应力值过小,或张拉阶段预应力损失过大,则结构可能过早出现裂缝,亦不安全。所以,在预应力张拉施工阶段,应特别强调的是必须在结构中建立与设计要求值相符的、准确的预应力值,使预应力能最有效地发挥作用。

预应力钢材在张拉控制应力达到稳定后方可锚固。但在现场施工中,后张法预应力筋实际建立的应力值往往难以测定,实际张拉力与设计规定值的偏差大小取决于张拉系统校验误差及读数偏差。张拉发生断丝时，预应力筋有效面积减小，压力表所反映的实际张拉力降低，但此时预应力筋应力值未必减小，若再提高张拉力则会发生持续断丝现象，因此不宜盲目补拉，应该及时记录下最后稳定的数值，分析原因并采取有效的补救措施。

(3) 延伸值的控制

《强制性条文》虽未对延伸量的控制提出具体的规定，但实践证明，控制预应力筋延伸量比控制张拉应力更实际、更直观。

预应力筋伸长值的计算公式：

$$\Delta L=(P_P L)/(A_P E_P)$$

$$P_P=[P(1-e^{-(kx+\mu\theta)}]/(kx+\mu\theta)$$

从公式可以看出，弹性模量 $E_P$ 是决定计算值的重要因素，它的取值是否正确对计算预应力筋伸长值的影响较大。据有关单位反映，目前国内一些生产厂家提供的产品中，存在着弹性模量不均匀的现象，严重的即使在同一盘预应力筋内其弹性模量的偏差都有较大，这就使得使用者在进行预应力筋的伸长值计算中对弹性模量的取值无所适从。针对这一情况，一方面应要求生产厂家加强对产品的质量控制，使材质的均匀性得到可靠保证；另一方面，对于大桥等重要的预应力混凝土结构，最好对弹性模量事先经试验测定，然后将实测值代入公式，使计算出的预应力筋伸长值相对准确。

在公式中，$\mu$ 和 $k$ 是两个很重要的参数，特别是在曲线力筋中更是如此。但 $\mu$ 和 $k$ 的值取决于很多因素，如所用力筋的类型是钢丝、钢绞线或是粗钢筋；表面特征是凹纹的还是波纹的；表面是有锈的或是清除过的，还是镀锌的。管道成型的材料、钢束的支承间距以及浇筑混凝土时产生的振动都将影响力筋束的直度。各个摩擦系数值变动很大，而且有很多因素是不可能预先确定的，因此摩擦系数的大小在很大程度上取决于施工的精心程度。在工程实践中，要想获得比较准确的摩擦系数值，最好的办法是对孔道摩阻进行现场测试，并在施工中对摩擦系数进行管理。要求所有的工程都做到这一点比较困难，但对重要的预应力混凝土结构，这样做是有必要的。

预应力筋张拉时，通过延伸值的校核，可以综合反映张拉力是否足够，桥跨各控制断面有效预应力是否满足设计要求、孔道摩阻损失是否偏大，以及预应力筋是否有异常现象等。预应力筋实际延伸值与理论延伸值产生偏差的原因主要有：预应力筋实际的弹性模量与计算取值不一致，千斤顶输出力不准确，孔道摩阻损失有变化，预应力筋的截面面积偏差和量测误差等。通常情况下，若排除操作不当及材质影响因素，实际延伸值与理论延伸值相差过大实质上是反映了预应力筋与管道之间的实际应力损失值与理论计算值结果不符，即使张拉端张拉控制应力满足设计要求，但管道内实际建立的预应力值已不能满足设计要求。这种情况其对结构的承载能力虽然影响较小，但会影响结构抗裂等使用性能。目前不少施工和监理单位存在重视张拉力轻视延伸量的现象，仅将延伸值记录下来作为验收资料，根本原因在于对延伸量的实质意义认识不足，为确保预应力的正确施加，延伸值的准确量测和校核应引起重视。

在公路和城市桥梁预应力筋采用应力控制方法张拉时，应以伸长值进行校核，实际伸长值与理论伸长值的差值应符合设计要求，设计无规定时，实际伸长值与理论伸长值的差值应控制在 6%以内，否则应暂停张拉，待查明原因并采取措施予以调整后，方可继续张拉。

在校核实际延伸值时，尚应剔除千斤顶内的钢绞线延伸值的影响。

张拉预应力筋所用之锚具采用OVM等自锚体系时，实测延伸值是通过量测千斤顶活塞行程而得，活塞行程反映了工具锚夹片位移，因而也包含了千斤顶内部钢绞线的延伸，该延伸值在计算实测值时应予剔除。

$$\Delta L'=\Delta L\cdot L'/L;$$

$\Delta L$——预应力筋实际延伸值；

$L$——张拉钢筋总长；

$\Delta L'$——千斤顶内钢绞线延伸值；

$L'$——千斤顶内钢筋长度，当单端张拉时，为一个千斤顶内钢筋长度，两端张拉时，为二个千斤顶内钢筋长度。

张拉长度较短且两端张拉时，千斤顶内钢筋伸长值 $\Delta L'$ 影响较大，例悬臂盖梁长10.8m，一个千斤顶内钢筋长度0.6m，两端张拉，则：

$$\Delta L'/\Delta L=L'/L=2\times0.6/(10.8+2\times0.6)=10\%。$$

可见，千斤顶内钢绞线延伸值影响之大，推算实测延伸值时应予剔除。

(4) 内缩量的校核

《强制性条文》规定锚固阶段张拉端锚具的内缩量应符合一定要求，对于钢绞线束夹片锚具其内缩量控制在6～8mm(不顶压)。

锚固阶段张拉端预应力钢材的内缩量，是指锚固过程中，由于锚具与各零件之间，锚具与预应力筋之间的相对位移和局部塑性变形所产生的预应力筋的回缩值。内缩量所造成的预应力损失，设计时已考虑。

内缩量的测取，是为了校核其是否超过内缩量的规定值，亦即是否超过设计所采用的内缩量值。当超偏过大时，应检查锚具夹片，限位板是否配套，张拉是否正常，记录有无差错，从而进行操作工艺的调整。当内缩值较稳定时，则抽检即可。

影响内缩值变化的一个主要因素是限位板的选用。当张拉采用自锚式锚具时，由于是用限位板代替顶压器，因此需注意对限位板的选用，除了其型号须与锚具及张拉千斤顶配套外，还应注意限位板上用于不同规格钢绞线的识别标记，避免差错而造成钢束内缩量增大或锚口摩阻系数增加。

(5) 其他控制事项

一端张拉和两端张拉是常见的张拉方式，但其管道内预应力筋实际应力建立值和延伸量是有差别的。对于曲线预应力钢筋或长度大于25m的直线预应力钢筋，由于与孔道壁的摩阻较大，当采取一端张拉，由于摩阻力朝一个方向作用，则跨中至固定端一侧的实际预应力难以达到设计要求。因此对于长束或曲束，设计要求两端张拉的，施工单位不得以场地限制、设备不足为由改为一端张拉。对于短直束，虽然锚具变形、钢筋回缩等造成的预应力损失受管道反摩阻的影响会沿构件长度方向逐渐减小，但其影响长度会超过跨中，此时两端张拉反而会对跨中造成两次预应力损失，因此设计要求一端张拉的，则应一端张拉；若必须改用两端张拉，则应先一端锚固，另一端补足应力后再锚固。

由于广泛采用了高强度低松弛钢绞线，钢材本身具有低松弛特性，因而过去通过采用超张拉来抵消短期应力松弛损失的作用已不大，所以可不再进行超张拉。但需要注意的是，目前预应力施工中，部分设计仍保留了3%张拉控制应力的超张拉，但其目的不再是克服应力松弛损失，而主要是考虑了锚圈口摩阻应力损失。

预应力张拉是一门专业性很强的技术，张拉工作进行得正确与否，直接关系到预应力混凝土构件的安全使用。只有对操作队伍从严监管，对操作人员强化培训，同时完善施工工艺并简化合理操作程序，预应力张拉的施工质量才能得到有效控制。

**5. 孔道灌浆质量控制**

《强制性条文》规定：预应力筋张拉锚固完毕后，孔道应尽快灌浆。切割外露于锚具的预应力筋必须用砂轮锯或氧乙炔焰，严禁使用电弧。

后张孔道压浆的目的主要有：防止预应力筋的腐蚀；为预应力筋与结构混凝土之间提供有效的粘结。

压入孔道内的水泥浆在结硬后应有可靠的密实性，能起到对预应力筋的防护作用，同时也要具备一定的粘结强度和剪切强度，以便将预应力有效地传递给周围的混凝土。孔道内水泥的密实性是最重要的，水泥浆应充满整个管道，以保证对力筋防腐的要求。至于水泥浆的强度，某些规范未作明确规定，仅提出不应低于设计规定，而以往的设计对此也没有统一的标准，但设计人员往往对水泥浆强度提出比较高的指标要求，如有的要求达到梁体混凝土强度的80%，甚至有的要求应与梁体混凝土强度相同。在具体的施工中，要使纯水泥浆满足高强度的指标要求是比较困难的，同时对于后张预应力混凝土结构力筋与混凝土的粘结靠压浆来提供，因而所压注的水泥浆应有一定的强度以满足粘结应力的要求。但实际上，挠曲粘结应力无论是在梁体混凝土开裂之前或开裂之后都是很低的，设计时并不需要加以验算，现行的设计规范也未要求对其进行验算，而且一些发达国家的规范在涉及预应力混凝土梁内的粘结时，都是用力筋的锚固而不是粘结应力来保证，所以对压浆强度要求过高并不适宜。《混凝土结构工程施工及验收规范》(GB 50204)要求压浆强度不低于30MPa，国际预应力协会(FIP)发布的《工程实践指南》建议压浆强度不低于30MPa，《公桥规》规定“水泥浆的强度应符合设计规定，设计无具体规定时，应不低于30MPa”，规范虽然明确压浆强度首先应符合设计规定，但设计者也不宜对此提出过高的要求，只要能确保预应力混凝土结构的使用性即可，没有必要因指标过高而增加施工难度。

由于预应力筋在高应力状态下容易腐蚀，因此孔道灌浆必须及时，一般灌浆以不超过24小时为宜，最迟不得超过3天。制浆采用普通硅酸盐水泥，水灰比通常采用0.35～0.45。灌浆机具应采用活塞式灰浆泵，不得采用气压式压浆泵，否则易造成灰浆不密实。灌浆过程中需注意冒浆孔一定要有浓浆出现才能封堵，以确保孔道灌浆密实。孔道灌浆是否密实，关系到预应力筋使用寿命和结构的安全使用，必须予以重视。

预制构件的孔道水泥浆强度达到设计强度的55%，并不低于20MPa时方可移运和吊装。

**6. 结语**

《强制性条文》是保证建设工程质量的必要的技术条件，执行《强制性条文》不仅是贯彻国务院《建设工程质量管理条例》的需要，更是保证建设工程质量和安全的需要。预应力混凝土施工质量是预应力混凝土结构工程安全使用的关键，其各个施工环节都必须得到严格的控制，而执行《强制性条文》的相关规定就是从技术上予以保证，施工技术人员和操作人员对此应加以高度的重视。

# 23. SMW工法围护墙施工安全过程控制

上海市市政建设工程质量安全监督站　胡夏生

SMW(Soil-cement Mixed Wall)工法是我国近年来引进的深基坑围护的一种新技术新方法，该工法是以多轴型钻掘搅拌机在现场向一定深度进行钻掘，同时在钻头处喷出水泥浆与地基土反复混合搅拌，在各施工单元之间则采取重叠搭接施工，然后在水泥土混合体未结硬前插入H型钢或钢板作为其应力补强材料，至水泥结硬，便形成一道具有一定强度和刚度的、连续完整的、无接缝的地下墙体(图3-30)。它与传统的地下连续墙、钻孔排桩围护形式比较，具有工期快、造价低、对周围环境影响小的特点和优势，尤其适应软土地基深基坑的围护要求。为了充分发挥科技进步在经济发展中的积极作用，根据"技术成熟、水平先进、效益显著、分工合理"的原则，"上海市建委沪建教(99)第0586号文件"将SMW工法围护墙作为建设科技十项重点推广项目之一。

图3-30

由于政府部门对新工艺、新技术的大力支持和推广，该施工技术引进仅几年的时间，已在上海以及周边地区生根开花，在这些地区已施工完成的SMW工法围护墙基坑深度从最初的10m以内，发展到目前的15m以内。围护墙结构厚度从650mm，发展到目前的850mm。随着施工技术人员对引进的技术不断消化吸收，使之不断完善和健全，适应本土化的要求，其适合施工的基坑深度也将不断加深。展望SMW工法围护墙的发展前景，大有取代传统围护结构的趋势。

由于SMW工法围护墙施工技术引进时间不长，设计、施工、监理单位缺乏足够的理论与实践经验；H型钢与搅拌桩共同作用原理还缺乏分析资料；使用的设备部分进口、部分仿制，配套性差，实际使用匹配性缺乏科学依据；未形成本土适用的、健全的、完善的施工规范和技术及检验标准。因此，实际施工中经常出现一些问题和通病，施工过程中这些质量问题和通病不能得到及时消除，给生产安全留下了隐患。今年上半年以来，在上海以及周边城市连续发生3起SMW工法基坑坍塌事故，造成了一定经济损失。这3起事故都是因施工质量问题引发安全事故的典型事例。为吸取教训、举一反三、消除质量通病、杜绝类似安全事故的发生，下面就如何过程控制消除质量通病，确保SMW工法围护墙施工安全进行一些分析仅供参考。

**一、利用2轴搅拌机简单取代3轴搅拌机作为SMW工法水泥土搅拌桩，围护结构存在严重的安全隐患。**

3轴搅拌机加高压气流辅助搅拌技术，利用气体的升扬置换作用，有效提高墙体的均匀性，水泥掺量可达20%以上，桩体水泥土强度可达1～2MPa以上。

2轴机仅能机械搅拌，水泥掺量理论上仅能达到13%，桩体水泥土强度仅能达到1MPa左右。

3轴搅拌机成桩均匀性、水泥土强度、抗渗性能等各方面质量、性能均优于2轴机，其性能比较见表3-3。因此，只要土质情况、周围环境允许，3轴机可以单排桩作为围护体。而2轴机因强度及抗渗方面因素单桩不宜作为深基坑围护体。目前，由于3轴搅拌机紧缺，以及一些施工单位一味降低造价追求利润，又由于设计与现场监理对SMW工法工艺认识不够全面，使一些施工单位经常利用2轴机取代3轴机而不采取任何补强措施得逞，这种SMW工法基坑围护结构往往强度偏低，无安全储备，基坑在开挖阶段围护结构易变形、开裂，并且基坑渗漏严重，存在严重的安全隐患，应引起各有关方面的密切关注。

**2轴机和3轴机性能比较** 表3-3

| 种类 / 项目 | 2轴机 | 3轴机 | 备注 |
|---|---|---|---|
| 搅拌头数 | 2个 | 3个 | 2轴机采用50cm搅拌头，3轴机采用长达4m以上螺旋杆搅拌水泥土 |
| 注浆泵数 | 1个 | 2个 | |
| 最大水泥掺量 | 13% | 20% | |
| 压缩空气搅拌水泥土 | 无 | 有 | 利用压缩空气扬升作用使水泥和土搅拌更为均匀 |
| 加固强度 | 1MPa | 1～3MPa | |
| 加固深度 | <20m(普通) | >30m | 国外可达45m以上 |
| 一次加固厚度 | 700mm | 650mm和850mm | 国外可达1.5m以上 |

**二、成桩质量人为因素大，自动化监控系统不够完善有待进一步提高，通过加大施工管理和监控力度，提高操作人员的技术水平予以弥补，确保水泥土成桩质量安全可靠。**

SMW工法水泥土搅拌桩施工过程中，各施工环节同时进行，而各环节协调好坏直接影响SMW工法的施工质量。目前，水泥浆的拌制过程（水泥、水、外加剂用量、浆搅拌机操控）、注浆泵的压力流量、钻头下沉提升速度和转速、高压气体的压力和气流量的控制均各自为阵，独立操控。这几方面只要有一个环节配合不协调，就可能出现水泥土搅拌不均匀、水泥掺量不足，甚至出现围护体断桩渗漏的现象。因此，要获得良好的、稳定的水泥土搅拌桩体的质量，必须建立中央监测控制系统，统一调配控制，协调监控这些设备的运行，使桩体搅拌过程自始自终处于受控状态。虽然，市面上已出现了水泥土搅拌桩浆量监测记录仪，用于对搅拌桩地下"成桩深度、注入浆量、浆量垂直分布均匀性"参数的监控，在一定程度上保证了成桩质量、杜绝了偷工减料。但是，该仪器仅能对水泥浆进行被动跟踪记录，而不能对拌浆机、压浆泵、空气压缩机、钻头下沉提升钻速等进行全面的有效监控。因此，自动化监控系统有待进一步完善和提高。在目前情况下，加大施工管理和监控力度，提高操作人员的技术水平是解决上述问题的有效手段。

**三、应高度重视与H型钢相关的各项工序的质量控制，以确保SMW工法围护墙的安全可靠性。**

SMW工法是通过H型钢与水泥土共同作用形成有一定强度和刚度具有挡土、挡水作用的围护墙体。这其中水泥土主要起到固结土体隔绝止水作用，H型钢主要起到抵抗水土压力的作用。因此，H型钢是SMW工法围护墙中主要受力构件，在施工过程中应对与H型钢相关的各项工序质量给与高度重视。

1. 型钢的质量的检查

SMW工法H型钢可以回收并反复使用，一些型钢在加工、使用、回收、运输、堆放储存等过程中受到损伤，其主要表现为H型钢变形、有效厚度因锈蚀或磨损减小、H型钢材质疲劳受损强度降低。

为了确保SMW工法H型钢质量，必须对SMW工法H型钢进行外观检查，变形扭曲严重的、外表有明显裂纹的、锈蚀磨损严重的H型钢均不能在SMW围护结构中使用。另外，对已多次反复使用，外观检查状况良好的H型钢进行一定比例探伤检查也是有必要。

2. 型钢焊接质量的控制

H型钢焊接质量不容乐观。由于目前常用H型钢定尺长度为9～12m，而SMW工法基坑深度也恰好在10m左右，H型钢焊接接缝正好位于基坑开挖面处，该部位变形最大、受力最为复杂，焊接质量直接影响到基坑的安全。

为了保证SMW工法H型钢焊接质量，应建立从材料供应、焊前准备、组装、焊接、焊后处理和焊缝检验等全过程的质量控制系统。另外，应尽量避免将相邻H型钢焊缝设置在同一断面上，同一断面接头数量不宜大于50%。

3. 型钢定位、安放垂直度的控制

H型钢的定位、垂直度控制直接影响到支护体系的整体安全，影响地下主体结构的施工质量。H型钢定位、安放垂直度控制不力，将导致H型钢参差不齐，围檩与竖向H型钢不能密贴和共同均匀受力，H型钢受力不均将导致水泥土开裂并出现渗漏现象，影响SMW工法围护墙支护体系的整体安全。

偏斜的H型钢进入地下结构外墙界限内，将影响地下结构各工序的施工质量。另外，在拔除H型钢时，偏斜的H型钢在拔除过程中易受损变形，由于拔除摩阻力过大，可能引起地下结构外墙混凝土开裂。

因此，在施工过程中一定要采取有效措施确保导沟开挖后放线定位的准确性，导沟上设置的定位、导向型钢支架一定要有足够刚度和稳定性，在H型钢插放过程中直正起到定位导向作用，确保H型定位、垂直度控制准确。

**四、水泥土搅拌桩应连续施工，施工冷缝应有技术措施。**

施工过程中，水泥土搅拌桩应连续施工，然而，由于一些意外的因素如遇障碍物或设备故障而导致长时间间隔出现施工冷缝，并在该部位引起渗漏。因此，要求施工单位应充分了解地下障碍物情况，并在开钻前将障碍物清除干净，同时，开钻前要做好设备的检查保养工作，确保设备良好运行，并备足易损耗配件，以及设备修理人员，确保施工连续进行。若施工中遇不可预见因素造成长时间停钻，一旦出现施工冷缝，则应对冷缝处进行适当的加固补强，应在外围增设素水泥土搅拌桩，并与主体围护桩紧密搭接，确保 SMW 工法围护结构强度及抗渗性能。

**五、应加强 SMW 工法围护结构的安全监测、监控工作。**

在 SMW 工法基坑开挖工程中，很多施工单位对监测工作不予重视，应该布置的测点没有布置，有监测频率要求的未按要求落实，监测数据成果无人分析，监测工作形同虚设，基坑开挖过程安全得不到保障。在 SMW 工法基坑施工中一旦某一环节出了问题，监测工作又不能及时预警并指导施工技术人员采取有效措施加以控制，必将导致险情发生，甚至重大安全事故的发生。

图 3-31

SMW 工法基坑开挖施工过程与传统的基坑一样必须做好监测工作，应加强对支撑轴力、地下水位、基坑的水平位移、地表沉降等参数的检测。对于 SMW 工法支撑轴力的控制相当重要，应按设计要求合理施加支撑轴力（H 型钢与水泥土两者刚度不同，变形不协调，轴力过大过小都可能导致基坑变形，易引起基坑围护出现渗水），并根据监测数据的变化，及时调整施工参数，控制支撑的间排距、支撑轴力的大小、开挖流程等，以确保基坑的变形始终处于受控状态（图 3-31）。

**六、SMW 工法围护结构的整体刚度与强度略逊于传统围护结构，因此，在基坑开挖与支承施工阶段更应遵循“开槽支撑，先撑后挖，分层开挖，严禁超挖”的原则，土方开挖的顺序、方法必须与设计工况相一致。**

由于设计单位对 SMW 工法支护体系作用机理认识不深，对支承体系定理、定性分析少，有的甚至将支承体系主要受力构件的设计私自放权给施工单位，而又不作任何审核工作。又由于许多设计、施工、监理单位对 SMW 工法基坑开挖、支撑施工关键工序、关键部位技术要点认识不清，以至于施工技术交底不全面、不深入、针对性差。施工单位又盲目施工，不严格执行基坑工程中强制性条文，结果导致支承体系失稳，SMW 工法基坑坍塌的事故时有发生。

为了避免类似事故的发生，在设计 SMW 工法基坑时应规范化，设计单位提交的设计文件或设计图纸应明确开挖顺序以及各阶段的设计工况，明确支撑设计轴力和预加轴力值、基

图 3-32

坑变形控制要求。在开挖阶段支承与围檩是稳定基坑确保基坑顺利进行的重要传力构件。围檩与 H 型钢的连接节点(钢围檩与围护墙间的安装间隙应采用高强度细石混凝土填实)、围檩与支承的连接节点,以及整个支承体系的稳定性,设计与施工应给与高度重视。设计时应根据不同地质条件,在保证水泥土有效厚度的基础上,合理选择 H 型钢布置的密度、支撑竖向和横向布置的密度等参数。施工单位应根据设计的要求结合施工现场的实际情况制定切实可行的挖土与支撑施工方案,并认真执行(图 3-32)。

**七、SMW 工法围护结构在拆除支撑,拔除 H 型钢时应注意的安全工作。**

SMW 工法围护基坑挖土支撑完成后,即进入地下结构施工及拆除支撑施工,对于 SMW 工法围护结构与地下结构有间隙的,应认真做好换撑工作,否则,将导致基坑坍塌及对地下结构受损的情况发生。通常这些间隙的换撑采用分层填土夯实的方法来处理,对于间隙小无法确保回填土质量的,应采用填砂灌水密实的方法。拆撑必须遵循先换撑再拆撑的原则。另外,在拔除 H 型钢时应注意对周围建筑物、地下管线等重要构筑物的保护。若附近有重要建筑物或地下管线时,应对拔出后 H 型钢的空洞内注入水泥浆,使土体密实,以

图 3-33

减少对周围建筑物或地下管线的影响(图 3-33)。

以上是 SMW 工法施工中经常遇到的问题和通病,在施工质量过程控制中这些问题和通病一旦被忽视,极易埋下安全隐患的种子,最终导致险情,甚至重大安全事故发生。因此,注重过程质量控制是确保 SMW 工法围护墙施工安全的有效手段。随着 SMW 工法的成桩设备、工艺等的不断完善和提高,应用工程逐渐增多,适用的基坑深度也不断加深,还可能出现新的问题,作为施工技术人员应与时俱进、开拓创新,将先进的科学技术,在确保安全的前提下转化为生产力,为国家建设服务是我们的己任。

# 24. 浅谈民防工程地下室结构裂缝的成因及治理

上海市民防建设工程质量监督站　杨琪光

作为民防工程地下室，就要求在战时措施到位后，工程能形成一个封闭的掩体来抗击外来武器荷载的冲击和污染物质的侵入。而在民防工程地下室围护结构(底板、外墙、顶板)上最容易出现的裂缝恰恰降低了围护结构构件的抗力性或成为了外部污染物的入口。对此，有必要引起足够重视。

常见的裂缝可分为表面裂缝、浅层裂缝、纵深裂缝和贯穿裂缝。其裂缝深度 $h$ 与结构厚度 $H$ 的关系如下：$h \leqslant 0.1H$ 表面裂缝；$0.1H < h < 0.5H$ 浅层裂缝；$0.5H \leqslant h < 1.0H$ 纵深裂缝；$h = H$ 贯穿裂缝。几种裂缝或多或少会对构件的抗力强度产生影响，因此均需请设计对于裂缝定性并验算是否满足战时的荷载作用要求。尤其需要注意的是应当尽量避免贯穿性及纵深裂缝，这两种裂缝会对结构构件的抗力强度和工事的封闭性产生重大负面影响。如出现该种裂缝应采取化学灌浆处理来封堵并保证强度。

收缩裂缝是混凝土工程中最常见的裂缝，其机理是由于混凝土中大量孔隙中的水分蒸发引起孔壁压力的变化，导致混凝土体积的缩小。撇开混凝土本身水泥用量、水灰比等配料比不谈，以下几点原因容易使工程出现收缩裂缝：(1) 过长过大的工程尺寸；解决方法是沿20～30m 设置后浇带或采用跳仓浇灌法施工；(2) 不注意混凝土的早期养护或养护时间过短；(3) 终凝前由于混凝土表面的水分蒸发较快，应注意加盖塑料薄膜或者湿草垫；(4) 注意冬、夏季混凝土的养护工作。冬季施工时要适当延长混凝土保温覆盖时间，夏季施工要设置遮阳措施以避免混凝土直接暴露在日光下。

沉降裂缝多由于地基土有流砂、暗浜等造成土质不匀、松软，或施工回填土不实造成。裂缝一般沿与地面垂直或呈 30°～45°角方向发展。由于此类裂缝多发展为纵深裂缝和贯穿裂缝，因此必须引起重视。笔者认为对于该种裂缝应从勘察、设计至施工、建设方层层把关：勘察单位对于不良土质地区应采用缩小钻孔间距等措施，力求为设计提供详尽的土质资料；设计单位对于地质勘察报告应阅读仔细，对于构筑物范围内不可避免的不良土质区域，应当采用一定的加固措施；施工单位应保证设计的加固措施落实到位；建设方必须在挖土后组织各方(尤其是勘察、设计单位)至现场对于构筑物持力层进行实勘确认。总之各方应严格采取措施尽量避免该种裂缝的发生。

工程施工时遇到比较厚的混凝土底板基础时要注意防止温度裂缝的产生。由于大体积混凝土产生的大量水化热的散发，使得混凝土表面的温度升高，此时如果暴露在外界相对低温的环境中，势必造成表面温度骤降，产生温度裂缝。避免此种裂缝的方法除了在混凝土配料上采取措施外(宜选用粉煤灰水泥或矿渣水泥、改善水灰比等)，还应在浇筑混凝土时最大限度降低混凝土的初凝温度，并在施工过程中加强对混凝土的保温养护工作。笔者曾看到一个冬季施工的面积为 9000m$^2$、底板厚度达到 1.2m 的民防工程地下室底板，由于施工方加强混凝土温度的监控，在浇筑混凝土后及时采用覆盖薄膜、草垫等保温措施，并适当延长养护时间，其底板混凝土质量相当不错。

另外值得一提的是高强混凝土和素混凝土对裂缝的影响。近几年许多市区的高层及超高层建筑物纷纷拔地而起，因此高强度的混凝土也得到了大量运用。对于民防工程地下室而言，高强度的混凝土相对于低强度的混凝土，一方面由于混凝土强度的提高，钢筋用量可得以减少；但另一方面，由于水泥强度的提高、水泥用量的增加等因素，势必导致混凝土本身的水化热和收缩的加剧，也就是说高强度的混凝土相对更容易出现裂缝。再加上地下室的外墙受到的外约束较多，其采用高强度混凝土后产生竖向裂缝的几率也就大大增加了。因此，事实并不是像人们想象的那样"提高混凝土强度就提高了保险系数，只有好处没什么坏处"，在设计、施工时均应该谨慎对待。其次谈谈素混凝土的裂缝。实践表明，素混凝土在工程中比较容易出现裂缝。比如民防工程连通口处的临时封堵，一般设计会设置 C30 素混凝土，如照此施工，在主体结构核查时相当部分该处墙体有裂缝甚至渗水出现。其原因一是因为外墙回土后，对该处墙体产生土压力，而素混凝土本身的抗拉能力是非常弱的，往往导致有害裂缝的产生；二是由于素混凝土内部缺乏钢筋的拉结约束，其本身在凝结过程中也容易出现干缩、温度裂缝。而加了直径细而间距密构造筋后，对提高混凝土抗裂性的效果较好，能够控制裂缝宽度，使混凝土结构的表面发生细而浅的裂缝，其中大多数属于干缩裂缝。从而用许多微细无害裂缝取代少量粗大的有害裂缝。

笔者在施工现场发现部分工程施工时对混凝土保护层厚度控制未到位，在受拉区过大的混凝土保护层厚度由于缺乏钢筋的保护也容易产生裂缝，从而结构的强度和耐久性有一定的影响。工程参与各方应该加以足够的重视。

目前产生裂缝的常用修补方法大致有以下几种：(1) 表面修补法。适用于稳定及对结构承载能力没有影响的表面裂缝的处理。方法是在裂缝的表面涂抹水泥浆、环氧胶泥或在混凝土表面涂刷油漆、沥青等防腐材料。(2) 嵌缝法。是处理裂缝中最常用的一种方法。适用于宽度小于 0.3mm，深度较浅的裂缝。通常是沿裂缝凿 V 形槽，在槽中嵌填塑性(高聚物改性沥青)或刚性(合成树脂乳液、聚合物改性水泥)止水材料，以达到封闭裂缝的目的。(3) 灌浆法。主要适用于对结构整体性有影响或有防渗要求的混凝土裂缝的修补，方法是利用压力设备将胶结材料压入混凝土的裂缝中，胶结材料硬化后与混凝土形成一个整体，从而起到封堵加固的目的。该方法在民防工程地下室中采用得较多。(4) 结构补强法。因超荷载产生的裂缝、裂缝长时间不处理导致的混凝土耐久性降低、火灾造成的裂缝等影响结构强度可采取结构补强法。包括断面补强法、锚固补强法等。

# 25. 民防工程通风与给排水工程质量控制要点

上海市民防建设工程质量监督站　许　强

民防工程是国家防患重大突发事件，爆发战争时，保护重点防护城市居民的生命安全、减少伤亡的地下工程。民防工程战时应确保防护要求，能达到防原子、防化学、防生物武器袭击下的通风与水循环。

近年来，随着国民经济和城市建设的发展，民防工程开始走平战结合之路，更多的民防工程平时被利用起来，作为地下汽车库、自行车库、商场、办公场所、仓库等。为了片面追求平时利用和效益，民防工程的防护通风与给排水部分得不到足够的重视，设计和施工质量有待于进一步提高。

## 一、施工图设计要点与常见问题

平战结合民防工程的采暖、通风与空气调节、给排水设计，必须确保战时防护要求，并应满足战时及平时的使用要求。当平时使用要求与战时防护要求不一致时，应采取平战功能转换措施。

民防工程战时的通风方式包括清洁式通风、滤毒式通风和隔绝式通风三种通风方式。平时的通风方式应满足不同用途工程的使用要求，采取自然通风或机械通风，如机械进风、排风、排烟等，必要时可采用空气调节（如商场、健身房、办公场所等）。

给水排水工程是民防工程建设的重要组成部分，它是保证工程内人员的生活、工作的重要条件之一。对于地下工程排水设施是否齐全，构筑的是否合理，是决定这个工程的使用性能的重要条件。

1. 在设计民防工程通风时，部分设计单位对地上建筑部分的采暖、空气调节、进排风系统的设计规范比较熟悉，而对民防工程通风设计要求不怎么熟悉。部分建设单位为了工程需要，把战时部分的设计任务单独交给专业设计单位，使平时与战时部分分离，致使平时设计图纸不执行民防工程设计规范和标准，给施工单位带来诸多不便，甚至影响工程施工进度。民防工程平时与战时的施工图设计，除了执行民用建筑相关规范外，更应该严格执行民防工程相关设计规范，施工单位在设计交底时应主动提出，并由建设单位协调相关设计单位予以解决。

2. 平时进、排风（烟）系统与汽车库的战时排风系统可以使用通风竖井内有防护密闭门、密闭门的专用通风道进行平时、战时通风换气，后面连接进（排）风小室，临战时关闭进（排）风口部的防护密闭门、密闭门和外界隔绝，采用这种方式进行通风的优点是可以避免在围护结构（临空墙、密闭墙）上予留孔洞、穿墙管，施工简易、方便，效果较好，目前采用此方式设计的为数不多。

3. 部分施工图中“战时安装”的部分管道在实际安装过程中会出现标高、位置方面的矛盾，平时、战时通风系统合用一套风管时应有相互转换措施（可采用调节阀、插板阀、蝶阀等相互切换），诸如此类的问题应在设计交底时及时发现并予以解决。

4. 人防通风系统中的手动（电动）密闭阀门、过滤吸收器、防爆超压排气阀门、自动排气阀门为人防专用设备，应选用经国家人防办公室批准、上海市民防办备案的民防工程防护设备定点生产厂家产品。不能采用一般的钢制蝶阀或止回阀来替代密闭阀门。

5. 部分通风施工图在标注人防战时口部进、排风管道（圆形风管部分）管径时采用的是公称直径，如 *DN*300、400......等，是根据管路中安装手动密闭阀门等设备的公称直径标注，而管道、预埋穿墙管直径应与所连接的管道或手动密闭阀门等设备的接管直径相一致。

6. 防空地下室清洁通风和滤毒通风的进、排风系统防护密闭按照规范要求，钢板风管必须设置两道密闭阀门，最后一道密闭阀门必须设在清洁区，如进风系统设在风机房内。滤毒通风和清洁通风共用一台风机时，必须设增压管，并在增压管上设球阀。有的施工图上阀门数量不够，或者阀门安装的位置不正确，增压管上不采用球阀而采用闸阀等。

7. 按照规范要求设置在染毒区的进、排风管，即战时通风系统中最后一道密闭阀门至工事外的该段风管应采用 2～3mm 厚的钢板满焊成型。有的施工图中该段风管用阴影部分表示，但很多施工图没有任何表示，或只在设计说明中用一句话来概括，往往施工人员在安装过程中容易出现错误，选用材质不对或者造成材料的浪费。

8. 人员掩蔽工程的滤毒通风系统未按强制性标准设置测量内、外压差的测压管，或者测压管设置的位置不正确。根据规范要求，测压管室外端应设在第一道防密门外，露出顶板，管口朝下，工事内侧一端应设在防化值班室或进风机室内。

9. 在除尘器、过滤吸收器前后两侧的通风管道上应设置测压管，并且在连接管路上设置测量气体浓度的取样管。有的施工图无此要求，或者测压管、取样管遗漏、设置位置不正确。

10. 关于给排水、消火栓、喷淋等管道中“防爆波阀门”的安装。许多给排水设计图纸中出现“防爆波阀门”字样的设备，设计规范规定：进出人防围护结构的给水管、消火栓管、喷淋管、机械排水管、透气管、输油管应在工事内侧设置公称压力不小于 1MPa 的阀门（部分规范称“防爆波阀门”）。规范条文说明中解释设置阀门的目的是为了在战时防止冲击波和放射性物质、其他毒剂沿管道进入围护结构内，防爆波阀门无专门产品，可用常用的闸阀、蝶阀或截止阀等。市场上的“防爆波阀门”因无法人工控制启闭、保证防护密闭，不能满足规范所规定阀门的作用。

11. 上部建筑的污废水、煤气管不应穿过人防围护结构。很多地下室结合住宅、办公楼等建造，住宅建筑的生活污水和办公楼的雨水等污废水管排经地下室，考虑到上部建筑战时容易遭到破坏，为保证民防工程围护结构的整体强度及其密闭性，应尽量把与防空地下室无关管道设在民防工程的防护范围之外，可采用顶板局部降低、设管道夹层、设管道井等方法处理。规范规定如因条件限制需要必须穿过时，只允许公称直径不大于 75mm 的给水、消防、采暖、空调冷媒管道穿过，并且应在围护结构内侧加设阀门。

12. 民防工程内的污废水（战时水箱、内部清洗等产生）如需排入人防区外集水井时，排水地漏应采用防爆地漏（民防专用设备），排水管应采用镀锌钢管，集水井内排水管应设置闸阀。有的施工图中平时使用的地漏及排水管道穿经人防区内外或者二个防护单元，排水管采用 PVC 管或排水铸铁管等管材，地漏采用普通地漏，这些都是不正确的。

13. 规范规定“密闭门以外需要冲洗的地段及房间应设直径不小于75mm的洗消排水口”，排水口可采用铜质管堵、防爆地漏。这里密闭门以外需要冲洗的地段及房间主要指活门室、扩散室、防毒通道、滤毒室、简易洗消间、洗消间。有的施工图中部分房间的洗消排水口漏设，应按规范要求设置到位。

**二、预埋管件质量控制要点与常见问题**

1. 防爆地漏应直接预埋在混凝土中，不得予留木盒或塑料套管等。洗消排水口和防爆地漏的顶面应低于室内地坪5～10mm，室内地坪应坡向地漏或洗消排水口，排水管道应设固定支架并控制好坡度，埋地塑料管道与支架间应衬橡胶垫圈。

2. 镀锌钢管不得焊接，破坏表面镀锌层。人防口部的排水管道多采用镀锌钢管，常见用钢筋与镀锌钢管进行焊接固定。

3. 穿墙管是由预埋的刚性防水套管和带有防水翼环的穿墙短管两种形式，它们的共同特点都是起防护密闭防水作用的。不同点是：穿墙套管是工作管从其套管内穿过，套管与周围混凝土起密闭作用，在工作管与套管之间用密封材料进行填塞密闭，而预埋的穿墙短管，它本身与周围混凝土起密闭作用，又是工作管的一部分，它应与接管直径一致。穿墙管与混凝土接触部分不得油漆，因为管道与混凝土接触部分油漆将影响混凝土与管道的粘结力。

4. 战时人防口部进、排风管道穿临空墙、密闭墙时应预埋通风穿墙短管。预埋穿墙管制作可参照防空地下室通风设备安装图集FK01～02中风管穿密闭墙图，管道及预埋穿墙管应采用3～5mm厚钢板机械卷制成型，管道与密闭肋间焊缝严密，不应采用无缝钢管。临空墙上防爆超压排气阀门预埋穿墙短管应采用6mm厚钢板。通风穿墙短管预埋时中心线应水平，密闭肋应垂直居中，应适当采取加固措施。通风穿墙短管预埋位置应充分考虑安装尺寸并不影响人防门启闭。平时进(排)风管道穿过临空墙、密闭墙及防护单元隔墙时，应在墙体两侧预埋角钢框，用作临战封堵，不得予留混凝土孔洞。通风管道穿过内隔墙时，可予留混凝土孔洞，每边留有约5cm空隙，风管穿过后周边用密封材料填充密实。

5. 给排水、消火栓、喷淋等管道穿临空墙时应预埋穿墙套管，套管两侧钢板应与结构面平；给排水管道穿密闭墙、外墙时应预埋防水套管。穿墙套管内径应比管道外径大3～4cm，便于用密封材料填塞密闭。片面认为套管管径比管道管径大2号的说法是不正确的。

6. 工事超压测压管应采用*DN*15镀锌钢管，直接预埋于顶板钢筋中，两端予留位置应准确无误，两端管口应距墙、顶不小于100mm。

7. 有防核电磁脉冲要求的工程，如指挥、通信工程，穿墙管应由设计单位出施工图，按图施工。

**三、设备安装控制要点与常见问题**

1. 民防工程内的战时进风机通常采用离心式风机，离心式风机按照旋转方向分为左转和右转两种，根据现场安装位置的不同选取左转和右转，一般有设计者给出，但也有的设计图纸未标注或标注不正确，这就需要施工员在现场根据实际情况作出正确判断。判别的办法是：从电动机一侧观看风机，顺时针方向旋转的为右转，逆时针方向旋转的为左转。风机进出风口应采用柔性接头连接，柔性接头长度应为150～300mm，柔性接头不得偏心、作异径管变径用(大小头)。通风机传动装置的外露部分以及直通大气的进、出口必须装设防护罩(网)或采取其他安全设施。风机固定螺栓应设防松装置，一般可采用弹簧垫圈或橡胶衬垫。

2. 过滤吸收器必须水平安装，加炭口应朝上，箭头方向应于气流方向一致。二台过滤吸收器上下叠装时，支架制作应考虑设备拆装方便，如有足够空间应保证下面一台能侧向拉出，具体做法可参照防空地下室通风设备安装图集 FK01～02 要求。

3. 手动密闭阀门安装时应保证标志压力通径的箭头与受冲击波方向一致，并应便于阀门手柄的操作。冲击波由人防围护结构外经消波设施沿管道通向人防清洁区内。阀门安装时易出现因手柄碰墙、管道导致无法启闭，铭牌掉落等问题。

4. 自动排气阀门、(防爆)超压排气活门安装时必须保证法兰面、杠杆垂直，(防爆)超压排气活门内挡圈位置正确，不能倒装。

5. 战时焊接风管与手动密闭阀门、过滤吸收器、油网除尘器、防爆超压排气阀门、自动排气阀门等设备连接时连接法兰必须采用 8mm 厚钢板车制成型，法兰间应衬单层、整圈无接口橡胶垫圈保证密闭。这项要求在施工中问题较普遍，如法兰连接处漏气、漏光，有的为了保证密闭，在法兰间衬了二层橡胶垫圈，另外橡胶垫圈在管道油漆时被涂刷油漆，使得橡胶制品易老化、变硬，这些通病普遍存在。预埋通风穿墙短管与所连接管道也应采用法兰连接，方便拆装维修。

6. 强制性标准规定防排烟系统的柔性短管的制作材料与法兰间垫料必须采用不燃材料。判别材料是否为不燃材料主要依据该产品的检验报告，许多施工人员对材料的阻燃与不燃认识不足，误以为防火、阻燃的材料就可以了，例如俗称的“三防布”就是阻燃材料，比较常用的不燃型法兰垫料有石棉橡胶板。石棉绳因考虑对人体有害，不得作为风管法兰垫料。

7. 穿越防护单元隔墙和上下防护单元间的防护密闭楼板的管道时，应在防护密闭隔墙和防护密闭楼板两侧的管道上设置公称压力不小于 1MPa 的阀门，阀门可采用闸阀、蝶阀等。因平时使用要求不允许设置阀门的，可在该位置设置法兰短管。

8. 给水、排水管道穿过临空墙、防护单元隔墙时，应设置抗力片，抗力片厚度为 10mm，抗力片与管道间不需焊接，抗力片应明露在外并做好防锈处理。有的设计图纸中未做要求，或者只有文字说明而无安装图例，具体做法可参照防空地下室给排水设施安装图集 FS01～02 要求。

9. 管道焊接质量与油漆质量在平时的质量检查中存在问题较为普遍。如管道焊接处焊缝不均匀，焊渣未清除，虚焊、气孔现象较多等，管道油漆露底、色差现象较为普遍，油漆前底部未清理干净，部分管道漏漆等等。

**四、施工技术资料的主要问题**

民防工程的质量评定应严格遵守质量评定标准，民防工程的评定参照行业标准评定，而非国标，不采用检验批评定，各分部分项依然存在优良与合格标准，新的评定标准中安装工程分项工程质量评定表中合格等级中的允许偏差项目百分比应不低于 75%，防火分部工程只有合格而无优良等级。

1. 分部分项划分不符合民防工程质量评定标准。

民防工程中含有通风空调分部工程、给排水分部工程、防火分部。其中防火分部中的分项工程来自于通风与给排水系统，如防火调节阀安装就归入防火分部中的防排烟部件安装分项工程评定，而有的管道的防护密闭处理则归入孔口防护分部中的进出工程管线的防护密闭分项工程评定。消防施工中的管道安装部分应归入给水管道安装分项工程，喷头等器材安装则应归入防火分部的灭火器具安装分项工程。要想掌握这些内容，需加强对民防工程质量评定标准的认识。

各分部、分项工程质量评定表应根据工程实际情况如实填写，部分工程资料的填写与事实严重不符，明明没有的设备在资料中却反映出来。

2. 产品与设备的合格证、质保书及使用说明

产品与设备与合格证应一致，包括产品名称、生产厂家等。消防产品除了合格证与质保书外，还应提供产品的消防检查报告。风机、水泵等主要设备还应提供产品使用说明书。

3. 管道测试记录与设备试运转记录

管道的测试记录包括给水管道的试压、冲洗记录、排水管道的灌水通水记录、阀门试验记录、卫生器具的盛水记录。设备试运转记录含风机、水泵的试运转情况。

绝大部分工程的测试记录规格、型号、数量填写不齐全或不填，单位往往填写错误，管道的单位应为米，有的资料员却填写为根，概念模糊。

# 26. RPM 排水管的管道径向变形控制

上海市公用事业质量监督站　苏耀军

## 一、RPM 管应用概述

化学材料管，做为一种新型管材，已逐步应用于排水管道工程。该类型管材具有耐腐蚀、内壁光滑、不结垢、重量轻、抗渗漏强、使用寿命长、运输安装方便、维护成本低等特点，可作为重力流、压力流管道工程使用。目前主要有：硬聚氯乙烯管（PVC-u 管）、高密度聚乙烯管（HDPE 管）、玻璃纤维增强聚丙烯管（PP 管）、玻璃纤维增强塑料夹砂管（RPM 管）。

从全国范围来看，RPM 排水管的推广应用还是从 1998 年开始的。据不完全的统计，1999 年的全国 RPM 管产值在 3.5 亿元以上，很多生产厂家的产品质量都达到了国际标准，有些通过了国标相关组织的认证。管道铺设长度达 250km 以上，其中供水管最大口径为 *DN*1600，排水管最大口径为 *DN*2600。1998 年在上海市污水治理二期 SSI/6.1 标进行了 *DN*1200RPM 管的应用试验研究——《缠绕式增强塑料夹砂管在上海市污水治理工程中应用的试验研究》，于 2000 年通过了上海市科技成果鉴定，并编制了上海市标准《玻璃纤维增强塑料夹砂排水管道施工及验收规程》DGJ 08—234—2001，这为上海市进一步推广应用 RPM 管打下了基础。但由于 RPM 管在上海处于应用起步阶段，考虑到上海土质和施工特点，有必要做进一步的推广应用研究。

RPM 管是以玻璃纤维及其制品为增强材料，以不饱和聚脂树脂、环氧树脂为基体材料，以石英砂及碳酸钙等无机非金属颗粒材料为填料作为主要原料，按一定工艺方法制成的管道。一定工艺方法指定长缠绕工艺、离心浇铸工艺、连续缠绕工艺。其主要特点如下：

(1) 玻璃纤维增强塑料具有较高的强度，其拉伸强度是常规低碳钢屈服强度的两倍左右。因此 RPM 管道结构承载能力较大。

(2) 玻璃纤维增强塑料的弹性模量较低，RPM 管的结构刚度与周围土体刚度的比值小于 1，应按柔性管道结构计算。

(3) RPM 管与其他管材相比，具有很大的变形能力，并在较大的变形情况下保持弹性变形。

(4) RPM 管的主要原材料——聚脂树脂等是高分子有机材料，因此存在管材材质老化现象，在荷载的长期作用下，其强度变化有衰减的趋势。

根据 RPM 管的特点，在埋地铺设排水管道工程的强度设计主要内容为：内压强度、外载强度、内压和外载组合荷载强度计算等。由于排水管道主要为重力流，管道的内压力较小，一般取 0.1MPa，其管壁的环向拉伸强度是能够满足要求的。为此，RPM 排水管道重点是解决抵抗外荷载能力和满足长期使用条件。按柔性管结构设计（管-土共同作用）理论，管道周围土体和柔性管本身共同承受外荷载。对重力流管道，管子的安全使用状态实际上是变形控制，欧美等国对重力流管通常只计算管子的环向变形。

## 二、RPM 管道变形要求

RPM 管道在应用中，应满足下列规定：

1. 管道由静荷载与动荷载引起的初始环向变形率应控制在 3%，长期环向变形率应控制在 5%以内。

虽然 RPM 管子本身具有很强的环向变形能力，在较大变形下能够保证管道结构稳定。根据《玻璃纤维增强塑料夹砂管》CJ/T 3079—1998 标准，管子本身初始挠曲性的 6min 挠曲水平($A$、$B$)和 24h 挠曲性的挠曲水平($D$)的要求见表 3-4。在对管刚度为 5000N/m² 管子做平行板外载性能试验时，所得到的加载值和管径竖向变形值的曲线来看，呈线形关系的变形率达 14%。

**初始、24h 挠曲性的环向变形率** **表 3-4**

| 挠曲水平 | 管刚度等级，N/m² | | | | 要求 |
|---|---|---|---|---|---|
| | 1250 | 2500 | 5000 | 10000 | |
| $A$,% | 18 | 15 | 12 | 9 | 管内壁无裂纹 |
| $B$,% | 30 | 25 | 20 | 15 | 管壁结构无分层、纤维断裂及屈曲 |
| $D$,% | 24 | 20 | 16 | 12 | 管壁结构无分层、纤维断裂 |

但实际环向变形率不可能取值很大。其主要原因如下：

(1) 管道按圆管进行水力计算，环向变形太大，影响水力条件。从流量看，管道环向变形率为 5%时，对流量的减少仅 0.6%，影响甚微。

(2) 管道变形，必然带来周围土体扰动，影响沿线道路、建(构)筑物、地下其他管线等的正常使用。

(3) 环向变形率的取值应满足管道环弯曲应变的要求。即环向变形量应控制在多大限度内，才能使管道满足环弯曲应变要求，并保证管道在长期使用中不失效。根据试验和经验，管道在实际应用中环向弯曲应变应符合公式 2-1 的规定。

$$\varepsilon_b = D_f \cdot \frac{\Delta_f}{D_0} \cdot \frac{t}{D_0} \leqslant S_b / K_S \tag{2-1}$$

式中 $\varepsilon_b$——环弯曲应变；

$D_f$——形状系数；

$\Delta_f$——管道环向变形量，cm；

$t$——管子壁厚，cm；

$D_0$——管道平均直径，cm，按管壁中心计算；

$S_b$——长期环弯曲应变；

$K_S$——安全系数，不小于 1.5。

试验结果显示管道环向变形率($\Delta_f/D_0$)增加的速度要比形状系数($D_f$)减小的速度快，在计算中一般可视变形系数不变，因此变曲应变将随 $\Delta_f/D_0$ 的增大而增大。所以，从管道的耐久性来看，如果长期保持过大的变形，管子的环弯曲应变长期过大，很难保证管道的长期使用的可靠性。因此 RPM 管应保证 50 年长期环变曲应变($S_b$)不低于 0.5%。

形状系数($D_f$)与管材性能、回填土材料及压实度等因素有关，管刚度大，$D_f$ 则小；回填压实程度高，则 $D_f$ 大。从一些工程实测计算得到，对于上海软土土质，管刚度为 5000N/m²

时 $D_f$ 值约为 4.25，管刚度为 10000N/m$^2$ 时 $D_f$ 值约为 3.88。

考虑到 RPM 管制作材料的差异、各地区地质条件的不同、回填材料的优劣、回填施工及施工条件的不同、施工质量的不稳定性等因素，并借鉴国外标准情况，要求施工中管道的长期径向变形率控制在 5%，并要求覆土 12～24h 内的初始变形率控制在 3%以内，是较安全的。

2. RPM 管环向变形量的计算

柔性管管道的环向变形与管材性能、管道承受的静动荷载、安装敷设条件和方式、回填材料及回填施工质量等因素有关。斯潘格尔(Spangler)在理论分析的基础上总结了大量试验结果，提出了适用于柔性管内力和变形的计算公式，见公式 2-2：

$$\Delta_f = D_e \cdot \frac{W_0 \cdot K \cdot R^3}{EI + 0.061 E_d R^3} \tag{2-2}$$

式中 $D_e$——环向变形滞后系数，取值 1.25～1.50；

$K$——与管基支承角有关的系数；

$R$——管道平均半径，cm；

$E$——管壁环向弯曲弹性模量，N/cm$^2$；

$I$——管壁横断面上单位长度的惯性矩，cm$^4$/cm；$I=t^3/12$；

$t$——管壁厚度，cm；

$W_0$——管道承受的荷载，N/cm$^2$；

$E_d$——回填土的综合变形模量，N/cm$^2$。

公式 2-2 是指管道在管-土共同作用时，假定管道受垂直荷载作用产生椭圆变形，管道挤压土体，使土体产生抗力，而抗力大小与管子在土中的变形成正比，管两侧抗力呈抛物线对称分布(如图 3-34)。

3. 由于是埋地铺设管道，温差引起的变形一般情况下可不予考虑。

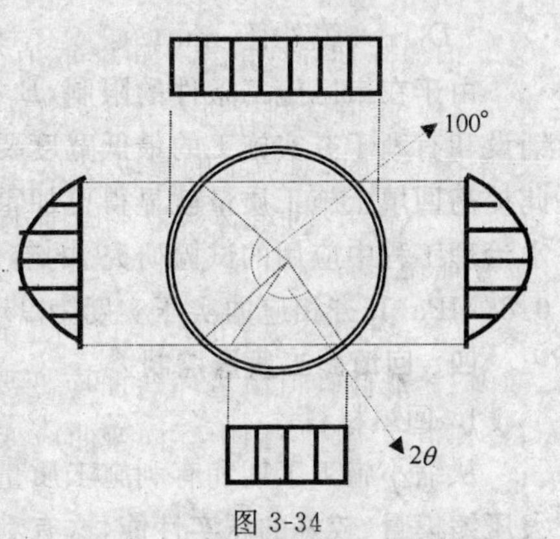

图 3-34

**三、关于管刚度($S$)和回填土的综合变形模量($E_d$)**

1. 根据 CJ/T 3079—1998 标准的规定，由 RPM 管刚度($S$)的定义(见公式 3-1)可知，$S$ 与管子的 $E$ 和 $t$ 成正比，与 $D_0$ 成反比。但我们不能简单的理解成只要增加了管壁厚度，也就相应提高了管刚度。由于成品制作和原材料添加等因素，RPM 管壁为非均质复合材料，该非均质复合材料的弹性模量有较大的变化，因而 $S$ 是 $E$ 和 $t$ 的综合反映，即 $EI$ 为沿管轴方向单位长度内管壁环向弯曲刚度。

$$S = EI/D_0^3 \tag{3-1}$$

在管道设计中采用的是管刚度等级[$SN$]值，按 CJ/T 3079—1998 规定，初始 $S$ 应不小于相应于[$SN$]。初始 $S$ 按纤维增强热固性塑料管平行板外载性能试验方法(GB 5352)的规定进行测试，其计算公式见公式 3-2。

$$S = 0.0186 \cdot F/\Delta Y \tag{3-2}$$

式中 $S$——与管径变化量 $\Delta Y$ 相应的管刚度，kPa；

$\Delta Y$——管径变化量，一般取 5%的试样平均直径，mm；

$F$——与管径变化量 $\Delta Y$ 相应的线荷载，N/m。

2. 由管刚度定义（公式 3-1）可得：$EI=S\cdot D_0^3=8S\cdot R^3$，将该式代入公式 2-2 得公式3-3：

$$\Delta_f=D_e\cdot\frac{W_0\cdot K}{8S+0.061E_d} \tag{3-3}$$

分析公式 3-3 可知：当管道设计中 $W_0$ 和 $K$ 确定后，要减小 $\Delta_f$，可提高 $S$ 和 $E_d$。假设在工程中[$SN$]=10000N/m²，则 $8S=8.0\times10^4$N/m²；而 $E_d$ 值一般要求在 4～8MPa，则 $0.061E_d=2.44\sim4.88\times10^5$N/m²。分析公式 3-3 右式分母可得出，$0.061E_d$ 的权重大于 $8S$，提高 $E_d$ 的作用远大于提高 $S$。因此，RPM 管的 $E_d$ 的取值大小对环向变形影响很大。

3. $E_d$ 与管道沟槽断面形式、沟槽边原状土、回填材料及压密实度有关，可表达成公式3-4：

$$E_d=\xi E_e \tag{3-4}$$

式中 $E_e$——回填土在一定压实度下的变形模量，N/cm²；

$\xi$——综合修正系数，$\xi$ 与 $E_e/E_n$、$B_r/D_1$ 有关，且提高 $E_e$、$B_r/D_1$ 值，可使 $\xi$ 值趋向 1；

$E_n$——沟槽壁原状土的变形模量，N/cm²；

$B_r$——沟槽宽度，mm；

$D_1$——管外径，mm。

由于在市区施工条件的限制，$B_r$ 不可能太宽，在实际施工中仅考虑 $B_r$ 应满足管道安装铺设和有利于夯实施工的最低宽度要求；同时，上海地区土质主要为软土，$E_n$ 相对较小。因此提高回填土施工质量就显得更加重要。根据上海市《缠绕式增强塑料夹砂管在上海市污水治理工程中应用的试验研究》的有限元分析研究，得出回填土夯实变形模量（$E_e$）应达到 6.86MPa，其夯相应的实压实度为 95%。

## 四、回填施工质量控制

1. 回填材料

从缩小施工工期和有利施工质量控制等角度出发，回填材料应具有较小的压缩系数、较大压缩模量、较好的压实性能，这有利于提高压实回填土的变形模量，对减小管道竖向变形有极大的作用。上海地区沟槽常遇到的土质压缩系数和压缩模量见表 3-5。

**上海地区部分土质的压缩系数和压缩模量** 表 3-5

| 土　层 | 压缩系数 $a_{1-2}$，MPa$^{-1}$ | 压缩模量 $E_{1-2}$，MPa |
|---|---|---|
| 灰色淤泥质黏土 | 1.0～1.5 | 1.8～2.4 |
| 灰色淤泥质粉质黏土 | 0.4～0.7 | 2.7～4.0 |
| 灰色粉质黏土 | 0.2～0.4 | 5～6 |
| 黄褐色粉质黏土 | 0.2～0.3 | 4～8 |
| 草黄色砂质黏土 | 0.4 | 8.0～12 |
| 暗绿色粉质黏土 | 0.15～0.25 | 12～25 |
| 褐黄色粉质黏土、黏土 | 0.15～0.25 | 12～25 |

注：原状土的变形模量（$E_n$）与压缩模量（$E_s$）的关系有理论公式计算，但一般采用 $E_n/E_s$ 的经验数据，其中：塑性指数>10，一般黏性土取 0.60～2.80；塑性指数<10，一般黏性土取 0.54～2.68；新近沉积黏性土取 0.35～1.94；淤泥及淤泥质土取 1.05～2.97。

因此：(1)淤泥质土、腐蚀性土不得作为回填材料；(2)灰色粉质黏土、黄褐色粉质黏土作为回填材料使用，应保证施工质量；(3)草黄色砂质黏土、褐黄色粉质黏土和黏土、暗绿色粉质黏土是较好的回填材料；(4)中粗砂的压缩模量较大，为 32～48MPa，且回填压实较容易，固结时间相对较短，压实施工周期较短，在市区施工是较理想的回填材料；(5)碎石等大颗粒材料，由于容易对 RPM 管造成损伤，故不得作为管区回填材料；(6)高钙粉煤灰作为新型的回填材料已在上海开始应用，具有一定的水硬化特点，能承受较大的荷载，是一种较好的回填材料，但在运输、施工中在应考虑对环境污染的控制。

2. 回填压实度

首先，压实效果除了与回填材料颗粒级配有关外，还与其含水量有密切关系，这是因为材料中水膜的润滑作用可促使颗粒移动，但当孔隙中出现自由水时，又会阻止材料的压实。土的压实曲线(干重度-含水量)也反映了这种现象，只有在最佳含水量时，才能得到最大干重度。

其次，对回填材料所做的压实功不同，其最大干重度和最佳含水量也会发生变化，如压实功增大，则最大干重度增大，而最佳含水量减少。这是由于增大的压实功可进一步克服颗粒间阻力，颗粒移动，使得回填材料在较低的含水量下达到更大的压实度。

同时，在所做的压实功中，对回填材料压实起到作用的是在卸荷状态时的残余侧向应力，在地面卸荷时，残余侧向应力的分布随地层深度的增加而增加，达到一定深度后又逐渐减小，我们将最大残余侧向应力对应的深度称为一定压实功时的压实效果最佳深度。

为此，回填施工应控制回填材料的含水量在最佳含水量附近，其压实功应根据要求的压实度、压实工具、每层压实厚度、含水量经现场试验确定。

回填压实度对控制 RPM 管道环向变形有很大影响。在上海市污水治理二期 SSI6.1 标工程的 RPM 管填土土工试验中，得到表 3-6 数据。

**回填土土工试验** **表 3-6**

| 项　　目 | 试验一 | 试验二 | 试验三 |
|---|---|---|---|
| 平均容重，$kN/m^3$ | 18.3 | 18.3 | 18.3 |
| 平均含水量，% | 32.4 | 31.2 | 29.5 |
| 平均密实度，% | 82.6 | 89.0 | 89.6 |
| 平均压缩模量，MPa | 3.37 | 3.58 | 4.52 |

从表 3-5 中数据可看出，压实度高，回填土的变形模量大，尤其在 89%以上，压实度的轻微变化，变形模量会有较大的增加。根据试验和国内外的资料，在 DGJ 08—234—2001 中规定，管道主管区的回填土密实度(按轻型击实标准)不应小于 95%。

3. 管道施工变形

产生施工变形主要有：

(1) 管道在沟槽胸腔回填压实过程中，因压实程度较高，而产生管道环向竖向直径增大。这种竖向直径增大的变形，对减少施工后管道总变形是有利的，在施工中应充分利用。

(2) 在管顶回填过程中，因过大的压实功或其他荷载作用，产生的过大环向变形(环向横向直径增大)。因而在 DGJ 08—234—2001 中规定：当采用重型压实机械压实或较重车辆在回填土上行驶时，管道顶部以上应有一定厚度的压实回填土，其最小厚度应按压实机械的规格和管道的设计承载力，通过计算确定。

(3) 拔钢板桩的影响

对于沟槽施工，在 DGJ 08—234—2001 中没有提到钢板桩沟槽围护施工，主要原因是，RPM 管适合快速施工，且试验的工程管道埋深不大，又处于农田，适合直槽和混合槽开挖，这种沟槽也有利于回填土后保持土体对管道环向水平方向的抗力。但从 RPM 管推广应用角度看，很难避免采用钢板桩支撑沟槽。这就带来因拔桩而产生空隙，管侧土体向该间隙挤压，土体抗力减小，从而增加管道变形。所以对于 RPM 管道工程，在拔钢板桩时，应采取有效的施工技术措施加以控制。如拔桩时应同步压浆填充空隙、设计中提高管刚度等级、改为刚性基础、回填材料可考虑添加水泥或粉煤灰、石灰等。

(4) 只要控制施工初始环向变形在 3%以内，应能保证长期变形不大于 5%。在对上海市污水治理二期 SSI6.1 标工程的 RPM 管道试验的八个月的管道变形观测分析发现，管道的环向变形在埋设后的二至三个月内就趋向稳定，其八个月最大滞后变形率比初始变形率增加不到 1/3。

4. 变形测量

由于 RPM 管道的环向变形是主要控制内容，施工中应加强变形测量。在覆土达到设计要求后，应保证 12 至 24 小时内的环向初始变形率在 3%以内。如环向初始变形率超出 3%，应按 DGJ 08—234—2001 中的规定处理，即变形率超过 3%但低于 8%，且管材没有损伤时，应挖出重排；当变形超过 8%，或虽未超过但管材已有损伤时，应挖出，更换管材重排。

**五、结论**

1. 埋地铺设的重力流 RPM 排水管道，其安全使用状态以管道环向变形控制为主。

2. 由静荷载与动荷载引起的初始环向变形率(覆土后 12h～24h)应控制在 3%，长期环向变形率应控制在 5%以内。

3. 环向变形控制，与管材本身性能、管道沟槽断面尺寸及形式、管基基础、回填材料及密实度、静动荷载等因素有关。根据上海情况，主要以提高管刚度、回填材料压实后的综合变形模量为主，并且提高回填材料压实后的综合变形模量效果更佳。

4. 回填材料压实后的综合变形模量，与回填材料本身的变形模量、管区内的回填压实度有很大关系，应选择合适的回填材料，并应符合《玻璃纤维增强塑料夹砂排水管道施工及验收规程》DGJ 08—234—2001 规定的回填压实度要求。

5. 管道环向变形量的大小是主要控制指标，施工过程和竣工验收应进行检测。

6. 管材质量应满足《玻璃纤维增强塑料夹砂管》CJ/T 3079—1998 的规定。

以上就是本人在参加《缠绕式增强塑料夹砂管在上海市污水治理工程中应用的试验研究》课题，并在编制上海市工程建设规范《玻璃纤维增强塑料夹砂排水管道施工及验收规程》DGJ 08—234—2001 中的一点体会。当然 RPM 管道施工除了环向变形控制外，我们还应注意其他方面，如软土地基不均匀沉降造成的纵向挠曲变形、与其他混凝土或砌体结构构筑物连接处的抗渗等问题，在今后推广应用中还有待完善。

**参考文献：**

1.《缠绕式增强塑料夹砂管在上海市污水治理工程中应用的试验研究》

2.《玻璃纤维增强塑料夹砂管》CJ/T 3079—1998

3.《玻璃纤维增强塑料夹砂排水管道施工及验收规程》DGJ 08—234—2001

# 27. 上海城市给水管道水压试验标准分析与探讨

上海市公用事业质量监督站　苏耀军　郭俊生　劳佳敏

## 一、两个城市给水压力管道试验标准简介

现行国家标准《给水排水管道工程施工及验收规范》GB 50268—97（以下简称国标）和原上海市自来水公司企业标准《管道安装技术规程》Q/SS. JS. 05—06—89（以下简称企标），均要求给水压力管道的水压试验应进行强度试验和严密性试验，且对其试验压力、试验方法及合格判定条件分别做了规定（见表 3-7）。

表 3-7

| 标准及内容 ＼ 试验性质 | | 强　度　试　验 | 严　密　性　试　验 |
|---|---|---|---|
| 国标：《给水排水管道工程施工及验收规范》 | 试验压力（MPa） | (1) 对于钢管，试验压力为 $P+0.5$，且≥0.9<br>(2) 对于球墨铸铁管，当 $P \leqslant 0.5$ 时，试验压力为 $2P$；当 $P>0.5$ 时，试验压力为 $P+0.5$ | |
| | 试验方法 | 试验时间 10min | (1) 放水法或注水法，注水法试验时间 2h。(2) 当管径≤$DN$400 时，可采用允许压力降法 |
| | 合格判定 | 管道无破损和渗漏现象。 | 经计算实际漏失水量＜允许渗水量 |
| 企标：《管道安装技术规程》 | 试验压力（MPa） | 试验压力为 1.0 | 试验压力为 0.7 |
| | 试验方法 | (1) 管径≥$DN$400，试验时间 3min。<br>(2) 管径＜$DN$400，不做强度试验，仅做严密性试验 | 放水法、注水法或允许压力降法，允许压力降试验时间 15min |
| | 合格判定 | 管道无破损和渗漏现象 | (1) 经计算实际漏失水量＜允许渗水量。(2) 强度试验时间内压力降≤0.02MPa，可认为严密性试验合格；严密性试验 15min 内压力降≤0.05MPa，可认为严密性试验合格，不用校验漏失水量 |

注：1. P 指给水管道工作压力（MPa）。

2. 国标和企标均提供了各自不同的允许渗水量和计算公式。

3. 压力降是指试验压力（试验开始的初始压力）与试验中所检测的压力之差。

分析表 3-7 可以得出：

1. 两个标准的共同点：(1) 严密性试验时间大于强度试验时间。(2) 强度试验合格判定

条件一致。(3)严密性试验合格判定都提出了采用统计漏失水量的方法。

2. 两个标准的不同点:(1)国标的强度和严密性试验均采用同一个试验压力;企标的强度和严密性试验的试验压力不同,且强度试验压力大于严密性试验压力。(2)国标的强度和严密性试验时间均分别长于企标的试验时间。(3)企标的严密性试验合格判定,除了视漏失水量的大小而定外,还提供了不做严密性试验和不用校验漏失水量的试验允许压力降值。

3. 上海给水管道工作压力,设计一般取 0.5MPa,根据国标强度试验压力的计算公式,可得上海城市给水管道的强度试验压力为 1.0MPa,这与企标强度试验压力一致。

4. 从试验目的看:强度试验主要是检验管道结构(包括管材、管道接口)强度是否满足设计和使用要求,其试验压力应较高,并带有一定破坏性特征;而严密性试验主要是检验管道在运行工况条件下是否发生渗漏水(主要是管道接口部位),其试验压力应界于管道实际工作压力和强度试验压力之间,在较长的试验时间内,对管道结构不应构成破坏。因此:(1)国标规定严密性试验压力采用强度试验压力似乎欠合理,且由于严密性试验时间远远超过强度试验时间,单独进行强度试验,其必要性值得探讨。(2)企标规定的严密性试验压力界于强度试验和工作压力之间似乎合理,但由于试验时间为 15min,其检漏的可靠性值得研究。

5. 两个标准都提出了严密性试验允许渗水量要求,但其数值和经验计算公式均不相同

综上所述,由于国标和企标水压试验的试验压力、试验方法及合格判定方式的不同,带来工程质量验收的困惑:达到企标规定,是否也符合国标规定?

因工作关系,笔者参加了上海市标准《城市给水管道工程施工质量验收标准》的编制工作。现就上述问题,结合该地方标准编制情况,从以下几个方面进行分析和探讨。

## 二、关于强度试验的试验压力

按《给水排水工程管道结构设计规范》GB 50332—2002 的规定,压力管道内的设计内水压力按表 3-7 取值。上海的工作压力设计取 0.5MPa,按表 8 计算钢管、球墨铸铁管的设计内水压力均为 1.0MPa。因此,企标的强度试验压力采用 1.0MPa,按设计内水压力要求进行试验,是与国标要求一致的。

**压力管道内的设计内水压力** **表 3-8**

| 管道类别 | 工作压力 $P$(MPa) | 设计内水压力 $P_d$(MPa) |
|---|---|---|
| 钢　管 | $P$ | $P+0.5$,且$\geqslant 0.9$ |
| 球墨铸铁管 | $P\leqslant 0.5$ | $2P$ |
| | $P>0.5$ | $P+0.5$ |

## 三、关于强度试验的试验时间

1. 过去上海城市给水管道采用的管材主要是普通铸铁管,其特点是:

(1) 管材的力学性能呈脆性;

(2) 制管工艺较落后,接口尺寸偏差较大;

(3) 多采用刚性或半刚性接口,抗不均匀沉降的能力较差;

(4) 接口施工周期较长,作业工序较多,对工人的操作水平要求高;

(5) 多道工序的施工也造成质量控制环节增多;

(6) 施工质量不稳定、施工检验不到位。

因此担心较长时间的水压试验会影响给水管道结构，水压试验时间采取较短的 3min。

2. 目前上海城市给水管道采用的管材主要是滑入式或机械式柔性接口的球墨铸铁管，由于管材全部为工厂化、自动化的流水线生产，管材和接口质量稳定，专用橡胶密封圈均定点配套供应，同时该类管材施工快速、工序简单、质量易控，且球墨铸铁管本身具有相当好的延性，克服了普通铸铁管的缺点。因此，无论从球墨铸铁管结构强度，还是柔性接口施工质量来看，按国标的规定延长强度试验时间至 10min 对于球墨铸铁管道应无问题。

3. 同时，由于近几年上海城市给水管道在运行中发生爆管事故主要是钢管，其原因主要是接口现场焊接和防腐质量施工不好，埋地钢管经过一段时期的运行，焊缝或母材强度、耐久性降低。所以除了提高埋地钢管的设计和施工质量，加强钢管焊接和防腐质量的检测外，通过延长强度试验时间来进一步检验焊缝强度和施工质量，非常有必要。

因此，上海城市给水压力管道强度试验时间采用国标的规定(10min)，是合理可行的。

**四、关于严密性试验的试验压力**

如本文前述，由于强度和严密性试验的目的不同，国标规定强度和严密性试验均采用同一试验压力(设计内水压力 $P_d$)不尽合理。同时，上海采用 0.7MPa 的严密性试验压力和 15min 的试验时间有其历史原因，随着社会的发展是否还适合，有待做进一步研究。

为此，我们收集了上海主要水厂 2000～2002 年的年最高出水水压(见表 3-9)。表中反映出：(1)3 年的年最高出水水压：最大 0.419MPa，最小 0.320MPa；(2)各水厂 3 年平均最高出水水压：最大 0.412MPa，最小 0.323MPa；(3)所有水厂当年平均最高出水水压分别为 0.374MPa、0.370MPa、0.361MPa；(4)所有水厂 3 年平均最高出水水压为 0.368MPa。

**上海水厂 2000～2002 年年最高出水水压**(kPa) **表 3-9**

| 序号 | 水厂名称 | 2000 年 | 2001 年 | 2002 年 | 每个水厂 3 年平均 |
|---|---|---|---|---|---|
| 1 | 杨树浦水厂 | 413 | 419 | 405 | 412.33 |
| 2 | 闸北水厂 | 380 | 380 | 350 | 370 |
| 3 | 吴淞水厂 | 330 | 340 | 340 | 336.67 |
| 4 | 月浦水厂 | 400 | 390 | 370 | 386.67 |
| 5 | 泰和水厂 | 400 | 390 | 380 | 390.0 |
| 6 | 大场水厂 | 410 | 390 | 374 | 391.67 |
| 7 | 南市水厂 | 410 | 410 | 380 | 400 |
| 8 | 长桥水厂 | 370 | 345 | 355 | 356.67 |
| 9 | 凌桥水厂 | 400 | 390 | 380 | 390.0 |
| 10 | 临江水厂 | 350 | 360 | 360 | 356.67 |
| 11 | 居家桥水厂 | 330 | 320 | 320 | 323.33 |
| 12 | 陆家嘴水厂 | 330 | 320 | 320 | 323.33 |
| 13 | 杨思水厂 | 360 | 350 | 350 | 353.33 |
| 14 | 闵行二水厂 | 365 | 370 | 360 | 365 |
| 15 | 闵行三水厂 | 360 | 370 | 365 | 365 |
| 所有水厂当年平均 | | 373.867 | 369.667 | 360.60 | 所有水厂 3 年平均：368.04 |

而进入城市管网后，随着管道沿程水头损失和局部水头损失的增加，管道实际内水压力还将逐步降低。因此我们可以得出：上海城市给水管道实际的工作压力控制在 0.4MPa 左右。

从一些相关规范看，如：《工业金属管道工程施工及验收规范》GB 50235—97、《输气管道工程设计规范》GB 50251—2003，及美国 AWWAC600-87、英国 BS8010、ISO10802 等，严密性（泄露性）试验压力一般采取 1.0～1.5 倍工作压力。因此若按 1.5 倍设计工作压力（0.5MPa）取值，则试验压力为 0.75MPa。考虑到严密性试验条件与管道实际运行工况的差异，以及管网运行工况变化的偶然因素、水锤现象等，我们将钢管、球墨铸铁管的严密性试验压力取 0.8MPa 是较为合适、保守的，且该试验压力是上海实际工作压力的 2 倍、是上海设计工作压力的 1.6 倍。

**五、关于严密性试验的试验压力降和试验时间**

1. 国标第 10.2.13 条第 4 款规定，对于管道内径≤400mm，当强度试验 10min 压力降≤0.05MPa 时，可认为严密性试验合格。而对管道内径＞400mm，则没有做严密性试验允许压力降的规定，要求进行漏失水量的检验。

企标也要求进行漏失水量的检验，但同时提供了严密性试验允许压力降的规定，即当强度试验 3min 压力降≤0.02MPa 时，可认为严密性试验合格；当严密性试验 15min 内压力降≤0.05MPa 时，可认为严密性试验合格，不必进行漏失水量检验。

由于企标提出了允许压力降的试验方法，而国标没有，且在实际工程施工及有关管理单位也习惯采用允许压力降的试验方法，因此有必要弄清这个问题。

2. 为了进一步了解管道漏失水量与试验压力降的关系，我们选择了两个工程进行试验分析（分别为 $DN$500 和 $DN$800 的球墨铸铁管道）。试验前，先按国标水压试验方法进行严密性检验，确认两管道无渗漏水后，采用放水法进行漏失水量与压力降关系试验。

试验内容：两种管径的总放水量（$W$）分别按国标 15min 允许渗水量计，将 $W$ 等分三份，进行三次放水试验。试验的初始压力（MPa）分 1.0、0.9、0.8、0.7 四种，分别记录两种管道在不同试验初始压力下，每次放水后的内水压力，并计算压力降值（$\Delta P$）。为了便于分析，我们将试验数据经整理后，简化为图 3-35，得出：

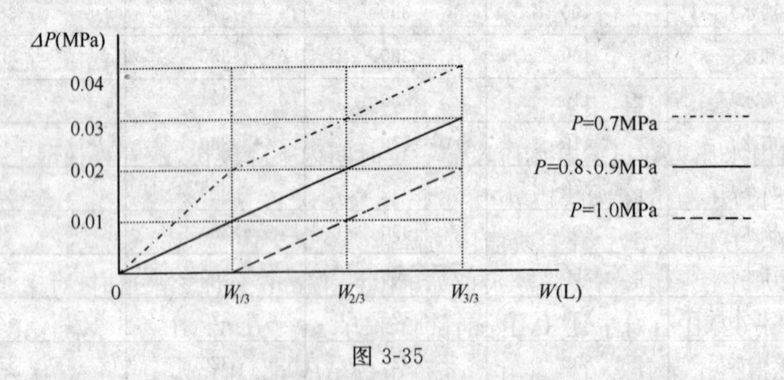


图 3-35

（1）不同管径的压力降大小与试验压力、放水量及试验时间有关。

（2）不同管径在放水量较小的情况下，当初始压力较高时，压力降变化相对较小；当初始压力较低时，压力降变化相对较大。随着累计放水量的增加，压力降的变化幅度趋向一致。

(3) 四个不同试验初始压力下，压力降随着放水量的增加而增大。且试验记录反映总放水量($W$)所对应的压力降($\Delta P$)均$\leqslant$0.04MPa，其中对于初始压力 1.0MPa，其 $\Delta P$ 均$\leqslant$0.02MPa。

如果将上述试验中的放水量作为一个常数($\Delta W$)，继续进行放水试验，记录每次放水后的 $\Delta P$ 值，直至 $\Delta P$ 等于初始压力(即管道实测水压为零)。则可推出公式 1，也就是压力管道的压力降($\Delta P$)与初始压力($P_0$)的比值，随着 $\Delta W$ 放水的次数增多而增大，并趋向于 1。将 $\Delta P/P_0\times100$，即为压力管道的压降率($\Delta P'$)。

对于一个有渗漏水的管道，试验中的放水量可以理解为就是该管道的渗水量，由于实际管道工程中不可能做到分段统计相等渗水量，并及时测量此时内水压力。因此将作为常数的 $\Delta W$ 替换为另一个时间常数($\Delta t$)时，也符合公式 1 的特征，即 $\Delta P'$ 随 $\Delta t$ 的次数增加而增大，并趋向 100。

$$\lim_{n\to\infty}(\Delta P_n/P_0)=1，\text{或}\qquad\qquad(\text{公式 }1)$$
$$\lim_{n\to\infty}\Delta P'_n=100$$

式中 $n$——记录 $\Delta W$ 放水次数(或记录 $\Delta t$ 数量)；

$\Delta P_n$——第 $n$ 次 $\Delta W$ 放水(或第 $n$ 次 $\Delta t$)时，所得 $\Delta P$ 值；

$P_0$——初始水压，也指试验压力；

$\Delta P'_n$——第 $n$ 次 $\Delta W$ 放水(或第 $n$ 次 $\Delta t$)时，所得 $\Delta P'$ 值。

3. 公式 1 及上述试验的结果可以通过图 3-36 的方式进行表达。则对于水压试验时有渗漏的管道，应具有下列特征：

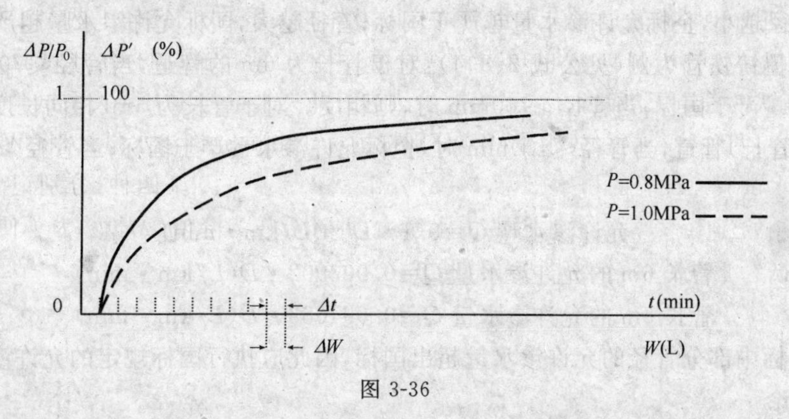


图 3-36

(1) 管道内水压力在试验开始阶段的一定时间内下降较快，随着累计漏失水量的增大，试验时间的延长，压力下降速度趋缓。

(2) 试验压力越低，试验开始阶段压力降越大(图 2 中的实践)。

(3) 上述水压试验中，当实际渗水量等于国标 15min 允许渗水量时，对于 1.0MPa 的试验压力，$\Delta P\leqslant$0.02MPa；对于 0.8MPa 的试验压力，$\Delta P\leqslant$0.03MPa。

由于要获得一个某管径在一定压力条件下的 $\Delta P$ 与 $\Delta W$(或 $\Delta P$ 与 $\Delta t$)关系的工程应用性公式，目前还缺少大量的试验数据。但上述的试验和初步分析结果，为我们初步确定用允许压力降进行严密性试验，提供了一定依据。

4. 因此对于采用允许压力降进行严密性试验的管道，通过一定的修正得出其判定规则：强度试验时，10min 压力降$\leqslant$0.02MPa，可认为严密性试验合格，不必再做严密性试验；严密性试验时，30min 内压力降≤0.03MPa，可认为严密性试验合格，不必校验渗水量。

该判定规则总结了上述试验和分析结果，结合实际施工条件、操作人员水平和试验工况差异等综合因素，进行了如下修正：

(1) 严格了国标第 10.2.13 条第 4 款的强度试验允许压力降的规定，由 0.05MPa 减少到 0.02MPa；延长了企标的试验时间，由 3min 延长至 10min，与国标一致。

(2) 严格了企标严密性试验允许压力降的规定，由 0.05MPa 减少到 0.03MPa；延长了企标的试验时间，由 15min 延长至 30min。图 3-35 虽然反映了试验压力为 0.8MPa、实际渗水量等于国标中的 15min 允许渗水量时 $\Delta P \leqslant 0.03$MPa，但严密性试验的允许压力降试验时间延长到 30min，实际上是将国标中 15min 允许渗水量下的压力降按 30min 进行控制，更严格了压力降的控制指标。

(3) 严密性试验可用漏失水量检验方法，也可用允许压力降方法，由工程参建方选择。

提出允许压力降概念，主要目的是为了简化严密件试验操作程序、缩短城市管道施工时沟槽暴露时间过长、降低试验成本、兼顾上海地区施工习惯、便于施工现场的质量控制等。但在试验过程中若发生异议、及有其他原因，或无法查明压力降过大原因、无法判断试验是否合格时，严密性试验应进行漏失水量的最终检验和判定。

**六、关于严密性试验的允许渗水量**

比较国标和企标严密性试验的允许渗水量可以发现：

(1) 企标是按管道接口的数量和管径不同来确定，而国标仅以管径不同来确定。

(2) 管径越小，企标允许渗水量越严于国标；管径越大，国标允许渗水量越严于企标。

如以球墨铸铁管为例（见公式 2、3、4）：对于管长为 6m 的管道，当管径≤700mm 时，企标允许渗水量严于国标；当管径＞700mm 时，则相反。对于管长为 5m（相同长度的管道，接口多于 6m 管长）管道，当管径≤400mm 时，企标允许渗水量严于国标；当管径＞400mm 时，则相反。

国标：　　允许渗水量 $Q=0.1 \cdot D^{1/2}(L/\text{km} \cdot \text{min})$　　（公式 2）

企标：　　管长 6m 的允许渗水量 $Q=0.003902 \cdot D(L/\text{km} \cdot \text{min})$　　（公式 3）

企标：　　管长 5m 的允许渗水量 $Q=0.004683 \cdot D(L/\text{km} \cdot \text{min})$　　（公式 4）

由于企标中部分管径的允许渗水量超出国标，因此应执行国标规定的允许渗水量。

**七、结论**

1. 强度试验和严密性试验的试验压力应有区别，严密性试验压力应界于强度试验和工作压力之间。上海地区城市给水管道的强度试验压力取 1.0MPa，严密性试验压力取 0.8MPa。

2. 强度试验压力、试验时间及判定方法应按国标的规定执行。

3. 严密性试验可采用允许压力降方法进行判定。当强度试验压力降≤0.02MPa 或严密性试验 30min 压力降≤0.03MPa 时，可认为严密性试验合格，而不必校验渗水量。

4. 当严密性试验进行漏失水量检验时，应采用放水法或注水法，实际漏失水量应≤允许渗水量，且允许渗水量应按国标的规定执行。

上述分析和探讨结论，对目前正在编制的上海市标准《城市给水管道工程施工质量验收标准》中的相关技术要求，具有指导作用。

**参考文献**

1.《给水排水管道工程施工及验收规范》GB 50268—97

2.《管道安装技术规程》Q/SS. JS. 05-06-89

3.《给水排水工程管道结构设计规范》GB 50332—2002

# 28. 高性能混凝土在上海洋山深水港一期工程中的应用

上海港建设工程安全质量监督站　陆晓丹

建成上海国际航运中心是把上海建设成“一个龙头、三个中心”的重要组成部分，也是上海成为东北亚国际航运中心，参与国际竞争战略决策的重要部署。上海洋山深水港区一期工程是上海国际航运中心建设的重要组成部分。一期工程主码头长1600m，为高桩梁板结构，桩基采用$\phi$1200mm钢管桩。

**一、高性能混凝土配制方案**

（一）主要技术指标

高性能混凝土的主要技术指标和相关技术要求均根据交通部第三航务工程勘察设计院编制的《上海国际航运中心洋山深水港区一期工程码头结构施工图设计说明》和《关于高性能混凝土技术参数的函》的要求确定，分述如下：

1. 高性能混凝土拌和物主要技术指标

胶凝材料：　$\geqslant$400kg/$m^3$。

水胶比：　　$\leqslant$0.35。

坍落度：　　$\geqslant$120mm。

强度等级：　$\geqslant$C45。

新拌混凝土氯离子含量(按水泥重量计)$\leqslant$0.10%。

抗氯离子渗透性(90天)：$\leqslant$1000库仑。

氯离子扩散系数(90天)：$\leqslant 1.0\times10^{-12}$ $m^2$/sec。

2. 高性能混凝土原材料主要技术要求

水泥：选用标准稠度低，强度等级不低于42.5的硅酸盐水泥。

细骨料(砂)：选用级配良好，细度模数在2.6～3.2的中粗砂。

粗骨料(碎石)：选用岩石抗压强度大于100MPa或碎石压碎指标不大于10%的优质骨料。

减水剂：选用与水泥匹配、坍落度损失小、减水率大于20%的高效减水剂。

掺和料：选用细度小于4000$cm^2$/g的磨细粒化高炉矿渣，Ⅰ、Ⅱ级粉煤灰，硅灰等品质符合现行国家标准和行业标准相关技术要求的掺合料，必要时对掺加矿粉或粉煤灰的混凝土，可同时掺加水泥重量3%～5%的硅灰。

3. 混凝土配合比设计主要原则

(1) 配制强度的确定原则与普通混凝土相同，配合比设计采用试验—计算法。

(2) 粗骨料最大粒径不宜大于25mm。

(3) 胶凝材料浆体体积宜为混凝土体积的35%左右。

(4) 通过试验确定最佳砂率。

(5) 调整水胶比和掺和料使抗氯离子渗透性指标达到规定要求。

4. 其他要求

(1) 混凝土抗氯离子渗透性试验方法、施工等应符合《海港工程混凝土结构防腐蚀技术规定》JTJ 275—2000 的要求。

(2) 建议可事先将主要几种掺和料预拌成均匀的混合胶凝材料，供施工使用，以充分发挥现有搅拌站、搅拌船舶的生产能力，并使配制的混凝土质量有较为可靠的保证。

(3) 解决几种掺合料预拌的质量控制问题，包括组分的稳定性和均匀性，以及现场质量控制等。

(二) 高性能混凝土室内外研究试验成果

1. 上海港湾工程设计研究院从 20 世纪 80 年代开始进行海工结构耐久性研究，同时也着手进行高性能混凝土的开发应用，最近又结合东海大桥和洋山深水港工程建设开展高性能混凝土应用试验研究，取得了显著成果，获得了以水泥和磨细矿渣粉为主加适量硅粉的混合材料掺用方式，作为混凝土的胶凝材料，可得到具有最佳的抗氯离子渗透性能的混凝土(见表 3-10)，并具有良好的和易性、黏聚性以及较好的力学性能的研究成果。海港工程用高性能混凝土采用水泥、磨细矿渣粉和硅粉等预先在工厂拌和成混合胶凝材料，再配置水灰比≤0.40 的混凝土方案，其 28 天龄期强度可达 48.6MPa 以上，电通量＜1000 库仑(90d)，氯离子扩散系数≤$1.5\times10^{-12}n^2$/sec(90d)。与此同时，该院经长期研究后认为可引用国际上通用的费克第二定律计算方法，来求出海洋环境混凝土中钢筋锈蚀的诱导期，并估算出受氯化物侵蚀的钢筋混凝土结构物的使用年限。

**普通混凝土和组合胶凝材料混凝土抗氯离子渗透、扩散性能及抗压强度试验成果表** **表 3-10**

| 水胶比 | 硅酸盐水泥混凝土 | | | | 组合胶凝材料混凝土 | | | |
|---|---|---|---|---|---|---|---|---|
| | 电量(库仑) | 扩散系数 ($\times10^{-12}m^2/s$) | $R_{28}$(MPa) | $R_{90}$(MPa) | 电量(库仑) | 扩散系数 ($\times10^{-12}m^2/s$) | $R_{28}$(MPa) | $R_{90}$(MPa) |
| 0.50 | 2886 | 12.0 | 50.5 | 56.1 | 279 | 0.75 | 42.7 | 49.4 |
| 0.40 | 1800 | 6.2 | 53.2 | 66.5 | 232 | 0.65 | 47.9 | 52.9 |
| 0.35 | 1534 | 2.1 | 59.7 | 65.7 | 162 | 0.64 | 48.6 | 59.4 |
| 0.33 | 1190 | 1.2 | 62.2 | 76.9 | 137 | 0.43 | 54. | 65.6 |

例如，当氯离子扩散系数≤$1.0\times10^{-12}m^2$/sec(90 天)时，相对于保护层厚度 75mm 的钢筋混凝土结构物，经推算后获得的不维修年限可达 102 年(其中钢筋诱导期 64 年＋钢筋锈蚀扩展期 38 年)。当氯离子扩散系数≤$1.5\times10^{-12}m^2$/sec(90 天)，推算获得的不维修年限也可达 72 年。

港湾院的研究成果，在上海国际港口工程咨询有限公司于 2002 年七月份召开的“水工高耐久性混凝土技术研讨会”上获得了与会专家和代表的充分肯定，认为港湾院的研究成果在理论、试验和检测等方面都比较成熟，可作为洋山混凝土结构工程的防腐处理。

2. 南京水利科学研究院配合北仑港四期工程建设，开展海工耐久性混凝土性能试验研究，取得了阶段性成果，提出了高耐久性混凝土的配合比方案，并在三航四公司中心试验室和预制厂进行配合比试拌调整和现场浇筑混凝土试验。其配制的高性能混凝土的主要胶凝材料为水泥、矿渣粉和调整剂(南科院产品),三天强度可达到设计强度的80%左右的预制预应力混凝土施工要求。龄期28天混凝土累计电通量(60V电压下6h)小于200库仑、氯离子扩散系数<$1.0\times10^{-12}m^2/sec$。

3. 高性能混凝土现场应用实例

(1) 漕泾化工区码头现浇8根高性能混凝土下横梁为获取高性能混凝土在现场实体工程应用施工的实践经验,中港三航局于2002年9月27日～28日应用港湾院的研制成果,在上海漕泾化工区码头动用两艘搅拌船成功地在该码头浇筑8根下横梁$1200m^3$的高性能混凝土的典型施工,混凝土内在质量和外观质量均达到设计的指标要求,特别是梁的外观质量无裂缝和气泡产生,色彩均匀,深受中港公司领导的好评。高性能混凝土相关的技术指标要求和检测结果汇总如下:

1) 混凝土用原材料技术要求:

胶凝材料——用水泥、高炉矿渣粉和硅粉按一定比例在工厂预先拌和的混合胶凝材料,细度≤$4000cm^2/g$;

细骨料——中砂,细度模数2.5;

粗骨料——碎石,最大粒径<31.5mm;

拌合用水——饮用淡水;

外加剂——减水率>20%的高效减水剂。

2) 混凝土技术指标:

设计强度:C40;

水胶比:0.36;

坍落度:14～15cm;

配合比的水∶胶凝材料∶砂∶石∶外加剂为153∶424∶710∶1064∶1.5(胶凝材料掺加方式:在工厂中进行预拌后储仓待用);

抗压强度(MPa):$R_3$——19.2,$R_7$——27.2,$R_{28}$——54.0;

抗氯离子渗透性:27日浇筑的混凝土662C,28日浇筑的混凝土599C;

抗氯离子扩散系数:待测。

(2) 预制厂现场预制高性能混凝土构件

1) 东海大桥两只高性能混凝土的承台套箱预制

中港集团三航七公司预制厂于2002年11月5日和11月15日预制了东海大桥两只高性能混凝土(近$80m^3$)的承台套箱(套箱外径10m,高4.1m,壁厚0.3m),套箱的内在和外观质量均达到实际的预期要求,第一只预制的承台套箱已于11月28日运至现场进行安放,所用的高性能混凝土主要技术指标如下:

预制用混凝土原材料:

混合胶凝材料——用水泥、高炉矿渣粉和硅粉按一定比例在工厂预先拌和的混合胶凝材料,细度≤$4000cm^2/g$;

细骨料——细度模数2.9的中砂;

粗骨料——最大粒径<20mm的碎石;

外加剂——减水率>20%的高效减水剂;

拌合用水——热电厂冷却水;

混凝土技术指标：

设计强度：C40；

水胶比：0.37；

坍落度：12cm；

配合比的水：胶凝材料：砂：石：外加剂为153：424：710：1064：1.8(胶凝材料掺加方式：在工厂中进行预拌后储仓待用)；

混凝土的抗压强度：

2天强度达到设计强度达到设计强度的38％和34％；

7天强度达到设计强度达到设计强度的79％和75％；

14天强度达到设计强度达到设计强度的91％；

20天强度达到设计强度达到设计强度的109％；

电通量：设计要求小于1000库仑，实际电通量待测；

氯离子扩散系数：设计指标小于等于$1.5\times10^{-12}m^2/s$，实际数值待测。

2）北仑四期高性能混凝土预制构件现场浇筑试验

三航四公司预制厂分别于2002年10月31日、11月1日、11月11日应用南科院研制的高性能混凝土配方进行现浇混凝土板、块试验，预制构件外表有不同程度的气泡产生。试验用原材料和混凝土主要技术性能如下。

预制用混凝土原材料：

水泥——P.O42.5三狮牌普通水泥；

矿粉——S95级磨细粒化高炉矿渣粉，细度≥$4000cm^2/g$；

调整剂——南科院研制成果产品；

细骨料——细度模数2.6河砂；

粗骨料——最大粒径＜25mm的碎石；

外加剂——减水率＞20％的高效减水剂；

拌和用水——饮用淡水

混凝土技术指标：

设计强度：C45；

水胶比：0.32；

坍落度：13cm；

配合比：水泥：矿渣：调整剂：减水剂：砂：石：水为145：303：34：4.0：700：1090：152；

混凝土的抗压强度：

3天强度达到23～28MPa；

7天强度达到45～52MPa；

电通量：60V电压下7d339库仑；

氯离子扩散系数：数值待测。

（三）高性能混凝土使用方案

1. 现浇桩帽、承台、上下横梁高性能混凝土原材料选用及配比方案。

综合本文1、2部分有关资料分析，拟对本工程现浇钢筋混凝土构件的高性能混凝土采用如下原材料及混凝土配合比方案。

(1) 原材料品种及其主要性能指标

水泥——嘉新水泥厂 PI52.5 硅酸盐水泥。

矿渣粉——上海宝田建材公司 S95 级磨细粒化高炉矿渣粉，细度≥4000$cm^2/g$。

硅灰——细度≥4000$cm^2/g$。

细骨料——福建河砂，细度模数 2.5～3.2。

粗骨料——宁波北仑清山寺石场碎石。粒径 5～25mm，压碎指标＜10％。

外加剂——减水率＞20％高效减水剂。

拌和用水——生活用水，氯离子含量＜200mg/L。

(2) 混凝土配合比使用方案

混凝土配合比：水∶胶凝材料∶砂∶石∶外加剂＝153∶424∶710∶1064∶1.5。

胶凝材料配合比：水泥∶矿粉∶硅粉＝(25～35)∶(65～75)∶(5～8)。

注：胶凝材料预先在上海港辉水泥厂中拌和成混合材料再运至搅拌船储仓待用。

(3) 混凝土可达到的主要技术指标：

强度等级≥C45。

胶凝材料≥400$kg/m^3$。

水胶比≤0.36。

坍落度≥120mm。

氯离子含量(相对于水泥重量)≤0.10％。

电通量≤1000 库仑。

氯离子扩散系数≤$1.5\times10^{-12}m^2/sec$。

2. 预制靠船构件、纵横梁、面板、高性能混凝土原材料选用及混凝土配合比。

预制高性能混凝土构件采用南科院北仑四期阶段成果和港湾院预制东海大桥混凝土套箱成果两个混凝土配合比方案。

(1) 南科院方案原材料品种及其主要性能指标

1) 水泥：浙江三狮牌 PO42.5 级普通硅酸盐水泥。

矿渣粉：上海宝田建材公司或安徽朱家桥 S95 级磨细矿渣粉，细度≥4000$cm^2/g$。

调整剂：南科院成果产品。

硅灰、细骨料、粗骨料、外加剂、拌和用水等性能指标均同现浇混凝土原材料要求指标。

2) C45 级混凝土配合比推荐方案，详见本文一、(二)3.(2)2)。

(2) 因南科院的高性能混凝土仍处于阶段性成果中，在没有得出最终应用成果前，本工程预制构件采用东海大桥混凝土套箱的配合比。

(3) 高性能混凝土配合比方案确定后，经现场实验室进行试拌，适当调整砂石级配粒径、含砂率、外加剂掺量，配制出适合于现场施工的混凝土坍落度和满足设计对高性能混凝土各项指标要求的配合比实施方案，经监理工程师审定后正式投入施工生产。

**二、高性能混凝土的施工**

1. 现浇部分

(1) 工程量概况

本工程的现浇高性能混凝土共计 73387$m^3$，具体的分布为桩帽 12166$m^3$，横梁

22202$m^3$，承台 37808$m^3$，现浇悬臂梁 1211$m^3$。具体的工程量如表 2 所示：

(2) 主要施工船机设备的选用

本工程的现浇混凝土的总工程量为 73387$m^3$，按照总体进度计划安排，月平均浇注方量为 4000$m^3$ 以上，高峰期月浇注混凝土方量将达到 6000$m^3$ 以上，考虑到中港三航局原有的混凝土搅拌船已不能适应本工程的需要，为此，三航局已为工程新建了一艘设备先进，性能优越的混凝土搅拌船：三航混凝土 16 号船，来洋山工地现场承担现浇混凝土的施工(表 3-11)。为保证工程的顺利进行，其他搅拌船包括三航混凝土 11 号船作为备用船只，在必要时支援洋山工地。具体的船机性能如下所示：

三航混凝土 16 号船船机性能：

1) 船体主尺度及线型

船长：　　82.43m

型宽：　　19.50m

型深：　　4.50m

满载吃水：　　3.30m

空载吃水：　　4.0m

线型：　　艏艉雪撬形

**洋山深水港区一期工程水工码头 AB 标高性能混凝土统计表(现浇)　　表 3-11**

| 序号 | 工程结构 | 类型 | 数量 | 单件混凝土方量 | 小计 | 混凝土标号 | 备注 |
|---|---|---|---|---|---|---|---|
| 1 | 桩帽 | 5900×2300×1300 | 136 | 21.03 | 2860 | C45 | |
| | | 5900×2300×1300 | 38 | 21.42 | 814 | | 海侧局部放大 |
| | | 8800×2300×1300 | 87 | 29.71 | 2585 | | |
| | | 8600×2300×1300 | 87 | 29.11 | 2533 | | |
| | | 5500×4400×2100 | 26 | 40.4 | 1050 | | |
| | | 4000×4000×2100 | 78 | 29.8 | 2324 | | |
| | | 合计 | | | 12166 | | |
| 2 | 横梁 | MHL1(37000×1600×1400)上 | 49 | 82.88 | 4061 | C45 | |
| | | MHL1(37000×1000×2570)下 | 49 | 95.09 | 4659 | | |
| | | MHL2(37000×1600×1400)上 | 38 | 85.02 | 3231 | | 海侧局部放大 |
| | | MHL2(37000×1000×2570)下 | 38 | 96.94 | 3684 | | 海侧局部放大 |
| | | MHL3(37000×2100×1400)上 | 15 | 108.78 | 1632 | | |
| | | MHL3(37000×1500×2570)下 | 15 | 142.64 | 2140 | | |
| | | MHL4(37000×2100×1400)上 | 11 | 109.73 | 1207 | | 海侧局部放大 |
| | | MHL4(37000×1500×2570)下 | 11 | 144.39 | 1588 | | 海侧局部放大 |
| | | 合计 | | | 22202 | | |

续表

| 序号 | 工程结构 | 类型 | 数量 | 单件混凝土方量 | 小计 | 混凝土标号 | 备注 |
|---|---|---|---|---|---|---|---|
| 3 | 承台 | 19980×13000×2000 | 13 | 638.38 | 8300 | C45 | 桩芯混凝土修改后为C45 |
| | | 19980×18000×2000 | 31 | 848.14 | 26292 | | |
| | | 承台转角段1 | 1 | 1516.72 | 1517 | | |
| | | 9100×13000×2800 | 1 | 327.6 | 328 | | 承台28、45、49、66排水管安装处增加混凝土方量 |
| | | 9100×18000×2800 | 2 | 458.64 | 917 | | |
| | | 9000×18000×2800 | 1 | 453.6 | 454 | | |
| | | 合计 | | | 37808 | | |
| 4 | 悬臂梁 | 纵梁 | | 823 | 1211 | C45 | 与上横梁同时浇注 |
| | | 轨道梁 | | 388 | | | |
| 总计 | | | | | 73387 | | |

2）混凝土生产能力

生产效率：　100m³/h

一次装载连续生产能力：　1000m³

混凝土搅拌机：　JS2000　强制式　双卧轴

混凝土泵：　1台

输送能力：　120m³/h

坍落度范围：　12～22cm

布料臂：　1台

长度：　38m

转动角度：　200°

管径：　ϕ125mm

舷外最大水平输送距离：　34m

三航混凝土16号船共有6只粉料筒仓（四大二小），同时配备了六把粉料计量称（四大二小），计量的动态精度达到了2%以内，能适应高性能混凝土的施工。

3）称量控制系统

该系统采用电子传感器传递信号的智能秤，由工业计算机控制，实现"二次计量"。称量精度：水泥、粉煤灰、水、外加剂±2%，石、砂±3%。

具有碎石二级配和在混凝土中掺和粉煤灰和液体外加剂的条件。

整个混凝土生产过程的控制系统选用了上下位机组成的两级集散式微机控制系统，既可由上位机——工控机对下位机——智能秤集中管理的方式进行工作，又可当一旦工控机出现故障，可以脱离上位机，直接由各智能秤结合继电逻辑线路进行工作，保证了系统的可靠性。

具有预存100个实际配方；全面汉化的计算机界面，实现入机对话；用键盘输入砂的含水率，可自动进行砂、水补偿计算，自动调整配方值；实时打印生产报表（给定值、配料值、配料误差、配料时间及产量统计值）；用工控机对整个配料、卸料过程进行动态模拟显示；对重要环节，用工业摄像机实行电视监控等功能。

采用由电子传感器传递信号的智能秤，除具有精称提前量控制、点动加料、卸料提前量控制等功能外，还可以实现“二次计量”功能，即称量斗称量完毕的物料，在特殊情况下超秤时，能实现放料时的自动扣料，使称量精度进一步提高。

(3) 原材料的供应

1）原则

根据施工现场的实际情况及本工程的现浇混凝土需求量，搅拌船拖到镇海上料在时间上已经不允许，因此，原则上准备采用现场上料的方式，以减少拖航时间。若海况较差，搅拌船需回镇海基地避风，则出来时在镇海基地上完料。

考虑到在工地现场进行细骨料与掺合料的拌和，其搅拌的均匀性不能得到保证，因此，采用水泥、掺合料由水泥运输车运输至水泥生产厂家进行预拌的方式，然后落驳到水泥运输船上，由水泥运输船运至施工现场，采用空气泵送至搅拌船上的水泥筒仓内，砂石料等由运输船从产地运输至施工现场，用皮带输运机送至材料储位（皮带机与运输船固定）。

2）胶凝材料的预拌

胶凝材料的预拌在上海嘉新港辉有限公司进行，该公司拥有 2 万吨的散装水泥库一座，2000 吨的矿粉库一座，四座 300 吨的发货仓，每小时的发货能力为 200 吨。胶凝材料的预拌均匀性可达 98％。具体的工艺流程如图 3-37 所示。

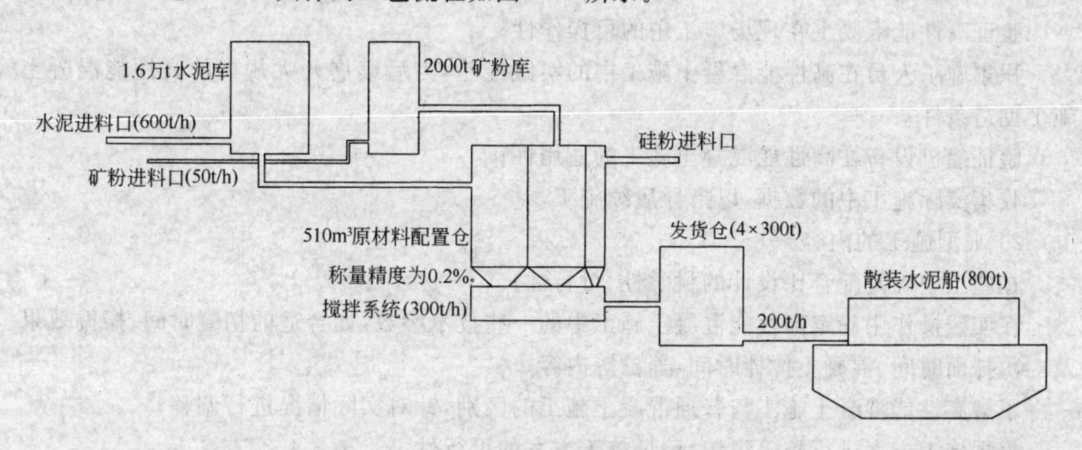


图 3-37　水泥预拌及装船示意图

3）材料运输船的选用

根据现场供料的需要，每月的砂、石用料高峰期分别达到 5000t 和 6200t，水泥和掺和料的用量达到 3200t。

为保证现场的供料，水泥运输船选用单次装料量为 800t 的散装水泥船 2 艘，每月每船运输 2～3 艘次，满足供料的需要。

石料选用青峙石场产的二级配碎石，石料船选用单次装料量为 1000t 的运输船 2 艘，每月每船运输 3～4 艘次，满足供石量的需要。

砂选用福建产的细度模数在 2.5～3.2 之间的闽江砂，砂料船选用单次装料量为 1000t 的运输船 3 艘，每月每船运输 2～S 艘次，满足供砂量的需要。

4）混凝土的搅拌

*a* 分料：

砂、石、水泥和掺合料输送至搅拌船后，须分别输入各自存料仓，预拌胶凝材料直接泵入筒仓。砂石料采用皮带输送机输送至搅拌船上的料仓。

*b* 计量：

计量采用独立计量的方法：计量由搅拌船电脑控制，计量偏差满足规范要求，预拌胶凝材料偏差不大于 2%，粗、细骨料偏差不大于 3%。

*c* 拌和：

搅拌机 JS2000 双卧轴强制式搅拌机，搅拌顺序为：粗骨料、砂、预拌胶凝材料、搅拌用水→加入高效减水剂→拌和 60 秒→出料。

由于胶凝材料已经预拌，高性能混凝土在搅拌时可不延长搅拌时间，这对现场混凝土的浇注提供了时间上的保证。

(4) 高性能混凝土典型段施工

根据工程需要和项目部的总体安排，准备在 B 组试桩平台进行高性能混凝土的典型施工。B 组试桩平台的外型尺寸为 21m×11m×2.25m，平台底标高为＋5.5m，第一次的浇注厚度为 1.0m，由于此位置临近施工现场(相距仅为 160m)，在此部位进行高性能混凝土的典型施工是比较合适的。

1) 典型施工的目的

验证高性能混凝土在现场施工中的可操作性；

积累施工人员在高性能混凝土施工中的实践经验，为后续展开大规模的高性能混凝土施工创造条件；

验证船机设备在高性能混凝土施工的适用性；

收集实际施工中的数据，以指导后续施工。

2) 典型施工的内容

在施工中确定配合比设计的科学性、可行性；

在实践操作中确定高性能混凝土施工中的一些技术参数，如合适的初凝时间、振捣效果及二次抹面时间、混凝土搅拌时间、养护等内容；

了解高性能混凝土施工与普通混凝土施工的区别，针对实际情况进行调整；

根据施工方案进行施工组织，验证施工方案的可行性。

3) 典型施工的情况

混凝土浇筑完，待模板拆除后，试桩平台的外观质量无裂缝和气泡产生，色彩均匀，混凝土质量待 28d 后进行强度检测。

(5) 承台、桩帽高性能混凝土的施工

AB 标段工程承台混凝土底标高＋2.5m，出水口处承台底标高为＋1.4m，而施工区域平均水位为＋2.55m，每段承台平均可工作时间为 4～5 小时左右，承台部位可工作时间极短，为保证高性能混凝土的施工质量，承台混凝土采用分层施工的方法。

1) 承台混凝土的施工时间的控制

承台部位平均施工时间为 4～5 小时左右，在承台底层混凝土的浇注中，当施工区域的水位低于承台底板后，立即对承台底模和钢筋利用淡水进行冲洗，根据三航混凝土 16 号船的搅拌能力，每小时可浇注混凝土方量为 100m$^3$ 左右，利用 3 小时左右的时间进行承台底层混凝土的浇注，浇注高度为 0.8mm，方量为 288m$^3$。

在混凝土达到设计强度的70%后进行承台上层混凝土的浇注，浇注方法与承台底层混凝土的浇注方式相同，承台上层混凝土的浇注方量为332m³。

每层混凝土浇注结束后对混凝土的保护

在上层混凝土的浇注前，对先前浇筑的混凝土进行凿毛，再利用淡水对先浇混凝土进行冲洗，以增加新老混凝土间的结合强度。

2）桩帽、码头下横梁施工

由于码头下横梁总长37m，混凝土搅拌船布料杆难以达到该长度。混凝土浇注存在一定的困难。

在混凝土浇注中对于布料管（舷外伸距34m）不能达到的部位，在施工中通过架设钢溜槽的办法实现混凝土的浇注，具体方法为：制作一只钢框架，安放在钢围囹之上，使钢框架的顶标高高于下横梁的顶标高，在钢框架上安装钢溜槽，以此来实现混凝土的浇注。

由于桩帽、下横梁都处于水位变动区，潮水的涨落对混凝土浇注将产生较大的影响，所以在桩帽、下横梁的施工中应严格按照水位的变动安排混凝土的浇注时间，控制混凝土的浇注时间。

在混凝土浇注前利用淡水冲洗钢筋和模板。

(6) 高性能混凝土的保护层施工

高性能混凝土的保护层是高性能混凝土施工控制的要点，直接影响高性能混凝土的抗腐蚀性，保护层为箍筋外侧至混凝土面的净距。

高性能混凝土保护层采用圆柱型的形式

保护层垫块为预制形式，采用高性能混凝土预制，垫块材料的强度及抗渗透性均不低于混凝土本体强度。

(7) 混凝土的养护

本工程的所有养护用水均采用淡水，在小洋山生产基地设淡水储水池，若遇施工高峰期，将同时采用交通船驳运淡水的养护措施。混凝土抹面后，立即进行覆盖，防止风干和日晒失水，在终凝后进行潮湿养护，在常温下确保养护时间在15天以上，气温较高时确保养护时间在12天以上，气温较低时确保养护时间在18天以上。

(8) 雨、热、冬天混凝土施工

1）雨天施工，要及时进行骨料含水率试验，根据实际情况调整拌和用水量，保证坍落度在允许范围内。在混凝土浇筑前对模板内积水清理干净后方可浇筑混凝土。根据天气情况，调整混凝土施工时间，尽量避免在雨天浇筑混凝土。

2）在气温超过30℃施工时，应调整施工时间，利用早晚气温不高时施工，热天施工时，混凝土浇筑抹面完成后，及时覆盖，初凝后及时洒水养护。

3）混凝土避免在气温低于0℃时施工。在气温低于5℃，浇筑混凝土时，混凝土中掺入防冻剂，养护采用土工布与草包结合覆盖，保温养护。在气温低于0℃时，混凝土施工停止。

(9) 混凝土的成品保护

桩帽、横梁等混凝土等成品由于施工完成后，等待下一工序施工的时间可能较长，极易由于施工船舶碰撞、施工过程中人为损害等原因造成破损。为保护成品，对于外侧有棱角的构件，在构件棱角处利用木方护角。

2. 预制构件高性能混凝土的施工

(1) 本工程的预制高性能混凝土总方量为 23300$m^3$ 左右。

(2) 主要施工工艺

1) 原材料采购运输

水泥由业主供应至预制厂的水泥筒仓内。碎石采购北仑青峙石场的材料，此石场每日的碎石量达 1000$m^3$，离预制厂约 10km，由 10～15t 的自卸翻斗车运输至厂内临时碎石堆存场地。然后进行水冲筛选按不同粒径级分区堆存。砂子采购福建河砂，由 500～600t 的民船从水路运至三航四公司黄砂卸料码头后，吊车皮带机卸至码头后方堆场，此堆场可储存砂子 3000$m^3$，再装载车及自卸卡车运至预制场。

矿粉采用安徽芜湖米家桥台泥水泥有限公司生产的磨细矿粉，铁路运输至宁波港水泥仓库，然后用专用车运至预制厂专用筒仓内。

调整剂(或硅粉)采用南京水利科学研究院配置的袋装调整剂，由公路运输至镇海预制厂内。

外加减水剂由供应商运至预制厂内。

搅拌用水均采用饮用水，由城市供水系统供应。

2) 原材料的储存

水泥储存在预制厂搅拌楼的 150t 的水泥筒仓中。砂、石料储存在搅拌楼后方的砂石料堆场内，为减少气候对砂、石料的含水量、温度的影响，其上部均搭设了顶棚。

矿粉运至预制厂内，储存在预制厂搅拌楼 150t 的矿粉筒仓中。

调整剂储存在预制厂袋装水泥库内，并尽量分批进料。

外加减水剂为筒装水剂，储存在预制厂材料库中。

3) 原材料称量(计量)

预制厂的搅拌楼计量系统共有 11 把电子称其中二把粉料大称，二把粉料小称，三把石称，一把黄砂称，二把外加剂(水剂)称，本次高性能混凝土的原材料均单独进行称量，且每罐称量均采用电脑自动记录。原材料称量偏差控制均满足规范的要求，即:水泥、矿粉、调整剂控制在±1%以内，粗细骨料控制在±2%以内，水、外加剂控制±1%以内。称量系统每年进行一次校验，保证称量系统准确。

4) 混凝土搅拌

搅拌楼设置了二台 1$m^3$ 的卧轴式强制搅拌机，每小时的搅拌能力为 60$m^3$/h。经过计量后的原材料按如下顺序下料:细骨料→水泥→外掺料→粗骨料→水、外加剂。为保证搅拌均匀，每罐混凝土的搅拌时间延长 40 秒。

5) 混凝土运输

混凝土搅拌均匀后通过下料斗卸至 2$m^3$ 的混凝土运灰斗中，通过分配架及运灰车将混凝土运至浇筑现场。为保证运输过程中水泥浆不外渗，运灰车口门采用改良的弧式闸门，电动开关。

6) 下灰分层、振捣

靠船构件及梁每次下灰分层的厚度控制在 50cm 以内，面板一次下灰。下灰时应从构件一侧向另一侧，不得从二侧向中间下灰。每次下灰后及时振捣。振捣采用插入式振捣棒。根据钢筋的间距大小，选用 $\phi50$～$\phi70$mm 的振捣棒。振捣时从构件的一侧依次向另一侧，插棒间距应略小于振捣棒的有效半径的 1.5 倍，并快插慢拔，上下抽动。并保证插入下层混凝土中不少于 5cm。

7）混凝土养护

混凝土浇筑完毕后及时用土工布或麻袋加以覆盖，防止及减少风吹日晒造成混凝土失水过快而产生收缩裂缝。

混凝土终凝后，立即开始进行保湿养护。由于部分梁高度较大，拆模后需在梁的侧面挂土工布遮挡，浇水保湿养护。

3. 高性能混凝土施工时的技术质量措施

（1）高性能混凝土由于其使用的原材料品种较多，因此应适当延长搅拌时间，确保混凝土搅拌均匀。

（2）高性能混凝土由于其灰浆的成分较多，掺用高效减水剂，一般混凝土和易性较好，但较粘密，振捣时气泡不易排出，因此要严格控制下灰分层厚度在 50cm 以内，加密振捣，同时至顶部时采用二次振捣、二次抹面，保证混凝土的密实性。

（3）高性能混凝土的坍落度不宜过小，在多次的试拌过程中发现，大坍落度的混凝土 30 分钟后，其坍落度损失较小，小坍落度的混凝土 30min 后，其坍落度损失较大，因此在混凝土浇注过程中，坍落度宜控制在 12～16cm，便于入模操作。

（4）骨料选用级配良好，细度模数在 2.5～2.8 之间的中粗河砂；

（5）用质地坚硬，级配良好，碎石压碎指标不大于 10％的碎石；

（6）用减水率在 20％以上的高效减水剂；

（7）混凝土浇注时，采用高频振捣器振捣至混凝土顶面基本不冒气泡，在混凝土浇注至结构顶部时采用二次振捣及二次抹面，刮去浮浆，确保混凝土的密实性。

（8）混凝土抹面后，立即进行覆盖，防止风干和日晒失水，在终凝后进行潮湿养护，在常温下确保养护时间在 15 天以上，气温较高时确保养护时间在 12 天以上，气温较低时确保养护时间在 18 天以上。

**三、高性能混凝土质量控制检验项目及标准**

根据港口工程建设有关技术标准、规范、规定以及设计对本工程现浇、预制钢筋混凝土构件采用 C45 级高性能混凝土的技术指标要求，在洋山深水港区一期工程水工码头 AB 标段施工中，提供如下相应的施工质量检验控制项目：

1. 混凝土原材料质量检验控制

（1）水泥质量保证书及进场复试报告；

（2）细骨料（砂）进场检验报告；

（3）粗骨料（碎石）进场检验报告；

（4）拌和用水检验报告；

（5）外加剂质量保证书及复试报告；

（6）磨细粒化高炉炉渣产品合格证书及进场复试报告；

（7）硅灰产品合格证书及进场复试报告。

2. 混凝土质量控制

（1）预拌混凝土配合比报告；

（2）新拌混凝土中氯离子含量测试报告；

（3）抗压强度报告；

(4) 抗氯离子渗透性报告；

(5) 氯离子扩散系数测试报告；

(6) 混凝土试块强度统计、评定报告。

3. 相关质量检验、控制项目说明：

(1) 混凝土原材料进场质量检验项目及相关说明(参见表-2)

(2) 混凝土拌和物及混凝土物理力学性能质量控制及相关说明：

1) 混凝土配合比设计试拌

*a*. 配合比设计：按照《水运工程混凝土施工规范》(JTJ 268—96)和《海港工程混凝土结构防腐蚀技术规范》(JTJ 275—2000)有关规定进行配合比设计

*b*. 混凝土试拌：按照《水运工程混凝土施工规范》(JTJ 268—96)和《海港工程混凝土结构防腐蚀技术规范》(JTJ 275—2000)和《水运工程混凝土试验规程》(JTJ 270—98)以及设计技术指标要求进行混凝土试拌并检测：坍落度、凝结时间、强度、电通量、氯离子扩散系数。

*c*. 提供混凝土配合比设计试拌报告。

2) 硬化混凝土物理力学性能质量控制：

按照《水运工程混凝土试验规程》(JTJ 270—98)和《水运工程混凝土质量控制标准》(JTJ 269—96)进行混凝土强度试验、统计和生产管理水平及质量合格评定。

*a*. 现浇混凝土构件抗压强度测试频数：每艘搅拌船每工作班现浇混凝土每 100$m^3$ 取一组(6 块)试块，不足 100$m^3$ 也取一组。

*b*. 预制混凝土构件每工作班浇筑同一构件混凝土小于 100$m^3$ 取一组试块，大于 100$m^3$ 取两组试块，做标准养护 3 天和 28 天龄期的抗压强度试验。

*c*. 做抗压强度试块的混凝土在入试模前先进行混凝土坍落度测试。

*d*. 每月进行一次日、月均方差统计，进行生产管理水平和计量合格评定。

*e*. 新拌混凝土氯离子含量测试频数：现浇和预制混凝土同一种配合比测定一次。

*f*. 混凝土抗氯离子渗透性测试频数：现浇混凝土每月测试一次，预制混凝土每季测试一次。

*g*. 混凝土氯离子扩散系数测试频数：现浇和预制混凝土同一配合比测定 1～2 次。

**四、小结**

洋山深水港区一期工程水工码头结构采用高性能混凝土，从码头结构设计方面来讲，码头的排架间距从常规的 7～8m 伸长到 10m，并能满足码头上荷载的要求，这样结构桩从理论上可以节省 40～70 个排架(每排架含 6 根长约 60m 的 $\phi$1200mm 钢管桩)，上部结构中桩帽、横梁、靠船构件、二层平台等方面混凝土大约能节约 7000$m^3$，有利地降低了工程投资费用，同时也能满足码头建成后达到使用 50 年不遭损坏的使用要求，目前混凝土的施工尚处于初期阶段，随着工程的不断进展，高性能混凝土的使用技术会日趋成熟，并在后续的洋山深水港工程中得到推广使用，这项工程技术对码头结构的设计和使用方面将会产生极其深远的意义和影响。

# 29. 海港码头工程面层混凝土龟裂与裂缝的防止与控制

上海港建设工程安全质量监督站　任锦瀚

码头面层混凝土龟裂与裂缝是码头面层施工中常见的质量通病，它的产生和存在既影响码头外观质量，也影响使用寿命，因此成为近期用户投诉多、业主和市重大工程办公室关注的热点。为此近几年我们港口质监站把它列为专项治理质量通病的课题。根据几年来的实践，对码头面层裂缝和龟裂的防止与控制谈些体会。

**一、常见裂缝的种类**

码头面层裂缝的常见形式主要有：网状裂纹也称龟裂（以下简称龟裂）、横缝、斜缝及不规则裂缝。龟裂是“常见病”、“多发病”，其次是横缝，再次是斜缝及纵横交叉的不规则裂缝。龟裂一般是不规则的多变形，缝细、短而浅。横缝一般在每垮中间较多。

**二、面层混凝土产生裂缝的机理原因**

混凝土由水泥、骨料、水及存留在其中的气体组成，是一种多相非均匀的脆性材料。当环境温度、湿度变化及混凝土硬化时，混凝土的体积会发生变化，并使其内部产生变形，由于混凝土中各种材料某些性能的不同，这种变形是不均匀的。水泥石收缩较大，而骨料收缩很小；水泥石的热膨胀系数较大，而骨料较小。同时，它们之间的变形不是自由的，相互之间产生约束，从而在混凝土内部产生粘着微细裂缝、水泥石裂缝和骨料裂缝等三种，因而，混凝土内部微细裂缝的存在是混凝土材料本身固有的一种物理性质。当水泥石在损失水分引起干缩，温度的改变引起体积的变化，当混凝土收缩的同时存在约束而引起拉应力（包括其他变形和外荷载作用），这些裂缝的长度和宽度均有相应的增大，如果拉应力大于混凝土抗拉强度时，这些微细裂缝逐渐相互贯通，且其宽度迅速增大，当裂缝宽度超 0.03～0.05mm 时，便产生了肉眼可以看见的裂缝。

混凝土收缩裂缝主要有干缩收缩、塑性收缩、沉降收缩、化学收缩、碳化收缩、温度收缩、自收缩等多种形式，而码头面层常见的裂缝，绝大部份是收缩裂缝。

**三、裂缝的预防和控制措施**

影响码头面层裂缝的因素是多种多样的，因此要针对产生的原因，采取相应的措施防止混凝土开裂，应贯彻预防为主、综合防治的原则，从设计、原材料、施工工艺和管理等诸方面着手，目前我们主要采取了以下几项措施：

1. 设计时应考虑各种条件对混凝土产生的约束

(1) 合理布置缩缝、胀缝、施工缝和伸缩缝及相互间距

一些设计人员习惯于老思路不布置缩缝、胀缝，总认为一块板体好，但他们忽视了混凝土内部微细裂缝的存在是混凝土材料本身固有的一种物理性质，混凝土在施工期自身的化学反应、物理变化、温湿度的周期变化，致使混凝土面层产生早期收缩变形和温度变形，这种

变形一旦受到约束，就会转变为内应力，因此要减小约束，合理布置缩缝和胀缝是有效措施。JTJ 291—98《高柱码头设计和施工规范》已有明确规定，工程实践也证明是有效的。

（2）面层配筋宜细而密为好，应尽量避免粗而少。上海港内支线码头面层裂缝多的教训之一就是证明。

（3）在码头面泄水孔、电缆孔等孔洞处是应力集中的薄弱处，易产生放射状裂缝，应采取加筋补强措施，可有效减少该处裂缝。

2. 混凝土原材料的控制

（1）控制水灰比，减少混凝土单位用水量

由于目前混凝土施工较为普遍地采用了泵送混凝土，因此坍落度大、水灰比大成为面层龟裂现象大幅度上升的主要因素。众所周知单位用水量越大，干燥时收缩也越大，施工时应根据混凝土理论设计配合比，严格控制水灰比，尽一切可能减少混凝土单位用水量，施工中要严格监控，更不允许随意加水。

（2）水泥品种和用量的优化选择

优先选用干缩小、早期强度增长快的硅酸盐水泥，在提前订货条件下，要求水泥厂家在生产硅酸盐水泥主要原料中，适当减少铝酸三钙和硅酸二钙含量，以降低水泥产生的水化热，提高混凝土早期强度，削弱面层干缩变形。

其次是水泥用量要优化设计，众所周知水泥用量多，混凝土的收缩也大，实践证明掺粉煤灰减水泥是预防面层开裂的有效手段，因此优化配合比设计是个重要措施。

（3）选择清洁坚硬的粗细骨料

粗细骨料的矿物成分、形状、表面构造和级配会影响混凝土的配合比、热膨胀系数、干缩、徐变和强度。粗骨料不宜细，应选用坚硬（抗压强度大于 60MPa）粒状呈多棱角的石子，使用前应进行筛选。细骨料砂选用清洁坚硬的中粗砂，严禁用细砂，应对骨料中有害物质，如云母、硫酸盐、有机物及黏土加以限制，含泥量小于 1%。

（4）合理选择外加剂

选用减少收缩的外加剂，可以减少混凝土的干缩。

（5）掺丙纶纤维或尼龙纤维，可增强混凝土抗拉应力和耐磨性。在上海港外高桥港区码头、马迹山宝钢码头工程中均收到了明显效果。

3. 合理选用施工工艺和强化施工管理

（1）根据各工程特点，应合理选用码头现浇混凝土面层施工工艺。如具备用强制形拌制设备和流动机械工艺条件，应首先选用，这样可以加大粗骨料，将混凝土拌和物坍落度控制在 5cm 左右，以便减少单位用水量和水泥用量，提高混凝土早期强度，预防混凝土早期收缩裂缝。在没有泵送混凝土之前均是如此做的，那时码头面层裂缝也比较少。

（2）选用管道泵送施工工艺，宜选用混凝土真空脱水工艺，利用负压从混凝土面层中排出部分空气和过剩的水分，同时在压力作用下使新浇混凝土的体积得到局部或整体的压缩，并在混凝土表面形成一定厚度的结构特别密实层，能较大程度提高混凝土的早期强度，特别是早期抗析强度。脱水后，混凝土在硬化过程中，因水分变化引起的变形减少，使收缩降低，对防止混凝土面层早期裂缝的出现作用是比较明显的。在金山化工码头、太仓华能电厂码头等工程实践中，裂缝明显减少。三航局已形成了成熟的工艺，并颁发了《混凝土面层真空吸水》工法。

(3) 由于码头面层与梁顶、板缝混凝土一起浇筑或分开浇筑间隔时间较短，造成面层下各部位的约束不一致而产生裂缝。因此每次浇筑的工作面积控制在小于 $500m^2$ 左右，梁顶和板缝混凝土应先期浇筑，以改善面层混凝土的约束条件。

(4) 根据工程特点，当钢筋保护层大于 10cm 较厚的码头面层时，采用市政混凝土路面刻纹工艺也是减少龟裂的有效措施。宝山码头和白龙港码头的面层混凝土就是明证。

(5) 加强振捣控制和减少泌水

混凝土面层一般采用振动棒、平板振动器、振动梁相结合的工艺，根据所选择的机械类型合理控制振动方式和振动时间，过度振捣会造成混凝土分层离析，导致粗骨料集中在下层，含浆量少，收缩小，而细骨料集中在上层，含浆量大，收缩大，不均匀收缩很容易导致裂缝的产生。漏振则易形成蜂窝、空洞，在强度薄弱点出现裂缝。因此加强振捣控制的方式和时间，尤其应注意在施工使用振动棒时，应按行列顺序振捣，振动时间及移动距离应符合要求，对边角处、孔洞处、梁板接头处一定要振捣充分，不得漏振。

混凝土抹面前，浮浆和离析的水一定要刮出面层，避免把大量砂浆或过多的水带到混凝土表面，然后依次进行一、二、三次收水抹面，关键是控制好抹面时间，防止裂缝产生，严禁洒干水泥抹面。

(6) 切缝及时和加强养护

控制好切缝时机，要根据不同的气候条件，选择合适的切缝时机，按设计布置的缝址切，可以有效防止横裂缝。一般在混凝土达到设计强度 25%至 30%时切缝。在施工过程中，往往因切缝深浅不一，切割不到头，容易在切缝附及产生断缝或边角斜裂缝，所以应把切缝工序作为质量控制的要点之一。

养护是避免混凝土面层裂缝产生，保证混凝土水化反应正常进行和强度正常增长的重要手段。根据气温选择合适的时间及时采取养护措施。一般是用塑料布加土工布或草包复盖进行保温及保湿养护，在面层混凝土抹面、扫毛后及时用塑料布覆盖，为确保覆盖的密实性，塑料布间的搭接缝必须大于 10cm，塑料布的四周应与混凝土面层密封包裹，以防被风掀起。上部复盖物视季节和温度而定，养护期一般应大于 14 天。在养护时，要特别注意混凝土边角部分，如遮盖不严使局部失水较多，不能保证水化作用的正常进行，将严重影响该部位混凝土的强度。

4. 严格管理是消灭质量通病的根本保证

施工单位在消灭码头面层混凝土裂缝中创造了许多办法，在施工前都针对性的编制了施工组织设计，但是成效却大不一样，关键是领导重视程度和管理的严格程度。如果不严格管理和落实措施，最好的办法也将成为一纸空文，尤其是同一个单位、同一个项目经理、领导同一批队伍施工，由于管理不严，结果却完全不同，是最好的证明。大家在总结经验教训时一致认为“严格管理是消灭质量通的根本保证”。

综上所述，造成码头面层龟裂和裂缝的原因很多，因此码头工程从设计到施工全过程，应综合考虑各方面因素，如果疏忽任何一个环节，都会引起码头面层裂缝的出现。

# 30. 大型石油储罐现场建造的质量缺陷分析及对策

上海金山石化工程质量监督站　荆　棘

**提要：**大型立式圆筒型钢制焊接石油储罐，由于直径大、内压低、壁厚薄等原因，它们的径向刚性相对较小，而且现场建造焊接工作量较大，本文对施工中出现的主要质量缺陷等问题及对策进行论述，这对保证储罐的制造质量将具有实际意义。

**关键词：**大型钢制石油储罐　现场建造　缺陷控制

## 1. 前言

立式圆筒形钢制焊接储罐是石油化工装置必不可少的储存设备，随着石油化工生产规模的日益扩大，不断向大型化的方向发展。

上海石油化工股份公司近年来，相继建造了容积为100000m³ 的石油储罐9台，大型钢制焊接石油储罐的现场建造工作量大，露天作业、高空作业、交叉作业多，受自然环境影响明显，施工安装技术管理以及质量控制具有较大的难度。施工实践证明，钢制焊接储罐结构虽不复杂，但由于上述原因，在现场建造过程中的质量缺陷不易避免。分析缺陷产生的原因，制定相应的对策，对保证储罐制造安装质量具有实际意义。

为此，本人结合多年来担任石化工程建设质量监督、检验的工作实践，对大型钢制焊接石油储罐现场建造中的主要质量缺陷进行分析探讨，以期为进一步提高储罐制造工程质量提供有益的借鉴。

## 2. 质量缺陷的原因分析及对策

(1) 变形缺陷的原因分析及对策

1) 变形缺陷的原因分析

底板、壁板、罐顶凹凸变形是大型储罐现场建造中常见的质量缺陷之一。GBJ 128—90《立式圆筒形钢制焊接油罐施工验收规范》、JB/T 4735—1997《钢制焊接常压容器》等规范标准对大型储罐组焊后的底板、壁板、罐顶表面凹凸变形偏差均有明确的规定，然而，在实际施工过程中，经检查、测量，几乎每台储罐均存在表面凹凸变形超标的现象，究其原因，主要是储罐制作安装过程中，板材切割下料、坡口加工、预制时受到外力的作用，以及组对装配中每道工序所产生的尺寸偏差，焊接时的膨胀与冷却等等，诸多因素导致了变形。若制作安装工艺与质量控制不当，变形超过允许偏差范围，即产生质量缺陷。

焊接变形是导致储罐表面局部凹凸变形的关键因素。试验表明：焊接过程对焊件局部的不均匀的加热是产生焊接变形的直接原因。焊接以后，焊缝和焊缝附近受热区金属发生收缩现象，主要表现在沿着焊缝长度方向的纵向收缩和垂直于焊缝宽度方向的横向收缩，正是由于焊缝处有这两个方向的收缩，造成了焊接结构的各种变形。如果工艺措施不当，不锈钢储罐较碳钢储罐在焊接后出现的变形更大，这是因为不锈钢材质的导热系数比碳钢小，而线膨胀系数却比碳钢大，焊接受热后随着应力的释放，更容易产生变形。

2）预防及处理变形缺陷的对策

综上所述，按照设计和标准规范要求的几何尺寸偏差范围控制变形，是保证储罐建造质量的关键。首先，在底板、壁板、罐顶预制加工时事先控制板材表面凹凸量，提高机械加工精度，可以尽量避免和减小焊接以后的变形量。其次，罐体预制事先根据钢板的实际尺寸合理绘制排版图，使罐底板、壁板、顶板的最小尺寸开孔和连接焊缝的位置符合施工规范要求，预制好的板材及各种构件应进行尺寸、形状、表面质量、坡口形式等检查，符合质量要求后方可交付安装。热加工成型的构件要检查其厚度减薄量和是否有"过烧"现象。

目前，由于自动焊的应用，对板材预制的几何尺寸、坡口角度加工精度及滚板弧度误差等方面的要求比手工焊接要严格的多，因此，我们在板材预制过程中，设置质量控制点，严格监督，使预制过程保持稳定。

根据有关标准规范和实际施工经验，在安装施工阶段，避免和减少大型储罐变形缺陷的关键是控制焊接变形，因此，焊接施工必须严格执行焊接工艺评定规定的焊接顺序、施焊方法，并采取以下有效的防变形措施：

*a*. 储罐底板中幅板的焊接要先焊短焊缝，再焊长焊缝，焊长焊缝时焊机要均匀对称分布，由中心向外分段退焊。边缘板的对接焊缝宜对称分布隔缝跳焊，边缘板的搭接焊缝则应由外向里分段退焊。

*b*. 储罐底板与底圈壁板的环形角焊缝宜由数对焊工对称分布在罐内和罐外沿同一方向分段退焊，但罐内焊工应超前约 0.5m 左右。

*c*. 底板边缘板与中幅板之间的连接焊缝要在边缘板与罐壁板角焊缝完成之后施焊。焊前应将边缘板与中幅板之间的夹具松开（或铲除定位焊），然后沿圆周均匀分布焊工分段跳焊。

*d*. 罐壁板应先焊立缝，后焊环缝，焊环缝时焊机要均匀分布并沿圆周施焊。

*e*. 浮顶船舱的焊缝要先焊立缝，后焊角焊缝，单盘板的焊接方法和罐底板相同，船舱和单盘板的连接焊缝要待船舱和单盘板全部焊缝焊完后再用分段退焊法施焊。

（2）T 型接头及角焊缝质量缺陷的原因分析及对策

分析储罐罐壁承受的储液静压力和最大环向应力，罐体承受的应力呈梯形分布，最大应力点应在储罐底层。并且，由于储罐地基的不均匀沉降，引起底板边缘板的弯曲变形。另外，当装卸贮藏液时，还受到反复作用的弯曲载荷。故对于大型圆筒式储罐而言，底板边缘板与壁板的 T 形接头是其重要的接头之一。

在现场组装焊接时，常见的 T 型接头及角焊缝质量缺陷主要有咬边、未熔合、焊脚尺寸不符合要求等。

1）咬边原因分析及对策

咬边是在焊缝边缘母材上被电弧烧熔的凹槽。造成咬边的重要原因是由于焊接时选用过大的焊接电流、电弧过长及角度不当。

过深的咬边导致母材减薄，减弱焊接接头的强度，造成局部应力集中，承载后会在咬边处产生裂纹及造成结构的严重破坏。防止咬边的措施主要有：严格执行焊接工艺，选用合适的电流，避免电流过大；操作时电弧不要拉得过长；焊条角度位置要正确适当；焊条摆动时在焊缝边缘稍慢些，停留时间应略长，在中间运条速度稍快些。根据 GBJ 128—90、JB/T 4735—1997 规范标准：角焊缝外形应平滑过度，咬边深度不大于 0.5mm，咬边应打磨圆滑。

2）未熔合的原因分析及对策

未熔合主要指填充金属和母材之间彼此未能按工艺要求熔化结合。产生的原因主要是焊接时电流过小，焊接速度快，热量不够或者焊条偏于某一侧，使母材或先焊的焊缝金属未能得到充分熔化就被紧接的熔化金属覆盖而造成。此外，焊缝表面油污、铁锈等杂物也可能造成未熔合。

未熔合会使焊缝连接强度降低，容易引起裂纹，诱发并加剧质量事故，是焊缝中危害较大的缺陷之一。未熔合仅从外观检查一般不容易发现，焊接完成的焊缝，用渗透或其他无损探伤检验方法确定焊缝内外质量。一旦发现焊缝内产生未熔合时，首先应确定未熔合的准确位置，然后按返修方案规定进行修补。

防止未熔合的措施主要有：选用稍大的电流，放慢焊接速度，使热量增加到足以熔化母材或前一层焊缝金属；焊条角度及运条速度要适当，应照顾到母材两侧温度及熔化情况；焊接前认真清除母材表面铁锈、油污等杂物。

3）焊脚尺寸不符合要求的原因分析及对策

焊脚尺寸不符合要求是指焊缝的余高、宽度、角度等几何尺寸不符合设计及工艺文件规定。产生的主要原因是缺少经验，焊接时速度太快，焊条角度不当等等。它可能使焊缝强度达不到设计要求，造成局部薄弱环节。

防止措施是：提高焊接熟练程度，不断总结经验，及时开展教育培训工作，增强质量意识。

4）无损检测

无损检测是检查焊缝质量缺陷、保证储罐建造质量最常用的、行之有效的重要手段。国内外标准对储罐各部位焊缝的无损检测均有明确的要求，特别是对于应力比较集中的储罐本体上的 T 型焊缝和底圈罐壁与罐底的 T 型接头，以及重要部位的角焊缝，必须进行射线探伤和渗透或磁粉探伤检查。日本标准 JISB 8501—1985 强调规定：壁厚 $\delta>10$mm 的高强钢全部 T 型焊缝作 100％射线探伤，罐壁与罐底连接的内角焊缝当边缘板厚度 $\delta\geqslant10$mm 时，焊完后及充水试验后均应进行渗透或磁粉探伤。美国标准 API 650（1988）规定：$\delta\geqslant25$mm 时，T 型焊缝100％射线检查，对角焊缝首先目测外观检查，不满意部位铲开检查。

我国 GBJ 128—90、JG/T 4735—1997 等规范标准根据不同的焊缝结构及坡口形式、板材厚度，对焊缝几何尺寸及表面质量的检测要求也有具体规定。如 JB/T 4735—1997 对底圈罐壁与罐底的 T 型接头和罐内角焊接头检查内容十分明确："当罐底边缘板的厚度大于等于 8mm，且底圈壁板的厚度大于 16mm 时，在罐内及罐外角焊接头焊完后，应对罐内角焊接头进行渗透检测或磁粉检测。在储罐充水试验后，应采用同样方法进行复验"。

有资料表明，由于 T 型接头及角焊缝质量缺陷而导致储罐发生严重事故。例如某座大型储罐投用后，在冬季气温约－20℃的条件下，储罐底部突然发生脆性开裂，大量燃油喷出，造成较大的经济损失。经检查发现，裂纹起源于底板上的对接焊缝，但由于 T 型接头内存在严重未熔合，加之底板与罐体之间环型角焊缝处的应力集中作用、角焊缝上的垂直于裂纹方向的残余拉应力、以及在低温条件下钢材断裂韧度的严重下降，在外力作用下导致低应力脆性断裂事故。显而易见，断裂起源于焊接缺陷，当工作应力和残余应力共同作用于低温韧性不足的钢板时就造成了脆性断裂。因此在合理选用材料的基础上，严格遵守设计及工艺要求，控制焊接质量，加强无损检测，及时发现、避免和消除焊接缺陷，对杜绝类似事故，保证储罐安全运行是十分重要的。

**3. 结束语**

从20世纪70年代初我国陆续从国外引进成套石油化工装置至今，我国对于钢制焊接石油储罐设计、制造和检验的技术标准规范一直在不断完善，施工质量有据可依。储罐的现场建造，应根据储罐的工艺特点和材料特性，采取科学、合理、先进的施工技术和无损检测手段，预防和控制质量缺陷，实践证明，这对保证大型储罐的制造质量是非常有效的。

**参考资料**


1. GBJ 128—90 立式圆筒形钢制焊接油罐施工及验收规范
2. JB/T 4735—1997 钢制焊接常压容器
3. SH 3046—92 石油化工立式圆筒形钢制焊接储罐设计规范
4. 美国 API 650 钢制焊接油罐. 1988
5. GBJ 50236—98 现场设备、工业管道焊接工程施工及验收规范
6. 手册编写组编. 安装工程质量通病防治手册. 北京：中国建筑工业出版社，1993

# 31. 现浇混凝土楼板裂缝产生原因和控制对策的研究

上海市建设工程质量检测中心　上海市钢筋混凝土预制构件质量监督分站

张元发　朱建华　陆靖洲　姚利君

**摘要：** 本文从混凝土材料和混凝土生产方面着手，重点研究现浇混凝土楼板裂缝产生的原因和影响因素，并在此基础上结合生产实际情况提出裂缝控制措施。

**关键词：** 混凝土材料、现浇混凝土楼板、裂缝、产生原因、控制措施。

近年来，现浇混凝土楼板的裂缝成为建筑工程质量的热点问题，引起了社会关注，裂缝的产生不但影响外观质量，而且会影响建筑物的使用寿命，威胁到人民的生命和财产安全。为此国家建筑工程质量监督检验中心和上海市建设和管理委员会高度重视，组织有关人员从设计、施工、混凝土材料等方面进行研究。本文从混凝土材料和混凝土生产方面着手进行研究，重点研究现浇混凝土楼板裂缝产生的主要原因和影响的因素，并在此基础上结合生产实际情况提出裂缝控制措施。

## 1. 现浇混凝土楼板裂缝产生的原因

现浇混凝土楼板产生裂缝的原因是多方面的，就混凝土材料本身来讲，可以得出两个重要的结论，其一是混凝土的收缩是引起现浇混凝土楼板产生裂缝的因素之一，其二是现浇混凝土楼板裂缝是不可避免的，关键在于控制混凝土的裂缝。

长期以来，国内外学者对混凝土收缩的机理进行了系统的研究。从微观分析可知，混凝土由水泥、骨料、水以及存留在其中的气体组成，是一种多相非均匀的脆性材料。研究表明，当环境温度、湿度变化及混凝土硬化时，混凝土的体积会发生变化，并使其内部产生变形，由于混凝土中各种材料某些性能的不同，这种变形是不均匀的。水泥石(水泥胶体)收缩较大，而骨料收缩很小；水泥石的热膨胀系数较大，而骨料较小。同时，它们之间的变形不是自由的，相互之间产生约束，因而在混凝土内部产生应力，这种应力足以使混凝土内部形成微细裂缝，因此，混凝土内部微细裂缝的存在是混凝土材料本身固有的一种现象。利用显微镜可以清楚地发现这种微细裂缝的分布是不规则的，一般情况下，这些裂缝是不贯通的。混凝土内部微细裂缝可分为粘着微细裂缝、水泥石微裂缝和骨料裂缝等三种。

随着混凝土收缩的发展和外力荷载作用，混凝土的内部应力也随之加大，这些微细裂缝的长度和宽度均有相应的增大。如果拉应力大于混凝土本身的抗拉强度，这些微细裂缝逐渐互相贯通，且其宽度迅速增大。当裂缝宽度超过 0.03～0.05mm 时，便产生了肉眼可以看见的裂缝。

从试验数据同样可以得知，混凝土收缩是混凝土材料本身固有的一种物理现象。据测试混凝土的收缩值一般在$(4\sim8)\times10^{-4}$，混凝土抗拉强度一般在 2～3MPa，弹性模量一般在(2～4)×$10^4$MPa。由公式 $\varepsilon=\sigma/E$(式中 $\varepsilon$ 为应变值、$\sigma$ 为混凝土抗拉强度、$E$ 为混凝土弹性模量)可知,混凝土允许变形在万分之一左右,而混凝土实际收缩确有万分之四以上,显然,混凝土实际收缩大于混凝土允许变形范围,混凝土的微细裂缝是不可避免的,关键在于通过减小混凝土的收缩和其他措施,控制混凝土裂缝。

**2. 影响现浇混凝土楼板裂缝的主要因素**

影响现浇混凝土楼板裂缝产生的主要原因是混凝土的收缩,而影响混凝土收缩的主要因素是混凝土中水泥胶体的收缩。混凝土收缩值与水泥胶体总量有关,水泥胶体越多,混凝土收缩也就越大。据此在保证混凝土强度和施工性能的前题下,减少水泥胶体总量成为减少混凝土收缩的关键所在。理论和试验都证明影响混凝土收缩的主要因素有:

(1) 混凝土用水量

混凝土用水量与混凝土的收缩直接有关,在混凝土强度相同条件下,用水量越大、水泥用量也越多,收缩则也越大。

试验和分析认为,混凝土用水量会从三个方面影响现浇混凝土楼板裂缝的产生。第一,在混凝土强度不变的情况下,混凝土用水量的增加会相应增加水泥用量,而水泥用量的增加会增加混凝土结构内部毛细孔的数量,进而会增大混凝土的塑性收缩和干燥收缩。第二,混凝土用水量的增加不仅会增加混凝土结构内部毛细孔的数量,而且会增加混凝土浇筑成型后毛细孔内含水量,从而将增大混凝土的塑性收缩和干燥收缩。第三,混凝土用水量增加,使混凝土中泌水增加,而泌水增加,促使混凝土中有更多的毛细孔相贯通、使毛细孔中水分蒸发更快,而将增加混凝土的塑性收缩和干燥收缩。

然而,统计数据表明,预拌混凝土为满足泵送和振捣要求,其坍落度一般在100mm以上,甚至达到200mm以上。据试验,混凝土坍落度每增加20mm,每立方米混凝土用水量约增加5～10kg,坍落度过大不仅要增加混凝土的用水量,而且水泥用量也随之增加,从而加大混凝土的收缩、容易出现收缩裂缝。因此,在满足混凝土运输和泵送的前提下,坍落度应尽可能减小。

(2) 水泥

水泥对混凝土的收缩影响很大,主要包括水泥的品种、水泥细度、水泥的用量和水泥的质量等四个方面。

水泥的矿物成分对混凝土收缩有一定影响。一般认为,$C_3A$(铝酸三钙)含量越高,混凝土的收缩越大,其抗裂性越差;$C_3S$(硅酸三钙)含量越高,其收缩也越小。水泥种类不同,混凝土收缩也不同,按收缩值大小排序为:矿渣水泥>普通硅酸盐水泥>粉煤灰水泥。水泥细度越细,混凝土的收缩越大,特别是早期收缩与水泥的细度关系更大。

水泥用量和用水量与混凝土中水泥胶体量、混凝土孔隙和毛细孔的数量直接有关。水泥用量越多,混凝土的收缩越大。

(3) 骨料质量

骨料在混凝土中收缩较小,但骨料质量对混凝土的收缩影响较大。通过试验和分析可知提高骨料质量的根本目标在于减少混凝土中水泥胶体总量。

砂的细度对混凝土裂缝的影响是众所周知的,试验发现,在混凝土配合比相同的情况下,用细度模数2.0和2.6的砂配制的混凝土其强度相差约10%,混凝土配制强度越低越明显。究其原因主要是砂越细,其表面积越大,需要越多的水泥等胶凝材料包裹,由此带来水泥用量和用水量的增加。试验也证明,砂的细度对混凝土强度有一定影响,过细或过粗砂都会影响混凝土强度,而要保证一定的混凝土强度,就要增加水泥用量和用水量,这对控制混凝土裂缝不利。

粗骨料的级配对混凝土收缩影响较大,当采用较小粒径的骨料,或采用针片状含量较多的骨料,因其比表面积较大,生产混凝土时需要较多的水泥胶体包裹粗骨料,所以水泥用量和用水量较大。同样当颗粒级配较差时,粗骨料中的空隙较多,混凝土需要较多的细骨料和水泥胶体填充,所以水泥用量和用水量也较大,从而使混凝土的收缩也相应增大。因此,应该通过合理地选用粗骨料的级配和粒径,减小粗骨料间的空隙率。

混凝土中粗骨料的用量对混凝土的收缩影响较大,粗骨料的用量越多,水泥等胶凝材料用量就越少,混凝土的收缩也越小。因此,应该通过合理地选用粗骨料的级配和粒径,减小粗骨料的空隙率,在达到相同强度的情况下,可减少水泥用量,对减小混凝土收缩、控制混凝土裂缝具有重要意义。

(4) 外加剂

在混凝土中掺入外加剂可减少用水量和水泥用量,从而保证混凝土强度和坍落度基本相同的条件下,减小混凝土收缩。同时试验表明使用不同品种的外加剂,减水效果不同,混凝土的收缩是不同的,相差可达 30%。

(5) 掺合料

混凝土掺合料对混凝土裂缝的影响比较复杂,理论和试验都证明,在混凝土中合理地使用掺合料能使掺合料与水泥水化产物氢氧化钙发生二次水化反应,且反应生成的胶体能填充混凝土中的孔隙和毛细孔,并能阻断毛细孔,使混凝土更致密,这对减小混凝土收缩有利。同时也能降低因化学收缩而产生的混凝土收缩。试验发现,与不掺粉煤灰相比,当混凝土中粉煤灰掺量在 15%时可减少早期收缩(7 天收缩)。此外,在混凝土中合理地掺加一定数量的矿物掺合料(粉煤灰、矿渣微粉等),能增加混凝土的和易性、降低混凝土的泌水性、提高混凝土的泵送性能、减少水泥用量。

然而,一旦使用不当,或由于施工现场条件的限制,因掺合料使用不当(包括混凝土的生产和混凝土的浇筑、养护)而造成现浇混凝土楼板裂缝的事例发生过多起。掺合料对控制混凝土裂缝不利的影响主要表现在:

1) 混凝土早期强度低,容易因施工荷载而产生裂缝

在混凝土中过量使用掺合料以后,混凝土的早期强度增长速度较慢,3 天劈拉和 3 天轴压强度较低,后期强度增长速度较快,这是因为由于混凝土掺合料取代了部分水泥,使混凝土早期水化反应速度较慢,混凝土早期强度低,容易因施工荷载作用而产生裂缝。

2) 容易产生混凝土表面裂缝

由于粉煤灰等掺合料的相对密度较水泥小,在浇筑振捣时这些相对密度较小的掺合料容易上浮在混凝土的上表面,而水泥含量相对较少。当混凝土在干燥过程中,随着水分的蒸发,混凝土产生塑性收缩,由此在混凝土内部产生张拉应力,而由于使用掺合料的混凝土此时表面混凝土抗拉强度较低,因此更容易产生混凝土表面裂缝。

3) 对混凝土中毛细孔的影响

当混凝土中使用粉煤灰时,由于粉煤灰的胶凝效率小于水泥,因此通常采用超量取代法,每 1kg 水泥需要大于 1kg 的粉煤灰来取代,这使混凝土中胶凝材料总量增加,毛细孔的

数量会相应增多；同样，当混凝土中使用矿渣微粉时，尽管因矿渣微粉的胶凝效率较高，可以采用等量取代法，但因矿渣微粉的细度较水泥细，比表面积较大，同样会增加混凝土中毛细孔的数量。这时，如果二次水化反应充分，则二次水化反应生成的胶体能填充混凝土中的孔隙和毛细孔，阻止毛细孔相贯通，能减少混凝土中的空隙和毛细孔。但是，如果不能合理、正确使用掺合料，则混凝土中毛细孔数量会增多。特别是矿渣微粉，如果使用不当，还会增加泌水，促使毛细孔的相贯通。

4）养护要求提高

对于使用掺合料的混凝土，为了能使混凝土在较长时间内进行水化反应、避免混凝土表面水分蒸发过快和保证掺合料能充分地与水泥水化产物氢氧化钙发生二次水化反应，对混凝土的养护要求提高。这个要求表现为第一，早期养护时不得有荷载，以满足使用掺合料的混凝土早期强度低的特点要求。第二，保持更长时间的混凝土湿润养护，以满足二次水化反应的需要。

**3. 现浇混凝土楼板裂缝控制措施**

现浇混凝土楼板裂缝产生的原因是多方面的，就混凝土本身来讲，根据现浇混凝土楼板裂缝产生的原因和影响因素，可以发现控制现浇混凝土楼板裂缝可从减小混凝土收缩和提高混凝土抗拉强度两个方面着手。

通过研究和试验，在充分调研、综合有关专家意见的基础上，结合目前混凝土技术、原材料供应、混凝土生产和施工实际情况，可采取以下几项措施控制现浇楼板混凝土裂缝。

(1) 严格控制混凝土用水量

通过合理的混凝土配合比设计、提高砂石质量、降低砂率、减小混凝土坍落度和采用适合的外加剂等措施，降低混凝土的用水量。建议现浇楼板混凝土的最大用水量宜控制在每立方米 180kg 以下，最多不超过 180kg。

(2) 严格控制混凝土坍落度

混凝土坍落度直接影响混凝土的用水量，适当降低混凝土坍落度对减小混凝土的收缩、控制混凝土裂缝是有利的，且是完全可行的。建议泵送高度 50m 以下的，混凝土坍落度不超过 120±30mm，泵送高 50m 与 100m 之间的，混凝土坍落度不超过 150±30mm，泵送高度大于 100m 的，混凝土坍落度可根据实际情况作适当调整。

(3) 提高骨料(砂、石)质量，增加粗骨料数量

提高骨料质量，增加粗骨料数量，适当降低砂率有利于减小混凝土的收缩，其中提高骨料质量是基础。合理选用粗骨料的粒径和颗粒级配，可以降低粗骨料的空隙率，减少砂浆的数量，对降低砂率、减少水泥等胶凝材料的用量具有重要作用。建议混凝土的砂率宜控制在 40%以内，每立方米混凝土粗骨料的用量不少于 1000kg，禁止使用细砂。

(4) 合理选用外加剂

混凝土应选用减水率高，坍落度损失小，对混凝土收缩影响较小的外加剂。

(5) 控制混凝土掺合料掺量

根据目前本市预拌混凝土用水泥的矿物组分、掺合料的性能和质量，以及预拌混凝土的生产技术、管理水平和施工实际情况，应合理选用混凝土的掺合料及其掺量，混凝土掺合料的使用应综合考虑，其中包括所使用水泥的矿物组分、施工工期对混凝土早期强度的要求、工程养护条件、工程实施条件下混凝土的收缩等。

(6) 采取适当措施增加混凝土的抗拉强度

当工程需要时,可通过添加纤维等措施增加混凝土的抗拉强度,控制混凝土的裂缝。

**4. 结束语**

本文分析了现浇混凝土楼板裂缝产生的原因和影响现浇混凝土楼板裂缝的主要因素,并提出了现浇混凝土楼板裂缝控制的措施,这些措施具有理论依据,且又充分考虑到目前预拌混凝土生产和施工的实际情况,可操作性强,这些措施的实施将为有效的控制现浇混凝土楼板裂缝起到积极作用。

# 第四章　工程检测技术

# 1. 加强诚信建设是检测行业服务和行业自律的重要抓手

上海市建设工程质量检测中心　韩跃红

**1. 概述**

行业服务是行业协会的基本职能，而全面提升全行业的诚信水平，从而提高会员单位的资源利用率、降低会员单位的经营成本就是当前乃至相当长一个时期内行业协会能为行业提供的最有价值的服务之一。行业自律工作是行业协会众多事务性的工作中的一项重要工作，行业自律工作就是通过制定行业自律规范，对违规的会员单位采取必要的惩戒措施，使会员能够遵纪守法、诚实守信。因此，我们认为，加强诚信建设是行业协会履行行业服务和行业自律职能的重要抓手。

按照市委、市政府确定的"建立面向个人和社会，覆盖社会经济生活各个方面的社会诚信体系，营造诚实守信的社会经济环境"的总目标，上海市建设工程检测行业协会从2002年4月成立至今，重视开展行业诚信建设活动，高起点地建设行业的诚信体系，把加强行业自律工作、建立行业诚信体系、树立行业诚信形象、确保行业健康发展作为自己义不容辞的责任，把推进行业诚信建设作为当前履行行业服务和行业自律职能的最主要的抓手来抓。

**2. 建设工程检测行业诚信体系建设的基本情况**

建设工程检测行业是对社会出具建设工程公证性检测数据的行业，这些数据事关工程的安全和质量，是评价工程优劣的重要依据。检测单位所从事的检测工作是保证工程安全质量的重要措施，贯穿与工程建设的每一个环节，是建设工程安全质量监督的基础性工作。检测工作的本质和其服务的特性，决定了检测单位必须以诚信作为安身立命之本和拓展业务之源，检测单位理应成为建设工程安全质量的忠诚卫士。

但从全国各地的形势看，目前建设工程检测行业诚信体系建设情况不容乐观。说句不过分的话，有相当一部分检测单位在承接业务的过程中，唯经济利益是从，缺乏最起码的职业道德和职业良心，被人戏称为"造假机构"。检测行业最最关键的资源恰恰就是诚信，诚信的缺失将会给行业的发展带来危机，这也是我们行业协会目前面临的困难和挑战。

从政府部门披露的情况看，近几年来不断有检测单位因出假报告及其他严重问题而被主管部门查处，其中有几家还有相当的社会知名度，这些丑闻已经给整个行业打下了诚信缺失的深深烙印。

面对行业中存在的这一问题，我们协会在会员单位中作了了解。现实的情况是，日趋激烈的市场竞争，使部分检测单位为了求得生存，追求更大的利益，不惜采取了种种不正当竞争行为，扰乱了市场秩序。换句话讲，恶性竞争已经给整个行业带来了诚信危机。

**3. 建立行业诚信体系的重大意义**

建立行业诚信体系是全社会的要求。建设工程检测行业的诚信建设事关上海的城市建设和改革开放的大局，事关"百年大计"的安危，事关人民生命和财产的安危。把好检测关，就是从源头上为工程安全质量提供健康的"细胞""血肉""躯体"，从而不给建设工程留下安全质量隐患。建立行业的诚信机制，已是刻不容缓。

建立行业诚信体系是行业自身的需求。尽管检测行业存在着虚报数据、压价作假、盲目盖章等种种欺骗行为，但应该看到，大部分检测单位是具有职业道德、遵守职业操守的，但个别企业和人员的不良行为，确实已经使整个行业产生了诚信危机，影响到了行业在社会上的形象。所以，广大检测单位都迫切希望协会能在行业的诚信建设中有所作为，维护和建立行业的信誉。

建立行业诚信体系是规范建筑市场的需要。随着城市建设的推进和深入，建筑市场也日趋规范化和法制化。检测单位根据客户的要求出具虚假检测报告，从表面上看，是降低了客户的管理成本，为企业争得了一时之利。但从长远看，却是提高了我们城市的商务成本和管理成本。因为这种违规，不仅会给建设工程留下安全质量隐患，还破坏了正在走向规范化的建筑市场，扰乱了正常的市场秩序。

**4. 建立行业诚信体系的总体构想及具体做法**

在 2003 年 4 月 10 日的首次会员代表大会上，理事会的首次工作报告就明确提出要探索建立行业自律机制，制定切实可行的行规，坚决制止和杜绝检测工作中任何弄虚作假行为。在今年 4 月 22 日召开的第二次会员代表大会上，理事会的工作报告更明确提出抓好行业自律工作是今年全部工作的重中之重，要求近期必须在措施上有重大突破。

根据行业的特点，协会确定了抓好行业诚信建设工作"主动出击、积极参与"的工作方针，即凡是本会职责范围内的工作，要迎难而上，主动出击；凡是主管部门开展的与本行业规范管理有关的工作，要直面难题，积极参与。根据本市社会诚信体系建设"四个三"的总体设想，协会确定了以推动和实现检测单位诚信、检测人员诚信和检测行为诚信、经营行为诚信为建设行业诚信体系主要的内容和主要目标。为此，我们开展了并计划开展以下几方面的工作：

(一) 通过制定行业诚信公约、开展行业评优，实现行规、道德和价值三个取向互动，形成"一处失信、处处制约；处处守信、事事方便"的健康局面

(1) 制定行业诚信公约

因之一。造成主管部门惩戒措施乏力的原因可能是多方面的，但缺乏相应的法律法规依据无疑是其中最主要的原因。在这方面，行业协会的灵活度相对来说要大一点，因为行业协会可以根据行业的特点和需要，按照规定的程序制定相应的行业规范，在不违背法律的前提下，对会员的各种违规行为的处罚作出明确的规定。

出于对本协会的信任和支持，协会成立时有关主管部门即将企业内部试验室行业准入评估工作和建设工程检测人员岗位证书核发工作委托给本会承担，为此协会制定了《上海市建筑建材业企业内部试验室能力评估规范》(SCETIA 101)，在《规范》中专门制定了诚信条款，并规定对违反该条款的试验室，协会将对其撤销评估，被撤销评估的试验室不得出具检测报告；对违反该条款的检测人员，将吊销其岗位资格证书，并且今后不再受理其重新获得资格证书的申请。

但是，《上海市建筑建材业企业内部试验室能力评估规范》只对企业内部试验室有效，对

于构成行业主体的对外检测单位是没有约束力的，并且由于没有主管部门相应的委托，协会也不能对其制定类似企业内部试验室的行业规范。当然，无论是企业内部试验室所在单位还是对外检测单位，都是协会的会员单位，都必须遵守行业公约。因此，制定行业诚信公约是将协会推进诚信建设的措施覆盖全部会员单位的必要手段，也是体现协会自身诚信的重要举措。协会目前正在深入开展调查研究工作，为制订行业诚信公约做准备。我们相信，只要坚持公平公正的原则，敢抓敢管，行业协会对行业的诚信建设一定可以起到相当的影响力。

(2) 打造检测行业的诚信形象

近年来，有关行业的诚信评比越来越多，可见社会对诚信的需求是越来越迫切了。在加大对失信者的惩戒力度的同时，我们发现，社会需要典型和榜样。就像建筑工程"白玉兰"奖的评比推动了上海建设工程质量的整体提高、文明施工使建筑工地成为上海的一道风景线一样，检测行业也需要"明星"或者说"榜样"。

为此，我们将在年内进行行业的诚信评比，对佼佼者实行部分政策倾斜或者说重点推荐，把重点工程、重大工程交给诚信的检测机构做检测，岂不是政府放心、人民安心的好事吗？因此，我们要在大力服务会员单位、推进诚信建设的同时，还要为我们自己的"明星"摇旗呐喊，呼吁全社会都来褒扬这样的诚信企业。

处理树立行业典型外，我们还将在部分专业中实行行业评估，让每一个单位都清楚自己在本行业的位置，以提高服务质量和检测水平。为此，我们设想将在基桩、室内环境两个专业中试行。同时，6 月 18 日，我们行业的结构材料检测、装饰装修材料检测、室内环境检测、钢结构检测和基桩检测 5 个专家委员会已正式成立。这些专家委员会的成立，为行业评估奠定了基础。

(二) 通过建立行业信用档案管理制度，使信用的记录、使用和惩戒三个环节环环相扣

协会于去年发布了《关于建立会员单位和检测人员信用档案的通知》和《上海市建设工程检测行业协会会员信用档案管理办法》，初步建立了行业信用档案管理制度。

根据上述文件的规定，协会对经主管部门和协会认定的会员单位及其检测人员的不良记录，在本行业协会网站及会刊上公布，并载入协会的信用档案数据库；信用记录将与本行业年度检测工作业绩考评与检测人员资格注册工作相结合，并将作为会员单位资质审批的依据。目前，已有 13 条良好记录和 12 条不良记录收入了协会信用档案。这些信息都在协会网站上对社会公开，对会员单位的触动是比较大的，尤其是有不良记录的企业，压力都很大；而有不良记录的个人，将对其检测职业生涯产生致命的影响，现在就有极少数的个人被"清出"检测队伍。

(三) 通过建立行业信息管理系统，从技术上给弄虚作假者设置最大的障碍

研究造成目前本市建设工程检测行业诚信缺失的原因，其中重要的一点是缺少有效的监管手段。众所周知，检测数据弄虚作假，是本行业最大的失信，而怎样保证检测数据的科学、公正，一直没有很好的办法。

在目前全社会诚信观念还较为淡薄的情况下，要有效抑制检测数据弄虚作假现象，采取技术性强制手段还是必需的。为此，协会秘书处于 2003 年 4 月 16 日召开的一届二次理事会上提出了关于建立"上海市建设工程检测行业信息管理系统"的提案，希望通过网络和计算机技术，给弄虚作假者设置最大的障碍，确保检测数据及其他检测信息不被恶意修改，该提案获得了与会理事的一致通过。

建立行业信息管理，就是要把遍布全市的检测机构的检测数据，传送到协会数据库，每一个检测数据的修改操作都将记录在案。这种方法与检测数据自动采集及其他手段相结合，使弄虚作假者无法明目张胆地擅自修改数据。

行业信息管理系统的建立，从根本上提高了统计工作的质量，实现了统计的实时性。行业协会理应成为行业统计数据的权威提供者，而工程及建材质量统计工作的实时性显得尤为重要。

信息管理系统能实时接收各试验室传来的检测数据并对其进行计算与分析，按需生成分类明细的不合格报表，为工程、建材质量监督及其他有关机构及时提供准确全面的质量信息，实现了从现场到市场到管理的真正联动，为整个建筑业提高管理效率、降低管理成本作了有益的尝试，也从各个源头把好建设工程安全质量关。

为完成行业信息管理系统的建设，整个行业将要一次性投入数百万元的资金，每年还要花费数十万元的运行费用，其中协会今年就要一次性投入 50 万元，每年的运行维护费用也要 10 万元以上。面对如此巨大的费用，协会理事会还是全票同意建立行业信息系统，并要求秘书处抓紧抓好落实工作，足见行业内的广大有识之士对弄虚作假行业的深恶痛绝，也足见协会的这项工作是切中时弊、符合绝大多数会员单位根本利益的，行业协会在维护行业根本利益、推动行业诚信建设方面是大有作为的。

当然，要将行业信息管理系统覆盖全部会员单位，没有主管部门的支持和协助推进是很难实现的。所幸的是，这项工作从一开始就得到了市建委、市建筑建材业办公室的支持，为此，我们将抓紧相关对策的研究和与主管部门的沟通，使行业信息管理系统真正成为建设工程检测行业的诚信警戒平台和建设工程质量的预警平台。

作为以检测单位为主体会员的行业协会，我们的工作与建设工程的参与各方都有千丝万缕的关系。检测工作是贯穿于建设工程的各个环节，有很多是在隐蔽工程部分，有很多是事后无法弥补的，因此我们呼吁全社会都来重视建设工程检测工作，同时急切盼望相关配套法规和政策的出台，使主管部门的执法有更明确详细的依据，使处罚更具威慑力，使法规取向在诚信体系建设中起到应有的主导作用。

我们的工作还不断地得到有关政府职能部门的支持，如市建筑材料质量监督站要求本协会参与水泥、预拌混凝土、管道、建筑门窗等产品及检测机构质量诚信评比工作，并负责上海市建材检测机构《质量诚信手册》的记录。自去年下半年开始，在市建筑材料质量监督站的推动下，混凝土协会和水泥协会分别开展了商品混凝土企业和水泥企业质量诚信评比活动，本会作为评比工作小组组成单位之一，也参加了上述评比活动。今后各建材类行业协会都将进行类似的质量诚信评比活动，我们一定配合有关协会做好工作，共同推动本市建材生产企业质量诚信建设。

现在，整个社会都在呼唤诚信，而诚信要从每一个行业、每一个企业、每一个个人做起。从某种意义上说，诚信工作做好了，市场经济也就基本有序了。为了这样一个美好的明天，我们愿意与所有的人一起，把诚信进行到底。

# 2. 光触媒在室内环境污染治理中的应用

上海市建设工程质量检测中心宝山检测分中心　郭　丽

**1. 前言**

近年来，随着我国住房制度改革和人民生活水平的不断提高，住宅室内装饰装修已经成为人们改善和提高生活质量的重要组成部分。同时，社会各方面对室内环境污染的呼声越来越高，迫切需要规范民用建筑工程室内环境污染控制的管理。

2001.11.26 建设部批准发布 GB 50325—2001《民用建筑工程室内环境污染控制规范》，其中规定了从工程勘察设计，施工阶段的材料控制以及施工验收全过程的控制内容。

2002.06.28 上海市发布沪建建管（2002）第 077 号文“关于执行建设部《关于加强建筑工程室内环境质量管理的若干意见》的通知”。

077 号文中规定：

（1）自 2002.08.01 起，全装修住宅必须按《规范》进行验收。

（2）自 2002.11.01 起，医院、饭店、宾馆等民用建筑工程及装饰装修工程必须按《规范》进行验收。

（3）自 2003.02.01 起，所有民用建筑工程必须按《规范》进行验收。

（4）自 2003.03.01 起，所有民用建筑工程必须按《规范》进行材料进场检验。

从 2004.03.15 起，新的《上海市住宅装饰装修验收标准》将正式实施，新标准的一大特点便是首次把室内空气质量列入装修验收项目。

综上所述，认识室内环境污染对身体健康所构成的威胁，监督控制造成室内环境污染的各个环节，运用科学先进的检测技术，以及掌握如何治理室内环境污染方法都是十分必要和迫切的。

**2. 室内环境污染物的主要来源和危害性**

（1）造成“室内环境污染”的主要来源

放射性指标（氡）——无机非金属建筑材料（砂、石、砖、水泥、混凝土、预制构件等）；

——无机非金属装修材料（石材、卫生陶瓷、石膏板、吊顶材料等）。

游离甲醛——人造木板、饰面人造木板及水性涂料、水性胶粘剂、水性处理剂。

TVOC——水性涂料、水性胶粘剂、水性处理剂。

苯——溶剂型涂料、溶剂型胶粘剂等。

氨——涂料及木板。

（2）室内环境污染物对人身体健康的危害

氡：氡对人体的辐射伤害占人体所受到全部环境辐射中的 55%以上，对人体健康危害极大，其发病潜伏期大多都在 15 年以上，氡被国际癌症研究机构列入室内重要致癌物质，氡与肺癌发生有密切的关系。它存在于建筑水泥、矿渣砖和装饰石材以及土壤中。

甲醛：甲醛对皮肤和黏膜有强烈的刺激作用，甲醛对人体健康的影响主要表现在嗅觉异常、皮肤刺激、过敏、肺功能异常、肝功能异常以及免疫功能异常等方面，动物测试表明甲醛可以致癌，它主要来源于人造木板，有些人造石材板3～5年后仍能散发出甲醛。

氨：轻者出现咽喉炎、嗓音嘶哑、咳嗽、咳痰等；眼结膜、鼻黏膜，咽部充血、水肿；胸部X射线症符合支气管炎或支气管周围炎。室内氨气主要来源于混凝土防冻剂。

苯系物和TVOC：如苯、甲苯和二甲苯。存在于油漆胶、粘剂以及各种内墙涂料中。它会引起头晕、胸闷、恶心、呕吐等症状。苯于1993年被世界卫生组织确定为致癌物，苯的健康效应表现在血液中毒、遗传毒性和致癌毒性三个方面。

**3. 光触媒的组成及性能**

本文中所指Sunti光触媒的主要原材料为超微粒的二氧化钛（titaniumoxide，$TiO_2$）。

二氧化钛又名氧化钛或钛白，化学式为$TiO_2$，俗称钛白粉。是应用最广、用量最大的一种白色颜料。其产量占有全球颜料总产量的70%，二氧化钛原本就与人类的生活息息相关，二氧化钛是不溶于水的白色固体，它具无毒的特性，故应用的层面相当广泛。二氧化钛常以锐钛矿（anatase，Atupe）、金红石（rutile，Rtupe）及板钛矿（brookite）三种结晶组态存在自然界中，其中锐钛矿及金红石结构最广为被使用。

一般被使用在颜料上的钛白粉及抗UV的化妆品的二氧化钛为锐钛矿或是锐钛矿与金红石掺杂的结构，而作为光触媒材料的二氧化钛则为锐钛矿结构，二氧化钛的化学稳定是相当高，除热浓硫酸之外，其他溶剂（如水、有机溶剂）均难以溶解，二氧化钛于室温时为绝缘体，高温时具有少许之导电度，当经近紫外光照射时会诱发半导体的导电度，因此具有强大的氧化还原能力、高化学稳定度及无毒的特性。

超微粒是指尺寸在0.1到100nm之间的材料结构，纳米的数字符号为nm，一纳米为十亿分之一公尺，相当于三到四个原子串联起来的长度，若以一公尺比为地球直径，一纳米大约为一个玻璃珠直径。

二氧化钛光触媒本身近似天然物质，其化学稳定性非常高，对人体无毒无害，被太阳或灯光照射可产生游离电子及空穴，便有极强氧化作用的活性氧发生，因而具有很强的光氧化还原功能。

**4. 光触媒的作用原理**

光触媒是一种催化剂，用于降低化学反应能量，促使化学反应加快速度，但其本身却不因化学反应而产生变化或破坏其本体结构。

光触媒顾名思义即是以大自然太阳光或照明光源特定波长光源的能量，作为化学反应能量源，利用二氧化钛作为触媒催化物，加速大气中物质的氧化还原反应，使周围之氧气及水分子激发成极具活性的$-OH$及$O_2^-$自由离子基，这些氧化力极强的自由基几乎可分解所有对人体或环境有害的有机物质及部分无机物质，使非稳定及有害物质迅速氧化分解反应而再还原结合为稳定且无害物质，以达到净化大气之功用。

当波长小于400nm之紫外光照射在二氧化钛超微粒时，在价电的电子被紫外线的能量激发而跳升至传导，同时在价电产生正电之电洞，而形成一组电子电洞对（electronhole pair），其反应时间仅数微秒（$\mu$sec）。在二氧化钛表面进行光催化反应可分为下列几个步骤：

（1）反应物、氧气及水分子吸附于二氧化钛表面；

（2）经紫外线光照射后，二氧化钛产生电子及电洞；

（3）电子和电洞被捕捉而分存在二氧化钛表面；

（4）电子电洞与氧及水分子形成氢氧自由基；

（5）氢氧自由基与反应物进行氧化反应；

光触媒是一种白色牛奶状的液体，主要成分是二氧化钛，使用时需专用喷枪连接高压气泵将该液体喷涂在墙面或家具表面，光触媒为速干型，喷涂 3 天后即在物体表面形成一层 4H 铅笔的硬度、无色透明的涂膜，抗划性和耐磨性相当好，除非用刀去刮，否则不会脱落，可以永久性的附在物体表面，当光线照射在涂膜表面时光触媒通过光合作用，将空气中的有害气体（甲醛、苯、氨、TVOC 等）分解成无害的二氧化碳和水，随空气流通排出室外，达到净化室内空气的效果，只要有光照，上述分解反应不断进行，一次施工，永久性解决室内的空气污染，是当前国际上治理室内环境污染最理想的材料。

光触媒反应原理图见图 4-1：

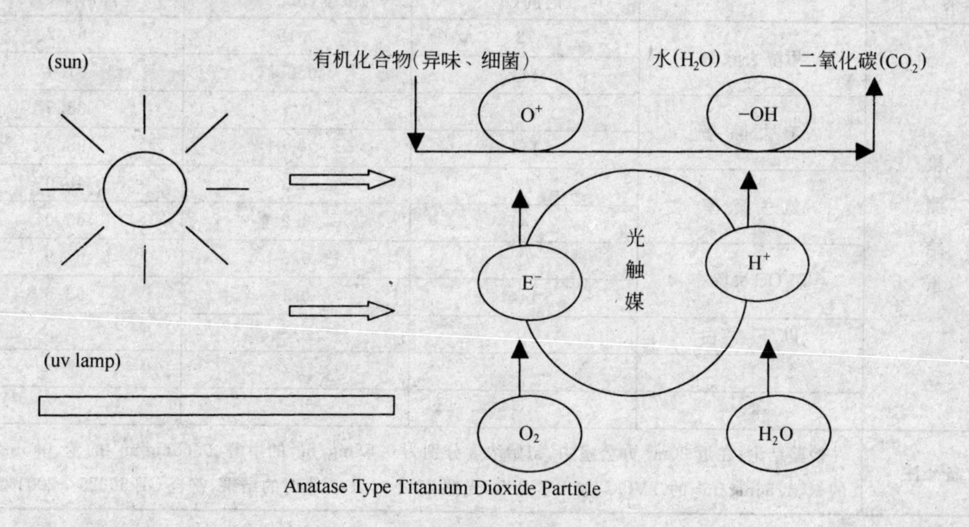


图 4-1　光触媒反应原理图

**5. 光触媒在室内环境污染治理中的试验数据**（表 4-1、表 4-2）

**检 测 报 告（一）**

宝山分中心室内环境第 2003109 号　　　　**表 4-1**

| 项目<br>内容 | 检测项目 | 测试结果 | | |
|---|---|---|---|---|
| | | 时间(h) | 浓度($mg/m^3$) | 降解率(%) |
| 检测结果 | 甲醛去除率 | 0 | 0.65 | 0 |
| | | 144 | 0.03 | 95.4 |
| | 苯去除率 | 0 | 0.6 | 0 |
| | | 144 | <0.01 | 83.3 |
| | 氨去除率 | 0 | 0.1 | 0 |
| | | 144 | 0.1 | 0 |
| | TVOC 去除率 | 0 | 1.5 | 0 |
| | | 144 | 0.1 | 93.3 |
| | 以下空白 | | | |
| | | | | |
| | | | | |

续表

| 项目 / 内容 | 检测项目 | 测试结果 | | |
|---|---|---|---|---|
| | | 时间(h) | 浓度(mg/m³) | 降解率(%) |
| 备　注 | 检验结论：在近 15m³ 办公室中，初始浓度分别为 0.65mg/m³ 的甲醛、0.6mg/m³ 的苯、1.5mg/m³ 的 TVOC，加入本品后，光照 144 小时，浓度分别降至甲醛 0.03mg/m³、苯 0.01mg/m³ 的、TVOC0.1mg/m³，符合 GB 50325—2001 要求。 | | | |

**检测报告（二）**

宝山分中心室内环境第 2003138 号　　　　**表 4-2**

| 项目 / 内容 | 检测项目 | 测试结果 | | |
|---|---|---|---|---|
| | | 时间(h) | 浓度(mg/m³) | 降解率(%) |
| 检测结果 | 甲醛去除率 | 72 | 0.19 | 67.2 |
| | | 144 | 0.05 | 91.4 |
| | 苯去除率 | 72 | 0.4 | 38.5 |
| | | 144 | <0.01 | 98.5 |
| | 氨去除率 | 72 | 0.3 | 40.0 |
| | | 144 | 0.2 | 60.0 |
| | TVOC 去除率 | 72 | 0.5 | 67.9 |
| | | 144 | 0.1 | 93.6 |
| | 以下空白 | | | |
| | | | | |
| | | | | |
| 备　注 | 检验结论：在近 20m³ 办公室中，初始浓度分别为 0.58mg/m³ 的甲醛、0.65mg/m³ 的苯、0.5mg/m³ 的氨、1.56mg/m³ 的 TVOC，加入本品后，光照 72 小时、144 小时的结果，符合 GB 50325—2001 要求。 | | | |

**6. 结论**

(1) 光触媒对室内环境污染物甲醛、苯、氨、TVOC 的去除效果是显著的；

(2) 光触媒的效果是永久性的，这种特性就像铁会导电，但本身并不发电，因此本身不会消耗也不影响其所附着的表面；

(3) SuntiI 光触媒是一种涂料，经过特殊的速干特性及喷涂工法附着在壁面或其他物体表面上，于喷后 10～14 天才会达到它的最大硬度(铅笔硬度 4H)；

(4) 光触媒的原料二氧化钛是一种两性氧化物，不溶于水，且具有抗酸碱性，pH 值在 3～13之间的酸碱溶液，都无法伤害光触媒涂层表面；

(5) 光触媒必须经受光照催化才能产生反应，所以必须始终维持在表面上，一旦被覆盖便无法发挥效果，如重新粉刷、(或更换)壁纸，瓷砖等；

(6) 光触媒对室内环境污染物甲醛、苯、氨、TVOC 的去除效果与光照时间的长短成正比例。

# 3. 靛酚蓝分光光度法测定空气中氨含量的实践

上海市建设工程质量检测中心杨浦区分中心　谢林灵　王　喆

**摘要：**氨是室内空气主要污染物之一，本文简要叙述了氨对人和环境造成的危害性和来源，并用靛酚蓝分光光度法测定室内空气中的氨浓度，并对实验中的干扰因素、最佳测定条件、检测范围、精密度及回收率进行了初步分析研究。

**关键词：**靛酚蓝分光光度法、氨、室内空气污染物。

**1. 前言**

氨是一种有刺激性气味的气体，熔点是−77.7℃，沸点−33.5℃，易被液化成无色液体，易溶于水，乙醇和乙醚。氨气可通过皮肤及呼吸道引起中毒。因氨气极易溶于水，对咽喉，上呼吸道作用快，刺激性强，轻者引起充血和分泌物增多进而可引起肺水肿，长时间接触低浓度氨，可引起喉炎，声音嘶哑，重者可发生喉头水肿，喉痉挛而引起窒息，也可出现呼吸困难，肺水肿昏迷和休克。

室内空气中的氨，主要来自建筑施工中使用的混凝土外加剂和室内装饰材料如涂饰用的添加剂和增白剂以及木材用的阻燃剂，为了防治氨污染，应严禁使用含有氨水，尿素硝铵等可挥发氨气的材料。消除室内空气污染，最有效的方式是通风换气，可采用室内空气净化器和空气换气装置，保持室内空气的净化。

本文主要介绍了空气中污染物之一的氨的危害，并通过实验对用靛酚蓝分光光度法测定空气中氨含量做了分析讨论。

**2. 实验背景**

据了解，许多民用和商用建筑，室内的空气污染程度是室外空气污染的2倍至5倍，有的甚至超过100倍。大气污染、建筑材料污染、各种现代家电与办公器材污染，已成为人们办公和家居的一大杀手。而一般居民很难知道自己家或办公室的环境污染程度。《民用建筑工程室内环境污染控制规范》(GB 50325—2001)由建设部于2001年11月26日颁布，2002年1月1日执行。该规范对室内空气中氨、甲醛、苯、氡和挥发性有机物5种污染物的浓度进行控制，并规定民用建筑工程验收时，必须进行室内环境质量的检测，检测结果全部符合可判定该工程室内环境质量合格，不合格的严禁投入使用。

所以室内环境监测在民用建筑工程验收时是很重要的。中心将根据国家有关标准，对室内空气中氨、甲醛、苯、氡、挥发性有机物5种污染物的浓度进行检测。

**3. 实验部分**

(1) 实验原理

空气中的氨吸收在稀硫酸中，在亚硝基铁氰化钠及次氯酸钠存在下，与水杨酸生成蓝绿色的靛酚蓝染料，根据着色深浅，比色定量。

(2) 主要仪器与试剂

7230G 型分光光度计(上海分析仪器厂)。

所用试剂均为分析纯，水为无氨蒸馏水。溶液配制如下：

1) 吸收液[$c(H_2SO_4)=0.005mol/L$]：量取 2.8mL 浓硫酸加入水中，稀释至 1L；临用时再稀释 10 倍。

2) 水杨酸溶液(50g/L)：称取 10.0g 水杨酸和 10.0g 柠檬酸钠，加水约 50mL，再加 2mol/L 氢氧化钠 55mL，用水稀释至 200mL。此试剂稍有黄色，室温下可稳定一个月。

3) 亚硝基铁氰化钠(10g/L)：称取 1.0g 亚硝基铁氰化钠，溶于 100mL 水中。贮于冰箱可稳定一个月。

4) 氢氧化钠溶液(2mol/L)：称取 80g 氢氧化钠，溶于水中，稀释至 1L。

5) 次氯酸钠(0.05mol/L)：取 1mL 次氯酸钠原液，用 2mol/L 氢氧化钠稀释成 0.05mol/L。贮于冰箱中可保存二个月。

6) 氨标准溶液的配制：

标准储备液：称取 0.3142g 经 105℃ 干燥 1h 的氯化铵，用少量水溶解，移入 100mL 的容量瓶中，用吸收液稀释到刻度，此液 1.00mL 含 1.00mg 氨。

标准工作液：临用时，将标准储备液用吸收液两级稀释成 1.00mL 含 1.00μg 氨。

(3) 标准曲线的绘制

取 10mL 具塞比色管 7 支，按表 4-3 制备标准系列管。在各管中加入 0.50mL 水杨酸溶液，再加 0.10mL 的亚硝基铁氰化钠溶液和 0.10mL 的次氯酸钠溶液，摇匀，静置1h。用 1cm 比色皿，在波长为 697.5nm 处，以水做参比，测定各管溶液的吸光度。以氨含量(μg)为横坐标，吸光度为纵坐标绘制曲线 $y=bx-a$，并计算回归线斜率，标准曲线斜率应为 0.081±0.003 吸光度/μg 氨，以斜率倒数作为样品测定的计算因子 $B_s$(μg/吸光度)。

氨标准系列　　　　表 4-3

| 管　号 | 0 | 1 | 2 | 3 | 4 | 5 | 6 |
|---|---|---|---|---|---|---|---|
| 标准工作液(mL) | 0.00 | 0.50 | 1.00 | 3.00 | 5.00 | 7.00 | 10.00 |
| 吸 收 液 (mL) | 10.00 | 9.50 | 9.00 | 7.00 | 5.00 | 3.00 | 0.00 |
| 氨　含　量(μg) | 0.00 | 0.50 | 1.00 | 3.00 | 5.00 | 7.00 | 10.00 |

(4) 样品测定及其影响因素分析

1) 按标准[2] $NH_4Cl$ 要在 100～105℃ 干燥恒重，使连续两次干燥后的质量差在 0.2mg 以下，称量时速度要快，避免吸水，所以很容易造成标准贮备溶液浓度的误差，影响检测分析结果。而 GB/T 18204.25—2000 要求配置标准贮备液时，需要称量 0.3142g 干燥恒重的 $NH_4Cl$，精确到万分之一，其实在实验室操作过程中是很难达到。

2) 配置水杨酸溶液时，加入柠檬酸钠作为掩蔽剂，主要是消除干扰，与 $Ca^{2+}$、$Mg^{2+}$、$Fe^{3+}$、$Mn^{2+}$、$Al^{3+}$ 等多种阳离子络合，避免最后显色时影响显色结果。加入 NaOH 溶液，主要是使水杨酸溶液变为碱性。然后通过在不同 pH 值条件下对同一样品进行实验测定，见表 4-4。

**pH值对检测的影响** **表 4-4**

| pH 值 | 9.0 | 9.5 | 10.0 | 10.5 | 11.0 | 11.5 | 12.0 | 12.5 | 13.0 | 13.5 |
|---|---|---|---|---|---|---|---|---|---|---|
| 样品+吸收液(mL) | 3+7 | 3+7 | 3+7 | 3+7 | 3+7 | 3+7 | 3+7 | 3+7 | 3+7 | 3+7 |
| 氨含量($\mu$g) | 3 | 3 | 3 | 3 | 3 | 3 | 3 | 3 | 3 | 3 |
| 吸光度 | 0.155 | 0.159 | 0.168 | 0.187 | 0.217 | 0.271 | 0.281 | 0.286 | 0.275 | 0.269 |

由上实验所得图 4-2 可以看出靛酚蓝分光光度法最佳显色的 pH 值为 12 左右。

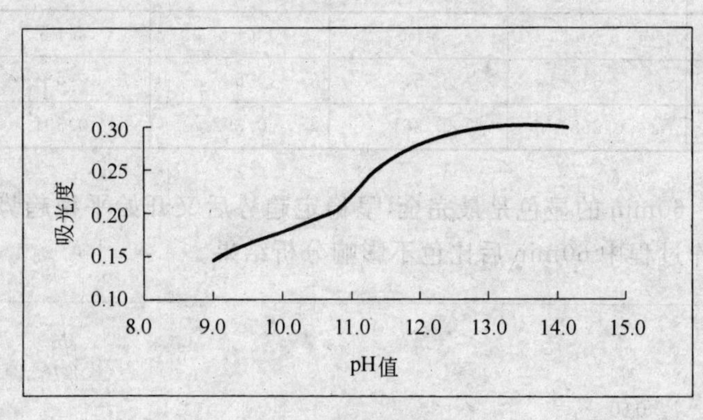


图 4-2 pH 值的影响

3）配置次氯酸钠溶液，用 NaOH 溶液定容主要是使次氯酸钠溶液在碱液中稳定。在整个显色反应过程当中，次氯酸根起主要影响作用。因为次氯酸钠试剂不稳定，见光易分解，应避光贮存。次氯酸钠试剂的不稳定性也影响次氯酸根的浓度，影响分析结果。

4）温度对测定的影响。因为氨吸收在稀硫酸中，在次氯酸钠、亚硝基铁氰化钠存在的条件下，与水杨酸生成蓝绿色的靛酚蓝染料，其着色深浅与温度有一定关系。通过在不同温度下进行平行实验测定，结果见表 4-5。

**温度对检测的影响** **表 4-5**

| 温度（℃） | 16 | 18 | 20 | 22 | 24 | 26 | 28 | 30 |
|---|---|---|---|---|---|---|---|---|
| 样品+吸收液(mL) | 3+7 | 3+7 | 3+7 | 3+7 | 3+7 | 3+7 | 3+7 | 3+7 |
| 氨含量($\mu$g) | 3 | 3 | 3 | 3 | 3 | 3 | 3 | 3 |
| 吸光度 | 0.236 | 0.248 | 0.267 | 0.274 | 0.281 | 0.283 | 0.283 | 0.284 |

由图 4-3 可知，当温度在 24～30℃时，其显色比较完全，呈平稳趋势。所以我们在实际

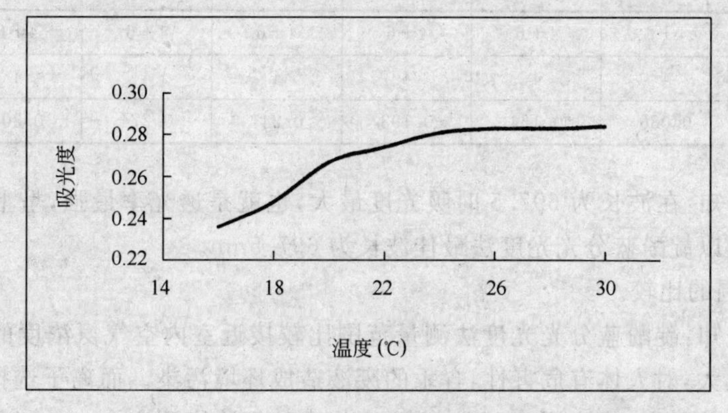


图 4-3 温度的影响

检测实验中温度一般控制在 24～28℃最为合适。

5）显色时间对测定的影响。在一定样品中加入 0.50mL 水杨酸溶液，再加入 0.10mL 亚硝基铁氰化钠溶液及 0.10mL 次氯酸钠溶液，生成蓝绿色的靛酚蓝染料。通过在不同时间进行平行实验测定，结果见表 4-6。

**显色时间的影响** **表 4-6**

| 显色时间(min) | 20 | 40 | 60 | 80 | 100 |
|---|---|---|---|---|---|
| 样品＋吸收液(mL) | 5＋5 | 5＋5 | 5＋5 | 5＋5 | 5＋5 |
| 氨含量(μg) | 5 | 5 | 5 | 5 | 5 |
| 吸光度 | 0.258 | 0.361 | 0.392 | 0.391 | 0.391 |

由图 4-4 可知：60min 的显色是最完全，呈稳定趋势后又开始平稳趋势。所以最佳时间为 60min，实际操作过程中 60min 后比色不影响分析结果。

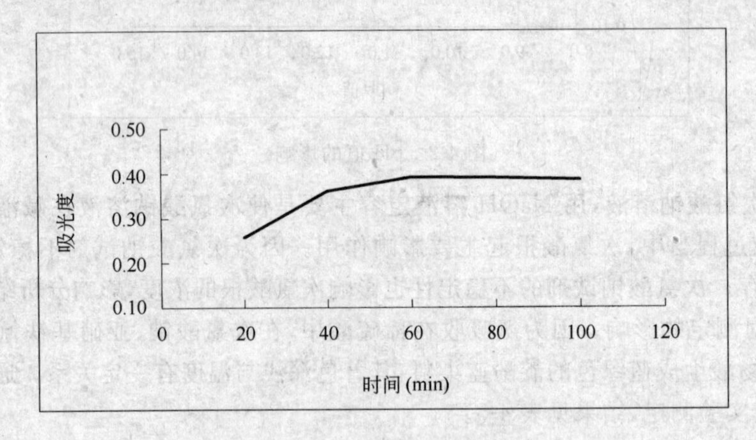


图 4-4 显色时间对检测的影响

6）不同波长条件下对检测的影响。采用可见分光光度计进行检测时，选择适当波长是很关键，选择不干扰的测定波长是很必要的。通过在不同波长下进行实验测定，见表 4-7。

**波长对吸光度的影响** **表 4-7**

| 波长 (nm) | 520 | 550 | 580 | 610 | 640 | 697.5 | 720 |
|---|---|---|---|---|---|---|---|
| 样品＋吸收液(mL) | 4＋6 | 4＋6 | 4＋6 | 4＋6 | 4＋6 | 4＋6 | 4＋6 |
| 氨含量(μg) | 4 | 4 | 4 | 4 | 4 | 4 | 4 |
| 吸光度 | 0.086 | 0.164 | 0.193 | 0.241 | 0.274 | 0.305 | 0.281 |

由图 4-5 可知：在波长为 697.5 时吸光度最大，也就是透光率最强，呈上升趋势后又开始下降趋势。所以靛酚蓝分光光度法最佳波长为 697.5nm。

7）测量范围的比较。

由表 4-8 可知：靛酚蓝分光光度法测量范围比较接近室内空气氨浓度的限量。再则纳氏试剂的毒性很大，对人体有危害性，含汞的废液造成环境污染。而离子选择电极法由于测量范围大的特点，所以一般应用于工业废水、废气中的氨浓度测定。

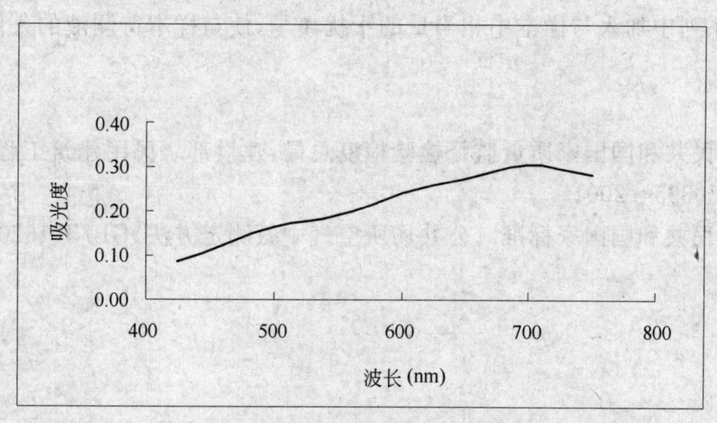


图 4-5　波长对吸光度的影响

检测范围列表　　表 4-8

| | |
|---|---|
| 靛酚蓝分光光度法测量范围 | 0.01～2mg/m³ |
| 纳氏试剂分光光度法测量范围 | 0.4～4mg/m³ |
| 离子选择电子法测量范围 | 0.008～110mg/m³ |

8）靛酚蓝分光光度法的精密度和回收率(表 4-9)。

精密度和回收率　　表 4-9

| 氨含量 μg/ml | 1.0 | 3.0 | 4.0 | 5.0 | 6.0 | 7.0 | 8.0 | 10.0 |
|---|---|---|---|---|---|---|---|---|
| 变异系数 | 3.12 | 3.09 | 2.86 | 2.91 | 2.04 | 1.56 | 1.28 | 1.03 |
| 回收率 | 95.2 | 97.3 | 98.1 | 98.7 | 99.4 | 99.8 | 102.3 | 109.4 |

由表中可知：平均相对偏差为 2.11%，平均回收率为 100%，表明靛酚蓝分光光度法的精密度和准确度是可行的。

**4. 实验结论**

综上所述，靛酚蓝分光光度法检测简单方便，精密度和准确度较高，是目前测定空气中氨含量的最佳方法，也是仲裁法。

**5. 分析实验干扰因素的消除**

分析工作中由样本带来的干扰离子是不可避免的，只是当某些干扰离子的最达到干扰程度时，就必须寻求一些措施排除干扰；从而获得正确的结果，这是分析化学检测中的一大难题。在本检测中常用的有下述几种方法：

(1) 掩蔽：选用一些适合的络合剂与金属离子生成稳定的螯合物，将干扰离子掩蔽起来，从而消除干扰。常用的络合剂有酒石酸盐、柠檬酸盐，其络合能力有限，在靛酚蓝分光光度法中表现得不佳。EDTA 络合能力很强，但加入后溶液不显色或有一个非常缓慢的显色过程，虽然在显色一小时后再加入，也大大延缓了显色完全的时间，所以最终还是选用了柠檬酸钠，效果比较好。

(2) 蒸馏分离提纯：即将 $NH_3$ 在碱性条件下蒸馏，用 $H_2SO_4$ 或 HCl 吸收与干扰离子分离。应注意，不能使用 $H_3BO_3$ 吸收 $NH_3$，它对方法产生负的干扰。$H_3BO_3$ 大大延缓了显色时间，且使显色不完全。此法甚为麻烦，我们在大批量样品分析不宜采用。

（3）标准系列中加入与样本中相当量的干扰离子，使与样本待测液的条件相同。

**参考文献**

1．中华人民共和国国家质量监督检验检疫总局，建设部.《民用建筑工程室内环境污染控制规范》GB 50325—2001

2．中华人民共和国国家标准.《公共场所空气中氨测定方法》GB/T 18204.25—2000

# 4. 预制桩接桩问题的产生原因及处理实例

上海市建设工程质量检测中心杨浦区分中心　姚建阳　吴庭翔

**摘要**：本文提出了预制桩接桩问题的产生原因，举例说明了对接桩问题的处理方法。

**关键词**：预制桩、接桩、测试。

## 1. 前言

随着混凝土预制桩的大量采用，出现了很多质量事故，接桩问题是其中的一种，分析接桩问题产生的原因，尽量避免接桩问题的产生；对已经产生接桩问题的桩进行处理，尽量减少事故的损失。

## 2. 接桩问题的产生及处理

对于多节桩，桩在打入或压入时需要接桩，接桩时目前采用角钢焊接，由于焊接质量差；或在混凝土预制桩上下节之间因施工误差而出现间隙时，不用楔形的铁片填实焊牢，而用钢筋等代替；或接头焊接完毕后立即打入而导致打入过程中接头受到严重的损伤。对于桩尖土土质较差时，在中部 0.3～0.7$L$ 处产生较大的拉应力；桩尖土土质较好时，不易沉桩，锤击数很大，加重了接头的损伤程度。

当桩距过密或打桩未按规范要求顺序施工时，因孔隙水压力的突然增大，会引起土的隆起，使桩受到向上的拉力的作用，原先严重受伤的接桩处完全断裂，使上节桩上拔；或因侧向挤土作用使桩产生偏位。

在低应变动测发现有疑问的桩，经过综合分析认为很有可能发生节头脱开的情况时应选取 1～2 根有代表性的桩进行静载荷测试，以验证低应变测试结果。

在低应变测试结果中提取所有有异常的桩进行处理，处理方法有：

(1) 用打桩机复打

打击力的选取应是：能打动上节桩，但不能打动整根桩的设备，可以用理论计算后在完整桩及有缺陷上进行试打。每 $n$ 击为一阵（$n$ 取 2～5，且为固定值），每打一阵测一次桩顶标高，开始时每阵沉降量较大，然后逐阵减小，当一阵锤击后，沉降量趋于 0mm 时，则认为上下节桩已经闭合。

(2) 组合锤锤击

选择锤重及锤击高度时，应能打动上节桩，而不能打动整根桩。方法与打桩机复打类似。

(3) 静载荷方法

可以采用锚桩法、堆载法或锚堆法。当桩出现快速下沉后（一般加载至 1/3～1/2 的设计极限承载力处），趋于稳定时即可终止加载处理。此方法处理速度慢，但比较直观。当采用锚桩法时，应注意不应使锚桩上拔，当接桩闭合时不应继续加载，除非所有的锚桩均为完整桩。

当所有有异常桩进行处理完毕后，应对处理桩重新进行低应变测试，也可选 1～2 根桩进行静载荷测试。

**3. 工程实例**

**【例 1】**

桩截面尺寸为 300mm×300mm，桩长 24m，设计单桩竖向抗压极限承载力为 1000kN，沉桩方法为锤击打入法。

地质情况如表 4-10 所示。

**地 质 情 况 汇 总 表** **表 4-10**

| 土层序号 | 土层名称 | 层厚(m) | $f_i$(kPa)[$f_p$(kPa)] |
|---|---|---|---|
| 2 | 粉质黏土 | 0.4～2.5 | 15 |
| 3 | 淤泥质粉质黏土夹砂 | 4.7～7.0 | 15 |
| 4 | 淤泥质黏土 | 9.1～11.8 | 30 |
| 5-1 | 粉质黏土 | 0.7～4.2 | 45 |
| 5-2 | 砂质粉土 | 0.7～10.0 | 60(2800) |

桩的低应变测试曲线如图 4-6 所示。

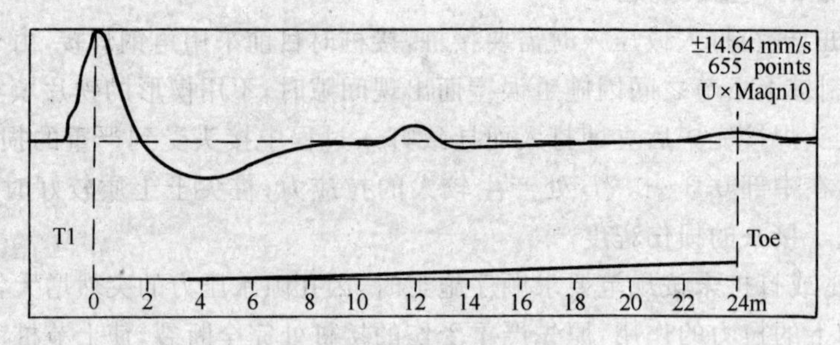


图 4-6 实测的低应变曲线

该桩的静载荷验测试结果如图 4-7 所示。

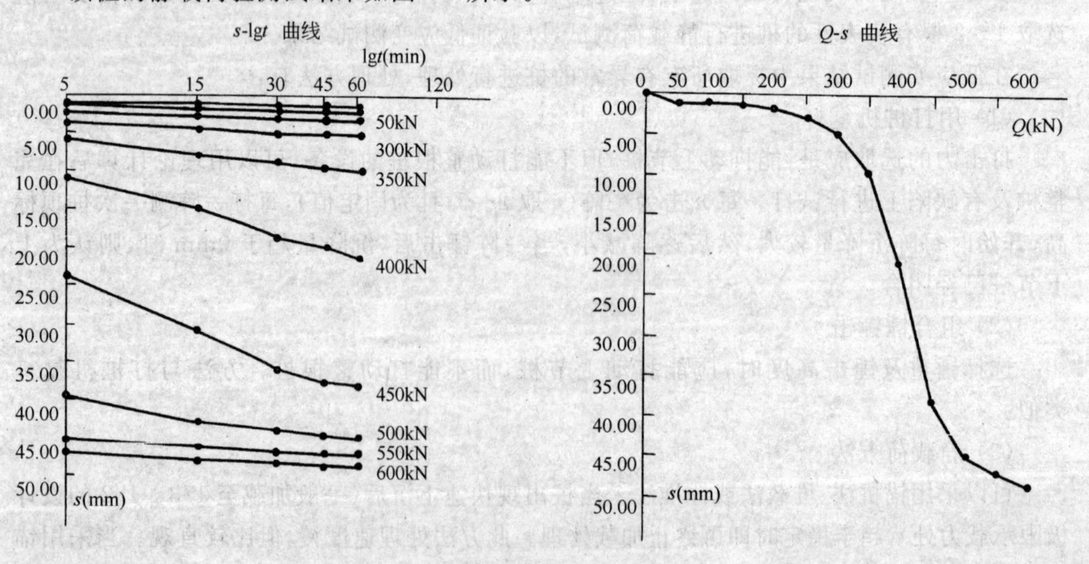


图 4-7 实测的静载荷曲线

处理情况:用堆载方法处理,每级加载时间为 15min,最后一级为 60min,部份桩处理结果如表 4-11 所示。

**加载量与沉降量汇总表** **表 4-11**

| 加载量(kN) / 本级沉降量(mm) / 桩号 | 100 | 200 | 300 | 400 | 500 | 600 |
|---|---|---|---|---|---|---|
| Z1 | 2.01 | 3.12 | 4.07 | 3.55 | 9.89 | 2.21 |
| Z2 | 2.22 | 3.25 | 3.89 | 25.99 | 4.10 | 2.99 |
| Z3 | 1.97 | 2.67 | 3.46 | 13.51 | 2.29 | |
| Z4 | 2.55 | 3.29 | 3.97 | 45.38 | 2.61 | |
| Z5 | 1.99 | 2.76 | 4.57 | 8.85 | 2.22 | |

处理后结果:总桩数 90 根,处理桩数 9 根,处理后单桩竖向抗压承载力能满足设计要求。

**【例 2】**

桩截面尺寸为 400mm×400mm,桩长 24m,设计单桩竖向抗压极限承载力为 1000kN,沉桩方法为锤击打入法。

地质情况如表 4-12 所示。

**地质情况汇总表** **表 4-12**

| 土层序号 | 土层名称 | 层底标高(m) | $f_i$(kPa) |
|---|---|---|---|
| 2-1 | 黏土 | 1.4～0.8 | 15 |
| 2-2 | 粉质黏土 | 0.2～－1.3 | 15 |
| 2-3 | 粉质黏土 | －1.0～－1.7 | 15 |
| 3-1 | 黏土 | －8.4～－9.5 | 20 |
| 3-2 | 黏土 | －16.7～－20.1 | 30 |
| 5 | 粉质黏土 | －31.7～－35.5 | 40 |

某桩的低应变测试曲线如图 4-8 所示:

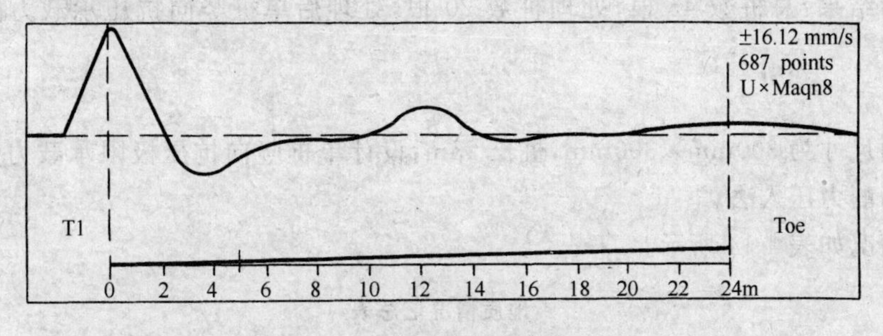


图 4-8 实测的低应变曲线

该桩的静载荷测试结果如图 4-9 所示。

处理情况:用组合锤击方法处理,部分桩处理结果如表 4-13 所示。

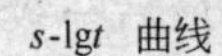


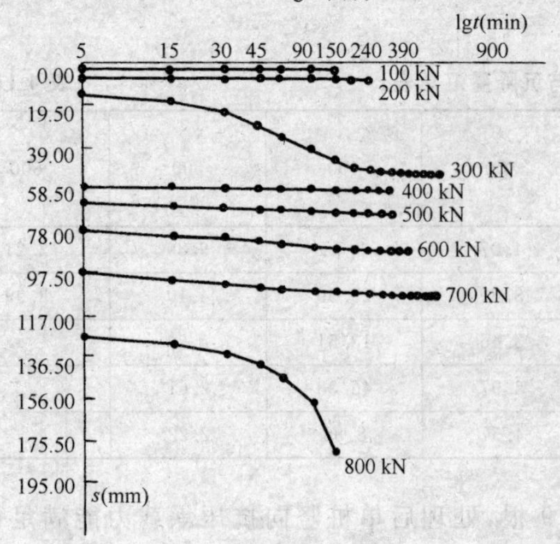


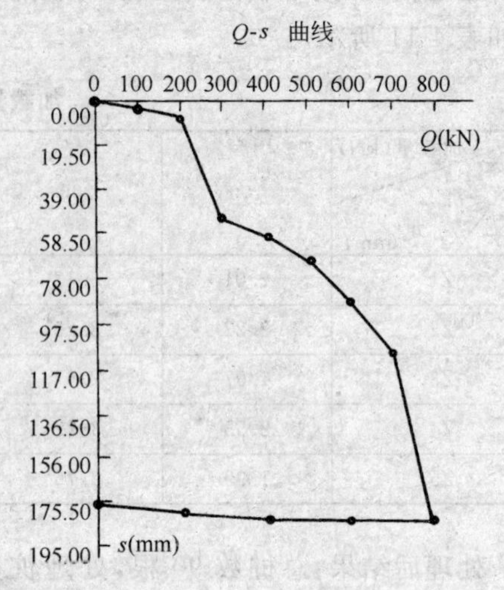


图 4-9　实测的静载荷曲线

**锤击数与沉降量汇总表**　　　　**表 4-13**

| 桩号 \ 阵数(三击) \ 沉降量(mm) | 1 | 2 | 3 | 4 | 5 | 6 | 7 | 8 | 9 | 总沉降(mm) |
|---|---|---|---|---|---|---|---|---|---|---|
| 5# | 11 | 5 | 6 | 6 | 5 | 1 | | | | 34 |
| 16# | 11 | 8 | 7 | 5 | 8 | 8 | 3 | | | 50 |
| 20# | 10 | 3 | 8 | 2 | | | | | | 23 |
| 21# | 5 | 12 | 4 | 7 | 4 | 2 | | | | 34 |
| 22# | 16 | 8 | 5 | 3 | | | | | | 32 |
| 23# | 24 | 10 | 7 | 10 | 9 | 8 | 9 | 2 | 2 | 81 |
| 26# | 20 | 10 | 6 | 2 | | | | | | 38 |
| 27# | 17 | 6 | 8 | 7 | 1 | 3 | | | | 42 |
| 39# | 6 | 9 | 6 | 4 | 2 | | | | | 27 |
| 40# | 8 | 2 | 1 | | | | | | | 11 |

处理后结果：总桩数 45 根，处理桩数 20 根，处理后单桩竖向抗压承载力能满足设计要求。

**【例 3】**

桩截面尺寸为 300mm×300mm，桩长 25m，设计单桩竖向抗压极限承载力为 1280kN，沉桩方法为静力压入法。

地质情况如表 4-14 所示。

**地质情况汇总表**　　　　**表 4-14**

| 土层序号 | 土层名称 | 层　厚　(m) | 层底标高(m) |
|---|---|---|---|
| 1 | 填　土 | 1.0～3.0 | 2.57～0.50 |
| 1-2 | 浜　填　土 | 0.8～2.0 | 0.89～0.09 |

续表

| 土层序号 | 土层名称 | 层厚（m） | 层底标高（m） |
|---|---|---|---|
| 2 | 粉质黏土夹黏土 | 0.3～2.4 | 0.8～－0.05 |
| 3 | 淤泥质粉质黏土 | 3.8～6.0 | －3.33～－5.54 |
| 4 | 淤泥质黏土 | 7.3～10.5 | －12.47～13.83 |
| 5-1 | 粉质黏土夹黏土 | 3.7～10.4 | －16.31～－23.03 |

某桩的低应变测试曲线如图 4-10 所示。

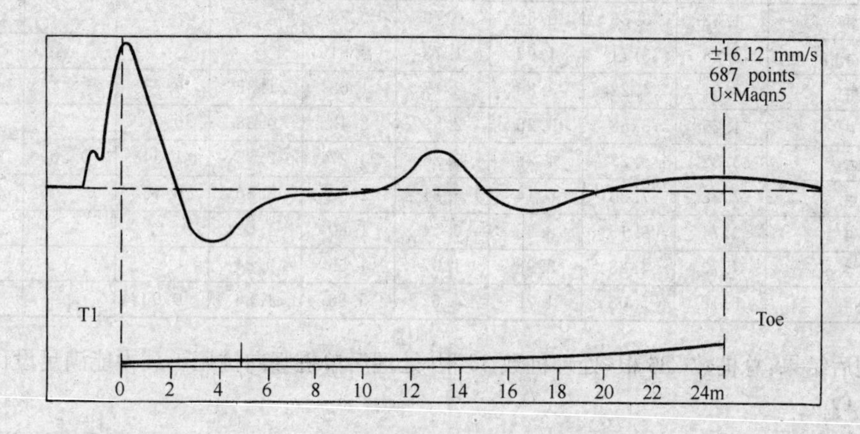


图 4-10　实测的低应变曲线

该桩的静载荷测试结果如图 4-11 所示。

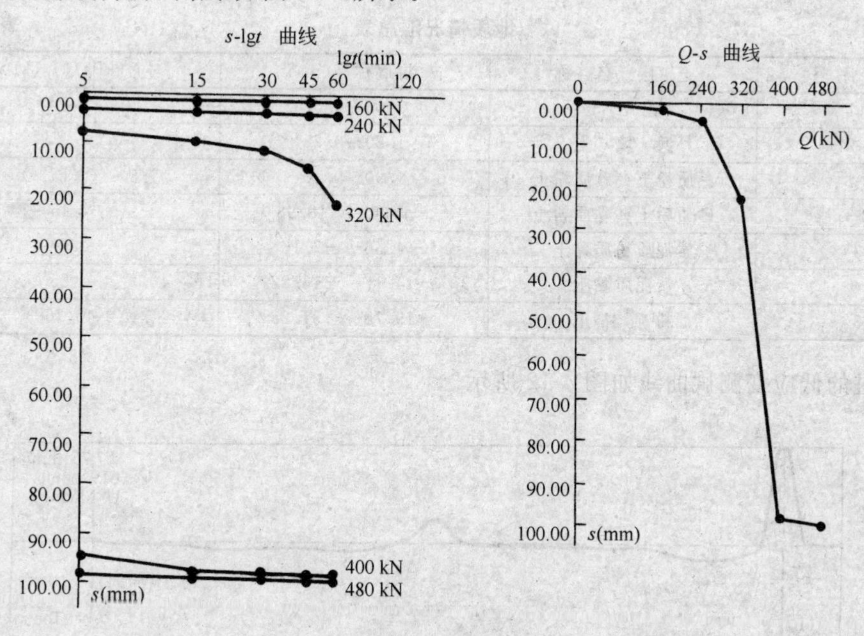


图 4-11　实测的静载荷曲线

处理情况：用打桩机锤击方法处理，部份桩处理结果如表 4-15 所示。

锤击数与沉降量汇总表 表 4-15

| 桩号 \ 阵数(3击) 沉降量(mm) | 1 | 2 | 3 | 4 | 5 | 6 | 7 | 8 | 总沉降(mm) |
|---|---|---|---|---|---|---|---|---|---|
| 44# | 4.67 | 3.27 | 2.90 | 1.34 | 0.29 | | | | 12.47 |
| 97# | 4.56 | 2.79 | 1.02 | 0.86 | | | | | 9.23 |
| 163# | 7.60 | 0.55 | 0.37 | | | | | | 8.52 |
| 168# | 4.29 | 2.68 | 1.91 | 0.97 | | | | | 9.85 |
| 169# | 4.87 | 3.06 | 1.29 | 1.88 | 0.69 | | | | 11.79 |
| 175# | 4.62 | 3.33 | 0.69 | 0.79 | 0.35 | | | | 9.78 |
| 179# | 5.28 | 3.71 | 1.92 | 1.73 | 0.81 | | | | 13.45 |
| 183# | 4.51 | 4.22 | 3.85 | 2.17 | 1.68 | 1.32 | 0.73 | | 18.48 |
| 184# | 4.29 | 3.88 | 3.26 | 2.89 | 2.43 | 0.38 | 0.20 | | 17.33 |
| 189# | 5.32 | 5.27 | 4.28 | 3.25 | 3.27 | 2.85 | 1.54 | 0.50 | 26.28 |
| 196# | 7.78 | 7.33 | 6.14 | 5.81 | 2.82 | 3.50 | 0.43 | | 33.81 |
| 200# | 9.74 | 9.15 | 8.65 | 6.54 | 1.80 | 1.02 | | | 36.90 |
| 202# | 4.73 | 4.28 | 3.98 | 1.97 | 1.56 | 0.84 | | | 17.36 |
| 204# | 6.18 | 5.08 | 4.22 | 4.62 | 5.86 | 1.86 | 0.90 | | 28.72 |

处理后结果:总桩数 286 根,处理桩数 36 根,处理后单桩竖向抗压承载力能满足设计要求。

**【例 4】**

桩截面尺寸为 350mm×350mm,桩长 24.5m,设计单桩竖向抗压极限承载力为 800kN,沉桩方法为锤击打入法。

地质情况如表 4-16 所示。

地质情况汇总表 表 4-16

| 土层序号 | 土层名称 | 层底标高(m) | $f_i$(kPa)($f_p$(kPa)) |
|---|---|---|---|
| 1-1 | 填土 | 3.03～0.57 | / |
| 1-2 | 浜填土 | 1.80～0.25 | / |
| 2-1 | 黏质粉土夹砂质粉土 | 1.90～0.40 | 15 |
| 2-3 | 砂质粉土夹黏质粉土 | −1.20～−18.98 | 45 |
| 3 | 淤泥质粉质黏土 | −4.56～−7.15 | 30 |
| 4 | 淤泥质黏土 | −14.17～−16.82 | 25 |
| 5 | 粉质黏土 | −19.78～−31.28 | 40(750) |

某桩的低应变测试曲线如图 4-12 所示。

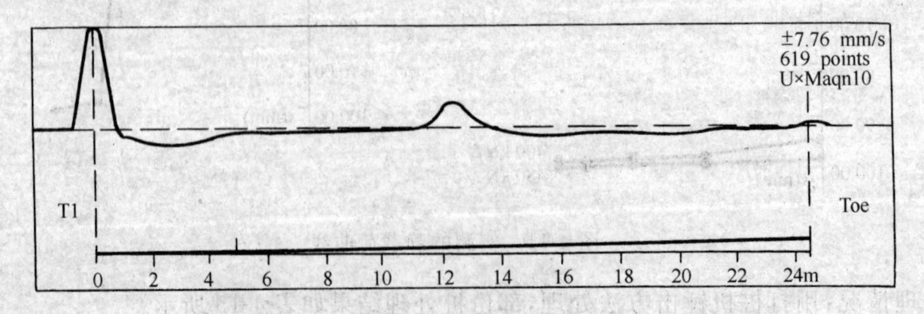


图 4-12 实测的低应变曲线

该桩的静载荷测试结果如图 4-13 所示。

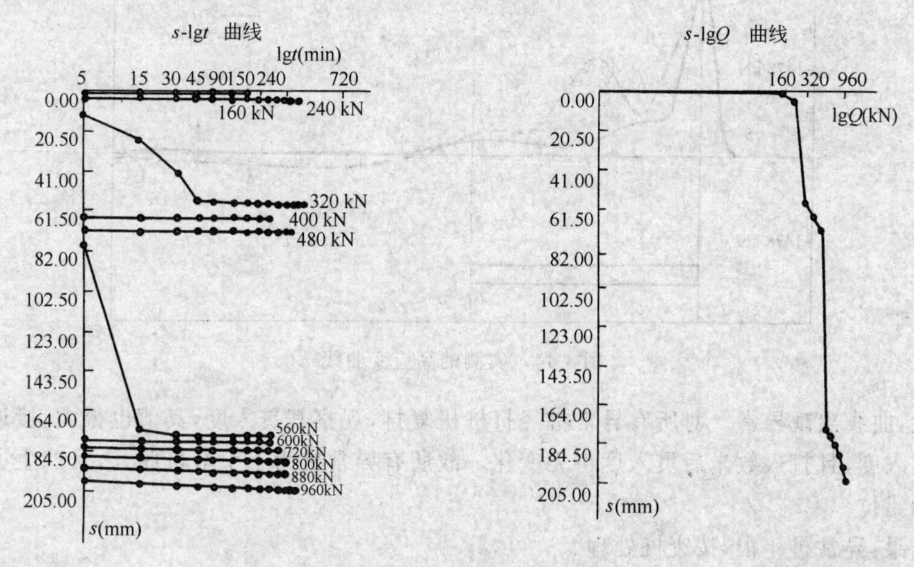


图 4-13　实测的静载荷曲线

分析：

当加载至 320kN 时沉降急剧增大，后又稳定，脱开间距 50mm 左右；继续加载至 560kN 时沉降急剧增大，后又稳定，脱开间距 80mm 左右。从测试数据分析，第一个间隙是桩脱开后上节桩（或下节桩）与下节桩的角钢（或上节桩的角钢）之间的距离；第二个间隙是角钢破坏后上下节桩闭合时的距离，故上下节桩实际脱开距离为 130mm 左右。

结果：总桩数 234 根，接头脱开桩数 50 根，对所有脱开桩按上节桩使用，并补桩。

**【例 5】**

桩截面尺寸为 400mm×400mm，桩长 30m，设计单桩竖向抗压极限承载力为 2400kN，沉桩方法为锤击打入法。

地质情况如表 4-17 所示。

**地质情况汇总表**　　　　**表 4-17**

| 土层序号 | 土层名称 | 层底标高（m） | $f_i$(kPa)($f_p$(kPa)) |
|---|---|---|---|
| 1-1 | 填　土 | 3.55～2.70 | / |
| 1-2 | 浜填土 | 1.74～0.95 | / |
| 2 | 粉质黏土 | 1.78～1.33 | 15 |
| 3 | 淤泥质粉质黏土 | −9.00～−9.92 | 30 |
| 4 | 淤泥质黏土 | −15.68～−16.50 | 25 |
| 5 | 黏　土 | −21.57～−23.41 | 40 |
| 6 | 粉质黏土 | −25.10～−26.65 | 80 |
| 7-1 | 粉　砂 | −35.15～−36.59 | 85(4500) |

某桩的高应变测试曲线如图 4-14 所示。

处理及分析：

现场测试时按极限承载力 2400kN 配置锤重及锤击高度，每击贯入度达数十毫米，贯入

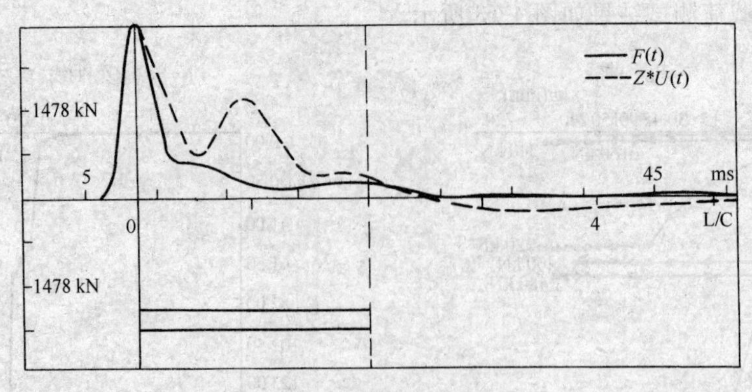


图 4-14 实测的高应变曲线

度过大，曲线出现异常。对所有异常桩经打桩机复打，观察其贯入度，其值也很大，接近上节桩的贯入度，且打入数米后贯入度也无变化。故所有异常桩为上下节桩脱开，且产生了水平方向的错位。

结果：异常桩 4 根，按废桩处理。

**4. 结束语**

在预制桩沉桩过程中，因为桩的电焊质量不高、用钢筋代替垫片及施工速度过快时，导致了接桩处严重受损。在桩的密度过大时，因为挤土作用，使上节桩被拔起，表现为桩顶标高不一，低应变曲线上有明显的接桩反映。在不考虑桩的水平承载力的情况下，可以采用复位的方法，使桩的竖向承载力达到原设计的要求。桩的接头问题在我们的测试工地中有一定的比例；而且在同一工地中有接头脱开时，其数量也是很大的。这与施工单位的施工质量及管理水平分不开的。应加强对施工质量的管理，同时应加强检测工作，提高检测水平，以避免因桩的接头问而引起的房屋不等量沉降，消除严重的质量隐患。

**参考文献**


1. 徐攸在等.桩的动测新技术.中国建筑工业出版社.1999

2. 刘明贵等.桩基检测技术指南.科学出版社.1995

3. 赵竹占.瞬态激震桩时程曲线识别基桩的缺陷及类型.勘察科学技术.1993

# 5. 混凝土 28 天抗压强度的超声法早期预测

上海市建设工程质量检测中心浦东分中心　朱文献

**摘要：** 混凝土超声波声速 $V$ 和衰减 $A$ 随着龄期的增长而增长，并有一定的规律性，其规律性表现为早期增长较快(1～7 天)，增长率 $\Delta V/V$ 较大，而后期(7 天以后)其增长速度逐渐变缓，但是与混凝土强度增长是呈非线性的。本文作者在上述前期研究成果的基础上，对于采用超声波声速 $V$ 和超声衰减 $A$ 非破损地预测混凝土 28 天强度进行了进一步的研究。

**关键词：** 超声波、混凝土、强度、早期、预测。

**1. 前言**

长期以来，混凝土工程设计强度及检测质量的标准均以标准试块的 28 天抗压强度评定结构混凝土的实际强度——“强度等级”，但由于试块材料仅占工程混凝土量的极少部分，取样有时缺乏代表性(如假试块)，以及取母体与子体之间的各种差异(如养护条件)，导致标准试块不能真实地反映结构混凝土的实际强度。同时，由于我国经济建设发展的需要，土建工程量大面广，确保混凝土施工质量，早日发现施工质量问题，防患于未然已是日益重要的课题。为此本文在研究混凝土中超声波声速及超声衰减早期变化规律的基础上，对于采用超声波声速 $V$ 和超声衰减 $A$ 非破损预测混凝土 28 天强度进行了进一步的研究。

**2. 理论依据及前期研究成果**

(1) 材料断裂力学理论

学者 Irwin 和 Orowan 针对混凝土材料的弹粘塑性，通过对理想材料强度公式的修正，得出了混凝土材料的强度公式：

$$\sigma=\sqrt{\frac{2E(\gamma-\gamma_p)}{\pi a}}$$

式中 $\sigma$——材料的理论强度；

$E$——弹性模量；

$\gamma$——表面能；

$\gamma_p$——塑性变形所吸收的能量；

$a$——原始裂缝的一半。

由此可见，混凝土强度取决于以下几个方面：(1) $E$，$\gamma_p$ 说明，强度与应力应变性质有关；

(2) $\gamma$ 说明，强度与水泥石的表面能及骨料与基质界面的表面能有关，而且与混凝土的环境条件，如含水率等有关；

(3) $a$ 说明，强度与混凝土中的孔隙、裂缝、界面等缺陷的数量和状态有关。

2. 超声波参量与混凝土弹性模量的关系

根据虎克定律，我们可以发现平面纵波在匀质弹性介质中的声速与动力弹性模量的关系式为：

$$C=\sqrt{\frac{\phi E_{\mathrm{d}}}{\rho}}$$

式中 $C$——纵波的速度；

$E_{\mathrm{d}}$——动力弹性模量；

$\rho$——介质的密度；

$\phi$——形状修正系数，与介质状态（杆状介质、板状介质、无限介质）有关。

由此可见，运用混凝土中的超声波声速值与动力弹性模量之间的关系，是可以进行混凝土的质量的检测的。

3. 前期研究成果

（1）声速随混凝土龄期的增长而增长，并有一定的规律性，其规律性表现为早期增长较快(1～7)天，增长率 $\Delta V/V$ 较大，而后期（7 天以后）其增长速度逐渐变缓，增长率 $\Delta V/V$ 较小。这与混凝土强度增长的规律是相吻和的。

（2）同种水泥强度等级，同种骨料粒径，不同强度值的混凝土的声速值之间也有良好的规律性。但同时可以看到在相同龄期上随着混凝土强度的增加，超声波声速的增加值越来越小，也即超声波的增加与强度增加不成线性关系，而是非线性的。

（3）声时的变化规律与声速的变化规律相同。混凝土是衰减值随着龄期的增长，其变化也在一定程度上表现出与声速同样的变化规律，即早期衰减增长较快，后期渐缓。同时应该指出，虽然声波衰减随着龄期增长其变化有一定的规律性，但是也有较大的离散性。

**3. 试验设计**

（1）试验原材料

水泥：42.5 级普通硅酸盐水泥

32.5 级普通硅酸盐水泥

石子：5～25mm 以及 5～40mm 碎石

砂子：中砂 $M_{\mathrm{x}}=2.9$

水：普通自来水

（2）试验配合比设计

采用实际工程常用配合比以及混凝土强度等级，故本试验配制坍落度 5～7cm，C20，C30 及 C40 混凝土，根据两种水泥、两种石子粒径交叉制作试块，试块尺寸 15cm×15cm×15cm 共计 12 组，每组 3 块，计 36 块。

**4. 测试仪器及测试方法**

（1）测试仪器

CTS-25 型低频超声检测仪（汕头超声仪器厂出品）；

100kHz 超声波换能器。

（2）测试龄期

试块打制后的第一天带模养护，24h 后拆模并在室内洒水养护至 7 天龄期，停止洒水，室内养护至 28 天龄期，并作抗压试验。

前7天龄期内，每天测试混凝土试块的超声参量声速 $V$、声时 $T$、衰减 $A$（超声波参量的测试参照 CECS21：90《超声法检测混凝土缺陷技术规程》进行），以后各测试龄期为10天，14天，21天28天，记录所测得的超声参量。

(3) 测试过程

1) 测试超声波声时时，采用牛油作为耦合剂，在非浇筑面沿试块对角线布置三对测点。在保证接收到明晰的探测信号的基础上，选取较高的探测频率，以提高探测的灵敏度，故选用 100kHz 的换能器。

测读超声声速时，为消除人为读数的误差，均将首波幅度衰减（增益）到示波器刻度四大格的位置，调节粗调、细调，将门槛对首波初始点，待示波器读数稳定后，记录声时（精确到 $0.1\mu s$），并记录此时的衰减（增益）值。

2) 当试块到了28天龄期后，测试超声声速，然后按时国家标准《普通混凝土力学性能试验方法》的规定测试抗压强度。注意控制加压极限的掌握，不要把试块压得过碎（但要达到极限抗压强度）。

**5. 混凝土28天抗压强度的早期预测**

为了剔除异常数据，测试所得的数据按时 Grubbs 准则处理，正常数据误判为异常数据的概率选用 $\alpha=0.01$。应用相应的回归方法进行混凝土28天抗压强度的早期预测。从超声参量的变化规律分析得知，超声波声速 $V$ 和衰减 $A$ 参量随龄期增长表现出非线性增长，我们采用幂函数的形式进行回归分析。

从实际应用的简便性出发，我们运用早期（1～7天）中某一天的参量来分别对28天混凝土强度进行回归。从回归方程的实用性考虑，又分别进行了每种混凝土的一元（$V$）和二元（$V$ 及 $A$）回归分析。

回归分析的结果告诉我们：

(1) 采用早期混凝土超声参量进行28天强度的预测，从精度上看一般表现为稍晚龄期的回归效果较好。这从变量间相关性的理论上亦可以作出判断，例如7天的超声参量与28天强度的相关性比4天的超声参量与28天强度相关性要高一些，但是这种相关性的好坏规律不是绝对的，尤其是，本实验采用双参量进行回归分析的结果表明了这一点。

(2) 双参量回归效果比单参量的回归效果要高。主要是因为双参量即超声声速 $V$ 和衰减 $A$ 分别反映了混凝土的弹性性质，非弹性性质和混凝土随机组织结构的复杂声学界面特性，它们随龄期增长的规律虽然有相同性，但是同一龄期的两个性能可以互补地反映混凝土的强度性能，从而在较全面反映混凝土质量的基础上进一步提高了回归预测精度。

(3) 双参量回归效果一般可以达到(JGJ 15—83)所要求的相关系数大于0.85，相对均方差小于10%的混凝土强度推定精度，而采用单参量回归分析，其精度要相对差一些，相关系数仍可大于0.85，在11%左右。从研究的角度来看，此精度可以接受。

(4) 为了能更方便地进行混凝土强度早期预测，考虑到石子粒径对超声声速和衰减的影响较大，而水泥品种的影响相对较小，因此试图将同种粒径不同水泥的混凝土合并进行回归分析，结果发现，回归相关系数仍大于0.85，而相对均方差小于15%，此间认为，运用合并后的曲线仍可进行强度预测工作。

(5) 各龄期单参量回归曲线绘于图中，因为各种混凝土的规律相似，所以只举例画出42.5级普通水泥，石子粒径5～25mm混凝土早期各天超声参量预测28天强度的对比曲线图以供分析。从图中可以看到，根据声速进行预测的各条曲线一般不相交，稍后龄期(5、6、7天)的曲线靠的比较紧密，因此从实用上，参照事先所建立的曲线，以某一天的超声波声速预测混凝土 28 天抗压强度也是可能的。

**6. 鸣谢**

本论文在研究过程得到了同济大学材料学院李为杜教授和童寿兴教授的指导和帮助，特此感谢。

**参考文献**

1. 朱文献. 混凝土中超声波参量随龄期增长的变化规律的研究. 第五全国无损检测会议论文集. 1996

2. 李为杜. 混凝土无损检测技术. 同济大学出版社. 1989

3. 吴慧敏. 结构混凝土现场检测技术. 湖南大学出版. 1988

4. Jones, R. Non-destruction Testing of Concrete. 1962

5. 卢瑞珍. 混凝土试验设计与质量管理. 上海交通大学出版社. 1986

6. {美}P. 梅泰，祝永年、沈威、陈志源泽. 混凝土的结构、性能与材料. 同济大学出版社. 1993

# 6. 加强土壤质量检测，提高园林绿化工程质量

上海市园林绿化工程质量监督站　尹伯仁
上海市园林绿化质量检测室　方海兰

园林绿化栽植土壤质量的好坏，是影响园林植物正常生长的一个至关重要因子。近年来，随着园林绿化建设的快速发展，既要保证绿化建设数量的大幅增长，又要确保绿化建设质量的稳定和提高。针对绿化栽植土壤的来源复杂，特别是城区绿化栽植土壤尤为突出，相当数量的土壤存在碱性偏高、有机质含量很低的状况。如果这些土壤直接作为园林绿化的栽植土壤而不加以改良，是不能满足园林植物的正常生长，并很有可能导致大片苗木的死亡。因此，对园林绿化的栽植土壤不仅有必要而且要加强其质量检测，以不断提高上海园林绿化工程的建设质量。近年来，我们在土壤的检测方面做了些工作。

**一、成立具有对外检测资质的专业检测机构，使园林绿化工程质量管理具有科学的技术保证**

要对绿化工程进行质量管理，首先要有一套切实可行的管理体系，科学的管理必然要有科学、公正和客观的数据作为支撑。在建筑工程上从材料到建设过程再到竣工验收都有一套强制性检测项目跟踪整个施工过程，而在园林绿化建设中，一直缺少一套相应的质量检测项目，工程质量的好坏，特别是对栽植土壤的判别，往往是凭观感，这样人为影响的因素太多，不能科学公正地对绿化工程质量进行控制。针对以上的实际情况，1999 年上海市绿化管理局依托上海市园林科学研究所的技术优势，与上海市园林绿化工程质量监督站共同组建了上海市园林绿化质量检测室。检测室通过了上海市建筑行业管理办公室的资质认证和上海市质量技术监督局的计量认证；检测室坚持质量第一的方针，保证以先进可靠的检测手段，向社会提供科学、准确、公正的检测数据和结论；检测室的检测方法都按国家或部颁标准规定的方法进行；为了确保检测的真实性，对绿化工程的土壤做到检测室到现场采样；检测室的工作人员，均受《质量手册》的约束，质量检测结果不受任何行政的、经济的和其他方面利益的干预。由于在园林绿化栽植土壤的检测和管理上取得的成绩，引导国内同行对园林质量检测工作的效仿，广州、北京、武汉等国内大城市也在上海学习经验后开展相应的工作。

目前检测室开展的检则项目主要是土壤质量检测，之所以首先开展园林土壤的质量检测，是因为认识到土壤质量好坏直接关系到绿化工程质量的好坏。园林土壤作为园林植物必不可少的生命依托，园林土壤质量的好坏直接关系到园林绿化工程建设的质量水平。只有好的园林土壤，才能确保园林植物栽植和养护的质量水平，使植物生长茂盛，提高园林植物的绿化效能，充分发挥绿地的园林景观效应和生态效应。而上海园林土壤一直存在 pH 碱性、质地黏重、密度大、有机质含量低等缺陷，土壤质量一直是限制上海园林绿化发展的主要限制因素之一。以前人们对园林土壤的重要性认识不够，随着上海近年来绿化形势的发

展，人们逐步认识到园林土壤对提高上海园林绿化建设的重要性，在上海开展园林土壤质量检测正是形势的需要。

**二、确立绿化工程土壤质量强制性检测是提高园林绿化工程质量的有效措施**

虽然我国各级园林主管部门都制定了一些相关的园林标准和技术规程，上海也制定了一些园林绿化方面的标准，但园林绿化标准都是推荐性标准，没有强制性标准，这也影响了园林绿化工程质量管理的监管力度。为确保上海绿地建设的质量，保证《园林栽植土质量标准》的有效实施，上海市绿化管理局于2001年发文，首先对上海市的部分重点绿化工程本底土壤试行强制性检测，以此摸索和总结土壤检测经验，以点带面，逐步实施对绿化工程的栽植土、介质的全面检测。

2001年对延中绿地、太平桥绿地、徐家汇花园、大宁绿地、凯桥绿地、华山路绿地和上海科技馆的本底土壤进行强制性检测；对上海市青少年素质教育活动基地绿化、外环线环城绿带二期工程、黄兴绿地和佘山月湖风景区绿化等试行检测；规定只有达到上海市园林土壤质量标准的才能验收。在总结2001工作的基础上，2002年进一步扩大强制性检测范围，即对重点工程进行强制性检测外，又增加了对100万元以上的绿化工程且质量目标确定为优良工程的必须进行强制性检测。2003年强制性检测的范围和力度又进一步加大，除了重点工程和100万元以上的绿化工程外，特别针对近年来市民对新建小区的绿化投诉较多的实情，为进一步加强绿化工程质量的行业管理，特别强调对单位绿化工程造价在50万元及其以上的新建居住小区绿化均要实行强制性土壤检测。

近年来，上海绿化工程土壤质量检测的主要项目有6个，其主要指标为：pH值≤7.8、EC值在0.35～1.2ms/cm之间、有机质≥15g/kg、质量密度≤1.3t/m$^3$、碳酸钙≤50g/kg、通气孔隙度≥8%。之所以开展这6个项目的检测是上海市绿化管理局结合本局几十年的实践，调查了50多个公园和街道绿地的土壤性状，对其中1501个土样的12个肥力指标进行因子分析，并深入广泛征求意见，认为这6个指标基本能反映上海园林土壤的理化性质。为了工作中便于操作，我们还针对工程性质确定不同的检测内容，其中重点工程对pH值、EC值，有机质、质量密度、碳酸钙、通气孔隙度6个指标均要检测，对非重点工程仅重点检测pH值、EC值、有机质三个最主要的土壤指标。

从我们这些年开展土壤检测工作来看，检测结果基本能代表绿化工程植物长势的实际情况。许多绿化工程根据土壤检测的结果，有针对性地进行土壤改良，如今植物长势很好。如延中绿地就是在开展土壤检测后改土的，如今延中绿地的植物生长茂盛，生态景观也得到大家肯定。而在没有开展土壤检测前，通常情况下建设单位或施工单位是不太可能进行土壤改良的，即使改良也是凭经验，而不是以科学的土壤检测为基础的，而在园艺发达的国家，所有土壤改良都是以土壤质量检测或植物营养诊断分析为基础的，虽然园林强调经验，但光有经验的绿化工程质量是得不到技术保证的。园林土壤的质量检测有效督促和指导绿化工程单位进行土壤改良，从而为确保绿化工程质量起到技术支持和加强质量管理的作用。

**三、加强检测机构的自身建设，为提高园林绿化工程质量服务**

1. 对上海绿化工程本底土质量的规定

1998年上海市绿化局制订了上海市地方标准《园林栽植土质量标准》，该标准也是国内第一个有关园林土壤质量的地方标准。该标准的制定为上海园林土壤的质量管理提供了技术基础，使上海进行土壤质量管理有标准可依。但在实际操作中我们也发现一些问题，因为园林土壤作为一种城市土壤，其性质不同于一般的自然土，以上海园林土壤为例，其性质千差万别，既有质量较好的农田土，也有质量较差甚至是不适合植物种植的深层土、建筑垃圾土、污染的化学土等等；从来源看，既有来自上海市城区及郊区的，也有来自浙江、江苏和安徽等地的，不同来源的土壤性质差别很大。为提高上海的进土质量，防止化学土、垃圾土、深层土等不合格的土壤进入上海绿地，园林绿化质量检测室针对上海绿化土壤的实际情况，总结了大量的绿化工程土壤质量的检测数据，会同市绿化局科技教育处及市园林绿化工程质监站，聘请了有关专家制定了关于本市绿化工程本底土检测指标的规定。本底土质量指标为：pH 值≤8.3、EC 值在 0.12～0.50ms/cm 之间、有机质≥10g/kg、质量密度≤1.35t/$m^3$、碳酸钙≤80g/kg、通气孔隙度≥5.00%，其中石灰质土壤 pH 值可放宽至 8.5，种植喜酸性植物土壤 pH 值≤7.5，从而在源头上保证了上海园林绿化土壤质量。

2. 开展技术服务，行业影响力进一步加强

随着园林土壤质量检测工作在绿化工程上的开展，园林绿化质量检测室不仅业务量有所提高，检测的面和检测技术含量也有所提升，已从绿化行业内绿化工程土壤的强制性检测拓展到提供技术中介服务，服务的部门也从单纯的绿化局扩展到环卫局、水污局、交通局、市政管理局、高校等等，在行业中影响力进一步提高。由于在浦东市容监察大队对某乱倒渣土的事件上提供有效、公正、客观的检测数据和技术服务，为此新民晚报、城市导报、上海东方电视台、上海电视台、浦东有限电视台还作过专门报道。我们也无偿地为全国多家城市提供技术咨询。土壤检测的重要性也得到上海周边城市的重视，常州、苏州、昆山等城市的一些建设单位主动送土样到检测室进行检测。一些施工单位也主动送检，作为自己把握绿化工程质量的依据之一。

3. 与时俱进，进一步完善园林土壤质量检测工作

随着土壤检测范围的不断扩大，在土壤采样过程中有时还存在不规范的地方，送样单位取的土样有可能未完全代表土壤的实际情况，从而使土壤质量检测报告也将不能真实反映实际的土壤质量状况，给绿化建设的质量管理带来了隐患。为了强化园林绿化质量管理，进一步提高园林土壤质量检测水平，使土壤质量检测结果更能真实地反映土壤的实际情况，园林质监站和园林检测室对绿化土壤的检测也将实行“见证取样送样制度”。园林检测室遵循“建设工程质量检测见证取样”的有关规定和实施方法，自己编写了教材，对本市 300 多家绿化建设单位、监理单位的管理人员和施工单位的采样员进行《园林土壤见证取样和送样》培训。以便为园林绿化工程建设参与各方、园林质监站和园林检测室执行“绿化土壤检测的见证取样送样制度”，以确保土壤检测的真实性、准确性、公正性，进一步提高上海园林绿化建设的质量水平。

4. 适时开展园林土壤环境背景值质量调查

城市园林土壤由于主要用于城市绿化，其污染程度相对于农田土壤来得更严重，但由于城市绿化不像农作物直接进入人的食物链，所以对城市土壤污染的危害性没有像农田土壤那么重视，另外城市土壤污染也没有像大气和水体污染那样直观，不容易引起人们的关注，所以城市园林土壤污染问题也一直得不到应有的重视，目前对绿化工程土壤质量检测也仅满足植物生长所需的一些常规指标。然而在污染土壤上建立的绿化工程，其安全性以及以后养护过程中如何防止土地被污染确实是一个不容忽视的问题。试想如果在一块污染的土

地上建设起来的绿地或绿地养护过程中被污染，那么如何保证人们在绿地上安全、放心地游憩呢？正因为意识到绿地土壤的污染同营养指标一样关键，我们针对在上海绿地土壤毒害污染方面，正着手开展一些研究，尽可能地使上海绿地土壤避免毒害污染，确保上海绿地土壤的环境安全。